软件开发新课堂

Java 基础与案例开发详解

徐明华　邱加永　纪希禹　编　著

清华大学出版社
北　京

内 容 简 介

本书以目前 Java 的较新版本 Java SE 6.0 为依托，结合 Java 语言特性和实战案例，充分融入了企业开发过程中编程人员遇到的种种 Java 核心技术问题和编程思想，全面系统地介绍了 Java 语言的基础知识、高级编程技术及应用方向。

书中内容由浅入深、循序渐进，囊括了 Java 基本语法、数组和常用算法，Java 面向对象的编程思想，还包括一些 Java 高级特性，并且将一些比较流行的项目融入本书中，如聊天室程序、网络五子棋、仿 QQ 的网络聊天软件 JQ 等，使读者在较短的时间内就能够熟练掌握 Java 特性和项目实战的方方面面。本书在讲解的过程中，结合 Java 知识点，引用了大量的应用实例，并通过源代码一一列举，且每一部分内容都包含详细的注释和技巧提示，有助于初学者理解和把握问题的精髓，将所掌握的技术灵活应用到后期实际的项目开发过程中。

本书既适合初学者使用，也适合作为广大软件开发者和有一定经验的编程爱好者的参考用书，同时也可以作为高等院校及培训学校相关课程的教材使用。

本书封面贴有清华大学出版社防伪标签，无标签者不得销售。
版权所有，侵权必究。举报：010-62782989，beiqinquan@tup.tsinghua.edu.cn。

图书在版编目(CIP)数据

Java 基础与案例开发详解/徐明华，邱加永，纪希禹编著. ——北京：清华大学出版社，2014（2025.1重印）
（软件开发新课堂）
ISBN 978-7-302-34001-0

Ⅰ. ①J… Ⅱ. ①徐… ②邱… ③纪… Ⅲ. ①Java 语言—程序设计 Ⅳ. ①TP312

中国版本图书馆 CIP 数据核字(2013)第 228778 号

责任编辑：张　瑜　杨作梅
装帧设计：杨玉兰
责任校对：宋延清
责任印制：刘海龙

出版发行：清华大学出版社
　　　　　网　　址：https://www.tup.com.cn，https://www.wqxuetang.com
　　　　　地　　址：北京清华大学学研大厦 A 座　　邮　　编：100084
　　　　　社 总 机：010-83470000　　邮　　购：010-62786544
　　　　　投稿与读者服务：010-62776969，c-service@tup.tsinghua.edu.cn
　　　　　质量反馈：010-62772015，zhiliang@tup.tsinghua.edu.cn
　　　　　课件下载：https://www.tup.com.cn，010-62791865

印 装 者：天津鑫丰华印务有限公司
经　　销：全国新华书店
开　　本：190mm×260mm　　印　张：40.25　　字　数：982 千字
　　　　　（附 DVD 1 张）
版　　次：2014 年 1 月第 1 版　　　　　　　印　次：2025 年 1 月第 8 次印刷
定　　价：98.00 元

产品编号：051150-02

选择走程序员之路，兴趣是第一位的，当然还要为之付出不懈的努力，而拥有一本好书和一位好老师会让您在这条路上走得更快、更远。或许这并不是一本技术最好的书，但却是最适合初学者的书！

CSDN 总裁

这本书从易到难、内容丰富、案例实用，适合初学者使用，是一本顶好的教材。希望它能够帮助更多的编程爱好者走向成功！

工信部移动互联网人才培养办公室

这是一本实践性非常强的书，它融入了作者十多年开发过程中积累的经验与心得。对于想学好编程技术的广大读者而言，它将会成为你的良师益友！

普科国际 CEO

丛书编委会

丛书主编： 徐明华

编　　委： (排名不分先后)

　　　　　　李天志　易　魏　王国胜　张石磊

　　　　　　王海龙　程传鹏　于　坤　李俊民

　　　　　　胡　波　邱加永　许焕新　孙连伟

　　　　　　徐　飞　韩玉民　郑彬彬　夏敏捷

　　　　　　张　莹　耿兴隆

丛 书 序

首先，感谢并祝贺您选择本系列丛书！《软件开发新课堂》系列是为了满足广大读者的需求，在原《软件开发课堂》系列书的基础上进行的升级和重新编辑。秉承了原系列书的精髓，通过大量的精彩实例、完整的学习视频，让您完全融入编程实战演练，从零开始，逐步精通相关知识，成为自学成才的编程高手。哪怕您没有任何编程基础，都可以轻松地实现职场的梦想和生活的愿望！

1. 丛书内容

随着软件行业的不断升温，程序员这一职业正在成为IT界中的佼佼者，越来越多的程序设计爱好者开始投入相关软件开发的学习中。然而很多朋友在面对大量的代码时又有些望而却步，不知从何入手。

实际上，一本好书不仅要教会读者怎样去实现书中的内容，更重要的是要教会读者如何去思考、去探究、去创新。鉴于此，我们精心编写了《软件开发新课堂》系列丛书。

本丛书涉及目前流行的各种相关编程技术，均以最常用的经典实例，来讲解软件最核心的知识点，让读者掌握最实用的内容。首次共推出10册：

- 《Java 基础与案例开发详解》
- 《JSP 基础与案例开发详解》
- 《Struts 2 基础与案例开发详解》
- 《JavaScript 基础与案例开发详解》
- 《ASP.NET 基础与案例开发详解》
- 《C#基础与案例开发详解》
- 《C++基础与案例开发详解》
- 《PHP 基础与案例开发详解》
- 《SQL Server 基础与案例开发详解》
- 《Oracle 数据库基础与案例开发详解》

2. 丛书特色

本丛书具有以下特色。

(1) 内容精练、实用。本着"必要的基础知识+详细的程序编写步骤"原则，摒弃琐碎的东西，指导初学者采取最有效的学习方法和获得最良好的学习途径。

(2) 过程简洁、步骤详细。尽量以可视化操作讲解，讲解步骤做到详细但不繁琐，避免直接使用大量代码占用读者的阅读时间。而对关键代码则进行详细的讲解，做到清晰和透彻。

(3) 讲解风格通俗易懂。作者均是一线工作人员及教学人员，项目经验丰富，传授知识的能力强。所选案例精练、实用，具有实战性和代表性，能够使读者快速上手。

(4) 光盘内容丰富。不仅包含书中的所有代码及实例，还包含书中主要操作步骤的视频录像,有利于多媒体视频教学和自学,最大程度地提高了书中案例的可操作性。

3. 作者队伍

本丛书由知名培训师徐明华老师任主编,作者团队主要有北京达内科技、北京电子商务学院、郑州中原工学院、天津程序员俱乐部、徐州力行文化传媒工作室等机构和学院的专业人员及教师。正是有了他们无私的付出,本丛书才能顺利出版。

4. 读者对象

本丛书定位于初、中级读者。书中每个实例都是从零起步,初学者只需按照书中的操作步骤、图片说明,或根据多媒体视频,便可轻松地制作出实例的效果。不仅适合程序设计初学者以及普通编程爱好者使用,也可作为大、中专院校,高职高专学校,及各种社会培训机构的教材与参考书。

5. 特别感谢

本丛书从立项到写作受到广大朋友的热心支持,在此特别感谢达内科技的王利锋先生、北大青鸟的张宏先生,还有单兴华、吴慧龙、聂靖宇、刘烨、孙龙、李文清、李红霞、罗加顺、冯少波、王学锋、罗立文、郑经煜等朋友,他们对本丛书的编著提供了很好的建议。祝所有关心和支持本丛书的朋友身体健康,工作顺利。

最后还要特别感谢已故的北京传智播客教学总监张孝祥老师,感谢他在原《软件开发课堂》系列书中无私的帮助与付出。

6. 提供的服务

为了有效地解答读者在阅读过程中遇到的问题,丛书专门在 http://bbs.022tomo.com/ 开辟了论坛,以方便读者交流。

丛书编委会

前　言

　　Java SE(Java Standard Edition，Java 标准版)是 Sun Microsystems 公司平台体系结构中最基础也是最底层的版本，它是各种应用平台的基础。Java SE 不仅包含了开发和部署各种桌面应用程序的 API，还包含了支持 Java EE 企业级的应用开发以及 Java ME 嵌入式开发的相关类。随着 Sun 投入 Oracle 的怀抱，Java SE 的功能将会进一步加强。

　　Java SE 版本的各种特性的学习对初学者尤为重要。它不仅是初学者通向成功的基石，而且对它掌握的程度直接决定读者后期作为 Java 软件工程师的等级。本书是在《软件开发课堂——Java 基础与案例开发详解》的基础上进行的更新和升级，这一版本根据读者朋友们的反馈，将系统进行了全面的更新，对于部分章节的内容也做了适当的调整，使本书更趋实用。

　　本书选用了大量的实际案例，将 Java 语言特性通过实战代码一一呈现出来，使读者不用刻意去记忆其中的理论，就可以轻松掌握。本书中案例代码注释详细，很多都通过截图的形式展现出来，让读者一目了然。本书中具有代表性的操作以循序渐进的形式一步一步地进行引导和讲解，让读者不仅能知其所以然，而且还能编写出应用程序，具有较高的实用价值，讲解过程中还对一些初学者极易犯的错误提供了相应的解决方案和应注意的事项或提示。这些错误都是编者在开发和教学过程中的实践经验总结，目的是让读者在最短的时间内，掌握最核心、最实用的技术。另外，书中每章的示例源代码都放在所附光盘中，可帮助读者更加轻松地学习。

　　本书共分为 20 章，各章简介如下。

　　第 1、2 和 3 章：介绍 Java 环境的安装配置，Java 程序的开发过程和 Java 语言的基础语法。

　　第 4 章：介绍数组和排序的相关知识。

　　第 5 章和第 6 章：介绍面向对象的编程思想——抽象、封装、继承和多态。本书中，这两章的内容最重要，读者必须掌握其中的很多概念。

　　第 7 章：介绍面向对象的分析与设计思想以及一些常用的设计习惯，对后期编程起到一定的指导作用。

　　第 8 章和第 9 章：介绍一些常用的类，对编程思想的运用和快速开发起到辅助作用。

　　第 10 章：介绍 Java 异常处理机制，该章是 Java 语言在健壮性上的体现，建议读者能熟练掌握。

　　第 11 章：介绍常用的数据结构和泛型机制，对一些常用的集合类，建议读者能熟练地掌握。

　　第 12 章：介绍 Java 多线程的相关知识，重点在于理解多线程的运行机制及线程同步的机制。

　　第 13 章：介绍 I/O 流，主要用于对文件的读、写等操作。

　　第 14 章：介绍 GUI 图形界面编程，包括 AWT 抽象窗口工具包和 Swing 组件等，对本章的内容读者了解即可。

第 15、16 和 19 章：分别介绍反射、标注和 Socket 网络等编程相关知识，多了解这些知识对开发将会有非常大的帮助。

第 18 章：介绍 Java 对数据库的相关操作，对其中比较重要的用法和比较平常的技能要熟练掌握。

第 17 章和第 20 章：介绍单机版五子棋、网络五子棋和仿 QQ 聊天室项目，多多研究和模仿，相信读者会有意外的发现。

本书由徐明华、邱加永、纪希禹编著，参加本书编写和核对的还有张新颖、于坤、单兴华、郑经煜、周大庆、卞志城、孙连伟、聂静宇、尼春雨、张丽、王国胜、张石磊、伏银恋、蒋军军、蒋燕燕、王海龙、曹培培等；对他们的付出，在此表示特别感谢。

由于编者水平有限，书中难免有疏漏和不足之处，恳请专家和广大读者指正。

编　者

目 录

第1章 Java 前奏 1
- 1.1 什么是 Java 2
  - Java 语言发展简史 2
- 1.2 认识 Java 语言 3
  - 1.2.1 Java 语言的特性 3
  - 1.2.2 Java Applet 5
  - 1.2.3 丰富的类库 5
  - 1.2.4 Java 的竞争对手 5
  - 1.2.5 Java 在应用领域的优势 7
- 1.3 Java 平台的体系结构 8
  - 1.3.1 Java SE 标准版 8
  - 1.3.2 Java EE 企业版 10
  - 1.3.3 Java ME 微型版 11
  - 1.3.4 三个版本间的关系 11
- 1.4 Java SE 环境安装和配置 12
  - 1.4.1 什么是 JDK 12
  - 1.4.2 JDK 的安装目录和实用命令工具介绍 12
  - 1.4.3 设置环境变量 14
  - 1.4.4 验证配置的正确性 14
- 1.5 本章练习 15

第2章 Java 程序简介 17
- 2.1 什么是程序 18
- 2.2 计算机中的程序 18
- 2.3 Java 程序 19
  - 2.3.1 Java 程序中的类型 19
  - 2.3.2 Java 应用程序开发三部曲 21
  - 2.3.3 开发第一个 Java 程序 21
  - 2.3.4 Java 代码中的注释 23
  - 2.3.5 源码文本字符集设置 24
  - 2.3.6 常见错误解析 25
- 2.4 Java 类库组织结构和文档 29
- 2.5 Java 虚拟机简介 32
- 2.6 Java 的垃圾回收器 34
- 2.7 上机练习 35

第3章 Java 语言基础入门 37
- 3.1 变量 38
  - 3.1.1 什么是变量 38
  - 3.1.2 为什么需要变量 38
  - 3.1.3 变量的声明和赋值 39
  - 3.1.4 变量命名规范 39
  - 3.1.5 经验之谈——变量常见错误的分析与处理 40
- 3.2 数据的分类 41
  - 3.2.1 Java 中的 8 种基本数据类型 42
  - 3.2.2 数据进制 43
  - 3.2.3 进制间的转换 44
  - 3.2.4 基本数据类型间的转换 45
  - 3.2.5 引用数据类型 46
- 3.3 标识符、关键字和常量 46
  - 3.3.1 Java 的标识符 46
  - 3.3.2 关键字 47
  - 3.3.3 常量 48
- 3.4 运算符 48
  - 3.4.1 算术运算符 49
  - 3.4.2 赋值运算符 51
  - 3.4.3 关系运算符 52
  - 3.4.4 逻辑运算符 53
  - 3.4.5 位运算符 54
  - 3.4.6 移位运算符 55
  - 3.4.7 其他运算符 57
- 3.5 表达式 58
  - 3.5.1 表达式简介 58
  - 3.5.2 表达式的类型和值 58
  - 3.5.3 表达式的运算顺序 59
  - 3.5.4 优先级和结合性问题 59
- 3.6 顺序结构和选择结构 60

3.6.1	顺序语句	60
3.6.2	选择条件语句	61
3.6.3	switch 结构	67
3.6.4	经验之谈——switch 结构常见错误的分析与处理	70
3.6.5	switch 与多重 if 结构比较	72
3.7	循环语句	72
3.7.1	while 循环	73
3.7.2	经验之谈——while 循环的常见错误	75
3.7.3	do-while 循环	76
3.7.4	for 循环	77
3.7.5	经验之谈——for 循环的常见错误	81
3.7.6	循环语句小结	82
3.8	跳转语句	83
3.8.1	break 语句	83
3.8.2	continue 语句	85
3.8.3	return 语句	88
3.9	MyEclipse 工具介绍	89
3.9.1	MyEclipse 的安装	89
3.9.2	MyEclipse 工程管理	90
3.9.3	Java Debug 调试技术	90
3.9.4	MyEclipse 常用快捷键的说明	91
3.9.5	修改注释模板	92
3.10	本章练习	93
第4章	数组和排序算法	95
4.1	一维数组	96
4.1.1	为什么要使用数组	96
4.1.2	什么是数组	97
4.1.3	如何使用数组	98
4.1.4	经验之谈——数组常见错误	103
4.2	数组应用	104
4.2.1	求平均值、最大值和最小值	105
4.2.2	递归调用	107

4.2.3	数组排序	109
4.2.4	数组复制	111
4.2.5	代码优化	113
4.3	多维数组	115
4.3.1	多重循环	115
4.3.2	二维数组	117
4.4	排序算法	119
4.4.1	冒泡排序	119
4.4.2	插入排序	121
4.4.3	快速排序	123
4.4.4	选择排序	125
4.5	增强 for 循环	127
4.6	本章练习	128
第5章	抽象和封装	131
5.1	面向过程的设计思想	132
5.2	面向对象的设计思想	132
5.3	抽象	133
5.3.1	了解对象	133
5.3.2	Java 抽象思想的实现	134
5.4	封装	135
5.4.1	对象封装的概念	136
5.4.2	理解类	137
5.4.3	Java 类模板创建	137
5.4.4	Java 中对象的创建和使用	139
5.5	属性	142
5.5.1	属性的定义	142
5.5.2	变量	143
5.6	方法	145
5.6.1	方法的定义	145
5.6.2	方法的分类	148
5.6.3	构造方法	150
5.6.4	方法重载	152
5.6.5	方法的调用	154
5.6.6	方法参数及其传递问题	157
5.6.7	理解 main()方法语法及命令行参数	160
5.7	this 关键字	161
5.8	JavaBean	163

	5.9	包	164
		5.9.1 为什么需要包	164
		5.9.2 如何创建包	165
		5.9.3 编译并生成包	166
		5.9.4 使用带包的类	167
		5.9.5 JDK 中常用包介绍	167
	5.10	本章练习	168

第 6 章 继承和多态 ... 171

	6.1	继承	172
		6.1.1 Java 继承思想的实现	173
		6.1.2 继承的优点	175
		6.1.3 super 关键字	175
	6.2	Object 类	177
	6.3	多态	179
		6.3.1 多态概念的理解	179
		6.3.2 Java 中多态的实现	180
		6.3.3 类型转换、向上转型和向下转型	184
		6.3.4 动态绑定	186
	6.4	访问修饰符	188
	6.5	static 修饰符	189
		6.5.1 静态变量	189
		6.5.2 静态方法	190
		6.5.3 静态代码块	190
		6.5.4 静态导入	192
		6.5.5 单态设计模式	192
	6.6	final 修饰符	193
	6.7	abstract 修饰符	195
	6.8	接口	197
		6.8.1 接口的定义及实现	197
		6.8.2 接口中的常量	198
		6.8.3 多重接口	199
	6.9	本章练习	199

第 7 章 面向对象的分析与设计 ... 205

	7.1	面向对象的分析与设计简介	206
		7.1.1 类的设计建议	206
		7.1.2 类名、变量名、方法名的选取	207

		7.1.3 类的属性设计建议	208
		7.1.4 类的方法设计建议	208
		7.1.5 继承的设计建议	209
	7.2	对象模型建立	209
		7.2.1 UML 简介	209
		7.2.2 用例图	211
		7.2.3 类图	211
		7.2.4 序列图	213
		7.2.5 状态图	214
		7.2.6 活动图	215
		7.2.7 组件图	215
		7.2.8 部署图	216
	7.3	类之间的关系	217
	7.4	软件的可维护与复用设计原则	220
	7.5	本章练习	225

第 8 章 内部类与包装器 ... 227

	8.1	内部类和内部接口	228
		8.1.1 成员内部类	229
		8.1.2 静态内部类	233
		8.1.3 局部内部类	234
		8.1.4 匿名内部类	237
	8.2	对象包装器	240
	8.3	装箱和拆箱	243
	8.4	本章练习	245

第 9 章 常用类介绍 ... 247

	9.1	String 类	248
		9.1.1 字符串常量	250
		9.1.2 字符串对象的操作	253
		9.1.3 字符串对象的修改	256
		9.1.4 类型转换	259
	9.2	StringBuffer 和 StringBuilder 类	260
	9.3	Runtime 类的使用	263
	9.4	日期类简介	265
	9.5	Java 程序国际化的实现	269
	9.6	Random 类和 Math 类	274
	9.7	枚举	276
	9.8	本章练习	280

第 10 章 Java 异常处理 283

- 10.1 异常概述 284
- 10.2 认识异常 287
- 10.3 使用 try 和 catch 捕获异常 288
- 10.4 使用 throw 和 throws 引发异常 292
- 10.5 finally 关键字 295
- 10.6 getMessage 和 printStackTrace 方法 299
- 10.7 异常分类 300
- 10.8 自定义异常类 301
- 10.9 本章练习 303

第 11 章 Java 集合框架和泛型机制 305

- 11.1 Java 集合框架概述 306
- 11.2 Collection 接口 306
- 11.3 Set 接口实现类 308
  - 11.3.1 实现类 HashSet 309
  - 11.3.2 实现类 LinkedHashSet 312
  - 11.3.3 实现类 TreeSet 313
- 11.4 List 接口实现类 319
  - 11.4.1 实现类 ArrayList 319
  - 11.4.2 实现类 LinkedList 321
  - 11.4.3 实现类 Vector 323
  - 11.4.4 实现类 Stack 325
- 11.5 Map 接口 326
  - 11.5.1 实现类 HashMap 327
  - 11.5.2 实现类 LinkedHashMap 328
  - 11.5.3 实现类 TreeMap 329
  - 11.5.4 实现类 Properties 330
- 11.6 Collections 类 332
- 11.7 泛型概述 335
- 11.8 本章练习 345

第 12 章 多线程 347

- 12.1 理解线程 348
  - 12.1.1 什么是多线程 348
  - 12.1.2 进程和线程的区别 349
  - 12.1.3 线程的创建和启动 349
  - 12.1.4 Thread 类介绍 352
  - 12.1.5 为什么需要多线程 353
  - 12.1.6 线程分类 353
- 12.2 线程的生命周期 355
  - 12.2.1 线程的状态及转换 355
  - 12.2.2 线程睡眠 356
  - 12.2.3 线程让步 358
  - 12.2.4 线程的加入 359
- 12.3 线程的调度和优先级 359
- 12.4 线程的同步 360
  - 12.4.1 线程同步的方法 363
  - 12.4.2 对象锁 364
  - 12.4.3 wait 和 notify 方法 365
  - 12.4.4 死锁 369
- 12.5 集合类的同步问题 371
  - 12.5.1 使用 synchronized 同步块 371
  - 12.5.2 使用集合工具类同步化集合类对象 371
  - 12.5.3 使用 JDK 5.0 后提供的并发集合类 372
- 12.6 用 Timer 类调度任务 372
- 12.7 本章练习 373

第 13 章 Java I/O 375

- 13.1 java.io.File 类 376
  - 13.1.1 文件和目录 376
  - 13.1.2 Java 对文件和目录的操作 376
- 13.2 Java I/O 原理 382
- 13.3 流类的结构 382
  - 13.3.1 InputStream 和 OutputStream 383
  - 13.3.2 Reader 和 Writer 384
- 13.4 文件流 385
  - 13.4.1 FileInputStream 和 FileOutputStream 386
  - 13.4.2 FileReader 和 FileWriter 388
- 13.5 缓冲流 390
- 13.6 转换流 391
- 13.7 数据流 393
- 13.8 打印流 395

13.9 对象流	396
13.9.1 序列化和反序列化操作	396
13.9.2 序列化的版本	399
13.10 随机存取文件流	400
13.11 ZIP 文件流	404
13.12 本章练习	408

第 14 章 图形用户界面设计 409

14.1 抽象窗口工具集(AWT)	410
14.1.1 AWT 组件和容器	410
14.1.2 布局管理器	416
14.2 事件处理机制	422
14.2.1 事件监听器	423
14.2.2 事件适配器	427
14.3 AWT 常用组件	429
14.3.1 界面组件	429
14.3.2 菜单组件	435
14.3.3 其他组件	439
14.4 Swing 简介	441
14.4.1 Swing 体系	441
14.4.2 Swing 组件的应用	442
14.5 可视化开发 Swing 组件	456
14.6 声音的播放和处理	459
14.7 2D 图形的绘制	463
14.8 本章练习	465

第 15 章 反射 467

15.1 反射概述	468
15.1.1 Java 中的反射机制	468
15.1.2 Java 反射 API	468
15.1.3 Class 类	469
15.2 使用 Java 反射机制	470
15.2.1 获取类型信息	470
15.2.2 创建对象	473
15.2.3 调用方法	475
15.2.4 访问成员变量的值	477
15.2.5 操作数组	478
15.3 反射与动态代理	480
15.3.1 静态代理	480

| 15.3.2 动态代理 | 482 |
| 15.4 本章练习 | 483 |

第 16 章 Java 标注 485

16.1 标注概述	486
16.2 JDK 内置的基本标注类型	486
16.2.1 重写 Override	486
16.2.2 警告 Deprecated	488
16.2.3 抑制警告 SuppressWarnings	489
16.3 自定义标注类型	490
16.4 对标注进行标注	491
16.4.1 目标 Target	491
16.4.2 类型 Retention	492
16.4.3 文档 Documented	493
16.4.4 继承 Inherited	493
16.5 利用反射获取标注信息	494
16.6 本章练习	496

第 17 章 项目实战 1——单机版五子棋游戏 497

17.1 功能描述	498
17.2 总体设计	498
17.3 代码实现	498
17.4 程序的运行与发布	511
17.5 手动生成可执行 JAR 文件	514
17.6 本章练习	516

第 18 章 Java 数据库编程 517

18.1 JDBC 简介	518
18.2 JDBC 类和接口	518
18.2.1 DriverManager 类	520
18.2.2 Connection 接口	522
18.2.3 Statement 接口	522
18.2.4 PreparedStatement 接口	522
18.2.5 ResultSet 接口	523
18.3 JDBC 操作 SQL	525
18.4 JDBC 基本示例	529
18.5 JDBC 应用示例	535
18.6 本章练习	547

第 19 章　Java 网络编程 549

19.1　网络编程的基本概念 550
19.1.1　网络基础知识 550
19.1.2　网络基本概念 551
19.1.3　网络传输协议 552
19.2　Java 网络类和接口 553
19.3　InetAddress 类 554
19.4　URL 和 URLConnection 类 555
19.4.1　URL 类 555
19.4.2　URLConnection 类 558
19.5　Socket 套接字 562
19.6　Datagram 套接字 568
19.7　综合示例 572
19.8　本章练习 580

第 20 章　项目实战 2——网络五子棋与网络版 JQ 的开发 581

20.1　网络五子棋 582
20.1.1　功能分析 582
20.1.2　网络五子棋界面设计 584
20.1.3　网络五子棋运行效果 596
20.2　网络版 JQ 597
20.2.1　需求描述 597
20.2.2　功能分析 598
20.2.3　主要功能实现 598
20.3　制作 JAR 包的补充说明 627
20.4　本章练习 627

第 1 章

Java 前奏

学前提示

Java 是目前最流行的一门编程语言。要学习 Java 语言,必须先了解 Java 的整体概况。本章主要介绍 Java 语言的发展历史、体系结构、安装环境和主流 IDE 集成开发工具等。通过这一章的学习,读者会对 Java 语言有个整体的认识。

知识要点

- Java 语言发展简史
- 认识 Java 语言
- Java 平台的体系结构
- Java SE 环境安装和配置

1.1 什么是 Java

在谈到"什么是 Java"这个问题的时候,通常的答案是:Java 是一种计算机编程语言。其实对这个问题的全面回答应该包含如下几点。

(1) 它是一种计算机编程语言

它允许用户编写指令或代码,实现用户与计算机之间的交流。计算机通过解释代码来满足用户的要求,并完成用户的一些想法。

(2) 它是一种软件开发平台

编写程序的过程就是软件开发。软件开发的基本步骤包括需求分析、概要设计、编码、测试、维护等阶段。在软件开发的过程中,需要一些辅助工具。而像 javac.exe、java.exe 等 Java 所需要的环境和工具,Java 自身都已提供,所以它是一个开发平台。

(3) 它是一种软件运行平台

程序不仅要运行在计算机上,而且必须运行在软件之上,Java 本身提供了 Java 软件所需要的运行环境,Java 应用可运行在安装了 JRE 的机器上,所以它是一个运行平台。

(4) 它是一种软件部署环境

部署也就是安装,就是把软件放置到相应的地方,让软件能正常地运行起来,Java 程序是部署在 Java 平台上的,所以它也是一种软件部署环境。

Java 语言发展简史

Java 作为目前最流行的一种编程语言,它的名字被所有与编程相关的人们所熟知。读者可能会猜测,这个伟大的名字是如何想出来的呢?据说,Java 程序设计语言最早被称为"Oak",但由于当时已经存在一种命名为 Oak 的语言。所以不得不放弃 Oak 这个名称,在包括一个起名专家在内的众多人员进行的一系列的讨论之后,终于选择了"Java"这个名称,于是"Java 就在一片混乱中诞生了"。该说法在 Java 技术之父 James Gosling 的博客中得到了证实。

Java 语言最早诞生于 1991 年,刚开始,它只是 Sun 公司为一些消费性电子产品所设计的通用环境。因为当时 Java 的应用对象只限于 PDA、电子游戏机、电视机顶盒之类的消费性电子产品,所以并未被众多的编程技术人员所接受。

在 Java 出现以前,Internet 上的信息内容都是一些静态的 HTML 文档。正是因为在 Web 中看不到交互式的内容,所以人们很不满意当时的 Web 浏览器,他们迫切希望能够在 Web 上创建一类无须考虑软、硬件平台就可以执行的应用程序,并且这些程序还要有极大的安全保障。正是由于这种需求,给 Java 带来了前所未有的施展舞台。

Sun 的工程师从 1994 年起,把 Java 技术应用于 Web 上,并且开发出了 HotJava 的第一个版本。从那时起,Java 的名字便逐渐变得广为人知。

到 2009 年,Java 已经发布了一系列的版本,并且它每发布一个版本,都有其自己特有的名字,如表 1.1 所示。

表 1.1　JDK 已发布版本

JDK 版本	名　字	中　文　名	发布时间
JDK 1.1.4	Sparkler	宝石	1997-09-12
JDK 1.1.5	Pumpkin	南瓜	1997-12-13
JDK 1.1.6	Abigail	阿比盖尔(女子名)	1998-04-24
JDK 1.1.7	Brutus	布鲁图(古罗马政治家和将军)	1998-09-28
JDK 1.1.8	Chelsea	切尔西(城市名)	1999-04-08
J2SE 1.2	Playground	运动场	1998-12-04
J2SE 1.2.1	none	无	1999-03-30
J2SE 1.2.2	Cricket	蟋蟀	1999-07-08
J2SE 1.3	Kestrel	美洲红隼	2000-05-08
J2SE 1.3.1	Ladybird	瓢虫	2001-05-17
J2SE 1.4.0	Merlin	灰背隼	2002-02-13
J2SE 1.4.1	grasshopper	蚱蜢	2002-09-16
J2SE 1.4.2	Mantis	螳螂	2003-06-26
J2SE 5.0 (1.5.0)	Tiger	老虎	2004
J2SE 5.1 (1.5.1)	Dragonfly	蜻蜓	2005
J2SE 6.0 (1.6.0)	Mustang	野马	2006
Java SE 7.0	Dolphin	海豚	2010

1.2　认识 Java 语言

作为一种程序设计语言，Java 语言具有简单高效、面向对象、不依赖于机器的结构、可移植性好、安全等特点，并且提供了并发机制，具有很高的性能。其次，Java 语言最大限度地利用了网络，Java 的小应用程序(Applet)可在网络上传输而不受 CPU 和环境的限制。另外，Java 还提供了丰富的类库，使程序设计者可以很方便地建立自己的系统。

下面分别从语言特性、Applet 和类库三个方面来讨论 Java 的特点，然后通过把 Java 与其他编程语言 C、C++、C#进行比较，进一步指出它所具有的优点。

1.2.1　Java 语言的特性

Java 语言主要有简单高效、面向对象、网络分布计算、健壮性、安全性、跨平台、并发性以及动态扩展等一系列特点。Java 语言特性的具体说明如下。

1. 简单高效

Java 语言最初是应用于电子产品的，如冰箱(只需要控制开和关即可完成制冷工作)，所以相对来说比较简单。Java 语言提供了很多的功能实现类库，很多代码只需要简单修改便可以很轻松地应用到其他的软件产品中，大大提高了代码的重用率，缩短了开发时间，提

高了开发软件的效率。

2．面向对象

世界万事万物皆是对象。程序员如果要对现实生活中的各种对象进行模拟并编写出大型程序，那么 Java 语言是最好的选择。在面向对象方面，Java 语言比其他面向对象的编程语言更"纯"，所有的数据类型都有相应的类，完全可以用面向对象的方式来编写。

在很多应用中，Java 语言的设计主要集中于对象及其接口，Java 提供了简单的类机制以及动态的接口模型。对象中封装了对象的状态变量以及相应的方法，实现了模块化和信息隐藏；而类则提供了对象的原型，并且通过继承机制，子类可以使用父类所提供的方法，实现了代码的复用。

3．网络分布式计算

Internet 的出现，为网络计算提供了一个良好的信息共享和信息交流的平台。然而，要充分利用网络来处理各种信息，不同操作系统平台具有的不同的运行环境是一个严重的制约，Java 技术的出现为解决网络分布计算提供了最佳途径。Java 语言是面向网络的编程语言，通过它提供的相应类库，可以很方便地处理分布在不同计算机上的对象。

4．健壮性

Java 程序一般不可能使计算机系统崩溃。因为 Java 虚拟机系统会在编译时对每个 Java 程序进行合法性检查，以消除错误的产生。在运行时，如果遇到出乎意料的事情，Java 也可以通过异常处理机制，将异常抛出，并由相应的程序进行处理。

5．安全性

用于网络分布环境下的 Java 产品必须要防止病毒的入侵。Java 语言之所以安全，是因为它不支持指针，并提供了字节码校验机制，禁止在自己的处理空间之外破坏内存。

6．跨平台

Java 源程序通过 Java 解释器解释后会产生与源程序对应的字节码指令，只要在不同的平台上安装配置好相应的 Java 运行环境，Java 程序就可以随处运行。

7．并发性

Java 内建了对多线程的支持，多线程机制的引入，使 Java 程序的运行效率大大提高。同时也保证了对共享数据的正确操作。通过使用多线程，程序设计者可以分别用不同的线程完成特定的功能，而不需要采用全局的事件循环机制，这样就可以很容易地实现网络上的实时交互行为。

8．动态扩展

Java 语言是一个不断发展的优秀编程语言。Java 语言的类库可以自由地加入新的方法和实例变量而不会影响用户程序的执行，并且通过接口机制，改进了传统多继承的缺点，使之比严格的类继承具有更灵活的方式和动态扩展性等。

1.2.2 Java Applet

Java 语言的特性是它可以最大限度地利用网络。Applet 是 Java 的小应用程序，它是动态、安全、跨平台的网络应用程序。Applet 可以嵌入 HTML 语言中，通过主页发布到 Internet 上。网络用户访问服务器的 Applet 时，这些 Applet 从网络上进行传输，然后在支持 Java 的浏览器中运行。由于 Java 语言的安全机制，用户一旦载入 Applet，就可以放心地生成多媒体的用户界面或完成复杂的计算，而不必担心病毒的入侵。虽然 Applet 可以如图像、声音、动画等一样从网络上下载，但它不同于这些多媒体的文件格式，它可以接收用户的输入，动态地进行改变，而不仅仅是动画的显示和声音的播放。Applet 在早期 Internet 上的应用比较广泛，但当前的应用比较少。

1.2.3 丰富的类库

Java 提供了大量的类，以满足网络化、多线程、面向对象系统的需要，类的主要应用领域包括以下几方面。

(1) 语言包提供的支持包括字符串处理、多线程处理、异常处理、数学函数处理等，可以用它简单地实现 Java 程序的运行平台。

(2) 实用程序包提供的支持包括散列表、堆栈、可变数组、时间和日期等。

(3) 输入输出包用统一的"流"模型来实现所有格式的 I/O(输入/输出)，包括文件系统、网络、输入。

(4) 低级网络包用于实现 Socket 编程。

(5) 抽象图形用户接口包实现了不同平台的计算机的图形用户接口部件，包括窗口、菜单、滚动条、对话框等，使得 Java 可以移植到不同平台的机器上。

(6) 网络包支持 Internet 的 TCP/IP 协议，提供了与 Internet 的接口。网络包支持 URL 连接和 WWW 的即时访问，并且简化了用户/服务器模型的程序设计。

(7) 为了适应新的形势，在 JDK 5.0 以后陆续加入了很多新的特性，如标注、泛型、反射等类。

1.2.4 Java 的竞争对手

C++、Java、C#等编程语言基本上都来源于 C 语言，但又有很多区别。业内人士经常将 C 比作爷爷，C++比做爷爷的儿子，Java 和 C#等语言比作孙子。对于变量声明、参数传递、操作符、流控制等，Java 使用了与 C、C++相同的传统，而 C++主要是对 C 的扩展，并融入了面向对象的思想，Java 和 C#语言是纯粹的面向对象的编程语言，吸收了 C、C++语言的很多优点，摒弃了很多缺点，但 C#编程语言的运行依赖于 Windows 平台，而 Java 语言不依赖于任何平台，因此使得熟悉 C、C++、C#的程序员能够很方便地转向 Java 编程。具体描述有如下几点。

1. Java 与 C、C++对比

(1) 全局变量

在 Java 编程的过程中，不能在类之外定义全局变量，例如：

```
public String name;                    //错,不能在类之外定义全局变量
public class GlobalVar {
    public static global_var;          //全局变量也叫成员变量或成员属性
}
```

要定义全局变量,只能通过在一个类中定义公用、静态的变量来实现一个全局变量。在类 GlobalVar 中定义变量 global_var 为 public static,使得其他类可以访问和修改该变量。Java 对全局变量进行了更好的封装。而在 C 和 C++中,依赖于不加封装的全局变量常常造成系统的崩溃。

(2) 剔除 goto 关键字

虽然在 Java 中将关键字 goto 保留了,但是 Java 不支持 C、C++中的 goto 语句,而是通过异常处理语句 try、catch、final 等来代替 C、C++中用 goto 语句来处理遇到错误时跳转的情况,使程序更易读,且更结构化。

(3) 良好的指针控制

指针是 C、C++编程语言中最有魅力的特性,但它的超高使用难度加上超高灵活性,使得大部分程序员望而却步,在学习 C、C++语言进行编程的过程中,通过指针所进行的内存地址操作常常会造成不可预知的错误,同时通过指针对某个内存地址进行显式类型转换后,可以访问一个 C 或 C++中的私有成员,从而破坏安全性,造成系统的崩溃。而 Java 语言对指针进行完全的控制,程序员不能直接进行任何指针操作,例如把整数转化为指针,或者通过指针释放某一内存地址等。同时,数组作为类在 Java 中实现,较好地解决了数组访问越界这一问题。

(4) 自动内存回收

一般内存资源有限,很容易被程序破坏。在 C 语言中,程序员通过库函数 malloc()和 free() 来分配和释放内存,在 C++中,则通过运算符 new 和 delete 来分配和释放内存。再次释放已释放的内存块或未被分配的内存块,都会造成系统的崩溃;而忘记释放不再使用的内存块也会逐渐耗尽系统资源。但在 Java 中,所有的数据结构都是对象,通过运算符 new 为它们分配内存堆。通过运算符 new 可以得到对象的处理权,而实际分配给对象的内存可能随程序运行而改变,Java 对此自动地进行管理,并且进行垃圾收集,有效防止了由于程序员的误操作而导致的错误,并且更好地利用了系统资源。

(5) 固定的数据类型

在 C、C++语言中,不同数据类型在不同的平台上所占的位数不一样,例如,int 类型的数据在 IBM PC 中占 16 位,在 VAX-II 中占 32 位,这就导致了代码的不可移植性。但在 Java 中,对于这些数据类型都采用国际统一字符编码,即分配固定长度的位数,例如,对 int 类型的数据,它在任何机器上都占 32 位,这就保证了 Java 的平台无关性。

(6) 严格控制数据类型转换

一种数据类型的数据转换成另外一种数据类型的数据时,常常会出现数据精度丢失的问题,在 C、C++中,通过指针进行任意的数据类型转换极不安全,而在 Java 中,运行时系统对对象的处理要进行类型相容性检查,以防止不安全的转换。

(7) 库文件

编程语言中丰富的库文件能快速地开发出各种应用软件。C、C++中用头文件来声明类

的原型以及全局变量、库函数等，在大的系统中，维护这些头文件是很困难的。而 Java 不支持头文件，类成员的类型和访问权限都封装在一个类中，运行时系统对访问进行控制，防止对私有成员的操作。同时，Java 中用 import 语句来与其他类进行通信，以便使用它们的方法。

(8) 类与结构体和联合体

安全是一个永恒的话题。C、C++中的结构体和联合体中的所有成员均为公有，这就带来了安全性问题。Java 中不包含结构体和联合体，所有的内容都封装在类中。

其实 Java 与 C、C++编程语言还有很多的差别，如速度、内部类、方法嵌入等，但总体来说，Java 提取了很多其他编程语言的优点，使它更适合于大众程序员的需求。

2. Java 与 C#对比

Java 语言是开放式的世界语言，基本源代码都公开，而 C#作为 Microsoft 的一门主打语言也不甘示弱。一个开源，一个收费，它们两者基本上都对 C、C++深涩的语法和语义进行了改进。在语法方面，两者都摒弃了 const 修饰、宏替换等；在继承方面，两者都采用更易于理解的单继承和多接口实现方案；在源代码组织方面，两者都提出了声明与实现于一体的逻辑封装。

Java 与 C#的不同点主要体现在：C#在 Microsoft 的支持下提供了强大的 Visual Studio 开发平台，可以极好地提高 C#程序的开发效率。而且 C#更善于利用 Windows 平台。Java 的设计宗旨是独立于任何平台，因此自然不会提供太多的 Windows 特性。但这也正体现了 Java 语言的跨平台优势。对于一般的企业级应用来说，无法确定这个应用是在怎样的平台上运行，因而企业级开发一般选择 Java 作为开发语言。

1.2.5 Java 在应用领域的优势

如图 1.1 所示为目前各种编程语言的使用排名。

Position Feb 2009	Position Feb 2008	Delta in Position	Programming Language	Ratings Feb 2009	Delta Feb 2008	Status
1	1	=	Java	19.401%	-2.08%	A
2	2	=	C	15.837%	+0.98%	A
3	5	↑↑	C++	9.633%	+0.36%	A
4	3	↓	(Visual) Basic	8.843%	-2.76%	A
5	4	↓	PHP	8.779%	-1.11%	A
6	8	↑↑	C#	5.062%	+0.55%	A
7	7	=	Python	4.567%	-0.20%	A
8	6	↓↓	Perl	4.117%	-2.09%	A
9	9	=	Delphi	3.624%	+0.83%	A
10	10	=	JavaScript	3.540%	+1.21%	A
11	11	=	Ruby	3.278%	+1.42%	A
12	12	=	D	1.259%	+0.07%	A
13	13	=	PL/SQL	0.988%	+0.01%	A
14	14	=	SAS	0.835%	-0.11%	A
15	22	↑↑↑↑↑↑↑	Logo	0.813%	+0.50%	A--
16	17	↑	Pascal	0.689%	+0.24%	B
17	29	↑↑↑↑↑↑↑↑↑↑↑↑	ABAP	0.574%	+0.42%	A
18	21	↑↑↑	ActionScript	0.539%	+0.22%	B
19	26	↑↑↑↑↑↑↑	RPG (AS/400)	0.505%	+0.33%	A
20	18	↓↓	Lua	0.487%	+0.10%	B

图 1.1 各种编程语言的使用排名

从图 1.1 中可以看出，Java 语言依然是排名第一的语言，应用非常广泛。Java 语言在应

用领域占有较大优势，具体体现在以下几个方面。

(1) 开发桌面应用程序，如银行软件、商场结算软件等。

(2) 开发面向 Internet 的 Web 应用程序，如门户网站(工商银行)、网上商城、阿里巴巴、电子商务网站等。

(3) 提供各行业的数据移动、数据安全等方面的解决方案。

Java 语言目前已发展成为最优秀的应用软件开发语言，它有着众多的开源工具。另外，Java 为了实现高度的伸缩能力，增加了产品的复杂性。尽管 C、C++开发的程序运行速度快，但缺点是基本没有什么好的开源工具，学习难度大；C#虽然封装得较好，但它开发的程序不能跨平台运行，并且需要安装大规模的运行环境。基于以上原因，Java 的使用者越来越多，Java 在应用程序开发领域所占的份额也越来越大。

1.3 Java 平台的体系结构

作为功能强大的编程语言，Java 发展到今天按其应用来分可以分为三个版本，分别是 Java SE、Java EE 和 Java ME，这也就构成了 Java 平台体系结构。Java 平台的体系结构基本上囊括了不同 Java 开发人员对特定市场的需求，下面具体介绍 Java 的这三个版本。

1.3.1 Java SE 标准版

Java SE(Java Standard Edition)标准版是各种应用平台的基础，主要应用于桌面开发和低端商务应用的解决方案。Java SE 也包含了支持 Java Web 服务开发的类库，并为 Java EE 提供了基础。Java SE 1.4 与 1.5 以后的版本有很大的差别，现在大多数开发人员都使用 1.6 版本。Java SE 7.0 已经正式发布，Java SE 7.0 的组成如图 1.2 所示。开源组织采集了很多高级特性归纳到 Java SE 7.0 中。但这些高级特性的普及使用需要一个过程。

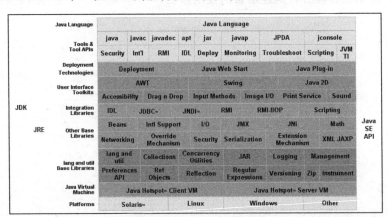

图 1.2 Java SE 7.0 的组成

Java SE 中包含的主要技术如下。

(1) Java Beans Component Architecture：是一个为 Java 平台定义可重用软件组件的框架，可以在图形化构建工具中设计这些组件。

(2) Java Foundation Classes(Swing)(JFC)：是一套 Java 类库，支持为基于 Java 的客户机应用程序构建 GUI(Graphical User Interface，图形用户界面)和图形化功能。

(3) Java Help：是一个独立于平台的可扩展的帮助系统，开发人员可使用它将在线帮助集成到 Applet、组件、应用程序、操作系统和设备中，还可提供基于 Web 的在线文档。

(4) Java Native Interface(JNI)：是 JVM 中运行的 Java 代码，可以与用其他编程语言编写的应用程序和库进行互操作。

(5) Java Platform Debugger Architecture(JPDA)：是用于 Java SE 调试支持的基础结构。

(6) Java 2D API：是一套用于高级 2D 图形和图像的类(为图像组合和 Alpha 通道图像提供丰富的支持)，一套提供精确的颜色空间定义和转换的类及一套面向显示的图像操作符。

(7) Java Web Start：允许用户通过一次单击操作下载并启动特性完整的应用程序(比如电子表格)，而不需要进行安装，从而简化了 Java 应用程序的部署。

(8) Certification Path API：提供了一套用于创建、构建和检验认证路径(也称为"认证链")的 API，可以安全地建立公共密钥到主体的映射。

(9) Java Database Connectivity(JDBC)：是一个 API，它使用户能够从 Java 代码中访问大多数表格式数据源，提供了对许多 SQL 数据库的跨 DBMS 连接能力，并可以访问其他表格式数据源，比如电子表格或平面文件。

(10) Java Advanced Imaging(JAI)：是一个 API，提供了一套面向对象的接口，这些接口支持一个简单的高级编程模型，使开发人员能够轻松地操作图像。

(11) Java Authentication and Authorization Service(JAAS)：是一个包，实现了标准的 Pluggable Authentication Module(PAM)框架的 Java 版本并支持基于用户的授权，能够对用户进行身份验证和访问控制。

(12) Java Cryptography Extension(JCE)：是一组包，提供了用于加密、密钥生成和协商以及 Message Authentication Code(MAC)算法的框架和实现。JCE 给对称、不对称、块和流密码提供加密支持，它还支持安全流和密封的对象。

(13) Java Data Objects(JDO)：是一种基于标准接口的持久化 Java 模型抽象，使程序员能够将 Java 领域模型实例直接保存到数据库(持久化存储器)中，这可以替代直接文件 I/O、串行化、JDBC/EJB、BMP(Bean Managed Persistence)或 CMP(Container Managed Persistence)实体 Bean 等方法。

(14) Java Management Extensions：提供了用于构建分布式、基于 Web、模块化且动态的应用程序的工具，这些应用程序可以用来管理和监视设备、应用程序和服务驱动的网络。

(15) Java Media Framework(JMF)：可以将音频、视频和其他基于时间的媒体添加到 Java 应用程序和 Applet 中。

(16) Java Naming and Directory Interface(JNDI)：为 Java 应用程序提供一个连接到企业中的多个命名和目录服务的统一接口，可以无缝地连接结构不同的企业命名和目录服务。

(17) Java Secure Socket Extensions(JSSE)：是一组包，它们支持安全的互联网通信，实现了 SSL(Secure Sockets Layer)和 TLS(Transport Layer Security)的 Java 版本，包含了数据加密、服务器身份验证、消息完整性和可选的客户机身份验证等功能。

(18) Java Speech API(JSAPI)：包含 Java Speech Grammar Format(JSGF)和 Java Speech Markup Language(JSML)规范，使 Java 应用程序能够将语音技术集成到用户界面中。JSAPI

定义了一个跨平台的 API，支持命令和控制识别器、听写系统及语音识别器。

(19) Java 3D：是一个 API，它提供了一套面向对象的接口，这些接口支持一个简单的高级编程模型，开发人员可以使用这个 API 轻松地将可伸缩的独立于平台的 3D 图形集成到 Java 应用程序中。

(20) Metadata Facility：允许给类、接口、字段和方法标上特定的属性，从而使开发工具、部署工具和运行时能够以特殊方式处理它们。

(21) Java Content Repository API：是一个用于访问 Java SE 中独立于实现的内容存储库的 API。内容存储库是一个高级信息管理系统，是传统数据存储库的超集。

(22) Enumerations：枚举是一种类型，允许以类型安全的方式将特定的数据表示为常量。

(23) Generics：泛型允许定义具有抽象类型参数的类，可以在实例化时指定这些参数。

(24) Concurrency Utilities：是一套中级实用程序，提供了并发程序中常用的功能。

(25) Java API for XML Processing(JAXP)：允许 Java 应用程序独立于特定的 XML 处理，实现对 XML 文档进行解析和转换，允许灵活地在 XML 处理程序之间进行切换，而不需要修改应用程序代码。Java API for XML Binding(JAXB)允许在 XML 文档和 Java 对象之间进行自动的映射。

(26) SOAP with Attachments API for Java(SAAJ)：使开发人员能够按照 SOAP 1.1 规范和 SOAP with Attachments Note 生成和消费消息。

1.3.2　Java EE 企业版

Java EE(Java Platform，Enterprise Edition)企业版是以企业为环境而开发应用程序的解决方案，这个版本以前称为 J2EE。企业版本帮助开发和部署可移植、健壮、可伸缩且安全的服务器端 Java 应用程序。

Java EE 是在 Java SE 的基础上构建的，它提供了 Web 服务、组件模型、管理和通信 API，可以用来实现企业级的面向服务体系结构(Service Oriented Architecture，SOA)和 Web 2.0 应用程序。

Java EE 中包含的主要技术如下。

(1) Enterprise Java Beans(EJB)：该技术使用一个组件模型来简化中间件应用程序的开发，提供了对事务、安全性和数据库连接等服务的自动支持。

(2) Portlet Specification：定义了一套用于 Java 门户计算的 API，可以解决聚合、个人化、表示和安全性方面的问题。

(3) Java Mail：是一个 API，提供了一套对邮件系统进行建模的抽象类。

(4) Java Message Service(JMS)：是一个 API，它为所有与 JMS 技术兼容的消息传递系统定义一套通用的消息概念和编程策略，从而支持开发可移植的基于消息的 Java 应用程序。

(5) Java Server Faces(JSF)：提供一个编程模型，帮助开发人员将可重用 UI 组件组合在页面中，将这些组件连接到应用程序数据源，将客户机生成的事件连接到服务器端的事件处理程序，从而轻松地组建 Web 应用程序。

(6) Java Server Pages(JSP)：允许 Web 开发人员快速地开发和轻松地维护动态的独立于平台的 Web 页面，并将用户界面和内容生成隔离开，这样设计人员就能够修改页面布局，而不必修改动态内容。这种技术使用类似 XML 的标记来封装为页面生成内容的逻辑。

(7) Standard Tag Library for Java Server Pages(JSTL)：是一个定制标记集合，它以一种标准化的格式，用于许多常见的 Web 站点功能。

(8) Java Servlets：提供了一种基于组件的独立于平台的方法，可以构建基于 Web 的应用程序，同时避免了 CGI 程序的性能限制，从而扩展并增强了 Web 服务器的功能。

(9) J2EE Connector Architecture(JCA)：为将 J2EE 平台连接到各种结构的企业信息系统 (Enterprise Information Systems，EIS)定义了一个标准的体系结构，它定义了一套可伸缩的安全的事务性机制，使 EIS 厂商能够提供标准的资源适配器，可以将这些资源适配器插入到应用服务器中。

(10) J2EE Management Specification：为 J2EE 平台定义了一个信息管理模型。根据其设计，J2EE Management Model 可与多种管理系统和协议进行互操作；包含模型到 Common Information Model(CIM)的标准映射，CIM 是一个 SNMP Management Information Base(MIB)；还可以通过一个驻留在服务器上的 EJB 组件——J2EE Management EJB Component(MEJB)映射到 Java 对象模型。

(11) Java Transaction API(JTA)：是一个独立于实现和协议的高级 API，它使应用程序和应用服务器可以访问事务。Java Transaction Service(JTS)指定了 Transaction Manager 的实现，它支持 JTA 并在这个 API 之下的层上实现 OMG Object Transaction Service(OTS) 1.1 规范的 Java 映射。JTS 使用 Internet Inter-ORB Protocol(IIOP)传播事务。

1.3.3 Java ME 微型版

Java ME(Java Micro Edition)：微型版致力于消费产品和嵌入式设备的最佳解决方案，这个版本以前称为 J2ME。它是对标准版进行功能缩减后的版本。Java ME 为在移动设备和嵌入式设备(比如手机、PDA、电视机顶盒和打印机)上运行的应用程序提供一个健壮且灵活的环境。Java ME 包括灵活的用户界面、健壮的安全模型、许多内置的网络协议以及对可以动态下载的联网和离线应用程序的丰富支持。基于 Java ME 规范的应用程序只需编写一次就可以用于许多设备，而且可以利用每个设备自身的功能。

Java ME 中包含的主要技术如下。

(1) Connected Limited Device Configuration(CLDC)：描述最基本的库和虚拟机特性，所有包含 K 虚拟机(K Virtual Machine，KVM)的 J2ME 环境实现中都必须提供这些库和特性。

(2) Mobile Information Device Profile(MIDP)：提供核心应用程序功能，包括用户界面、网络连接、本地数据存储和应用程序生命周期管理。

(3) Connected Device Configuration(CDC)：是一个基于标准的框架，用来构建和交付可以跨许多连接网络的消费类设备和嵌入式设备共享的应用程序。

(4) Mobile 3D Graphics API for J2ME(M3G)：是一种轻量的交互式 3D 图形 API，它作为可选的包，与 J2ME 和 MIDP 结合使用。

1.3.4 三个版本间的关系

Java EE 几乎完全包含 Java SE 的功能，然后在 Java SE 的基础上添加了很多新的功能。

Java ME 主要是 Java SE 的功能子集，然后再加上一部分额外添加的功能。三个版本间的关系如图 1.3 所示。

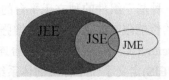

图 1.3　Java 三个版本之间的关系

1.4　Java SE 环境安装和配置

用 Java 语言编写出来的程序要在各种平台上运行，必须要预先安装和配置好它的运行环境。对于编程开发者而言，最重要的就是要安装 JDK。

1.4.1　什么是 JDK

JDK(Java Development Kits)就是 Java 开发工具箱，JDK 中主要包括：
- JRE(Java Run Time Environment，Java 运行时环境)。它是 JDK 的子集合，包含了 JDK 中执行 Java 程序所需的组件，但未包含部署的组件。
- JVM(Java Virtual Machine，Java 虚拟机)。主要作用是进行 Java 程序运行和维护。
- Java API(应用程序编程接口)。主要作用是为编程人员提供已经写好的功能，便于快速开发。
- Java 编译器(javac.exe)、Java 运行时解释器(java.exe)、Java 文档化工具(javadoc.exe)及其他工具和资源。

JRE 的三项主要功能如下。
(1) 加载代码：由类加载器(Class Loader)完成。
(2) 校验代码：由字节码校验器(Bytecode Verifier)完成。
(3) 执行代码：由运行时解释器(Runtime Interpreter)完成。

以上三项功能的作用基本上都是以安全为出发点。只有安装了 JRE 才能运行 Java 程序。Java 程序就好比大海中的鱼，JRE 好比水，操作系统(例如 Windows 等)好比地球，跟鱼要想在地球上生存就必须有水一样，Java 程序要想在 Windows 等平台上运行，就必须安装支持 Java 程序运行的环境。

1.4.2　JDK 的安装目录和实用命令工具介绍

要获得最新版的 JDK，可以打开官方下载地址将 jdk-6u13-windows-i586-p.exe 下载到本地(也可以打开非官方下载地址 https://jdk7.dev.java.net/将 JDK 7 下载到本地)：

http://java.sun.com/javase/downloads/index.jsp

然后双击此软件，默认安装会在 C:\Program Files\Java\jdk1.6.0 目录下产生如下内容(安装完成后，JDK 文件夹见图 1.4)。

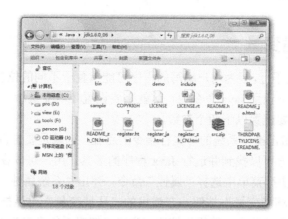

图 1.4　JDK 目录中的内容

- bin 目录：存放 Java 的编译器、解释器等工具(可执行文件)。
- db 目录：JDK6-7 附带的一个轻量级的数据库，名字叫 Derby。
- demo 目录：存放演示程序。
- include 目录：存放用于本地方法的文件。
- jre 目录：存放 Java 运行环境文件。
- lib 目录：存放 Java 的类库文件。
- sample 目录：存放一些范例程序。
- src.zip 文件：JDK 提供的类的源代码。

感兴趣的读者可以双击打开目录 C:\Program Files\Java\jdk1.6.0\demo\jfc\Java2D 下的 Java2Demo.jar 文件观看 Java 的演示程序，如图 1.5 所示。

图 1.5　Java 演示程序的效果

说明

安装之后将会含有两套 JRE。一套在安装目录之下，另一套位于安装目录/JDK 之下。它们一个是为 JDK 目录中的应用程序服务的，一个是为用户开发的 Java 程序服务的。这样在执行时可以使用不同的 JRE，减少搜索的时间，提高程序的执行速度。

1.4.3 设置环境变量

仅安装了 JDK 还不行,因为用户编写的程序可能放置于不同的位置,怎么能让 Windows 系统可以在任何路径下识别 Java 命令呢？这就需要设置环境变量。

设置环境变量需要配置以下两个参数。

(1) Path：用于指定操作系统的可执行指令的路径,也就是要告诉操作系统,Java 编译器和运行器在什么地方可以找到并运行 Java 程序的工具。用户可以在桌面上右击"我的电脑"图标,在弹出的快捷菜单中选择"属性"命令,弹出"系统属性"对话框并切换到"高级"选项卡,单击"环境变量"按钮,在弹出的"环境变量"对话框的"系统环境变量"列表框中选择 Path,接着单击"编辑"按钮,弹出"编辑系统变量"对话框,按图 1.6 所示将安装 JDK 的默认 bin 路径复制后粘贴到"变量值"文本框中,然后在最后加入一个分号(;),这样就将 java.exe、javac.exe、javadoc.exe 工具的路径告诉了 Windows。

图 1.6 Path 路径设置

(2) CLASSPATH：Java 虚拟机在运行某个类时会按 CLASSPATH 指定的目录顺序去查找这个类,在"环境变量"对话框中单击"新建"按钮来新建一个变量,在弹出的"编辑系统变量"对话框中按图 1.7 所示输入变量名 CLASSPATH 和变量值"."。设置点"."表示通过编译器产生的.class 类文件存放的路径与当前路径一致。

图 1.7 CLASSPATH 路径的设置

> **说明**
>
> JDK 默认会到当前工作目录以及 JDK 的 lib 目录中查找类文件。

1.4.4 验证配置的正确性

选择"开始"→"运行"命令,在弹出的"运行"对话框中的"打开"下拉列表框中输入"cmd",接着单击"确定"按钮切换到 DOS 状态,直接键入 javac,按 Enter 键,如果能出现如图 1.8 所示的效果(英文版也行),说明配置成功,否则需要重新进行配置。

第 1 章　Java 前奏

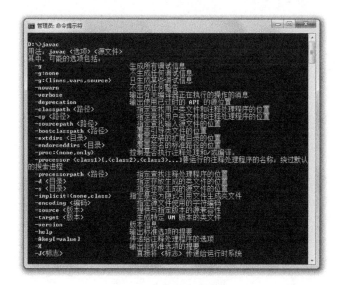

图 1.8　编译器测试效果

这里的"javac"是指 Java 源文件的编译命令，"java"则是指 Java 程序的运行命令。

> **说明**
>
> 一般情况下建议用户设置 JAVA_HOME 变量。
>
> 一是为了方便引用，比如，JDK 安装在 C:\jdk1.6.0 目录里，则设置 JAVA_HOME 为该目录路径，那么以后要使用这个路径的时候，只需输入%JAVA_HOME%即可，避免每次引用都输入很长的路径串。
>
> 二是归一原则，当 JDK 路径改变的时候，仅需更改 JAVA_HOME 的变量值即可，否则，就要更改任何用绝对路径引用 JDK 目录的文档，要是万一没有改全，某个程序找不到 JDK，后果是可想而知——系统崩溃！
>
> 三是第三方软件会引用约定好的 JAVA_HOME 变量，不然，会不能正常使用该软件。MyEclipse 或 Eclipse 会引用 JAVA_HOME 变量，所以需要设置这个变量。

1.5　本章练习

(1) Java 语言最早发布于什么时候？有什么特点？
(2) Java 体系结构中有哪几个版本？分别有什么作用？
(3) 为什么要设置环境变量？如何配置 Java 环境变量？

第 2 章

Java 程序简介

学前提示

　　计算机是用来帮助人们进行计算或解决某种问题的工具。要想让计算机为人们服务，需预先编制一套指令。当人们要解决某个问题时，只需要启用这套预先编制好的指令，发送给计算机，计算机就可以帮助人们完成所需要的工作。本章将通过 Java 编程语言编制一套指令来完成某些工作，以具体讲解 Java 程序的开发过程，及与 Java 语言相关的一些核心机制等。

知识要点

- 什么是程序
- Java 程序是什么
- Java 文档和类库组织结构
- 深入了解 JRE
- 了解 Java 垃圾回收器

2.1　什么是程序

"程序"一词来自生活，通常指完成某些事务的一种既定方式和过程。在日常生活中，可以将程序看成是对一系列动作的执行过程的描述，如图 2.1 所示为生活中去银行取钱的流程。

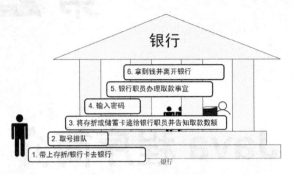

图 2.1　生活中典型的程序

2.2　计算机中的程序

在了解计算机中的程序前，需要先了解什么是计算机中的指令。顾名思义，指令就是提供给计算机的指示命令，当人们要让计算机工具完成某个任务时，就必须向计算机发布一条一条的指令，让计算机按照人们的意愿完成某项任务。如图 2.2 所示为老板让秘书完成一项发邮件的任务。这里，老板好比操作计算机的人，秘书就好比计算机。

图 2.2　程序命令

老板会发出一行一行的命令给秘书，例如：

System.out.println("口述");

System.out.println("信函");

System.out.println("传真");

这些命令都是老板下达给秘书，让秘书一条一条去执行，从而完成发邮件这件事情，或发邮件这个任务。程序是为了让计算机执行某些操作或解决某个问题而编写的一系列有序指令(即命令)的集合。对上面的这些命令，暂时不用理会是什么意思，在后面学习的过程中会逐渐理解。

所谓计算机编程就是把我们的要求和想法按照能够让计算机看懂的规则和约定编写出来的过程。编程的结果就是一些计算机能够看懂并能够执行和处理的东西，我们把它叫作软件或者程序。事实上，程序就是我们对计算机发出的命令集(指令集)。

2.3 Java 程序

Java 作为目前世界上最流行的一门编程语言，可以编写各种各样的计算机指令。通过 Java 语言组织成各种各样的命令，可以完成现实生活中很多的事情。

2.3.1 Java 程序中的类型

下面对 Java 语言程序类型进行分类。

1. Applet 小应用程序

Applet 小应用程序是用 Java 语言编写的、在 Internet 浏览器上运行的程序，程序源代码以.java 作为后缀名，如 HelloApplet.java，此源代码在任何装有 Java 运行环境的客户端系统上均可下载 Applet 运行，也可以嵌入 HTML 网页内在网上发布。

Applet 小应用程序的运行受到严格的安全限制，例如，它不能访问用户计算机上的文件。但由于 Applet 的安全性问题，再加上用户群对它的关注率逐年下降，Applet 濒临淘汰的边缘，本书中没有涉及这方面的知识，有兴趣的读者可以查阅相关的官方文档。Applet 小应用程序例子的运行效果如图 2.3 所示。

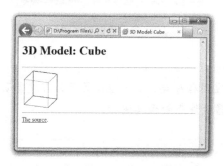

图 2.3 Applet 小应用程序例子的运行效果

2. 应用程序

应用程序是指在计算机的操作系统和 Java 运行环境的支持下可以独立运行的 Java 程序。根据操作界面的不同，应用程序又可以分为基于图形用户界面(Graphic User Interface，GUI)的 Java 应用程序和基于命令界面的 Java 应用程序。

(1) 基于图形用户界面

如图 2.4 所示为一个用 Java 程序创建的聊天程序界面，可以实现像腾讯 QQ 一样的聊天功能。在后续章节的学习过程中，将会介绍这个界面的编写过程，感兴趣的读者可翻阅后续章节。

图 2.4　Java 图形应用程序运行的效果

(2) 基于命令界面

基于命令界面的 Java 应用程序相对于图形用户界面的 Java 应用程序来说要简单得多，但看起来不是很美观。如图 2.5 所示为一个基于命令界面的 Java 应用程序，在后面章节的讲解过程中将介绍此类 Java 程序的开发过程。

图 2.5　Java 命令界面程序运行的效果

说明

Web 应用程序隶属于应用程序类，如图 2.6 所示为百度首页，后台可以通过 Java 程序来编写，并通过各个服务器软件来管理其运行。

图 2.6　Web 应用程序运行的效果

2.3.2 Java 应用程序开发三部曲

大多数程序都是以 Java 应用程序为出发点，下面我们将介绍第一个 Java 应用程序 (HelloWorld.java)的开发过程。总体开发步骤如图 2.7 所示。

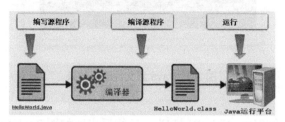

图 2.7　Java 应用程序的开发过程

对于 Java 应用程序的开发，首先编写 Java 源程序，源程序可以用记事本程序来编写，文件后缀必须是.java，经编译后，会产生一个.class 文件(在 Java 语言中也叫字节码的中间文件)，最后由 Java 解释器解释执行字节码文件。

2.3.3 开发第一个 Java 程序

在开发第一个 Java 程序前，应该先了解 Java 应用程序最基本的结构，这个结构基本上是固定的，其代码如下。

语法：

```
public class HelloWorld { //Java 程序外层框架
    public static void main(String[] args) { //Java 程序入口框架
        ... //在此处填写代码
    }
}
```

开发步骤如下。

第 1 步　编写 Java 源程序。

打开一个 Windows 的记事本程序，在记事本程序中输入源程序的代码，将它取名为 HelloWorld.java，并保存到 C:\javaprogram 目录下，代码如下：

```
public class HelloWorld {
    public static void main(String[] args) {
        System.out.print("你好,World!!");
    } //表示 main 方法的结束
} //表示 HelloWorld 类的结束
```

第 2 步　编译源程序。

选择"开始"→"运行"命令，在"运行"对话框的"打开"下拉列表框中输入"cmd"，再单击"确定"按钮切换到 DOS 状态，并打开存放 HelloWorld.java 文件的目录，如输入"cd c:\javaprogram"，然后输入 Java 程序编译命令"javac HelloWorld.java"，如果出现如图 2.8 所示的界面，表示编译成功。编译后会在 C:\javaprogram 目录下产生一个 HelloWorld.class

类文件,也就是字节码文件,它是可以用来提供给虚拟机运行的二进制文件。

图 2.8 Java 源文件编译效果

第 3 步 运行。

输入 Java 运行命令"java HelloWorld",运行后出现如图 2.9 所示的结果,说明运行成功。如果运行不成功,则必须回到 HelloWorld.java 源程序中进行排错,直到正确为止。

图 2.9 程序运行的结果

javac 命令是将编写的 Java 文件编译成字节代码的.class 文件,javac 命令常用的参数如表 2.1 所示(执行 javac -help 命令便可以查看它的所有参数列表及说明)。

表 2.1 javac 命令的常用参数列表

选 项	说 明
javac -classpath <路径>	引用类的路径表
javac -d <目录>	编译后.class 文件存放的目录
javac -g	生成调试信息表
javac -ng	不生成调试信息表
javac -nowarn	关闭编译器警告功能
javac -o	优化.class 文件
javac -verbose	显示编译过程中的详细信息

注意

如果系统不识别 java 或 javac 命令,应当确认是否已经将 java_root/bin 加入 PATH 环境变量,其中 java_root 为 JDK 安装的目录。

如果程序运行后得到如图 2.9 所示的结果,则表明读者已经迈出了 Java 学习的一小步,表明 Java 环境的配置是成功的。接下来将详细分析相关代码所表述的含义。

语法分析：

```
public class HelloWorld {
  //HelloWorld 是定义 Java 类的类名，首字母要大写，并且类名必须与文件名一致
    public static void main(String[] args) {
      //main 方法是程序执行的入口，必须告诉 Java 解释器由哪里执行，否则会执行失败
        System.out.print("你好,World!!");
          //输出信息到控制台，其中 System 必须大写
      }
} //括号成对出现，缺一不可
```

在上面这段代码中，对于出现的类名、main 方法、控制台等专业词语，读者暂时记住就可以，在本书后面的章节中会具体介绍。

注意
- (1) 用记事本编写的文件名必须与 public 修饰的类名完全一致。
- (2) Java 程序编写在 Java 骨架内，每一句指令都以分号";"结束。
- (3) Java 代码区分大小写。
- (4) 括号都是成对出现的，缺一不可。

2.3.4 Java 代码中的注释

一个大型软件系统不可能由一个人独立完成，因而需要程序员在编写代码时写出代码说明，以方便归档管理。在 Java 开发的程序中，这种代码说明称为"注释"，注释也是构成编码规范的重要环节。

下面提供了 Java 中常见的三类注释，如图 2.10 所示。

图 2.10 Java 中的注释

(1) 第 1 类：单行注释，以//开头，一般写在关键的 Java 源代码后面，不要换行。

语法：

```
public class HelloWorld {
    public static void main(String[] args) {
        System.out.println("你好,World!!");   //输出消息到控制台
    }
}
```

说明
单行注释以//开始，直到行末结束，不能被编译器编译。

(2) 第 2 类：Java 多行注释，以/*...*/包围多行说明，主要对 Java 程序的多行代码进行统一的注释。

语法：

```
public class HelloWorld {
/*  HelloWorld.java 程序
 *  主要用来将"你好,World!!"打印到控制台上显示
*/
    public static void main(String[] args) {
        System.out.println("你好,World!!");
    }
}
```

说明

符号/*...*/指示中间的语句是该程序中的注释，多行注释以/*开始，以*/结束，不能被编译器编译。

（3）第 3 类：文档注释，以/**开头、以*/结尾，此类注释可以被编译器编译成文档保存，供其他人查阅。

语法：

```
/** 源码名称：HelloWorld.java
 * 日期：2013-2-8
 * 程序功能：第一个 Java 程序
 * 版权：CopyRight@2013
 * 作者：Sprit
 */
public class HelloWorld {
    public static void main(String[] args) {
        System.out.println("你好,World!!");
    }
}
```

说明

符号/**...*/ 指示中间的语句是该程序中的注释，多行注释以/**开始，以*/ 结束，能被编译器编译成文档。它一般放在变量、方法或类的声明之前。

初学编程时养成良好的编程习惯是编出优秀代码的关键，如下面的代码，去掉 public，程序可以运行，但不规范(规范要求类名必须使用 public 等来修饰)：

```
class HelloWorld {
    public static void main(String[] args) {
        //输出消息到控制台
        System.out.println("你好,World!!");
    }
}
```

2.3.5 源码文本字符集设置

用记事本编写代码，在保存时需要将编码设置为"ANSI"，ANSI 的全称是 American

National Standard Institute，亦即"美国国家标准协会"。为使计算机支持更多语言，通常使用 0x80~0xFF 范围的两个字节来表示 1 个字符。比如：汉字"中"在中文操作系统中使用 [0xD6, 0xD0]这两个字节来存储。

不同的国家和地区制定了不同的标准，由此产生了 GB2312、BIG5、JIS 等各自的编码标准。这些使用两个字节来代表一个字符的各种汉字延伸编码方式，称为 ANSI 编码。在简体中文系统下，ANSI 编码代表 GB2312 编码，在日文系统下，ANSI 编码代表 JIS 编码。

UTF-8 编码在国外应用普遍，国内网站和博客较多使用简体中文编码 GB2312 字符集；港澳台地区网站使用繁体中文网页编码 BIG5 字符集；UTF-8 包含了简体和繁体中文字符，能正确显示多种语言文字。另外国外的用户如果使用 Windows XP 英文版，浏览 UTF-8 编码的任何网页，无论是中文，还是日文、韩文、阿拉伯文，都可以正常显示，UTF-8 是世界通用的语言编码，而如果用 Windows XP 英文版的 IE 6.0 浏览 GB2312 语言编码的网页，则会提示是否安装语言包。因此，可能会失去很多的国外浏览者。

用记事本将相同的内容使用 UTF-8 格式保存，记事本会在文件头前面加上几个不可见的字符(EF BB BF)，就是所谓的 BOM(Byte Order Mark)。程序读取时会从文件中多读出一个不可见字符(这个问题在 JDK 1.6 中仍然未得到解决)，因为 Java 在读文件时没能正确处理 UTF-8 文件的 BOM 编码，将前 3 个字节当作文本内容来处理了，所以编译不能通过。如果是通过 Java 写的 UTF-8 文件，使用 Java 可以正确地读(在今后学习 IDE 工具时会介绍如何使用)。

如果把上例的 HelloWorld.java 通过记事本直接用 UTF-8 格式保存，编译的时候会抛出如下错误：

```
HelloWorld.java:1: 需要为 class、interface 或 enum
锘縧lass HelloWorld {
^
HelloWorld.java:2: 需要为 class、interface 或 enum
   public static void main(String[] args) {
               ^
HelloWorld.java:5: 需要为 class、interface 或 enum
   }
   ^
3 错误
```

2.3.6 常见错误解析

众所周知，上级给下级下达命令要求准确无误，给计算机下达指令更是如此。要想让计算机能正确地完成某个任务，就必须给计算机下达正确的指令，但事实往往并非如此。初学编程经常会出现编码错误。

下面列举出一些初学者常见的编码问题。

1. 类名与文件名不一致

如果编写的源代码保存的文件名为 HelloWorld.java，那么下面代码中类名也应该是 HelloWorld 而不应该是 helloWorld 或是其他的名称。

代码改错：

```java
public class helloWorld {
    public static void main(String[] args) {
        //输出消息到控制台
        System.out.println("你好,World!!");
    }
}
```

如果上面的代码保存的文件名为 HelloWorld.java，那么代码就有错误，根据 Java 语法规则，"public 修饰的类的名称必须与 Java 文件同名"，因此应将上面代码的类名 helloWorld 改成 HelloWorld。

2. main 方法缺少要素

main 方法的 5 个要素如下。

(1) 修饰符 public：代表 main()方法可以被任意调用，包括 Java 解释器。

(2) 修饰符 static：这个关键字告诉编译器可以直接调用 HelloWorld 类的 main()方法而不需要创建这个类的实例。

(3) 关键字 void：这个关键字指出 main()方法不返回任何值。Java 程序语言对于类型的检验非常小心，以确保返回的类型与声明的是一样的。

(4) 关键字 main：程序开始的执行点，与 C 和 C++类似。

(5) 参数列表 String[] args：代表在 main 方法中声明一个字符串数组参数。当 main 被调用时,命令行的参数会带给 args,这里的 args 变量名可以设置为其他(或写作 String args[])。

Java 骨架中的这 5 个要素缺一不可，下面的代码就犯了这样的错误。

代码改错：

```java
public class HelloWorld {
    public static main(String args[]) {
        //输出消息到控制台
        System.out.println("你好,World!!");
    }
}
```

上面的代码有错误，main 方法作为 Java 应用程序的入口，5 要素缺一不可，应该写成：

```java
public static void main(String args[]) {}
```

另外要注意的一点就是"String args[]"中间需要用空格隔开。

3. Java 代码区分大小写

Java 代码是区分大小写的，因此下面的代码是错误的。

代码改错：

```java
public class HelloWorld {
    public static void main(String[] args) {
        //输出消息到控制台
        system.out.println("你好,World!!");
```

    }
}
```

上面代码编译就出现错误，错误提示无法编译 system，应该将 system 改成 System。

4. 缺少分号

每一句 Java 指令都是以分号";"结束的，而且不能换行。

**代码改错：**

```
public class HelloWorld {
    public static void main(String[] args) {
        //输出消息到控制台
        System.out.println("你好,World!!")
    }
}
```

上面代码错误，Java 语法规定"每一条 Java 语句必须以英文分号结束"，应在上面代码中的 System.out.println("你好,World!!")后面加一个英文分号";"。

如果把分号不小心写成了中文状态下的分号，即如下所示的错误代码：

```
public class HelloWorld {
    public static void main(String[] args) {
        //输出消息到控制台
        System.out.println("你好,World!!")；
    }
}
```

则在编译的时候，会提示有非法的字符，如图 2.11 所示。这个问题曾困扰过不少初学编程的人员。

图 2.11　分号为中文状态所引起的错误

5. println 方法名称写错

方法名的拼写一定要细致，如果方法名写错，则编译时将会出错。例如下面的代码是错误的。

代码改错：

```
public class HelloWorld {
    public static void main(String[] args) {
        //输出消息到控制台
        System.out.pritln("你好,World!!");
```

```

```
    }
}
```

上面代码编译就出现错误，提示无法编译 pritln，应该将 pritln 改成 println 或 print(前者表示换行显示，后者不带换行功能)。

6. 文件类型不正确

前面的几种错误或多或少都有一些技术含量，但有时候 Windows 的记事本工具运用不注意也会出现错误。这里列举一个最常见且最不易被初学者发现的错误，如图 2.12 所示。

图 2.12　源程序找不到文件的错误

要解决这样的错误，需要在"我的电脑"窗口中选择"工具"→"文件夹选项"命令，在弹出的"文件夹选项"对话框中切换到"查看"选项卡，取消选中"隐藏已知文件类型的扩展名"复选框，如图 2.13 所示。

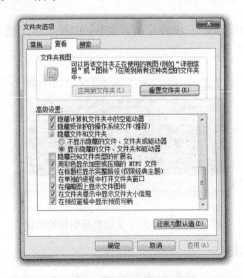

图 2.13　显示已知文件扩展名

> **说明**
>
> 在 Windows 7 中，单击打开"计算机"，再单击左上角"组织"，看到"布局"，把里面的"菜单栏"打勾，这样就看见"工具"选项了。

这样就会在源代码文件夹下看到两个.java 后缀名的源代码文件，如 HelloWorld.java.java，去掉一个.java 后缀名并保存。然后再执行上面的编译命令就能正常编译了。

编写 Java 程序小结如下：
(1) Java 的源文件必须以扩展名.java 结束，源文件的基本组成部分是类。
(2) 源文件名必须与公有类的名字相同，一个源文件中至多有一个 public 的 class 声明。
(3) Java 程序的执行入口是 main 方法，它有固定的书写格式：

```
public static void main(String[] args) {...}
```

(4) Java 语言严格区分大小写，并且每条语句都以分号(;)结束。
(5) 空格只能是半角空格符或是 Tab 字符。
(6) 添加适当的代码注释。

2.4 Java 类库组织结构和文档

在 2.3 节中，我们让读者感受了第一个 Java 程序的编程，其实编程很简单，没有想象中那么高深莫测。不过要深入地了解 Java 编程，需要对 Java SE 体系结构有一个全面的认识。Java SE 体系结构如图 2.14 所示。

图 2.14　Java SE 的体系结构

在前面的章节中，介绍了各个组成部分的用途，这里就不一一阐述了。下面主要介绍 JDK(Java 开发工具包)的使用方法。JDK 包含了许多日常编程过程中的问题解决方案，也叫类方案。这些类方案既然是系统写好的，那么怎么使用呢？可以想象一下，如果有客户买了一台冰箱，但不会使用怎么办呢？答案很简单，那就是查阅说明书。在 Java 编程的学习过程中同样如此，遇上困难查阅 Java API(Java Application Programming Interface，Java 应用程序编程接口)的帮助文档即可，帮助文档的界面如图 2.15 所示。

说明

在光盘\ch02\工具\JDK_API_1_6_zh_CN.chm 中附带了一个中文版的帮助文档，双击就可以查看。

帮助文档告诉编程人员，利用它提供的解决方案可以快速地解决某项任务，并在此基础上开发出新的功能。所以查阅帮助文档是一项必须要掌握的基本技能，在后面的学习过程中将逐渐查阅这个文档。

图 2.15　JDK 中文帮助文档的界面

创建一个名为 HelloWorldDoc 的测试文档，代码如下所示：

```
public class HelloWorldDoc {
    /**
    *姓名：徐明华
    *时间：2013.1.20
    */
    public static void main(String[] args) {
        int number = 0;
        String name = "乐知学院";
        System.out.println("测试文档");
    }
}
```

执行如下命令：

```
D:\>javadoc HelloWorldDoc.java
```

便可以生成 HelloWorldDoc 类的帮助文档。生成的文件与 HelloWorldDoc 类在同一个目录之中。如果想要更好地规整所生成的文件，例如将其放置于某个文件夹之中。需要用到"-d"的命令，将生成的帮助文档放置于 testdoc 文件夹中的命令如下：

```
D:\>javadoc -d testdoc HelloWorldDoc.java
```

如果在生成的文档中文字符显示为乱码，则可以指定所用的字符集，从而避免这种乱码问题：

```
D:\>javadoc -encoding GBK -charset GBK -d testdoc HelloWorldDoc.java
```

在 D 盘的 testdoc 文件夹中将生成有关 HelloWorldDoc 类的帮助文档，打开主页面，显示效果如图 2.16 所示。

> **说明**
>
> javadoc [options] [packagenames] [sourcefiles] [@files]
> 参数可以按照任意顺序排列。下面分别就这些参数和相关的一些内容进行说明。
> - packagenames：包列表。这个选项可以是一系列的包名(用空格隔开)，例如 java.lang java.lang.reflect java.awt。不过，因为 javadoc 不递归作用于子包，不允许对包名使用通配符；所以必须显式地列出希望建立文档的每一个包。
> - sourcefiles：源文件列表。这个选项可以是一系列的源文件名(用空格隔开)，可以使用通配符。javadoc 允许 4 种源文件：类源代码文件、包描述文件、总体概述文件、其他杂文件。

图 2.16　HelloWorldDoc 类的帮助文档

常常在 javadoc 注释中加入一个以"@"开头的标记，结合 javadoc 指令的参数，可以在生成的 API 文档中产生特定的标记。

常用的 javadoc 标记介绍如下。

- @author：作者。
- @version：版本。
- @deprecated：不推荐使用的方法。
- @param：方法的参数类型。
- @return：方法的返回类型。

纯手工写 API 文档比较麻烦，在后面将学习使用 IDE 工具来生成 API 文档，届时写文档将会变得比较容易。

2.5 Java 虚拟机简介

前面只是简要介绍了 Java 程序的运行过程，如果要深入了解 Java，比如弄明白 Java 源代码是如何被编译成二进制 class 文件的，并且 Java 程序是如何实现跨平台运行的，就需要读者对 Java 虚拟机有一定的了解。Java 跨平台的原理用图形描述如图 2.17 所示。

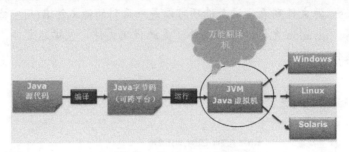

图 2.17 Java 跨平台运行原理

> **说明**
> JVM 在不同平台上有其特别版本。例如在 Solaris 系统上执行 Java 程序必须要有 Solaris 适用的 JVM，要在 Windows 系统上运行则必须有适用于 Windows 系统的 JVM。Java 虚拟机屏蔽了底层运行平台的差别，实现了"一次编译，到处运行"。

Java 虚拟机 JVM(Java Virtual Machine)在 Java 编程里面具有非常重要的地位，可以简单等同于前面学到的 Java 运行环境，可以把 Java 虚拟机理解为真实机器中用软件模拟实现的一种想象机器。它有一个解释器组件，可以实现 Java 字节码和计算机操作系统之间的通信。Java 虚拟机在运行过程中的位置如图 2.18 所示。

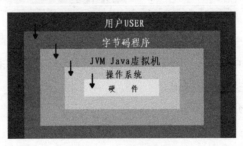

图 2.18 Java 虚拟机的位置

JVM 是由编译的 Java 类组成的，其目的在于执行 Java 程序。虚拟机的三个主要任务是装载程序、检验程序、执行程序。每个任务的具体阐述如下所示。

(1) 类装载器

程序执行时类装载器会将所需的类载入。类装载器(也称类加载器)以分离的命名空间的方式来区别类是由本地系统装载还是经由网络远程装载来增加安全性。本地系统的类会先被装载，可以防止木马程序的入侵。

装载所有类后，可执行文件的内存布局就确定了。这时候特定内存地址会被指定给特定的符号引用，且会创建寻找表格。因为内存的布局发生在运行时，因此 Java 解释器会限制未经授权的访问，以保护受限的程序代码。

(2) 字节码校验器

Java 程序在执行前会被多次检验。JVM 会检验字节码的格式是否有错，是否违反对象访问权限或更改对象类型。所有源于网络的类文件都要经过字节码校验器。

校验器对程序代码进行四遍校验，这可以保证代码符合规范并且不破坏系统的完整性。如果校验器在完成四遍校验后未返回出错信息，则下列各点可被保证：

- 类符合 JVM 规范的类文件格式。
- 无访问限制异常。
- 代码未引起操作数栈上溢或下溢。
- 所有操作代码的参数类型将总是正确的。
- 无非法数据转换发生，如将整数转换为对象引用。
- 对象域访问是合法的。

(3) 执行程序

源代码执行 javac 命令被编译为二进制文件后，执行 java 命令可以运行程序。

Java 虚拟机在编译和运行期间进行的操作步骤如下所示。

① 编写代码

首先把我们想要计算机做的事情，通过 Java 表达出来，写成 Java 文件，这个过程就是编写代码的过程。如前面所示的 HelloWorld.java 文件。

② 编译

写完 Java 代码后，机器并不认识所写的 Java 代码，需要通过编译工具软件 javac.exe 将源代码编译成.class 字节码文件，编译后的文件叫作 class 文件。

③ 类装载器 ClassLoader

根据设定好的 classpath 路径找到对应的.class 文件，通过 java.exe 运行工具来运行.class 字节码文件。ClassLoader 能够加强代码的安全性，主要方式是：把本机上的类和网络资源类分离，在调入类的时候进行检查，因而可以限制任何"特洛伊木马"的应用。

④ 字节码(byte-code)校验

功能是对 class 文件的代码进行校验，保证代码的安全性。Java 软件代码在实际运行之前要经过几次测试。JVM 将代码输入一个字节码校验器以测试代码段格式并进行规则检查——检查伪造指针、违反对象访问权限或试图改变对象类型的非法代码。

⑤ 解释(Interpreter)

机器也不能认识 class 文件，还需要被解释器进行解释，机器才能最终理解所要表达的东西。

⑥ 运行

最后由运行环境中的 Runtime 对代码进行运行，真正实现我们想要机器完成的工作。

为了使读者对上述步骤有较深的理解，这里我们绘制了图 2.19，来描述 Java 虚拟机在编译和运行期间所做的工作。

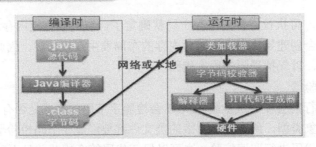

图 2.19 Java 运行过程

> **说明**
>
> 解释器和 JIT 运行的区别主要体现在以下两个方面。
>
> (1) 解释器：每扫描一行，执行一行指令，就如同同声翻译一样，发言人员说一句，翻译人员翻译一句，效率比较低。
>
> (2) JIT 代码生成器：将整个代码一次性翻译完，然后一次性运行，就如同总经理将自己的发言文稿一次性交给翻译人员，翻译人员全部翻译出来后，统一在演讲时一次性念完一样，效率稍高。

Java 通过一个编译阶段和一个运行阶段，来让机器最终理解我们想要它完成的工作，并按照我们的要求进行运行。在这两个阶段中，需要完成的就是编译阶段的工作，也就是说：我们需要把交付机器完成的工作用 Java 语言表达出来，写成 Java 源文件，然后把源文件进行编译，形成 class 文件，最后就可以在 Java 运行环境中运行了。运行阶段的工作由 Java 平台自身提供，我们不需要做什么工作。

2.6 Java 的垃圾回收器

在程序运行的过程中，堆上开辟的内存空间在不再被使用的时候，这些内存块对程序来讲就是垃圾。产生了垃圾，自然就需要清理这些垃圾，更为重要的是需要把这些垃圾所占用的内存资源回收，加以再利用，从而节省资源，提高系统性能。在 C、C++等语言中，由程序员负责回收无用内存，这是一项复杂又艰巨的任务。而在 Java 语言中，提供了一个垃圾回收(Garbage Collection, GC)机制。垃圾回收机制消除了程序员回收无用内存空间的责任，Java 虚拟机提供了一种系统线程(即垃圾收集器线程)来跟踪存储空间的分配情况，并在 Java 虚拟机的空闲时间，检查和释放那些可以被释放的存储空间。垃圾回收器在 Java 程序运行过程中自动启用。

> **注意**
>
> (1) 在 Java 中，垃圾回收是一个自动的系统行为，程序员不能控制垃圾回收的功能和行为。比如垃圾回收什么时候开始，什么时候结束，还有到底哪些资源需要回收等，都是程序员不能控制的。
>
> (2) 有一些跟垃圾回收相关的方法，比如 System.gc()。记住一点，调用这些方法，仅仅是在通知垃圾回收程序，至于垃圾回收程序运不运行，什么时候运行，都是无法控制的。

(3) 程序员可以通过设置对象为 null(后面会讲到)来标识某个对象不再被需要了，这只是表示这个对象可以被回收了，并不是马上被回收。

2.7 上机练习

(1) 完成第一个 Java 应用程序：在控制台中输出"HelloWorld"。

(2) 将自己的个人信息打印到控制台上输出，输出内容包括"姓名"、"性别"、"年龄"、"兴趣爱好"等内容。

(3) 添加适当的文档注释，为个人信息类制作一个 API 文档，放置于 D 盘的 person 文件夹中。

(4) 结合\n(换行符)、\t(制表符)、空格等，在控制台打印出如图 2.20 所示的效果。

图 2.20 心形图效果

第 3 章

Java 语言基础入门

学前提示

任何一门语言都有它的基本组成元素,就像中文有字、词、句、文章;英文有字母、单词、语句、文章。Java 语言同样也有它的基本组成元素。学好 Java 语言的基本语法是掌握 Java 编程的基石,本章将重点介绍 Java 编程语言的各种语法及常用的一些编程技巧。

知识要点

- 变量
- 数据的分类
- 关键字、标识符
- 常量
- 运算符
- 表达式
- 流程控制
- 顺序语句
- 选择条件语句
- 循环语句
- MyEclipse 工具的使用

3.1 变　量

在程序设计过程中，最重要的两个基本概念就是变量和方法。如果读者能够理解变量和方法的含义并灵活地运用它们，那么编程并非难事。

3.1.1 什么是变量

在程序设计过程中，都要提到"变量"这个词。从字面上看，变量就是变化的量，这样说很多初学者可能不理解究竟是什么意思。其实这没有什么神奇之处，所谓的变量就好比生活中的一个容器，如杯子、水桶等能容纳不同的东西，变量在计算机中通常是用来存储不同类型数据的量。

计算机用内存来记录计算时所使用的数据。内存相当于一个旅馆房间，来容纳旅客。计算机中的数据各式各样，要先根据数据的需求(即类型)为它申请一块合适的空间，就好比旅馆入住管理中要弄清旅客是要单人间、双人间，还是多人间一样。

生活中有这样一个问题。在银行存 1000 元钱，银行一年的利息率为 4.4%，那一年之后钱变成了多少呢？

这个计算比较简单，1000×(1+4.4%)的计算结果就是一年后的钱，但是计算机怎样将这个数据 1000 存储起来，又怎样将计算后的结果也存储起来呢？在计算机中是通过内存地址分配来标记不同区域的，这些不同的区域也就是上面提到的容器，即变量。不同的数据存入不同的内存地址空间，彼此相互独立。

为了更好地理解什么是变量，下面通过生活中的例子来与计算机一一对应呈现。

生活中的例子与变量的对应关系如图 3.1 所示。

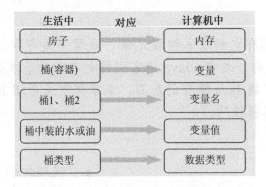

图 3.1　生活中的例子与变量的对应关系

通过上面的对比，可以很清楚地了解变量的概念。

3.1.2 为什么需要变量

在计算机中，存储数据是通过内存地址来区分不同数据的，内存地址用十六进制数表示，例如 0x123af、0xACD123 等，这样的内存地址不好记忆，怎么办呢？

一般去旅馆找房间是通过门牌号来找，门牌号是为房间取的别名，而不是实际的地址，查找起来比较方便。其实在计算机中查找数据也是通过为此数据取别名，然后通过别名来找到此数据的，这样的别名在编程中叫变量名。每一个变量都是通过别名来标识的，变量是存储数据的基本单元。

3.1.3 变量的声明和赋值

变量的声明和赋值语法可以使用如下几种：

```
数据类型 变量名 = 数值;      //例如 int money = 1000;
数据类型 变量名;            //例如 int money;
变量名 = 数值;              //例如 money = 1000;
```

在编程的过程中，使用变量的步骤如下。

第 1 步　首先告诉计算机系统，要在内存中开辟一个什么类型的数据空间，为此空间取的别名是什么，例如 int money; 此句命令将告诉计算机系统要开辟一个整型的内存空间，并为此空间取了一个别名叫 money。

第 2 步　给变量赋值，也叫初始化变量，或叫第一次给容器装数据，此步骤很重要，不能缺少。例如 money = 1000;。

第 3 步　使用变量。例如 System.out.println(money); 此句命令告诉计算机系统将取出 money 变量中的数据，并输出到控制台上显示出来。

> **注意**
> 变量必须先声明，并赋予初值，才能使用，否则会出现不可预料的异常。在刚开始学习编程时一定要养成一个良好的编程习惯。

编写一个 Java 程序 Hello1.java，通过一个变量存储本金 1000 元，将变量的值打印输出。Hello1.java 的代码如下：

```java
public class Hello1 {
    public static void main(String[] args) {
        int money = 1000;              //声明并存储数据
        System.out.println(money);     //使用数据
    }
}
```

该实例的输出结果为：

```
1000
```

3.1.4 变量命名规范

一个变量的声明，除了规定类型外还要为此变量取个名称，这样的名称叫变量名。变量名不能随便取，要遵循一定的规范。

在 Java 语言中，变量的命名要符合一定的规则，主要体现在以下几点。

- 变量名的组成：变量名由任意多个字母、数字、下划线(_)或$符号组成。

- 变量名的开头：变量名的开头由字母、下划线(_)或$符号开头。
- 变量名区分大小写。
- 变量名不能采用 Java 中的关键字或保留字。

还有一些命名的规范，例如：一般变量名应该简短而且能清楚地表明变量的作用，通常变量名中第一个单词的首字母小写，其后单词的首字母大写，如 myName 等。

> **注意**
> 尽管有些语言广泛使用美元符号($)，但是包含美元符号($)的标识符通常并不常见。所以读者应尽量避免使用，除非有特别的使用惯例或其他原因才在标识符中包含此符号。

读者可以检查下面这些变量名，其中哪些是不合法的：
principal、$lastname、zip code、123rate、discount%、cost_price、marks_3、city、City、int。
根据命名规则可以检查出：
- zip code 不合法，变量名中包含空格，不符合第一条规则的约束。
- 123rate 不合法，变量名以数字开头，不符合第二条规则约束。
- discount%不合法，变量名中包含%，不符合第一条规则的约束。
- int 不合法，变量以 int 命名，不符合第四条规则的约束。

3.1.5　经验之谈——变量常见错误的分析与处理

（1）变量未初始化。例如：

```
public class ErrorDemo1 {
    public static void main(String[] args) {
        String title;
        System.out.println(title); //代码错误：变量应先声明并赋初值才能使用
    }
}
```

上面代码的相应语句应改为：

```
String title = "java";
//或改写为:
String title;
title = "java";
```

> **说明**
> 在 Java 中，局部变量一定要声明并初始化。

（2）变量命名出错。例如：

```
public class ErrorDemo2 {
    public static void main(String[] args) {
        int %hour = 18;  // 变量名不能以%开头
        System.out.println(%hour);
    }
}
```

上面的代码定义了一个变量名为%hour 的变量，根据变量的命名规则，应该将变量名改为 hour 才行。

(3) 变量名同名。例如：

```
public class ErrorDemo3 {
    public static void main(String[] args) {
        String name = "张三"; //在一个{}执行体范围内不能定义两个相同名称的变量
        String name = "李四";
    }
}
```

应该将上面程序体中的代码改为：

```
String name1 = "张三";
String name2 = "李四";
```

或者，用其他不相同的名字都可以。

说明

变量名的命名最好有意义，也就是说，命名一般不要取 a、b、c、d 之类的，应该命名为 studentName、age 等在测试代码的过程中一看就知道大概意思的变量名。

3.2　数据的分类

变量存储数据是有类别之分的，就如同房间分单人间和多人间，语言分汉语、日语、英语等。Java 数据的分类如图 3.2 所示。

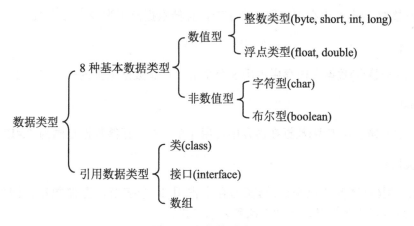

图 3.2　数据的分类

数据类型主要分为基本数据类型和引用数据类型两大类。基本数据类型根据数据的不同，又分为数值型和非数值型，数值型又有整型和浮点型之分，整型数据主要有 byte、short、int、long，浮点型数据主要有 float、double，非数值型数据主要有 char 和 boolean。引用数据类型主要有类、接口和数组。

3.2.1 Java 中的 8 种基本数据类型

Java 中主要有 8 种基本数据类型,分别是 byte、short、int、long、char、boolean、float、double,具体介绍如下。

1. boolean

boolean(布尔)型数据的数据值只有 true 和 false 两种。boolean 类型数据适用于逻辑运算,一般用于程序流程控制,boolean 类型数据只允许取值 true 或 false,不可以用 0 或非 0 的整数替代 true 或 false。

2. char

char 型(字符型)数据在内存中占用两个字节。char 型数据用来表示通常意义上的字符,例如 "char c = 'A';"。Java 字符采用 Unicode 编码,每个字符占两个字节,因而可用十六进制编码形式表示,例如,"char c1 = '\u0061';"。Java 语言中还允许使用转义字符'\'来将其后的字符转变为其他的含义,例如 "char c2 = '\n';"。

3. byte

byte 型(字节型)数据在内存中占用一个字节,存储数据范围为-128~127。

4. short

short 型(短整型)数据在内存中占用两个字节,存储数据范围为-32768~32767。

5. int

int 型(整型)数据在内存中占用 4 个字节,存储数据范围为 $-2^{31} \sim 2^{31}-1$。

6. long

long 型(长整型)数据在内存中占用 8 个字节,存储数据范围为 $-2^{63} \sim 2^{63}-1$。

7. float

float 型(单精度浮点型)数据在内存中占用 4 个字节,存储数据范围为-3.4E38~3.4E38。

8. double

double 型(双精度浮点型)数据在内存中占用 8 个字节,存储数据范围为-1.7E308~1.7E308。Java 浮点类型常量有如下两种表示形式。

- 十进制数形式:必须含有小数点,例如 3.14、314.0、0.314 等。
- 科学记数法形式:例如 3.14e2、3.14E2、314E2 等。

Java 中所有的基本数据类型都有固定的存储范围和所占内存空间的大小,而不受具体操作系统的影响,以保证 Java 程序的可移植性。整型数据默认为 int 数据类型,浮点型默认为 double 数据类型,如果要表示 long 型数据或 float 型数据,就要在相应的数值后面加上 l、L 或 f、F,所以定义一个长整型数据应写作 "long a = 19999999999999L;",定义一个 float

型数据应写作"float b = 3.324f;",否则会出现编译问题。

实际上在其他语言(如 C 语言)中,字符型数据和整型数据是可以相互转换的,都是以 ASCII 码来存储,可以将字符型数据当作整型数据来看待。

Java 中常用的转义字符如表 3.1 所示。

表 3.1 Java 中常用的转义字符

转义字符	说 明	转义字符	说 明
\b	退格符	\'	单引号
\n	换行符	\"	双引号
\r	回车符	\\	反斜杠
\t	制表符		

小知识

ASCII(美国标准信息交换码)是计算机中用得最广泛的字符集及其编码,由美国国家标准局(ANSI)制定。ASCII 已被国际标准化组织(ISO)定为国际标准,称为 ISO 646 标准。

ASCII 码适用于所有拉丁文字母,它有 7 位码和 8 位码两种形式。1 位二进制数可以表示 $2^1=2$ 种状态: 0、1; 2 位二进制数可以表示 $2^2=4$ 种状态: 00、01、10、11; 以此类推,7 位二进制数可以表示($2^7=$)128 种状态,每种状态都唯一地编为一个 7 位的二进制码,对应一个字符(或控制码),这些码可以排列成一个十进制序号 0～127。所以,7 位 ASCII 码是用 7 位二进制数进行编码的,可以表示 128 个字符。

第 0～32 号及第 127 号是控制字符或通信专用字符,如控制符 LF(换行)、CR(回车)、FF(换页)、DEL(删除)、BEL(振铃)等,通信专用字符 SOH(文头)、EOT(文尾)、ACK(确认)等。第 33～126 号是字符,其中第 48～57 号为阿拉伯数字;65～90 号为大写英文字母;97～122 号为小写英文字母,其余为一些标点符号、运算符号等。

3.2.2 数据进制

1. 二进制

计算机中的数据都是以二进制数保存的。二进制计算规则是逢二进一。即只有 0、1 两个值。例如,十进制的 10 在计算机内保存为二进制的 1010。

计算机中信息的存储单位有如下几种。
- 位(bit):表示一个二进制数码 0 或 1,是计算机存储处理信息的最基本的单位。
- 字节(byte):字节由 8 个位组成,表示作为一个完整处理单位的 8 个二进制数码。

2. 十六进制和八进制

十六进制:因为二进制表示法太冗长,所以在程序中一般喜欢用十六进制。基数为十六,逢十六进一。它用 a、b、c、d、e、f 表示 10、11、12、13、14、15。Java 中十六进制数据要以 0x 或 0X 开头。例如,十六进制数 0x23D 转换成二进制只需将每个十六进制数字

替换为相对应的 4 个二进制位即可。

八进制：0~7，八进制表示法在早期的计算机系统中很常见。八进制适用于位数为 3 的倍数的计算机系统，对于现在的位数为 2 的幂(8 位、16 位、32 位和 64 位)的计算机系统来说，八进制就不好用了。

3. 补码知识

事实上，计算机内的二进制数值是以补码形式表示的。一个正数的补码和其原码的形式是相同的。负数的补码是将该数的绝对值的二进制形式按位取反再加 1。由此可知，二进制补码数值的最高位(最左位)是符号位：该位为 0，表示数值为正数；该位为 1，表示数值为负数。例如：

10 的补码：　　　00000000　00000000　00000000　00001010
−10 的补码：　　11111111　11111111　11111111　11110110

3.2.3 进制间的转换

由于计算机中都是以二进制形式来存储数据的，那么进制间是如何相互转换的呢？进制的转换可以归为以下三类。

1. 各种进制转为十进制

其他进制数转换为十进制数的方法为：从右到左为这个数从 0 开始一位一位地标号，各个位上面的数乘以此进制数的标号次幂再求和，也就是"位权表示法"。例如：

$(123.12)_{10} = 1\times10^2+2\times10^1+3\times10^0+1\times10^{-1}+2\times10^{-2}$

$(101.10)_2 = 1\times2^2+0\times2^1+1\times2^0+1\times2^{-1}+0\times2^{-2}$

$(123.12)_8 = 1\times8^2+2\times8^1+3\times8^0+1\times8^{-1}+2\times8^{-2}$

$(12A.C)_{16} = 1\times16^2+2\times16^1+10\times16^0+12\times16^{-1}$

2. 十进制转为各种进制

十进制数转为其他进制数的方法是：除以此进制数取余倒排序。以十进制转二进制为例，其方法为：整数部分除以 2 反序取余数、小数部分乘以 2 顺序取整数。十进制转为其他进制的方法以此类推，例如，除以 8 反序取余法、乘以 8 顺序取整法，除以 16 反序取余法、乘以 16 顺序取整法。例如$(13.3125)_{10} = (1101.0101)_2$，其示意如图 3.3 所示。

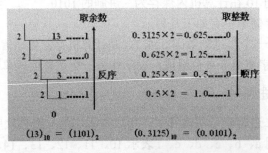

图 3.3　$(13.3125)_{10} = (1101.0101)_2$ 的转换方法

3. 其他进制之间的转换

二进制转八进制、八进制转二进制、二进制转十六进制、十六进制转二进制,一般采用"分段法"来完成转换。下面以二进制和八进制之间的互转为例进行介绍。

二进制转成八进制:以小数点为界,将二进制数整数部分从低位开始,小数部分从高位开始,每3位一组,头尾不足3位的补0,然后将各组的3位二进制数分别转换为相应的八进制数,顺序排列。例如,$(11111110)_2 = (376)_8$。

八进制转成二进制:将八进制数的每一位分别转换为3位二进制数并顺序排列。例如:$(1101010110011.1111)_2 = (15263.74)_8$,$(376)_8 = (11111110)_2$。

上述转换示意如图3.4所示。

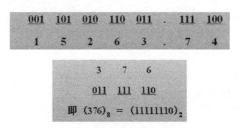

图 3.4 二进制和八进制互转举例

二进制和十六进制互转与二进制和八进制互转的不同之处就是"每四位构成一组"。

3.2.4 基本数据类型间的转换

boolean类型不能转换成其他数据类型,其他数据类型间的相互转换有以下两大类。

1. 自动类型转换

容量小的数据类型可以自动转换成容量大的数据类型,例如:byte→short→int→long→float→double(byte、short、int不会互相转换,它们三者在计算时会转换成int类型)。

例如:

```
int a = 6;
double b = a;  //整型变量a自动转换为双精度类型
```

2. 强制类型转换

容量大的数据类型转换成容量小的数据类型时,要加上强制转换符,例如:

```
long l = 100L;
int i = (int)l;
```

这样有可能造成精度降低或数据溢出,使用时要小心。

> **说明**
> 所谓的精度降低或溢出,即小数位丢掉,一般是不会出现大问题的。但如果是在金融行业,这样的数据就需要特别注意。好在后面的学习过程中,Java语言为这些大数据专门提供了一些处理的类。

编写一个程序 DataTypeDemo.java，输出 Java 课程考试最高分：98.5；输出最高分学员姓名：张三；输出最高分学员性别：男。DataTypeDemo.java 的代码如下：

```java
public class DataTypeDemo {
    public static void main(String[] args) {
        double score = 98.5;
        String name = "张三";         //字符串用英文双引号括起来
        char sex = '男';              //字符用英文单引号括起来
        System.out.println("本次考试成绩最高分: " + score);
        System.out.println("本次考试成绩最高分学员姓名为: " + name);
        System.out.println("本次考试成绩最高分学员性别为: " + sex);
            //此处"+"号的含义是：字符串的连接符
    }
}
```

输出结果为：

本次考试成绩最高分：98.5
本次考试成绩最高分学员姓名为：张三
本次考试成绩最高分学员性别为：男

 说明

通过变量可以存储不同类型的数据。字符串连接用"+"运算符。

3.2.5 引用数据类型

字符型只能表示一个字符，多个字符如何表示呢？字符串型数据用于存储一串字符，表示方式是用双引号把相关的字符串括起来即可，例如 String a = "CSDN 软件学院"，字符数量是不受限制的。在本书后面的章节中，将重点讲解字符串的各种应用。引用数据类型还有数组和接口，将在本书后面的章节中重点介绍，在此不多阐述。

3.3 标识符、关键字和常量

在理解变量及数据分类的相关内容之后，还需要掌握 Java 中标识符、关键字和常量等的相关知识，为写出规范化的代码打下坚实的基础。

3.3.1 Java 的标识符

在编程过程中，Java 对包、类、方法、参数等命名时使用的字符序列称为标识符。标识符也有命名规范，具体要求如下：

- 由字母、数字、下划线(_)或美元符号($)组成。
- 不能以数字开头。
- 区分大小写。
- 长度无限制。

- 不能是 Java 中的保留关键字。
- 为方便后期测试或维护用，一般标识符命名最好有意义。

为了加强对标识符的理解，读者试判断下面哪些是合法的：HelloWord、username2、user_name、_userName、$abc_123、2UserName、user#Name、Hello World。

下面的程序使用了中文和英文混合的类名：

```
public class Abc123中_$ {
    public static void main(String[] args) {
        System.out.println("标识符");
        int age;
        int grad;           //定义了两个整型变量
        String name;        //定义了一个字符串类型的变量
    }
}
```

在 Java 编程过程中，虽然 Java 编译器支持标识符名称中含有中文，但最好不要用中文，以免带来不必要的麻烦。

> **说明**
> 常见的命名习惯有：①包名一般用小写字母和少量的数字组成，比如 org、shan、dao 等，最好是组织名、公司名或功能模块名；②类名和接口名一般由一个或几个单词组成，遵循"驼峰规则"。所谓的驼峰规则，就是像骆驼的驼峰一样，取名一般每个单词的首字母大写，如 StringBuilder；也即大驼峰规则；③方法名除了第一个单词首字母小写外，其他单词都是首字母大写，与类名取名类似，如 toSend，也即小驼峰规则；④属性名如果是基本数据类型的变量，一般小写，引用数据类型的变量一般与类名取名类似，如"int name;"或"String personModel;"等。只有局部变量可以简写，如"int i;"或"int j;"等。

3.3.2 关键字

在 Java 中被赋予特定含义、已被系统使用、有专门用途的字符串称为关键字(keyword)。关键字全部是小写。Java 中共有 50 个保留的关键字，如表 3.2 所示。

表 3.2 Java 中的 50 个关键字

abstract	boolean	break	byte	case	catch
char	class	const	continue	default	do
double	else	extends	final	finally	float
for	goto	if	implements	import	instanceof
int	interface	long	native	new	package
private	protected	public	return	short	static
strictfp	super	switch	synchronized	this	throw
throws	transient	try	void	volatile	while
assert	enum				

> **说明**
>
> 虽然 goto 和 const 没有定义用途，但它们仍然是 Java 语言中的保留字。而 true、false、null 看起来可能像是关键字，但它们实际上是常量值，所以不能把它们当作标识符。

3.3.3 常量

1. 什么是常量

常量是指程序中持续不变的值，是值不能改变的数据，如整型常量 123。
Java 语言中常量的表示形式如下。

- 十进制整数：如 12、-314、0。
- 八进制整数：要求以 0 开头，如 0123 表示八进制的 123。
- 十六进制数：要求以 0x 或 0X 开头，如 0x123。
- 浮点数(实型)常量：如 3.14。
- 字符常量：如'a'、'\t'、'\u0027'。
- 布尔(逻辑)常量：true、false。
- 字符串常量：如"a"、"hello world"。
- null 常量：表示对象的引用为空，不能作为基本数据类型的值使用。

2. 怎样使用常量

常量是装到变量存储空间中的数据，例如：

```
public static final double PI = 3.14;
```

3. 常量的书写规则

Java 中的常量一般采用大写字母单词命名，单词与单词之间用下划线(_)加以分隔，这也符合 ANSI 的常量命名规则。例如：

```
static final int MIN_AGE = 100;
static final String MAX_PAGE = 1000;
```

> **注意**
>
> 关键字 static 是指变量类实例共享此变量；final 是指这个变量一旦被初始化便不可改变。它们的用法在后面的章节中会详细讲述。

3.4 运算符

在 Java 编程过程中，运算符主要包括如下几种。

- 算术运算符：+、-、*、/、%、++、--。
- 赋值运算符：=、+=、-=、*=、/=、%=。

- 关系运算符：>、<、>=、<=、==、!=。
- 逻辑运算符：!、&、|、^、&&、||。
- 位运算符：&、|、^、~、>>、<<、>>>。
- 字符串连接运算符：+。

3.4.1 算术运算符

算术运算符主要用来进行算术运算。常用的算术运算符如表 3.3 所示。

表 3.3 常用的算数运算符

运算符	描 述	示 例	结 果
+	加	5+5	10
-	减	5-4	1
*	乘	5*3	15
/	除	10/3	3
%	取模(求余)	10%3	1
++	自增(前，后)		
--	自减(前，后)		

在表 3.3 中，++和--是初学者最不容易理解的两个运算符，一般++如果是前缀，那么先对此变量加 1，再执行其他的操作；如果是后缀，则先执行其他的操作，再对此变量加 1，而--的作用同理。如下面 ArithmeticOperatorsTest 程序的代码：

```java
public class ArithmeticOperatorsTest {
    /**
     * @param 算术运算符号 + - * / % ++ --
     */
    public static void main(String[] args) {
        int a = 9;
        int b = 5;
        int c = a+b;
        System.out.println("和为: " + c);
        int d = a-b;
        System.out.println("差为: " + d);
        int e = a*b;
        System.out.println("积为: " + e);
        int f = a/b;
        System.out.println("商为: " + f);
        int g = a%b;
        System.out.println("取余数为: " + g);
        //++演示。如果是前缀，先对此变量加 1，再执行其他的操作(计算、赋值、输出)
        //int h = ++a+b; //1. a = a+1; 2. h = a+b;
        //System.out.println("前缀" + h);
        //如果是后缀，先执行其他的操作，再对此变量加 1
        //int i = a+b++; //1. i = a+b; 2. b = b+1;
        int i = a+++b;   //1. i = a+b; 2. a = a+1;
```

```
        System.out.println("后缀" + i);
        System.out.println("a:" + a);
    }
}
```

输出结果为:

```
和为: 14
差为: 4
积为: 45
商为: 1
取余数为: 4
后缀 14
a:10
```

小知识：使用键盘输入字符到程序的功能

JDK 1.5 以后引入了 Scanner 这个类，它的方法能接收控制台上输入的字符，将其转换为相应数据类型的数据，并存储到指定的变量中。要从键盘输入信息并保存，需要如下几步。

第1步 在程序开头输入"import java.util.Scanner"，表示导入键盘输入功能，系统已经写好了，只需要拿到程序中使用就可以了。

第2步 在程序执行体中输入"Scanner input = new Scanner(System.in);"。

第3步 表示输入功能初始化，如果要接收一个整型的数据，就要定义一个整型的变量来接收，例如"int num1 = input.nextInt();"。如果是其他类型的变量，则"= input.next***();"中的***也要改成相应的类型，如"double num3 = input.nextDouble();"等，但是要注意字符串类型这样写即可："String num2 = input.next();"。

下面来做一个上机练习。

Exe1.java 程序是通过键盘输入平均成绩求总成绩，代码如下：

```java
import java.util.Scanner;
/**
 * 通过键盘输入平均成绩，求总成绩
 */
public class Exe1 {
    public static void main(String[] args) {
        Scanner input = new Scanner(System.in);
        int i = 8;  //人数
        System.out.println("请您输入平均成绩");
        int avg = input.nextInt();  //输入一个平均成绩
        int sum = avg * i;  //总成绩
        System.out.println("总成绩为" + sum);
    }
}
```

输出结果为:

```
请您输入平均成绩
23
总成绩为184
```

一个好的编程人员是在实践中不断地成长起来的，上机练习是实践中最重要的环节。学到这里，读者可以试着编写本章的课后上机练习中变量运算符练习的各题，相信会大有收获。

3.4.2 赋值运算符

赋值运算符的作用是将一个值赋给一个变量，运算顺序从右到左，如表 3.4 所示。

表 3.4 赋值运算符

运算符	描述	示例	结果
=	赋值	a=3; b=2;	a=3 b=2
+=	加法赋值	a=3; b=2; a+=b;即 a=a+b;	a=5 b=2
-=	减法赋值	a=3; b=2; a-=b;即 a=a-b;	a=1 b=2
*=	乘法赋值	a=3; b=2; a*=b;即 a=a*b;	a=6 b=2
/=	除法赋值	a=3; b=2; a/=b;即 a=a/b;	a=1 b=2
%=	模赋值	a=3; b=2; a%=b;即 a=a%b;	a=1 b=2

说明

+=、-=、*=、/=、%=属于复合赋值运算符，它们是赋值运算符和算术运算符的复合。应注意复合赋值运算符的类型。例如 a+=b;相当于 a=(a 的类型)(a+b);。

【例 3.1】AssignmentOperatorsTest.java。

下面的代码是通过键盘动态输入两个数，并将所输入的两个数赋值到对应的两个变量中，然后测试一下复合赋值运算。代码如下：

```java
import java.util.Scanner;
public class AssignmentOperatorsTest {
    public static void main(String[] args) {
        //通过键盘输入两个数
        Scanner input = new Scanner(System.in); //声明并赋初值
        System.out.println("请输入两个运算的数：");
        int a = input.nextInt();
        int b = input.nextInt();
        //对它们进行赋值运算符的计算+=、-=、....、/=
        a += b;  //a = a+b;
        //a -= b;  //a = a-b;
        System.out.println("a+=b 的值是：" + a);
    }
}
```

输出结果为：

请输入两个运算的数：
3
2
a+=b 的值是：5

> **说明**
> Scanner 类是系统提供的类，只有 JDK 5.0 才有此功能，注意安装的环境。

读者可在此例的基础上设置"*=、/=、%="等测试以加强对赋值运算符的理解。

3.4.3 关系运算符

关系运算符的作用是比较两边的运算数，结果总是 boolean 型的数据。表 3.5 列出了常用的关系运算符。

表 3.5 常用的关系运算符

运算符	描述	示例	结果
==	等于	4==3	false
!=	不等于	4!=3	true
<	小于	4<3	false
>	大于	4>3	true
<=	小于等于	4<=3	false
>=	大于等于	4>=3	true

在关系运算中，判定运算符两边数据之间关系的结果类型为 boolean 型，它只有两个值，即真和假(true 和 false)。下面通过练习来看一看在关系运算中如何使用 boolean 类型数据。

【例 3.2】RelationalOperatorsTest.java。

用 boolean 类型数据描述学员张三的考试成绩(88.8)是否比学员李四高。代码如下：

```java
import java.util.Scanner;
/**
 * 演示关系运算符==、>=、<=、!=、>、<
 * 关系或条件表达式计算的结果用 boolean 类型的变量来存储
 */
public class RelationalOperatorsTest {
    public static void main(String[] args) {
        //1. 定义一个变量来存储张三的分数
        double zhangsanscore = 88.8;
        //2. 提示用户从控制台上输入李四的成绩，并存储到定义好的李四变量中
        System.out.println("请您输入李四的分数：");
        Scanner input = new Scanner(System.in);
        double lisiscore = input.nextDouble();
        //3. 比较张三和李四的分数并将结果存储到定义的 boolean 类型的变量中
        boolean isresult = zhangsanscore > lisiscore;
        //4. 打印输出它们比较的结果
        System.out.println("张三的分数高于李四的分数吗？" + isresult);
        int a = 8;
        int b = 9;
        //boolean isend = a > b;
        System.out.println("a>b? " + (a>=b));
```

```
            System.out.println("a>=b? " + (a>=b));
            System.out.println("a<b? " + (a<b));
            System.out.println("a<=b? " + (a<=b));
            System.out.println("a==b? " + (a==b));
            System.out.println("a!=b? " + (a!=b));
            System.out.println("a==b? " + (a==b));
            //关系运算符比较两个数是否相等,结果用 boolean 类型的数表示
            System.out.println("a!=b? " + (a=b));
            //System.out.println("a>b? " + isend);
        }
}
```

输出结果为:

```
请您输入李四的分数:
88
张三的分数高于李四的分数吗? true
a>b?  false
a>=b? false
a<b?  true
a<=b? true
a==b? false
a!=b? true
a==b? false
a!=b? 9
```

一般 boolean 类型的变量主要存储的是关系表达式的结果。

3.4.4 逻辑运算符

逻辑运算符用于对 boolean 类型结果的表达式进行运算,运算结果总是 boolean 类型的。常用的逻辑运算符如表 3.6 所示。

表 3.6 常用的逻辑运算符

运算符	描述	示例	结果
&	与	false & true	false
|	或	false | true	true
^	异或	true ^ false	true
!	非	!true	false
&&	逻辑与	false && true	false
||	逻辑或	false || true	true

下面通过练习来看一看在逻辑运算符中如何使用 boolean 类型数据:

```
public class LogicOperationTest {
    public static void main(String[] args) {
        boolean flag1 = 3>2;
        boolean flag2 = 5<2;
        System.out.println("flag1&flag2 结果为: " + (flag1 & flag2));
```

```
        System.out.println("flag1|flag2 结果为: " + (flag1 | flag2));
        System.out.println("flag1^flag2 结果为: " + (flag1 ^ flag2));
        System.out.println("!flag2       结果为: " + (!flag2));
        System.out.println("flag1&&flag2 结果为: " + (flag1 && flag2));
        System.out.println("flag1||flag2 结果为: " + (flag1 || flag2));
    }
}
```

输出结果为:

```
flag1&flag2 结果为: false
flag1|flag2 结果为: true
flag1^flag2 结果为: true
!flag2       结果为: true
flag1&&flag2 结果为: false
flag1||flag2 结果为: true
```

3.4.5 位运算符

位运算符对两个运算数中的每一个二进制位都进行运算,位运算符分类如下。

- ~:按位取反。
- &:按位与。
- |:按位或。
- ^:按位异或。

如图 3.5 所示为 4 个位运算的例子。

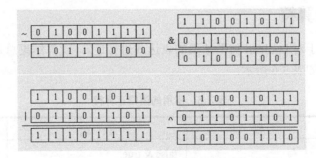

图 3.5 位运算示例

其中~(按位取反)就是进行二进制数据取反,即 0 变 1,1 变 0;&(按位与)主要是两个二进制操作数进行按位与操作时,两位都是 1 结果才是 1,也就是两个二进制操作数如果是 1&1,得到的结果才为 1,其他情况都为 0;|(按位或)主要是两个二进制操作数如果其中一个为 1,结果就为 1,如 1|0 结果为 1,只有两位全是 0 最后结果才为 0;而^(按位异或)是两个二进制操作数相异,结果才为 1,如 1^0 结果为 1。一般只有计算机才去具体地进行这些二进制的计算,在编程过程中使用得比较少。

但有时候,在参加面试的时候需要用到这方面的知识,比如要对数字 25 和 3 进行 AND 运算,如何分析呢?

分析方法如图 3.6 所示。

```
25  = 0000 0000 0000 0000 0000 0000 0001 1001
 3  = 0000 0000 0000 0000 0000 0000 0000 0011
-----------------------------------------------
AND = 0000 0000 0000 0000 0000 0000 0000 0001
```

图 3.6　对数字 25 和 3 进行 AND 运算

可以看出，在 25 和 3 中，只有一个二进制数字(位 0)存放的都是 1，因此，其他二进制数字生成的都是 0，所以结果为 1。

读者做个测试：分别计算 0、1、2、3、4 和 1 进行 AND 运算，看看结果是否有规律？

> **说明**
> i&1 在按位与运算时，取二进制整数 i 的最低位，如果最低位是 1，则得 1，如果最低位是 0，则得 0。奇数 i 的最低位是 1，偶数 i 的最低位是 0。

3.4.6　移位运算符

Java 编程语言提供了一种左移运算符和两种右移运算符。

(1) 左移运算

左移运算由两个小于号表示(<<)。它把数字中的所有数位向左移动指定的数量。例如，把数字 2(二进制中的 10)左移 5 位，结果为 64(等于二进制中的 1000000)，如图 3.7 所示。

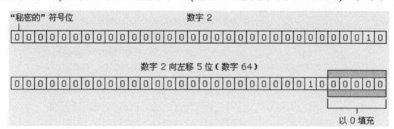

图 3.7　左移运算

在左移数位时，数字右边多出 5 个空位。左移运算用 0 填充这些空位，使结果成为完整的 32 位数字。

左移运算保留数字的符号位。例如，如果把-2 左移 5 位，得到的是-64，而不是 64。"符号仍然存储在第 32 位中吗？"是的，并且开发者不能直接访问第 32 个数位。即使输出二进制字符串形式的负数，显示的也是负号形式(例如，-2 将显示-10)。

(2) 有符号右移运算

有符号右移运算符由两个大于号表示(>>)。它把 32 位数中的所有数位整体右移，同时保留该数的符号(正号或负号)。有符号右移运算符恰好与左移运算相反。例如，把 64 右移 5 位，将变为 2，如图 3.8 所示。

同样，移动数位后会造成空位。这次，空位位于数字的左侧，但位于符号位之后。用符号位的值填充这些空位，创建完整的数。

(3) 无符号右移运算

无符号右移运算符由三个大于号(>>>)表示，它将无符号 32 位数的所有数位整体右移。

对于正数，无符号右移运算的结果与有符号右移运算一样。

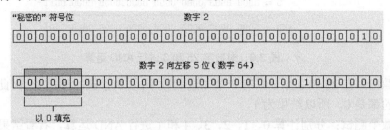

图 3.8　右移运算

对于负数，情况就不同了。无符号右移运算用 0 填充所有空位。对于正数，这与有符号右移运算的操作一样，而负数则被作为正数来处理。

其实，可以简单地理解右移一位(>>)相当于除以 2；左移一位(<<)相当于乘以 2。

- 128 << 1　　即 $128*2^1 = 256$
- 16 << 2　　即 $16*2^2 = 64$
- 128 >> 1　　即 $128/2^1 = 64$
- 256 >> 4　　即 $256/2^4 = 16$
- −256 >> 4　　即 $-256/2^4 = -16$

如图 3.9 所示为十进制数的各种移位运算示例。

2227 =	00000000　00000000　00001000　10110011
2227<<3 =	00000000　00000000　01000101　10011000
2227>>3 =	00000000　00000000　00000001　00010110
2227>>>3 =	00000000　00000000　00000001　00010110
-2227 =	11111111　11111111　11110111　01001101
-2227<<3 =	11111111　11111111　10111010　01101000
-2227>>3 =	11111111　11111111　11111110　11101001
-2227>>>3 =	00011111　11111111　11111110　11101001

图 3.9　移位运算示例

本小节不需要读者深入理解，只要对移位运算符有所了解即可。

> 说明
>
> （1）移位运算符将它们右侧的操作数模 32 简化为 int 类型左侧的操作数，模 64 简化为 long 类型右侧的操作数。因而，任何 int x, x >>> 32 都会导致不变的 x 值，而不是你可能预计的零。
>
> （2）值得称赞的重要一点是：>>>运算符仅被允许用在整数类型，并且仅对 int 和 long 值有效。如果用在 short 或 byte 值上，则在应用>>>之前，该值将通过带符号的向上类型转换被升级为一个 int 值。有鉴于此，无符号移位通常已成为符号移位。

下面通过程序 MyTest.java 来实现移位运算，看看程序输出什么结果？

```
public class MyTest {
    public static void main(String[] args) {
        int a = 10;
```

```
        int i = ~a;
        int j = a >>> 3;
        int k = a << 3;
        int m = a >> 2;
        System.out.println("i=" + i);
        System.out.println("j=" + j);
        System.out.println("k=" + k);
        System.out.println("m=" + m);
    }
}
```

输出结果为：

```
i=-11
j=1
k=80
m=2
```

3.4.7 其他运算符

1. 字符串连接运算符 "+"

语句 "String s = "He" + "llo";" 的执行结果为"Hello"，"+"除了可用于字符串连接，还能将字符串与其他的数据类型相连，成为一个新的字符串。例如"String s = "x" + 123;"，结果为"x123"。

下面的程序 StringConnect.java 是通过"+"来连接两个或多个字符串的示例：

```
public class StringConnect {
    public static void main(String[] args) {
        String a = "中" + "国";
        System.out.println(a);
        System.out.println("中" + a);
        String b = "好" + 1 + 3;
        System.out.println(b);
        String c = "1" + "2";
        System.out.println(c);
    }
}
```

输出结果为：

```
中国
中中国
好13
12
```

2. 三目运算符?:

三目运算符就是能操作三个数的运算符，如 X ? Y : Z，X 为 boolean 类型表达式，先计算 X 的值，若为 true，整个三目运算的结果为表达式 Y 的值，否则整个运算结果为表达式

Z 的值。例如：

```
int score = 75;
String type = score>=60? "及格" : "不及格";
```

下面的程序 TernaryOperatorsTest.java 就是三目运算符的应用实例：

```
public class TernaryOperatorsTest {
    public static void main(String[] args) {
        int a = 8;
        int b = 9;
        int c = a>b ? a : b;
        //首先判断 a 是否大于 b，如果 a 大于 b，a 的值作为整个表达式的结果赋值给 c
        //如果 a<b，就将 b 的值作为整个表达式的值赋值给 c
        System.out.println(c);
        String m = b<a ? "真" : "假";
        System.out.println(m);
    }
}
```

输出结果为：

9
假

这里留给读者一个题目：请猜出如下语句输出的结果是多少？

```
int x=4;
System.out.println("value is " + ((x>5) ? 99.9 : 9));
```

3.5 表达式

表达某种意义的式子就叫表达式，在数学运算中经常提及此概念。计算机最初的设计思想基本上来源于数学。在程序开发过程中，表达式经常用到。下面将详细讲解 Java 中与表达式相关的内容。

3.5.1 表达式简介

表达式是符合一定语法规则的运算符和操作数的序列，如 88(常量)、a(变量)、5.0 + a(式子)、(a-b)*c-4 和 i<30&&i%10!=0。

3.5.2 表达式的类型和值

对表达式中的操作数进行运算得到的结果称为表达式的值。表达式的值的数据类型即为表达式的类型，一般多个类型的数据运算，最后结果的数据类型以最大的数据类型为准。

例如，若有：

```
int a=3, double b=4.8, float c=8.9f;
```

那么 a*b+c 最后的结果类型就为 double 类型。

3.5.3 表达式的运算顺序

表达式的运算应按照运算符的优先级从高到低的顺序进行，如同数学中学的先乘除后加减，有括号先算括号一样。优先级相同的运算符按照事先约定的结合方向进行。

3.5.4 优先级和结合性问题

Java 中运算符的优先级归纳如表 3.7 所示。

表 3.7　运算符优先级

结 合 性	运算符号	优先级
分隔符	. ( ) { } ; ,	高
R to L	++ -- ~ !	
L to R	* / %	
L to R	+ -	
L to R	<< >> >>>	
L to R	< > <= >=	
L to R	== !=	
L to R	&	
L to R	^	
L to R	|	
L to R	&&	
L to R	||	
L to R	?:	
R to L	= *= /= %= += -= <<= >>= >>>= &= ^= |=	低

在表 3.7 中，R to L 表示从右到左，L to R 表示从左到右。
如果记不清楚优先级，可以通过添加()来提高优先级，这样会给编程带来极大的方便。

【例 3.3】ExpressionTest.java。
下面的代码是一个长表达式的运算示例。代码如下：

```
public class ExpressionTest {
    public static void main(String[] args) {
        int a = 3;
        float b = 3.5f;
        double c = 4.5;
        double result = (++a+b)/c*b;
        //一般多个表达式进行计算时，最后结果的数据类型以最大的数据类型为主
        //为了计算清晰，最好是加()进行优先级的运算
        System.out.println(result);
    }
}
```

输出结果为：

5.833333333333334

> **说明**
> 一般多个表达式进行计算时，最后结果的数据类型为最大的类型。如int、float类型的数据和double类型的数据进行运算时，最后计算结果的数据类型为double类型。

++和--运算符是单目运算符。优先级比算术运算符高。读者要掌握这一特点，不然，对于如下的面试题就很难计算正确：

```java
public class SelfTest {
    public static void main(String[] args) {
        int i = 7;
        System.out.println(++i+i+++i);
    }
}
```

该程序产生的输出结果为25。

println()方法中的表达式也即(++i)+(i++)+i 的简写，表达式++i 的值经过运算之后为8，然后i的值也递增至8，执行求和运算，值为16，此时i的值再自增至9，所以最终的运算结果为25。

3.6 顺序结构和选择结构

任何一门编程语言都离不开流程控制，Java语言也不例外，一般流程控制有三种结构：顺序结构、选择结构和循环结构。本节将主要介绍顺序结构和选择结构。

3.6.1 顺序语句

其实所有的编程语言发给计算机的命令都是按顺序一条条地执行的。比如生活中的取钱任务，一般按6步操作顺序完成。这6步操作分别是：①带上存折或银行卡去银行；②取号排队；③将存折或银行卡递给银行职员并告知取款数额；④输入密码；⑤银行职员办理取款事宜；⑥拿到钱并离开银行。

下面的程序 SequentialStatement.java 就是按顺序一步一步地完成取钱任务的：

```java
public class SequentialStatement {
    /**
     * 顺序结构语句的示例
     */
    public static void main(String[] args) {
        System.out.println("第1步：带上存折或银行卡去银行");
        System.out.println("第2步：取号排队");
        System.out.println("第3步：将存折或银行卡递给银行职员并告知取款数额");
        System.out.println("第4步：输入密码");
        System.out.println("第5步：银行职员办理取款事宜");
```

```
            System.out.println("第6步：拿到钱并离开银行");
    }
}
```

上面的代码就是根据一定的顺序，从 main 方法的"{"(左括号)开始到"}"(右括号)结束，来一行行地发送命令给计算机完成取钱的任务。

3.6.2 选择条件语句

if 条件语句是根据条件判断之后再做处理，if 分支结构主要有以下几种：
- if(条件语句) {...}。
- if(条件语句) {...} else {...}。
- if(条件语句) {...} else if(条件语句) {...} else {...}。
- 嵌套 if 条件结构。

1. if 结构

语法结构如下所示：

```
if(boolean 类型表达式)
    语句 A;
```

功能：当表达式值为 true 时，执行语句 A，否则跳过语句 A。

流程图如图 3.10 所示。

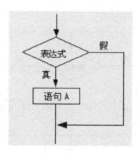

图 3.10 单条件 if 结构的流程

生活中有与此类似的问题。比如，如果买彩票中了 500 万元，就买车、买房、娶媳妇，那么通过 Java 程序如何处理该问题呢？

下面的程序 If.java 是通过 if 结构来处理上述问题的：

```java
import java.util.*;    //*表示所有，它包含 import java.util.Scanner
public class If {
    public static void main(String[] args) {
        int jiangjin = 500;      //规定的奖金数目是 500 万
        Scanner input = new Scanner(System.in);
        System.out.println("请您输入奖金，猜是否与规定的数目相符：");
        int in = input.nextInt();
        //条件结构
        if(in == jiangjin) {
            System.out.println("恭喜您中 500 万！");
```

```
            System.out.println("买车");
            System.out.println("买房");
            System.out.println("娶媳妇");
        }
    }
}
```

输出结果为：

请您输入奖金，猜是否与规定的数目相符：
500
恭喜您中 500 万！
买车
买房
娶媳妇

2. if...else 结构

语法格式如下所示：

```
if(boolean 类型表达式)
    语句 A;
else
    语句 B;
```

功能：当表达式值为 true 时，执行语句 A；当表达式值为 false 时，执行语句 B。其执行流程如图 3.11 所示。

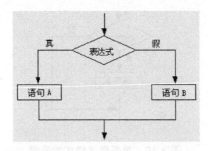

图 3.11 双重条件 if 结构的流程

如果没有中 500 万元的奖金，可以通过 if...else 结构进行处理。程序 IfElse.java 就是如果我们没有中奖的处理方式：

```
import java.util.Scanner;
public class IfElse {
    public static void main(String[] args) {
        int jiangjin = 500;      //规定的奖金数目是 500 万
        Scanner input = new Scanner(System.in);
        System.out.println("请您输入奖金，猜是否与规定的数目相符：");
        int in = input.nextInt();
        //条件结构
        if(in == jiangjin){
            System.out.println("恭喜您中 500 万！");
            System.out.println("买车");
```

```
            System.out.println("买房");
            System.out.println("娶媳妇");
        } else {
            System.out.println("谢谢惠顾！");
            System.out.println("您得继续吃方便面");
            System.out.println("革命尚未成功,同志仍需努力!!!");
        }
    }
}
```

输出结果为:

```
请您输入奖金,猜是否与规定的数目相符:
400
谢谢惠顾!
您得继续吃方便面
革命尚未成功,同志仍需努力!!!
```

3. 多重 if 结构

语法格式如下所示:

```
if (boolean 类型表达式) {
    //语句 A
}
else if (boolean 类型表达式) {
    //语句 B
}
else {
    //语句 C
}
```

可以有多个

可以省略

功能:当表达式值为 true 时,执行语句 A;在 else 部分再判断其他表达式的值,如果均不符合,则执行语句 C。

执行流程如图 3.12 所示。

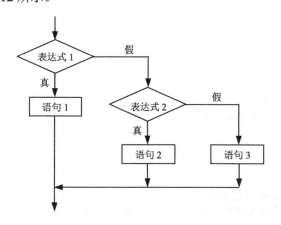

图 3.12 多重条件 if 结构的流程

在学生时代,父母为了激励孩子努力学习,一般会对孩子讲"如果你考了什么分数,我将给你一个什么奖励……"。小明的父母也是这样给他一个期许的。如果把生活中的这种情形用程序来演绎，前面两种做法显然是处理不了的，要处理这样的问题，就需要用多重 if 结构。

程序 IfElseIfTest.java 可以实现此类分级评级，代码如下：

```java
import java.util.*;
public class IfElseIfTest {
    /**
     * 输入小明的考试成绩，显示所获奖励
     * 成绩==100 分，爸爸给他买辆车
     * 成绩>=90 分，妈妈给他买 MP4
     * 90 分>成绩>=60 分，妈妈给他买本参考书
     * 成绩<60 分，什么都不买
     */
    public static void main(String[] args) {
        Scanner input = new Scanner(System.in);
        System.out.println("请您输入小明的考试成绩：");
        int result = input.nextInt();
        if(result == 100) {
            System.out.println("爸爸给他买辆车");
        } else if(result >= 90) {
            System.out.println("妈妈给他买 MP4");
        } else if(result >= 60) {
            System.out.println("妈妈给他买本参考书");
        } else if(result < 60) {
            System.out.println("什么都不买");
        }
    }
}
```

输出结果为：

```
请您输入小明的考试成绩：
67
妈妈给他买本参考书
```

4. 嵌套 if 结构

语法格式如下所示：

```
if (boolean 类型表达式) {
    if (boolean 类型表达式) {
        //语句 A
    } else {
        //语句 B
    }
} else if (boolean 类型表达式) {
    if (boolean 类型表达式) {
        //语句 C
    } else {
        //语句 D
```

```
    }
} else {
    ... //
}
```

功能：当表达式值为 true 时，进入执行语句 A；在 else 部分再判断其他表达式的值，如果均不符合，则执行语句 C。

其执行流程类似于如图 3.13 所示的嵌套层级关系。

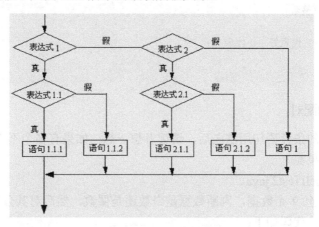

图 3.13 嵌套 if 结构

例如，小朱的男朋友答应她，如果他发的奖金高于 2000 元，就出去庆祝一下(如果周末天气好，就去郊游，否则就带她去商场购物)；如果发的奖金只高于 1000 元，就简单表示一下(天气好就去公园转转，否则就去书店看书)；如果发的奖金低于 1000 元，就呆在家里看电视。要处理这个问题，就需要用到嵌套 if 语句。程序 NestIFDemo.java 可以实现小朱男友的计划，代码如下：

```java
import java.util.Scanner;
public class NestIFDemo {
    public static void main(String[] args) {
        Scanner input = new Scanner(System.in);
        System.out.println("请输入奖金数目(整数)");
        int bonus = input.nextInt();
        System.out.println("请输入天气状况(1 代表好，0 代表差)");
        int datenum = input.nextInt();
        boolean flag = (datenum==1 ? true : false);
        if (bonus > 2000) {
            if (flag) {
                System.out.println("我们去郊游");
            } else {
                System.out.println("我们去购物");
            }
        } else if (bonus > 1000) {
            if (flag) {
                System.out.println("我们去公园");
            } else {
                System.out.println("我们去书店");
```

```
            }
        } else {
            System.out.println("在家看电视");
        }
    }
}
```

输出结果为：

```
请输入奖金数目(整数)
3000
请输入天气状况(1 代表好，0 代表差)
0
我们去购物
```

5. if 与 else 的配对

了解几种常见的条件语句用法之后，请读者想一想，如果有多个不带 else 子句的 if，会是怎样的一个结果呢？

【例 3.4】IfelseIfTest2.java。

比如，提供 1 至 9 个数据，判断数据是奇数还是偶数，然后对其分别求和，最后显示出奇数和偶数的和。代码如下：

```
public class IfelseIfTest2 {
    public static void main(String[] args) {
        int oddsum = 0;
        int bothsum = 0;
        if (args.length > 1) {
            for (int i=0; i<10; i++)
                if (i%2 != 0)
                    oddsum += i;
            else
                bothsum += i;
        }
        System.out.println("奇数的和为: " + oddsum + " 偶数的和为: " + bothsum);
    }
}
```

上面的 else 看起来与数组长度的判断绑定在一块儿了，但这只是缩进造成的假象，在这里，这个缩进应该被忽略。实际上它应该与是否被 2 整除的条件相互绑定的。

上面 main 方法的代码实际上应该为：

```
public static void main(String[] args) {
    int oddsum = 0;
    int bothsum = 0;
    if (args.length > 1) {
        for (int i=0; i<10; i++)
            if (i%2 != 0)
                oddsum += i;
            else
                bothsum += i;
```

```
        }
        System.out.println("奇数的和为：" + oddsum + " 偶数的和为：" + bothsum);
    }
```

说明

else 子句应该与离它最近的那个没有 else 子句的 if 语句绑定。

3.6.3 switch 结构

除了多重 if 结构外，Java 语言中还有一类多分支选择结构，如有下面一个问题要通过多分支选择结构来解决。

问题描述：令狐冲参加比武大会，如果获得第一名，将出任武林盟主；如果获得第二名，将出任武当掌门；如果获得第三名，将出任峨嵋掌门；否则，将被逐出师门。

上面的问题可以通过多重 if 结构来实现，但 Java 语言中提供了更好的解决此类问题的方法——switch 结构。

1．什么是 switch 结构

switch 结构也是一种类似于处理多分支选择的一种程序结构。语法格式如下所示：

```
switch(表达式) {  //计算表达式
    case 取值1：
        语句块 1；
        break;     //如果表达式的值等于常量1，则执行语句块 1
    case 取值n：
        语句块 n；
        break;     //如果表达式的值等于常量n，则执行语句块 n
    default:
        语句块 n+1；
        break;     //如果前面的常量都不等于，则执行default 语句块
}
```

switch 结构有如下规则。

(1) 表达式的返回值必须是下述几种类型之一：char、byte、short、int，并且必须是确定的结果。

(2) case 子句中的取值必须是常量，且所有 case 子句中的取值应该是不同的。

(3) default 子句是可选的。

(4) break 语句用来在执行完一个 case 分支后，使程序跳出 switch 语句块；如果 case 后面没有写 break，则直接往下面执行。

(5) case 后面的执行体可写{}，也可以不写。

说明

switch 表达式必须是整数类型(char、byte、short、int，或它们对应的包装器类)或者枚举类型。在后面的章节中会再做阐述。

2. 如何使用 switch 结构

下面通过 switch 结构来描述令狐冲比武的结果。

【例 3.5】SwitchTestPro.java。

解决比武大会问题。代码如下：

```java
public class SwitchTestPro {
    public static void main(String args[]) {
        int mingCi = 1;
        switch (mingCi) {
            case 1:
                System.out.println("出任武林盟主");
                break;
            case 2:
                System.out.println("出任武当掌门");
                break;
            case 3:
                System.out.println("出任峨嵋掌门");
                break;
            default:
                System.out.println("被逐出师门");
        }
    }
}
```

输出结果为：

出任武林盟主

把类型改为 char，通过上例来测试 switch 块对 char 类型的支持。代码如下：

```java
public class SwitchTestPro {
    public static void main(String args[]) {
        char mingCi = 'a';
        switch (mingCi) {
            case 'a':
                System.out.println("出任武林盟主");
                break;
            case 'b':
                System.out.println("出任武当掌门");
                break;
            case 'c':
                System.out.println("出任峨嵋掌门");
                break;
            default:
                System.out.println("被逐出师门");
        }
    }
}
```

因为字符可以直接向 int 转型，所以上述代码是完全正确的。

case 或 default 标号不会让控制流跳出 switch，它们也没有暗含要结束语句执行的意思。如果要在 switch 块中结束语句的执行，必须显式地将控制流转出 switch 块。前面是通过 break 来做到这一点的。当然，使用 return 语句也可以实现退出 switch 块的效果。

【例 3.6】SwitchTest.java。

如果要想设计一个一星期的减肥计划，可以通过 switch 结构来实现，下面的代码就是一个很好的示例：

```java
import java.util.Scanner;
/**
 * 下面是一个膳食减肥计划
 */
public class SwitchTest {
    public static void main(String[] args) {
        //用 switch 结构来实现一个减肥计划
        System.out.println("请您输入星期数字: ");
        Scanner input = new Scanner(System.in);
        int num = input.nextInt();
        switch(num) {
            case 1:
            {
                System.out.println("小白菜");
                return;
            }
            case 2:
                System.out.println("大白菜");
                return;
            case 3:
                System.out.println("方便面");
                return;
            case 4:
                System.out.println("猪肉");
                return;
            case 5:
                System.out.println("牛肉");
                return;
            case 6:
                System.out.println("燕窝！鲍鱼");
                break;
            default:
                System.out.println("什么也不吃");
                return;
        }
    }
}
```

说明

return 语句会终止一个方法的执行并返回它的调用者。如果方法不需要返回值，使用简单的 return 语句即可。如果方法有返回类型，则 return 语句必须包括属于某种类型的表达式，这种类型可以赋值给返回类型。

输出结果为:

请您输入星期数字:
6
燕窝!鲍鱼

在某些环境下,还需要实现多种情况下执行同一个动作的效果,亦即多个 case 标号对应一条语句。

【例 3.7】SwitchTest1.java。

比如遇上经济危机,要节省过日子,对上面的减肥计划进行修改。代码如下所示:

```java
public static void main(String[] args) {
    //用 switch 结构来实现一个减肥计划
    System.out.println("请您输入星期数字: ");
    Scanner input = new Scanner(System.in);
    int num = input.nextInt();
    switch(num) {
        case 1: case 2:
            System.out.println("小白菜");
            break;
        case 3: case 4:
            System.out.println("方便面");
            break;
        case 5: case 6:
            System.out.println("牛肉");
            break;
        default:
            System.out.println("什么也不吃");
            break;
    }
}
```

输出结果:

请您输入星期数字:
6
牛肉

说明

switch 语句中最多只能有一个 default 标号。

3.6.4 经验之谈——switch 结构常见错误的分析与处理

编程初学者使用 switch 结构时,经常会出现的一些错误,下面将常见的一些错误提出来,供读者参考。

1. 缺少 break 语句

错误代码片段如下:

```
int mingCi = 1;
switch (mingCi) {
    case 1:
        System.out.println("出任武林盟主");
    case 2:
        System.out.println("出任武当掌门");
    case 3:
        System.out.println("出任峨嵋掌门");
    default:
        System.out.println("被逐出师门");
}
```

本来只想输出"出任武林盟主",可输出的结果为:

```
出任武林盟主
出任武当掌门
出任峨嵋掌门
被逐出师门
```

错误分析:在 switch 结构中,每一个 case 语句块后面如果不写 break 语句,switch 就会直接往下面的 case 语句块运行,直到遇到 break 语句为止。上面的代码应该在每个 case 语句后面都加上 break 语句。

2. case 语句后面常量相同

错误代码片段如下:

```
int mingCi = 1;
switch (mingCi) {
    case 1:
        System.out.println("出任武林盟主");
    case 2:
        System.out.println("出任武当掌门");
    case 2: //代码错误,case 语句后面的常量值不能相同
        System.out.println("出任峨嵋掌门");
    default:
        System.out.println("被逐出师门");
}
```

上面的代码中有两个 case 2,当计算机选择分支的时候,不能判定是哪一个,因而要将它们后面的常量改成不重复的数。

3. case 语句后接常量错误

错误代码片段如下:

```
String day = "星期一";
switch (day){
    case "星期一":
        System.out.println("星期一:青菜");
        break;
    case "星期二":
        System.out.println("星期二:鱼");
```

```
        break;
    default:
}
```

上面的代码中，case 语句后面接的常量值只能是 byte、short、int、char 类型的值，不能是其他类型的值。

3.6.5 switch 与多重 if 结构比较

switch 与多重 if 结构有很多相同之处，也有不同之处。
(1) 相同点：都可以实现多分支结构。
(2) 不同点：switch 结构只能处理等值的条件判断，且条件是整型变量或字符变量的等值判断，一般适合分支多于 5 个以上的情况；多重 if 结构特别适合某个变量处于某个区间时的情况，如 a>60&&a<=80。

3.7 循环语句

循环语句的功能是在循环条件满足的情况下，反复执行特定的代码。循环语句分类主要有 while 循环、do...while 循环和 for 循环三类。

Java 中循环结构需满足以下 3 个条件：
- 要初始化循环变量，如 int i=0。
- 要有判断循环体是否结束的条件表达式，如 i<=100。
- 要有改变判断条件表达式值的语句，如 i++;。

读者只要记住这 3 个条件的 3 个关键字，理解并学会运用，循环语句就很容易掌握了。这三个关键字是"初"、"判"、"变"，分别对应上面的 3 个条件。

1. 为什么需要循环

有这样一个问题需要通过程序来解决：有一天，你的女朋友要你对她说一百遍"我喜欢你"。

如果按照以往的程序，只能在 main 方法中写入下面的代码片段：

```
System.out.println("我喜欢你");
System.out.println("我喜欢你");
    ⋮
System.out.println("我喜欢你");
```

这样写一百遍，是很麻烦的事情。

2. 什么是循环

生活中的循环有很多，如图 3.14 所示。
生活中的循环一般是通过循环条件来执行循环操作的。例如打印机打印 50 份试卷就是循环条件。Java 语言是怎样处理循环问题的呢？下面将做详细的讲解。

(a) 打印 50 份试卷　　　(b) 10000 米赛跑　　　(c) 旋转的车轮

图 3.14　生活中的循环

3.7.1　while 循环

1. 什么是 while 循环

while 表示当……的时候，也就是当满足条件时，就循环执行指定的代码。

2. while 循环的语法

while 循环的语法如下：

```
while (expression) {
    语句;
}
```

其中 expression 也只能是 boolean 或 Boolean 类型的，它的值将首先被计算出来，若值为 true，则执行其后面的语句，一旦语句执行完毕，expression 的值将会被重新计算，如果还是为 true，语句将会再次执行，这样一直重复下去，直至 expression 的值为 false 为止。

While.java 通过 while 循环解决了说一百遍"我喜欢你"的问题。代码如下：

```
public class While {
    //通过while循环来解决说一百遍"我喜欢你"的问题
    public static void main(String[] args) {
        int i = 1; //1. 初始化
        while (i <= 100) { //2. 判断条件
            System.out.println("我喜欢你。我已经说了" + i + "遍");
            i++; //3. 更改变量值
        }
    }
}
```

输出结果为：

```
我喜欢你。我已经说了1遍
我喜欢你。我已经说了2遍
...
我喜欢你。我已经说了100遍
```

while 循环的特点是：先判断，再执行。

其具体执行流程如图 3.15 所示。

3. 怎样使用 while 循环

简单的 while 循环用法就如上例所示，通过变量的自增或自减来更新值。其实，循环条件除了预先设定之外，还可以由输入者自行控制，从而形成良好的人机互动效果。

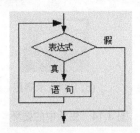

图 3.15　while 循环的执行流程

【例 3.8】WhileTest2.java。

Java 编程要经常练习才能获得较好的学习效果。下面是老师监督学生加强编程练习，学生通过询问老师，老师看结果后判断学生练习好了没有。这也是循环的一种方式。

代码如下：

```java
import java.util.*;

public class WhileTest2 {
    public static void main(String[] args) {
        Scanner input = new Scanner(System.in);
        System.out.println("老师，我练得怎么样？Y/N");
        String result;
        result = input.next(); //由老师来输入 Y(Yes)或 N(No)
          //1. 初始化变量

        while (!result.equalsIgnoreCase("Y")) { //2. 判断变量
            System.out.println("继续练程序");
            System.out.println("老师，我练得怎么样？您回答一下：Y/N");
            result = input.next(); //3. 更新变量值
        }
        System.out.println("练习结束！");
    }
}
```

说明

　　String 字符串对象的 equalsIgnoreCase 方法表示忽略比较对象的大小写。有关 String 的相关用法，在后面的章节中有详细的讲解。

输出结果为：

```
老师，我练得怎么样？Y/N
N
继续练程序
老师，我练得怎么样？您回答一下：Y/N
N
继续练程序
老师，我练得怎么样？您回答一下：Y/N
Y
练习结束！
```

3.7.2 经验之谈——while 循环的常见错误

1. 缺少改变循环体判断条件表达式值的语句

错误代码片段如下：

```java
public class Test {
    public static void main(String[] args) {
        int i = 0;
        while (i < 4) {
            System.out.println("欢迎----学员");
        }
    }
}
```

永远输出：

```
欢迎----学员
欢迎----学员
:
```

上面代码将形成死循环，应该在 while 执行体中加入改变判断条件表达式值的语句，例如 i++;。

> **说明** 永远都不会退出的循环称为死循环。如果不小心形成死循环，可按 Ctrl+C 键退出。

2. 丢失等号

错误代码片段如下：

```java
public class Test1 {
    /*打印 4 次"欢迎----学员"*/
    public static void main(String[] args) {
        int i = 1;
        while (i < 4) {   //题意要求循环 4 次，判断表达式只循环 3 次，应该改为 i<=4
            System.out.println("欢迎---学员");
            i++;
        }
    }
}
```

输出结果为：

```
欢迎---学员
欢迎---学员
欢迎---学员
```

在编写循环语句的时候，经常会出现上面代码中少次数的情况。编程时一定要弄清楚循环的次数。修改时为上面代码的 while 判断条件表达式中的 i<4 加上一个等号(=)，变为 i<=4 即可。

3. 判断条件不对

错误代码片段如下：

```
public class Test2 {
    /*打印4次"欢迎----学员"*/
    public static void main(String[] args) {
        int i = 0;
        while (i > 5) {
            System.out.println("欢迎----学员");
            i++;
        }
    }
}
```

上述代码执行后，一次都没有打印输出。主要原因是判断条件"i>5"一次都不成立，所以 while 执行体一次也不执行。应该将"i>5"改成"i<5"。

3.7.3 do-while 循环

1. 什么是 do-while 循环

do-while 也是 Java 语言中处理循环的一种控制语句。while 循环会执行零次或多次，有时候第一次计算出来的表达式值可能就是 false，但还是希望循环体能执行一次，这种情况下 do-while 循环就该粉墨登场了。语法为：

```
do {
    语句;
} while (expression);
```

一般 do-while 循环结构是先执行一次循环体操作，然后再判断条件是否满足。do-while 循环的执行流程如图 3.16 所示。

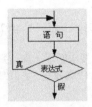

图 3.16 do-while 循环的执行流程

它是先执行语句，再判断表达式的值。这里通过一个简单的小例子来理解 do-while 的用法。比如春节回家，火车票往往是很紧张的，对于有车票的人，他们就会希望上车时执行 while 循环的验票操作，因为这样就可以避免没票的人也挤到车里。用代码描述就是：

```
public class WhileCheckTicket {
    public static void main(String[] args) {
        boolean haveticket = false; //没有车票
        while (haveticket) {
            System.out.println("允许上车。"); //不会输出。没车票就不能上车
        }
```

        }
}
```

而对于没有车票的人，可能更希望执行 do-while 操作，因为可以先上车再补票嘛。修改 main 方法中的代码，如下所示：

```
public static void main(String[] args) {
    boolean haveticket = false;
    do {
        System.out.println("允许上车。");         //可以输出一次,改程序的人可以混上车
    } while (haveticket); //先上车，后验票，没票可以补
}
```

2. 怎样使用 do-while 循环

前面通过 while 循环来解决女朋友要求说一百遍"我喜欢你"的任务，这里还可以用 do-while 操作来实现相同的功能。代码如下：

```
public class DoWhileTest {
    /**
    * 通过do-while循环来解决说一百遍"我喜欢你"的问题
    */
    public static void main(String[] args) {
        int i = 1; //1. 初始化
        do {
            System.out.println("我喜欢你。我已经说了" + i + "遍");
            i++;   //3. 更改变量值
        } while (i <= 100); //2. 判断条件
    }
}
```

> **注意**
>
> do-while 循环结构在编程过程中相对运用较少，需要注意的是，在 do {...} while();结构后面千万不要丢了分号(;)，这是经常出现的编程错误。

3. while 和 do-while 的区别

while 和 do-while 主要有以下两个不同点。

(1) 语法不同：while 循环结构是先判断后执行；do-while 循环结构是先执行后判断。当初始情况不满足循环条件时，while 循环一次都不会执行，而 do-while 循环不管任何情况都至少执行一次。

(2) do-while 循环结构后面有分号，while 循环结构后面没有分号，编程时一定要注意。

3.7.4 for 循环

1. 什么是 for 循环

for 循环也是 Java 语言中一种处理循环的编程结构。一般程序员比较习惯使用 for 循环。

```

语法为：

```
for(初始化循环变量; 判断循环体是否结束的条件表达式; 改变判断条件表达式值的语句) {
    循环体;
}
```

for 循环的语法中包括 4 个部分：
- 初始化循环变量。
- 判断循环体是否结束的条件的表达式。
- 改变判断条件表达式值的语句。
- 循环体。

其中，初始化循环变量只会执行一次。然后每次都计算条件表达式的值，如果该值为 true，则执行循环体的内容，更新循环变量的值，然后再重新计算条件表达式的值，这个循环会不断地重复，直到条件表达式的值为 false 为止。for 循环的语法结构与 while 和 do-while 循环结构的区别是，它将三个条件全部写到括号内，例如：

```
for (int i=0; i<100; i++) {
    System.out.println("我最棒");
}
```

上述代码先执行一次"int i = 0;"来初始化变量 i。读者要注意的是，这三个条件并不是必需的，在后面的示例中会对此进行解释。

2. 怎样使用 for 循环

【例 3.9】ForTest.java。

该程序可以使用基本的 for 语句对一定范围内的值从头到尾地进行循环，下面通过 for 循环实现动态输出 0~10 的整数，来了解它的这一用法。其代码如下：

```java
public class ForTest {
    public static void main(String[] args) {
        for(int i=0; i<=10; i++) {
            System.out.println("数" + i);
        }
    }
}
```

输出结果为：

```
数 0
...
数 10
```

3. for 循环替换 while 循环

前面曾用 while 循环实现了女朋友要求说 100 遍"我喜欢你"的问题。如果用 for 循环对其进行修改，是否可行？代码清单如下所示。

【例 3.10】For.java。代码如下：

```java
public class For {
```

```
/*女朋友要求说100遍"我喜欢你"*/
public static void main(String[] args) {
    //for 循环写法
    for(int i=1; i<=100; i++) {
        System.out.println("我喜欢你。我已经说了" + i + "遍");
    }
}
```

输出结果为：

我喜欢你。我已经说了1遍
我喜欢你。我已经说了2遍
...
我喜欢你。我已经说了100遍

说明

for 一般用于已知循环次数的情况，而 while 用于循环次数不确定的情况。

4. for 循环中多表达式的运用

for 循环中的初始化和更新部分可以是一组用逗号分隔的表达式，与大多数操作符的操作数类似，这些用逗号分隔的表达式将会从左到右地进行计算。如用一种新的思路来输出 1~10 之间的数字。设置两个变量，分别从右至左和从左至右移动取值，当两变量值的位置互换时，移动停止。此过程如图 3.17 所示。

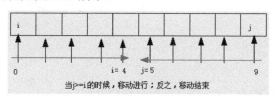

图 3.17 两边移动的效果

实现上述效果的代码如下所示：

```
public class DoubleExpressionDemo {
    public static void main(String[] args) {
        for(int i=1,j=20; j>=i; i++,j--) {
            System.out.println(i + " " + j);
        }
    }
}
```

输出结果为：

```
0      20
1      19
2      18
...
9      11
10     10
```

两边迭代取值的效果已经完成，可结果中却有两个数字 10，如何消去一个数字 10 呢？可先阅读 for 循环与 if 条件语句的组合运用的相关内容，然后再来解答。

5. for 循环与 if 条件语句的组合运用

前面都只是用 for 循环来完成一些简单的功能。下面通过一个示例来讲解 for 循环与 if 条件语句的组合运用。编写一个程序，求 1~10 之间不能被 3 整除的数之和(使用 for 循环结构)。要判断一个数能否被整除，主要看被除数与除数取模得到的结果是否为 0，如果为 0 表示能被整除，如果不为 0，表示不能被整除。

【例 3.11】ForTest1.java。代码如下：

```
public class ForTest1 {
    //求1~10之间不能被3整除的数之和(使用for循环结构)
    public static void main(String[] args) {
        int sum = 0;
        for(int i=1; i<=10; i++) {
            if(i%3 != 0) {
                sum = sum + i;
                System.out.print("不能被3整除的数为: " + i);
            }
            System.out.println();
        }
        System.out.println("不能被3整除的数的和为: " + sum);
    }
}
```

输出结果为：

```
不能被3整除的数为: 1
不能被3整除的数为: 2

不能被3整除的数为: 4
不能被3整除的数为: 5

不能被3整除的数为: 7
不能被3整除的数为: 8

不能被3整除的数为: 10
不能被3整除的数的和为: 37
```

6. for 循环间的嵌套运用

为了加强对 for 循环的理解，可以使用 for 循环的嵌套应用打印出一些简单的数学图形，比如要显示一个边长由用户随意指定，用"*"表示的正方形图案，代码编写如下：

```
import java.util.Scanner;
public class ForDemo {
    public static void main(String[] args) {
        Scanner input = new Scanner(System.in);
        System.out.print("请输入一个值: ");
        int in = input.nextInt();
```

```
for(int i=0; i<in; i++) {
    for(int j=0; j<in; j++) {
        System.out.print(" *");
    }
    System.out.print("\n");
}
```

输出结果为：

```
请输一个值：8
 * * * * * * * *
 * * * * * * * *
 * * * * * * * *
 * * * * * * * *
 * * * * * * * *
 * * * * * * * *
 * * * * * * * *
 * * * * * * * *
```

请读者思考一下，如何稍做改动，就能打印出直角三角形呢？

3.7.5 经验之谈——for 循环的常见错误

1. 没有初始化循环变量

错误代码片段如下：

```
for( ; i<10; i++) { //编译错误，变量 i 没有初始化
    System.out.println("这是 " + i);
}
```

错误说明：没有定义循环变量，不符合语法要求，否则会出错。应该在 for 循环前加一句初始化循环变量 i 的语句，如"int i=0;"。

2. 没有判断循环体是否结束的条件语句

错误代码片段如下：

```
for(int i=0; ; i++) {
    System.out.println("这是 " + i);
}
```

编译正确，但缺少循环条件，造成死循环。应该在"int i=0; ; i++"的中间加入判断条件语句，如"i<3"。

3. 没有改变循环体结束的条件表达式值的语句

错误代码片段如下：

```
for(int i=0; i<3; ) {
    System.out.println("这是 " + i);
```

}
```

编译通过，但没有改变循环体结束的条件表达式值的语句，造成死循环。应该在循环体中加入改变循环体结束的条件表达式值的语句。如 i++。

#### 4. 没有满足循环的三个条件

错误代码片段如下：

```
for( ; ; ) {
    System.out.println("这是测试");
}
```

编译通过，因为表达式全部省略，所以无条件判断，循环变量无改变，应在循环体内设法结束循环，否则会造成死循环，应该将三个条件加上。

3.7.6 循环语句小结

需要多次重复执行一个或多个任务的问题可以使用循环语句来解决。到目前为止，本书所讲的循环结构有 while、do-while 和 for 循环。

下面通过相应的代码来演示各种循环结构的执行顺序。

1. while 循环结构

示例代码如下：

```
int i = 0;   //1. 初始化循环变量
int sum = 0;
while(i < 10) {   //2. 判断循环体是否结束的条件表达式
    sum = sum + i;
    i++;     //3. 改变判断条件表达式值的语句
}
```

代码中的 1、2、3 标号的语句是满足 while 循环的 3 个条件，while 循环结构的执行顺序是 1→2→3→2→3→……。

2. do-while 循环结构

示例代码如下：

```
int i=0;  //1. 初始化循环变量
int sum = 0;
do {
    sum = sum + i;
    i++;  //3. 改变判断条件表达式值的语句
} while(i < 10);    //2. 判断循环体是否结束的条件表达式
```

do-while 循环结构执行的顺序是 1→3→2→3→2→3→2→……。

3. for 循环结构

示例代码如下：

```

```
int sum = 0;
for(int i=0/*1.初始化*/; i<10;/*2.判断*/ i++/*3.改变*/) {
  //多行注释可以写到任何地方

    sum = sum + i; //4.执行体
}
```

for 循环结构执行的顺序是 1→2→4→3→2→4→3→2→4……。

说明

while 和 for 循环结构相同，先进行判断，后执行循环体的内容；而 do-while 循环结构则是先执行循环体内容，后进行判断，循环体至少执行一次。

3.8 跳转语句

跳转语句的作用就是把控制转移到程序的其他部分。Java 支持 3 种跳转语句：break、continue 和 return。

3.8.1 break 语句

1. 为什么需要 break 语句

在介绍 switch 结构时用到过 break 语句。例如：

```
int i = 2;
switch(i) {
   case 1:
      System.out.println("星期一");
      break;
   case 2:
      System.out.println("星期二");
      break;
}
//其他语句
```

当代码执行到 break 语句时会立即跳出 switch 结构，去执行其他语句。

在运动会的 10000 米长跑比赛中，当比赛选手跑到 4000 米时(环形跑道长度是 400 米)，跑不动了就要退出比赛，这样的问题要通过 Java 程序来解决，就可以使用 break 语句来无条件结束循环体。

代码如下：

```
for (int i=0; i<10000; i=i+400) {
   if(i >= 4000) {
      break;     //跑不动了，退出比赛
   }
}
```

2. 什么是 break 语句

break 语句是改变程序控制流的语句，用在 while、do-while、for 循环语句中时，可跳出循环，执行循环后面的语句。例如：

```
代码块 {
    ...
    break;
    ...
}
//其他语句
```

在循环体中，当执行语句时，遇到 break；程序循环流程会无条件地结束。一般 break 语句会与条件语句 if、if...else 语句一起使用。

3. 如何使用 break 语句

break 语句主要有两种使用方式，一种是无标号的使用，一种是有标号的使用。标号即为标识位置的符号，可以通过给语句加标号来赋予名称，然后通过这些名字来引用语句。标号位于它所要命名的语句之前，每条语句只允许有一个标号，通常的写法是：

```
label: statement
```

下面来详细讲解两种 break 语句的使用。

(1) 使用无标号的 break

【例 3.12】BreakTest1.java。

循环录入某学生 5 门课的成绩并计算平均分，如果某分数录入为负，则停止录入并提示录入错误。代码如下：

```java
import java.util.*;
public class BreakTest1 {
    public static void main(String[] args) {
        Scanner input = new Scanner(System.in);
        System.out.println("请您输入学生的姓名：");
        int score = 0;
        int sum = 0;
        boolean wrong = true;
        String name = input.next();
        for (int i=0; i<5; i++) {
            System.out.print("请输入 5 门功课中第" + (i+1) + "门课的成绩：");
            score = input.nextInt(); // 从控制台接收数据
            if (score < 0) {
                wrong = false;  //出错标识
                break;   //退出循环
            }
            sum += score;
        }
        if (!wrong)
            System.out.println("您输入的成绩错误!!! ");
        else
```

```
            System.out.println("您输入的成绩平均分为: " + sum/5);
    }
}
```

输出结果为:

```
请您输入学生的姓名:
李尊华
请输入 5 门功课中第 1 门课的成绩: 88
请输入 5 门功课中第 2 门课的成绩: 98
请输入 5 门功课中第 3 门课的成绩: -9
您输入的成绩错误!!!
```

上面的示例是对单层循环的应用，如果是多层循环，则无标号的 break 会终止最内层的 switch、for、while 或 do 语句，并且它也只能出现在这些语句中。如下例所示:

```
public class DoubleForAdnBreakDemo {
    public static void main(String[] args) {
        for(int i=1; i<10; i++) {
            //内层循环的结束条件与外层循环变量有关
            for(int j=1; j<10; j++) {
                if(j == i) break;
                System.out.print(j + " ");    //打印
            }
            System.out.println();    //换行
        }
    }
}
```

(2) 使用有标号的 break

为了终止外层的循环或块，需要用标号标示外层的语句，并在 break 语句中使用它的标号名。更改上例的 main，修改之后的代码如下所示:

```
public static void main(String[] args) {
    flag:
    for(int i=1; i<10; i++) {
        //内层循环的结束条件与外层循环变量有关
        for(int j=1; j<10; j++) {
            if(j == i)
                break flag;
            System.out.print(j + " ");    //打印*
        }
        System.out.println();    //换行
    }
}
```

3.8.2 continue 语句

1. 为什么需要 continue 语句

比如要统计随机录入 10 个数中偶数的总和。这样的问题可通过 continue 语句来解决。

问题分析如下。
(1) 通过循环，获得随机录入的 10 个数。
(2) 判断：如果当前数不是偶数则执行 continue，跳过累加命令直接进入下一次循环。

2. 什么是 continue 语句

continue 语句的作用是将控制流转到循环体的末尾并且继续执行下一次循环。continue 语句只能用在循环(for、while 或 do)中。语法为：

```
代码块(...) {
   ...
   continue;
   ...
}
```

continue 语句通常与条件语句一起使用，以加速循环。例如：

```
for(int i=0; i<10; i++) {
   跑 400 米;
   if(!口渴) {
      continue;  //不喝水，继续跑
   }
   接过水壶，喝水;
}
```

3. 如何使用 continue 语句

continue 语句也分无标号的使用和有标号的使用两种方式。
(1) 使用无标号的 continue
下面是通过循环录入 Java 考试的学生成绩，统计分数大于等于 80 分的学生的比例。通过 continue 来判断是否统计。

【例 3.13】ContinueTest1.java。代码如下：

```java
import java.util.Scanner;
public class ContinueTest1 {
   public static void main(String[] args) {
      Scanner input = new Scanner(System.in);
      System.out.println("请您输入班级的人数：");
      int score = 0;
      //定义一个变量来统计大于等于 80 分的学生人数
      int count = 0;
      double renshu = input.nextInt();
      for(int i=0; i<renshu; i++) {
         System.out.println("请您输入第" + (i+1) + "个学员的分数：");
         score = input.nextInt();
         //判断分数是否大于等于 80
         if(score < 80) {
            continue;
         }
         count++;  //统计大于等于 80 分的人数
```

```
            }
            System.out.println(
                "全班分数大于等于 80 分的学生的比例为: " + (count/rensu)*100 + "%");
    }
}
```

输出结果为:

```
请您输入班级的人数:
4
请您输入第 1 个学员的分数:
80
请您输入第 2 个学员的分数:
90
请您输入第 3 个学员的分数:
67
请您输入第 4 个学员的分数:
76
全班分数大于等于 80 分的学生的比例为：50.0%
```

上面的示例是对单层循环的应用，如果是多层循环，则无标号的 continue 会跳过最内层的 switch、for、while 或 do 语句，如下例所示:

```java
public class DoubleForAndContinueDemo {
    public static void main(String[] args) {
        for(int i=1; i<10; i++) {
            //内层循环的结束条件与外层循环变量有关
            for(int j=1; j<10; j++) {
                if(j == i)
                    continue;
                System.out.print(j + " ");    //打印
            }
            System.out.println();    //换行
        }
    }
}
```

(2) 使用有标号的 continue

有标号的 continue 为了进行下一次的循环会跳过所有的内层循环。例如:

```java
public static void main(String[] args) {
    outer:for(int i=1; i<10; i++) {
        //内层循环的结束条件与外层循环变量有关
        for(int j=1; j<10; j++) {
            if(j == 3)
                continue outer;
            System.out.print(j + " ");    //打印
        }
        System.out.println();    //换行
    }
}
```

4. break 和 continue 的区别

break 语句无条件结束整个循环结构，continue 语句是否结束循环要根据条件进行判断，且 continue 语句结束的是本次循环体后面的语句，不是结束整个循环结构。在多重循环中它们的应用如图 3.18 所示。

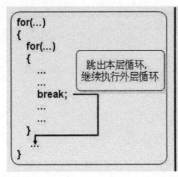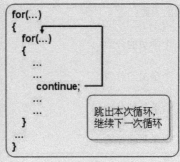

图 3.18　break 和 continue 在多重循环中的比较

下面通过示例来演示它们的使用效果。

【例 3.14】程序 Test.java 是 break 语句和 continue 语句的比较示例。代码如下：

```
public class Test {
    public static void main(String[] args) {
        int sum = 0;
        for(int i=0; i<5; i++) {
            if(i == 3) {
                continue;  //break;
            }
            sum = sum + i;
        }
        System.out.println("sum = " + sum);
    }
}
```

输出结果为：

```
sum = 7
```

如果将 continue 换成 break，输出结果为：

```
sum = 3
```

3.8.3　return 语句

return 语句总是用在方法中，它主要有两个作用，一个是返回方法指定类型的值，一个是结束方法的执行(亦即返回至方法被调用处，只须写上一个 return 语句，即可实现跳转的功能)。

本节的内容是编程语言中最基础的部分，初学者一定要通过练习掌握相关的内容。

3.9　MyEclipse 工具介绍

"工欲善其事，必先利其器"，Java 编程也是如此，MyEclipse 相对于 Java 程序员而言，就是一种很强大的武器，就像士兵手中的钢枪一样。选择一种合适的开发工具有助于提高开发效率，本小节主要介绍 MyEclipse 的一些常用操作。

3.9.1　MyEclipse 的安装

读者可以通过 http://www.myeclipseide.com 获得 MyEclipse 的下载文件。

安装 MyEclipse 的步骤如下。

(1)　下载 MyEclipse

在官方提供的软件产品列表界面中，单击 All in ONE 超链接下载，因为通过此链接下载的软件包已经集成了 Eclipse，所以可以直接安装 MyEclipse。

(2)　安装 MyEclipse

双击下载的 MyEclipse 安装文件进行安装，然后一直单击 Next 按钮，直至结束。

启动 MyEclipse 8.x 工具软件的过程中会出现如图 3.19 所示的对话框，需要进行工作空间的选择，工作空间(Workspace)用来指定所建工程的存放目录，可以进行更改。一般设置为默认路径。

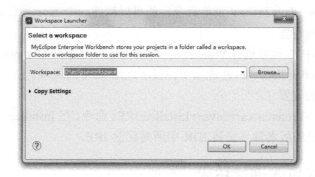

图 3.19　MyEclipse 工作空间选择

单击 OK 按钮进入启动界面，将欢迎窗口关闭，即出现如图 3.20 所示的操作界面。

Java 程序开发工具比较丰富，作者建议基于学习效率考虑，初学者最好选择可视化的编程工具。常见的 Java 编程工具有：

- JCreator
- MyEclipse
- Workshop
- NetBeans
- JDeveloper
- IntelliJ

本书主要是通过工具软件 MyEclipse 来介绍 Java 核心技术。

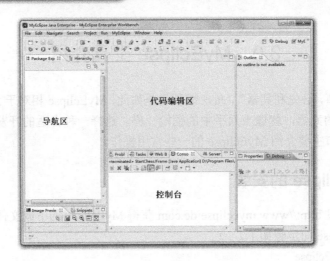

图 3.20　MyEclipse 的操作界面

3.9.2　MyEclipse 的工程管理

在每个 Java 项目中，将包含众多的 Java 源文件，如果编程人员需要逐一去编译这些源文件，或手工启动运行编译后的结果，都将是件痛苦的事情。如果采用 IDE 工具提供的工程化方式来管理，则会事半功倍。

（1）创建 Java 项目

执行 File→New→Java Project 菜单命令，便可以新建一个 Java 项目。

（2）编译阶段的设置

在编译 Java 文件时，可以选择 Windows→Preferences→Java→Compiler 命令，在 Compiler 面板中的 Compiler compliance level 选项中设置所选用 JDK 的版本。

（3）运行阶段的设置

选择 Windows→Preferences→Java→Installed JREs 命令，在 Installed JREs 面板中设置所选用的 JRE，即一般的版本独立安装 JDK 中所对应的 JRE。

3.9.3　Java Debug 调试技术

在编程过程中，会出现各种各样的错误或 bug，特别是在循环执行的过程中。通过 Debug 调试技术，可以很清楚地看到各种 bug。下面通过 MyEclipse 单步调试，观察程序执行顺序、变量值的变化等。

通常，调试程序常用的快捷键如下。

- F5：单步跳入。进入本行代码中执行。
- F6：单步跳过。执行本行代码，跳到下一行。
- F7：单步返回。跳出方法。
- F8：继续。执行到下一个断点，如果没有断点了，就执行到结束。
- Ctrl+R：执行到光标所在的这一行。

通过调试技术，观察下面两个案例，测试 break 语句和 continue 语句的区别。

案例 1：1~10 之间的整数相加，得到累加值大于 20 的当前数。
案例 2：求 1~10 之间的所有偶数和。
以 Java Debug 调试技术观察案例 1，单步运行案例 1 并进行代码跟踪。

第 1 步 设置断点。
第 2 步 单击测试按钮，启动调试。
第 3 步 单击步骤按钮或按 F5 或 F6 键，程序进入单步执行。

观察程序执行流程中的 break 语句时变量 sum 和 i 的变化，如图 3.21 所示。

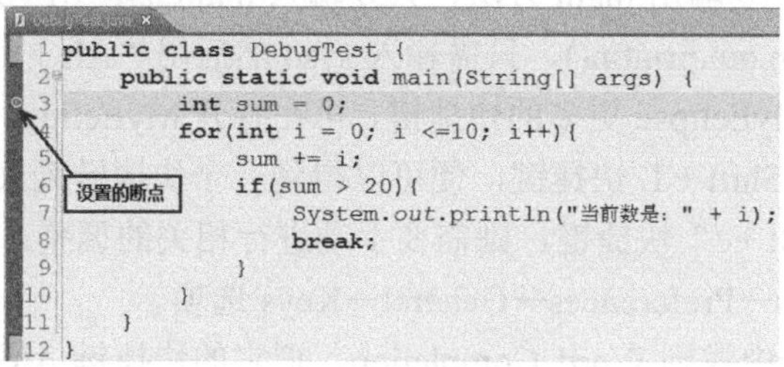

图 3.21 程序调试

读者可以按照同样的操作，单步运行案例 2，进行代码跟踪。调试技巧很重要，编程能力的好坏不仅要看编程编得有多好，而且还要看一个程序员排错能力有多强。

3.9.4 MyEclipse 常用快捷键的说明

程序员常常通过使用一些 MyEclipse 的快捷键提高工作效率，这里作者根据经验积累，将 MyEclipse 常用的快捷键及说明介绍给读者，如表 3.8 所示。

表 3.8 MyEclipse 常用快捷键列表

快 捷 键	使用说明
Ctrl + Shift + O	引入及管理 imports 语句
Ctrl + Shift + T	打开 Open Type 查找类文件
Ctrl + Shift + F4	关闭所在打开的窗口
Ctrl + O	打开说明
Ctrl + E	打开编辑器(切换窗口)
Ctrl + /	注释本行
Alt + Shift + R	重命名
Alt + Shift + L	抽取本地变量
Alt + Shift + M	抽取方法
F3	查看代码描述
Ctrl + D	删除本行
Ctrl + Shift + F	格式化
Ctrl + Alt + ↓(↑)	向下(上)复制本行

快 捷 键	使用说明
Alt + ↓(↑)	向下(上)移动本行
Alt + /	输出提示
Alt + Shift +J	给函数添加 doc 注释

除了上述列表中的快捷键外，还有两种快捷键用处较大。
- 在 Java 类中，要输出 main 方法，只要输入 main 然后用"Alt + /"快捷键即可。
- 要输出 System.out.println()，只需输入 syso 然后用"Alt + /"快捷键即可。

读者如果想了解 MyEclipse 更多的快捷键，可在打开 MyEclipse 后，选中工作区的任意地方，然后操作 Ctrl + Shift + L 快捷键，便可以得到一个快捷键列表。

如果无法使用"Alt + /"快捷键，则需要手动进行相关的调整，具体操作如下。

(1) 选择 Windows→Preferences→General→Keys 选项。

(2) 在快捷键列表中找到 Word Completion，把它的快捷键 Alt+/改成其他的快捷键(方法是先把此快捷键删除，单击右边的 Remove Binding 按钮，再选中 Binding 文本框，输入你想要的快捷键)。

(3) 在快捷键列表中找到 Content Assist，把它的快捷键 Ctrl+Space 设置为 Alt+/即可。

3.9.5 修改注释模板

如果对项目的源代码添加注释，以备生成符合规范的 JavaDoc，可以使用 MyEclipse 提供的"/**"+ Enter 键来完成。自动生成 comments 中的 author 名字默认是当前系统的用户名，用户可以将它改为任意值。

选择 Windows→Preferences→Java→Code Templates 选项。选中右边下拉列表区域中的 Comments→Types，如图 3.22 所示。然后单击 Edit 按钮，修改相应的值即可。

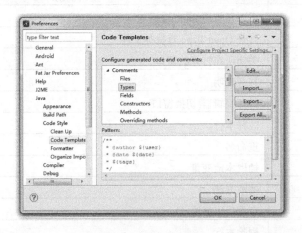

图 3.22　修改注释模板

MyEclipse 是一款优秀的 IDE 工具，由于篇幅所限，本小节不能一一讲述，如果读者想深入了解这款工具，可参阅 MyEclipse 的相关书籍。

3.10 本章练习

1. 简答题

(1) 什么是变量？变量分为哪几类？String 是最基本的数据类型吗？char 型变量中能不能存储一个中文汉字？为什么？赋值语句 float f = 3.4;是否正确？

(2) Java 中有没有 goto 关键字？

(3) &和&&的区别。

(4) 标识符的命名规则主要有哪几点？

(5) 用最有效率的方法计算出 2 乘以 8 等于几。

(6) 多重 if 和 switch 有什么区别？switch 是否能作用在 byte 类型的数据上，是否能作用在 long 类型的数据上，是否能作用在 String 类型的数据上？

(7) Java 语言中有哪几种循环结构？各个循环结构有什么区别？

(8) Java 程序调试的步骤有哪些？

(9) short s1 = 1; s1 = s1 + 1;有什么错？short s1 = 1; s1 += 1;有什么错？

2. 上机练习

(1) 变量运算符练习

① 通过键盘输入，声明并初始化一个圆柱体的高和底面半径，PI 值是 3.14，求圆柱体的体积，并显示输出圆柱体的体积。

② 通过键盘输入初始化两个数据，将这两个数据交换位置后输出显示交换后的数据。

③ 实现一个数字加密器，加密规则是：加密结果 = (整数×10+5)/2 + 3.14159。加密结果仍为一个整数。

④ 制作一个计算器，实现+、−、*、/、%、++、−−的计算操作。

(2) 分支选择结构练习

① 如果小明的 Java 成绩大于 90 分，而且音乐成绩大于 80 分，奖励他手机一个；或者 Java 成绩等于 100 分，音乐成绩大于 70 分，可以奖励他汽车一部。

② 要求用户输入两个数 a、b，如果 a 能被 b 整除或 a 加 b 大于 1000，则输出数字 a；否则输出数字 b。

③ 模拟银行取钱，如果输入的密码为"123456"，登录成功，提示"可以取钱"，否则提示"密码错误，请重新输入"。

④ 判断给定的年份是否为闰年。

⑤ 用 switch 实现多分支月份选择天数的效果。

(3) 循环控制练习

① 从键盘上输入 5 个数字，求它们的平均值。

② 根据用户输入的值，分别形成两个加数，进行求和运算。要求用 while 循环打印出如图 3.23 所示的效果。

③ 打印输出 0~200 之间能被 7 整除但不能被 4 整除的所有整数。要求每行显示 6 个

数据。并且数之间的排列要错落有致，位数不足的用空格填充。最终的效果如图3.24所示。

图3.23 特定加法　　　　　　　　图3.24 特定结果输出

④ 求Fibonacci数列：1、1、2、3、5、8、13、……前十项数的和。

⑤ 通过键盘输入一个五位数，假设用户输入的数字为"69875"，则显示的答案为"6+9+8+7+5=35"。编写一个程序，实现这样的功能：把每位上的数字相加，求出它们的和(有关数位上的值算法见图3.25)。

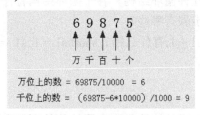

图3.25 五位数值分析

⑥ 某培训机构2006年培训学员8万人，每年增长25%，试问按此增长速度，到哪一年培训学员人数会达到20万人？

⑦ 用for循环计算1000以内的奇数的和。提示：不能被2整除的数为奇数，是否整除结合%运算符进行判断。

⑧ 计算1~100之间整数的和。提示：可以定义一个存储和的变量sum，通过循环控制累加求和"sum+=i;"其中i是从1变化到100的整型变量。

⑨ 求1~10之间的整数相加，得到累加值大于20的当前数。提示：每次累加所求的和与20比较，大于20的将当前数打印输出，通过break语句结合条件语句来解决。

⑩ 求1~10之间的所有偶数的和。提示：定义一个循环变量i，通过i%2来判断i是奇数还是偶数，如果是奇数，结束本次循环，通过执行continue语句，进行下一次循环解决此问题。

第 4 章

数组和排序算法

学前提示

虽然 Java 属于面向对象的编程语言,与面向过程的编程语言有很大的区别,但也有很多联系。例如数组和算法等是各门编程语言必不可少的组成部分。选择恰当的排序算法也是程序员的重要技能之一。掌握数组和一些常用的排序算法,有助于提高编程效率。

知识要点

- 一维数组
- 数组应用
- 多维数组
- 排序算法
- 增强 for 循环与数组

Java 数组是有序的元素集合。数组元素可以是基本类型，也可以是对对象的引用或对其他数组的引用。数组本身也是扩展自 Object 的对象。本章将详细介绍一维数组、多维数组及与数组相关的操作等内容。

4.1 一维数组

数组的使用过程通常是先定义一个数组类型的变量，然后初始化各个元素，下面将分别介绍与数组相关的内容。

4.1.1 为什么要使用数组

一次 Java 内部测试结束后，老师给小华分配了一项任务，计算全班(30 人)考试成绩的平均分，按照以前我们学习的方法可以定义 30 个变量：

```
int stu1 = 95;
int stu2 = 89;
int stu3 = 79;
int stu4 = 64;
int stu5 = 76;
int stu6 = 88;
...
```

然后将它们全部加起来，再除以 30，就得到了平均分，即 avg = (stu1+stu2+stu3+stu4+stu5+...+stu30)/30。如果要统计全系的平均成绩，还这样把每个变量一一相加，那就太烦琐了。生活中也有类似的案例，某个收藏家收藏了很多的古董，为了便于管理，总是把这些古董分类存放，如图 4.1 所示。

图 4.1 收藏分类

再比如，小明特别喜欢听歌，于是买了很多 CD 碟。但他是一个比较懒散的人，平常听腻了就随处放，当需要找的时候，却不知道从何处找起。

如果小明是一个会打理生活的人，他可能会去买一个 CD 盒，为这个 CD 盒贴上标签，分出哪一部分是刘德华的 CD，哪一部分是张学友的 CD 等，这样在后期查找 CD 的时候，就比较快捷方便了。

在编程时也存在类似的问题，有很多不同类型的数据，如 int、float、char 型等，也需要进行分类存放，这样便于查找。

分类存放的具体做法如下：
- 格子提供了存储空间。
- 每一类别都有一个名字。
- 每件物品都有个标号。

与此类似，在 Java 数据存放中，可不可以把数据归类存放呢？分类存放不同类型的数据举例如图 4.2 所示。这种数据分类在编程过程中是通过数组来完成的，它可以提高数据的查找效率。

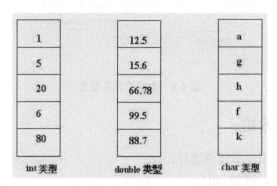

图 4.2　数据的分类

4.1.2　什么是数组

前面介绍了变量，一个变量就是一个用来存储数值的命名区域。同样，一个数组就是一个用来存储一系列变量值的命名区域，因此，可以使用数组来组织变量。例如：

```
int i = 80;
int[] a = {100, 98, 67, 57, 78};
```

变量 i 和 a 在内存中的存储情况如图 4.3 所示。

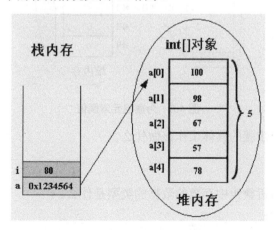

图 4.3　数组在内存中的存储

数组也是一个变量，它存储的是相同数据类型的一组数据。
如存储了 5 个整数的整型数组 int[] score = {67, 64, 79, 89, 95};用图形来描述数组 score

中的相关概念如图 4.4 所示。

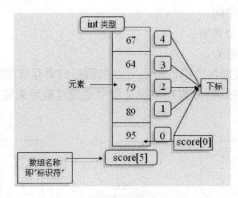

图 4.4　数组的相关概念

4.1.3　如何使用数组

使用数组需要按以下 4 个步骤进行。

第 1 步　声明数组。例如 int[] a;。
第 2 步　分配数组内存空间。例如 a = new int[5];。
第 3 步　给数组元素赋值。例如 a[0] = 80;。
第 4 步　处理数据。例如 a[0] = a[0]*10;。

为数组元素赋值的情形如图 4.5 所示。

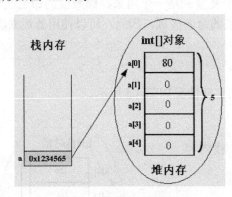

图 4.5　为数组元素赋值

下面主要介绍各个步骤的具体工作该做什么。

1. 声明数组

声明数组主要是告诉数组中存放的数据的类型是什么。
声明数组的语法为：

```
数据类型  数组名 [ ];
数据类型[ ]  数组名;
```

以上两种声明方式都可以，更为形象的表示方式是第二种方式，其他语言也经常采用类似的声明方式。

通过数组类型,定义此数组类型的变量。例如:

```
int[] score;              //Java 成绩
int age[];                //年龄
String[] name;            //学生姓名
```

注意

(1) Java 语言中声明数组时不能指定其长度(数组中元素的个数),因为数组中元素的个数是在使用 new 创建数组对象时决定的,而不是在声明数组变量时决定的。

(2) 数组属于引用类型的数据,它在声明时,默认的初始化值为 null(表示此时没有数据,为不可用状态)。

2. 分配空间

分配空间主要是告诉计算机分配几个内存空间给这个数组。

分配空间的语法为:

数组名 = new 数据类型[大小];

示例代码如下:

```
score = new int[30];            //包含了 30 个整型变量,初始值为 0
sage = new int[6];              //包含了 6 个整型变量,初始值为 0
name = new String[30];          //包含了 30 个字符串变量,初始值为 null
```

为 score 数组分配空间的情况如图 4.6 所示。

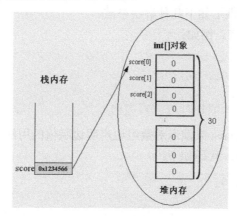

图 4.6 为数组分配空间

3. 访问

用户可以根据元素在数组中的位置去访问它。比如第一个元素的下标值是 0,最后一个元素的下标值是数组的长度减 1。可以通过使用数组名加上被方括号括起来的元素下标值来访问数组中的元素。

比如,要显示 score 数组中第 5 个元素的值,即为:

```
System.out.println(score[5]);
```

4. 赋值

赋值主要是向分配的内存空间里放数据。示例代码如下：

```
score[0] = 89;
score[1] = 79;
score[2] = 76;
...
```

为数组元素赋值的情况如图 4.7 所示。

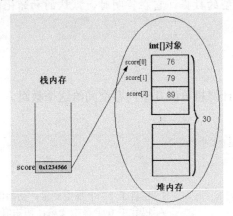

图 4.7 为数组元素赋值的情况

这样分别给每一个数组元素赋值的方式比较麻烦，能不能用一段代码给所有的数组元素一起赋值呢？Java 中提供了如下几种解决办法。

方法 1 边声明边赋值。例如：

```
//静态初始值
int[] score = {89, 79, 76};
//构造并赋值
int[] score = new int[] {89, 79, 76};
```

下面通过示例 Array1.java 来演示对数组边声明边赋值的用法。

【例 4.1】Array1.java。代码如下：

```java
public class Array1 {
    /**
     * 数组的使用：
     * 1.告诉计算机声明一个数组并指定数组中存放的数据类型
     * 2.会根据后面的元素个数自动开辟空间来装数据
     * 3.通过下标来获取数组中的元素值
     */
    public static void main(String[] args) {
        int[] a = {8, 9, 10, 11, 10};
        //求出数组中元素的和
        int sum = a[0] + a[1] + a[2] + a[3] + a[4];
        System.out.println("和为: " + sum);
    }
}
```

输出结果为：

和为：48

> **注意**
> 数组中的元素应为相同数据类型的数据，请读者思考"int[] a = new int[ ] {3, 'a', 4, 8};"正确与否？

方法 2 动态地从键盘输入信息并赋值。亦即通过键盘输入给数组中的每一个元素赋值。下面的程序代码就是通过动态输入完成数组元素的赋值。

【例 4.2】Array2.java。代码如下：

```java
import java.util.*;
public class Array2 {
    /**
     * 数组的使用：
     * 1.声明一个数组，告诉计算机数组中存放的数据类型，并告诉计算机开辟几个空间
     * 2.通过循环输入，也就是动态输入，给数组中每一个元素赋值
     * 3.使用
     */
    public static void main(String[] args) {
        int[] a = new int[5];
        Scanner input = new Scanner(System.in);
        System.out.println("请您输入一组整型数据的值5个：");
        for(int i=0; i<5; i++) {
            a[i] = input.nextInt(); //给数组中的元素动态赋值
        }
        int sum = a[0] + a[1] + a[2] + a[3] + a[4];
        System.out.println("和为：" + sum);
    }
}
```

运行此程序，读者输入 5 个整型数据，便可以计算出相应的结果。

方法 3 通过引用传递来为数组赋值。

数组是引用类型，可以通过改变变量的引用对象来达到赋值的目的。下面的程序代码就是通过引用传递来为数组元素赋值。

【例 4.3】Array3.java。代码如下：

```java
public class Array3 {
    public static void main(String[] args) {
        int a[] = {8, 9, 10, 11, 10};
        int b[] = a; //通过引用传递为数组赋值
        for(int i=0; i<5; i++) {
            System.out.println(
                "数组中第" + i + "号元素的名为：b[" + i + "]值为" + b[i]);
        }
    }
}
```

输出结果为:

数组中第 0 号元素的名为: b[0]值为 8
数组中第 1 号元素的名为: b[1]值为 9
数组中第 2 号元素的名为: b[2]值为 10
数组中第 3 号元素的名为: b[3]值为 11
数组中第 4 号元素的名为: b[4]值为 10

此时的内存状态如图 4.8 所示。

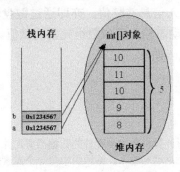

图 4.8　例 4.3 的内存状态

由于变量 a 和 b 引用同一个对象,所以在更改 b 所引用的对象内容时,则显示 a 所对应的内容会同步变动。

【例 4.4】Array4.java。代码如下:

```java
public class Array4 {

    public static void main(String[] args) {
        int a[] = {8, 9, 10, 11, 10};
        int b[] = a;

        //未改动前 a 的内容
        for(int i=0; i<5; i++) {
            System.out.print("\ta[" + i + "]=" + a[i]);
        }

        //更改 b 的内容
        for(int i=0; i<5; i++) {
            b[i] *= i;
        }
        System.out.print("\n");

        //改动后 a 的内容
        for(int i=0; i<5; i++) {
            System.out.print("\ta[" + i + "]=" + a[i]);
        }
    }
}
```

输出结果为:

```
a[0]=8   a[1]=9   a[2]=10  a[3]=11  a[4]=10
a[0]=0   a[1]=9   a[2]=20  a[3]=33  a[4]=40
```

> **注意**
>
> 如果用户需要处理的数据较多，亦即数组的长度并不是很容易就确定，则需要使用数组的 length 属性，可以通过此属性求出数组的大小。

另外，数组的大小是不可改变的。即数组创建之后，就不能再改变它的大小了。但是，可以使用同一个引用变量引用一个全新的数组。例如：

```
int[] myArray = new int[6];
myArray = new int[10];
```

在这个示例中，第一个数组实际上已经丢失，除非它的引用在另一个位置被保存。

4.1.4　经验之谈——数组常见错误

1. 没有明确指明数组的大小

错误代码片段如下：

```
public class Hello1 {
    public static void main(String[] args) {
        //编译错误，没有指明数组的大小
        int[] score = new int[];
        score[0] = 89;
        score[1] = 63;
        System.out.println(score[0]);
    }
}
```

声明数组时不管用哪种方式，都要让计算机知道数组的大小。上面代码中声明数组的语句应该改为 int[] score = new int[2];。

2. 数组越界

错误代码片段如下：

```
public class Hello2 {
    public static void main(String[] args) {
        int[] score = new int[2];
        score[0] = 89;
        score[1] = 63;
        //编译错误，数组越界
        score[2] = 45;
        System.out.println(score[2]);
    }
}
```

数组告诉计算机开辟多少内存空间后就固定了，不能更改，更不能超过。如果超过规定的空间，就会造成数组越界的错误。上面的代码应该将语句 score[2] = 45;去掉或改变数组

空间的大小，如 int[] score = new int[3];等。

还有一种常见的数组越界的错误代码片断如下：

```
public static void main(String[] args) {
    int[] score = new int[] {12, 32, 45, 56, 67, 87, 98};
    for(int i=0; i<=score.length; i++)
        System.out.println(score[i]);
}
```

数组最后一个元素的下标值是数组的长度减1，所以此处下标若取数组的长度值，显然会产生 ArrayIndexOutOfBoundsException 异常。

3. 数组初始化错误

错误代码片段如下：

```
public class Hello3 {
    public static void main(String[] args) {
        int[] score = new int[4];
        score = {60, 80, 90, 70, 85};    //错误
        int[] score2 = new int[5] {60, 80, 90, 70, 85};    //错误
        int[] score2;
        score2 = {60, 80, 90, 70, 85};
    }
}
```

编译出错，创建数组并赋值的操作必须在一条语句中完成，应该将上面编译出错的两句代码改为 int[] score = new int[] {60, 80, 70, 85};。

4. 没有给数组元素赋值

错误代码片段如下：

```
public class Hello4 {
    public static void main(String[] args) {
        int[] score = new int[3];
        score[0] = 89;
        System.out.println(score[1]);
    }
}
```

在默认情况下，整型数组中系统会为每一个元素赋一个0值，所以输出为0。

4.2 数组应用

了解一维数组的定义与使用之后，读者可以使用数组解决很多问题：比如对一堆杂乱的数据快速取出最大值、最小值或进行排序等。掌握一些与数组操作相关的方法，有助于更深入地理解数组的作用，恰当地运用数组作为载体解决一些问题，可以起到事半功倍的效果。下面将从求最大值、最小值和平均值等方面来介绍与数组相关的操作。

4.2.1 求平均值、最大值和最小值

1. 求平均值

求平均值的通常做法是将一列数据中的所有元素都相加，然后除以此数列中元素的个数，就得到此数列的平均值。根据此思路，求解的过程如图 4.9 所示。

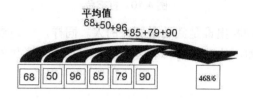

图 4.9 求平均值

【例 4.5】Array6.java。

给定一些数，如 21、30、10、20、20、20、40、0，计算它们的和与平均数。代码如下：

```java
import java.util.*;
public class Array6 {
    public static void main(String[] args) {
        int a[] = {20, 30, 10, 20, 20, 20, 40, 0}; //1.定义一个数组并装入值
        double sum = 0; //2.定义一个装和的变量 sum
        double avg = 0; //3.定义一个装平均数的变量 avg
        for(int i=0; i<a.length; i++) {
            sum = sum + a[i]; //4.通过循环累加求和
        }
        avg = sum / a.length; //5.通过和除以个数，得出平均数
        System.out.println("和为:" + sum + "平均数为: " + avg);
    }
}
```

输出结果为：

和为:160.0平均数为: 20.0

上面的示例给出的是固定值，在实际的应用中，参与计算的值一般是用户从键盘输入的，请读者编码实现通过键盘输入 10 个学员的成绩并计算总成绩和平均成绩的功能。

> **提示**
> 求平均值时，可能会含带小数，所以平均数类型设置为 double 类型。而这些数字的个数肯定为整型。对计算机而言，如果和的类型设置为整数，则结果也将为整数。为了得到较精确的平均值，所以需要将和的类型设置为 double 类型。

2. 求最大值

在日常生活中，经常需要找出一列数据中最大的那个数。例如，打擂台时，有 1 个人站在擂台上，第 2 个人与他比武，如果打赢了他，则留在擂台上。第 3 个人和擂台上的人

比武，谁赢了谁就留在台上。以此类推，最后留在台上的就是擂主，如图 4.10 所示。

图 4.10　打擂台

通过打擂台，可以判断出谁是武功最厉害的人。同样，一列数据中也可以通过一一比较，来得出最大值。比如，从键盘输入本次 Java 考试的 5 个学生的成绩，求最高分，比较过程如图 4.11 所示。

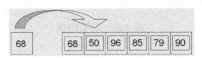

图 4.11　求最大值的比较过程

将数组中的第一个元素拿出来放到一个变量中，然后将数组剩下的各个元素依次与这个变量进行比较，哪个元素的值更大，就留在这个变量中，如图 4.12 所示。

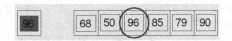

图 4.12　找最大值

变量中的数据与数组中最后一个元素比较后，最大值就已经装到此变量中了，也就是此数组中的最大值。类似的 Java 代码如下所示：

```
max = stu[0];
if (a[1] > max) {
    max = a[1];
}
if (a[2] > max) {
    max = a[2];
}
if (a[3] > max) {
    max = a[3];
}
...
```

但是，这样书写代码比较麻烦，且不够通用。使用循环可以简单地解决这个问题。

【例 4.6】Max.java。

求一列数据中最大值的代码如下：

```
public class Max {
    /**
     * 求一列数据中的最大值
     */
    public static void main(String[] args) {
```

```
    int a[] = {88, 99, 33};
    //通过循环扫描数组
    //使用 max 存储擂主初始值：第一个元素为擂主
    int max = 0;              //假设擂主的值为 0;
    for(int i=0; i<a.length; i++) {
        if(a[i] > max) {
            max = a[i];       //哪个元素的值更大，就赋值给 max 变量
        }
    }
    System.out.println("本列数据中最大值是：" + max);
  }
}
```

输出结果为：

本列数据中最大值是：99

3. 求最小值

求最小值的思路与求最大值是类似的。只需要将打输的人留在擂台上就行。Java 代码中只需要将比较判断代码稍微改动一下就可以了。下面是代码实现。

【例 4.7】Min.java。代码如下：

```
public class Min {
    /**
     * 求一列数据中的最小值
     */
    public static void main(String[] args) {
        int a[] = {88, 99, 33};
        //通过循环扫描数组
        int min = 0;          //假设擂主的值为 0
        for(int i=0; i<a.length; i++) {
            if(a[i] < min) {
                min = a[i];   //哪个元素的值更小就赋值给 min 变量
            }
        }
        System.out.println("本列数据中最小值是：" + min);
    }
}
```

输出结果为：

本列数据中最小值是：33

4.2.2 递归调用

递归是程序语言中的一个很基础的应用，学习递归对理清程序编码的思路非常有帮助。所以在本章中把递归也作为学习的一部分内容。希望读者了解并掌握它的相关用法。

我们在中学时期都学过数学归纳法，例如求 n 的阶乘。

比如要求 5!，必须先求出 4!，而要求 4!，必须先求 3!，要求 3!，就必须先求 2!，要求

2!，必须求 1!，要求 1!，必须求 0!，而 0!=1，所以 1!=0!×1=1，再进而求 2!，3!。分别用函数表示，则如图 4.13 所示。

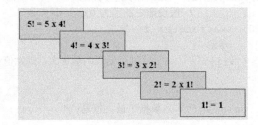

图 4.13　求 5!的分析

读者可以从上面观察到，除计算 1!子程序外，其他的子程序基本相似，可以设计这样一个子程序：

```
int factorial(int i) {
    int res = 0;
    res = factorial(i-1) * i;
    return res;
}
```

读者是否已明白？如果一个方法调用了其本身，那么这个方法就是递归的。在执行主程序语句 s=factorial(5)时，就会执行 factorial(5)，但执行 factorial(5)时，又会调用 factorial(4)，这时要注意，factorial(5)和 factorial(4)虽然是同一个代码段，但在内存中，它的数据区是两份！而执行 factorial(4)时又会调用 factorial(3)，执行 factorial(3)时又会调用 factorial(2)，每调用一次 factorial 函数，就会在内存中新增一个数据区，那么这些复制了多份的函数大家可以把它看成是多个不同名的函数来理解。

但上面这个函数有点问题，在执行 factorial(0)时，它又会调用 factorial(-1)……，造成死循环，也就是说，在 factorial 函数中，需要在适当的时候保证不再调用该函数，也就是不执行 res = factorial(i-1)*i;这条调用语句。

把上例补充完整，结果如下所示：

```
public class Recursion {
    public static void main(String[] args) {
        int i = 5;
        int b = getResult(i);
        System.out.println("运算的结果为: " + b);
    }
    public static int getResult(int n) {
        if(n < 0)
            return new IllegalArgumentException();
        if(n <= 1)
            return 1;
        return getResult(n-1) * n;
    }
}
```

裴波纳契数列是一个比较经典的数学推理题，这个数列的第一位和第二位值均为 1，其

他位数的值均为前面两位的和，如图 4.14 所示。

```
1, 1, 2, 3, 5, 8, 13, 21, 34...
       f(10)=f(9)+f(8)
       f(9) =f(8)+f(7)
       f(8) =f(7)+f(6)
       ...
       f(2) = 1
       f(1) = 1
```

图 4.14 裴波纳契数列分析

我们试用递归算法求出第 20 位上的数值。

递归调用在明白原理的情况下，操作起来比较容易。用递归来解决裴波纳契数列问题的代码如下所示：

```java
public class RecursionArray {

    public static void main(String[] args) {
        int i = 20;
        System.out.println("值是: " + getResult(i));
    }

    public static int getResult(int n) {
        if(n==1 || n==2) {
            return 1;
        } else
            return getResult(n-2) + getResult(n-1);
    }
}
```

输出结果为：

值是：6765

对于把十进制数转换成二进制数的过程，读者可以试着用递归的方式来实现，这将有助于理解递归的用法。

4.2.3　数组排序

在处理数据过程中，经常要将杂乱的数据进行排序，以便更好地显示或操作。例如，循环录入 5 个学员的成绩，进行升序排列后输出结果。

数组排序可以使用 java.util.Arrays 类，java.util 包提供了许多存储数据的结构和有用的方法。Arrays 类提供了许多方法来操作数组，如排序、查找等方法。Arrays 类的 sort()方法就是用来对数组进行升序排列的方法。如果需要详细了解 Arrays 类提供的相关方法，可打开 API 文档，查找 Arrays 类，界面如图 4.15 所示。

对于 Arrays 类，暂时不用体会它是什么意思，只要知道它提供了排序数据的方法就可以了，在后续章节的学习过程中，将涉及该类的相关概念。

图 4.15　Arrays 类的文档界面

【例 4.8】Array9Sort.java。

通过键盘任意输入一组数，存放到数组中，然后对数组中的元素进行升序排序：

```java
import java.util.*;
public class Array9Sort {
    //通过 Arrays 类的 sort()方法实现数据排序
    public static void main(String[] args) {
        Scanner input = new Scanner(System.in);
        System.out.print("请您输入五位学员的成绩：\n");
        int a[] = new int[5];
        for(int i=0; i<a.length; i++) {
            System.out.print("请您输入第" + (i+1) + "位学员的成绩\t");
            a[i] = input.nextInt();
        }
        //循环输入数据
        System.out.println("您输入的分数数据排序前为：");
        for(int i=0; i<a.length; i++) {
            System.out.print(a[i] + "\t");
        }
        Arrays.sort(a);      //按升序对数组 a 排序
        //循环输出数据
        System.out.println("\n您输入的分数数据排序后为：");
        for(int i=0; i<a.length; i++) {
            System.out.print(a[i] + "\t");
        }
    }
}
```

输出结果为：

请您输入五位学员的成绩：
请您输入第1位学员的成绩　　76
请您输入第2位学员的成绩　　89
请您输入第3位学员的成绩　　90

```
请您输入第 4 位学员的成绩    100
请您输入第 5 位学员的成绩    59
您输入的分数数据排序前为:
76  89  90  100 59
您输入的分数数据排序后为:
59  76  89  90  100
```

本小节主要讲解了使用 Arrays 类的 sort()方法进行排序,读者学习经典算法之后,可以编写自己的排序方法。

4.2.4 数组复制

普通的变量只需要通过赋值,便可以实现变量的复制;但数组是一列数据,要实现数组的复制,可以使用循环,也可以使用 arraycopy()方法。

1. 完全复制数组

通过 for 循环来完成数组复制的功能,下面是实现代码。

【例 4.9】ArrayCopy.java。具体代码:

```java
public class ArrayCopy {
    /**
     * 数组的复制
     */
    public static void main(String[] args) {
        //变量的赋值与复制
        int a = 8;
        int b;
        b = a;
        System.out.println(b);
        //数组是否能这样赋值?
        int[] c = {89, 98, 68};
        int[] d;
        d = c;
        System.out.println(d);
        //数组的复制
        int[] m = {9, 7, 5, 90, 87, 56, 45};
        int[] n = new int[m.length];
        System.out.println("m 数组中对应的每一个元素的默认输出为: ");
        for(int i=0; i<m.length; i++) {
            System.out.print(m[i] + "\t");
        }
        //---------------------------复制前数组 n 为
        System.out.println("\nn 数组中对应的每一个元素的默认输出为: ");
        for(int i=0; i<n.length; i++) {
            System.out.print(n[i] + "\t");
        }
        //将 m 数组中的每一个元素赋值到 n 数组中对应的每一个元素中
        for(int i=0; i<m.length; i++) {    //--------复制数组
            n[i] = m[i];    //n[0] = m[0];  n[1] = m[1]; ...
        }
```

```
        //n中的值循环输出------------------------复制后数组n为
        System.out.println(
          "\n将m数组中的每一个元素赋值给n数组中对应的每一个元素后n数组的输出为:");
        for(int i=0; i<n.length; i++) {
            System.out.print(n[i] + "\t");
        }
    }
}
```

输出结果为:

```
8
[I@182f0db
m数组中对应的每一个元素的默认输出:
9    7    5    90    87    56    45
n数组中对应的每一个元素的默认输出:
0    0    0    0    0    0    0
将m数组中的每一个元素赋值给n数组中对应的每一个元素后n数组的输出为:
9    7    5    90    87    56    45
```

注意

只有通过循环，才能将数组中的每一个元素赋值到目标数组中，达到数组复制的目的。目标数组的大小不能小于源数组的大小，否则运行时会出现异常。

2. 部分复制数组

如果要复制数组中的部分元素，则 for 循环的操作就有些力不从心了。此时建议使用 System 类所提供的 arraycopy() 方法来实现数组的复制，arraycopy() 方法的 API 文档及分析如图 4.16 所示。

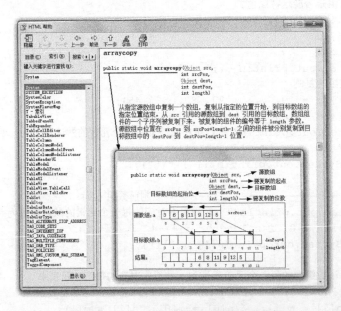

图 4.16 arraycopy 方法的文档及应用分析

arraycopy()方法需要指定源数组(亦即被拷贝数组)的起始位置和拷贝到目标数组的起始位置及长度，具体的用法通过下面的示例来演示。

【例4.10】ArrayCopyBySystem.java。代码如下：

```java
import java.util.Arrays;
public class ArrayCopyBySystem {
    /**
     * 用arraycopy()方法实现部分数组元素的复制
     */
    public static void main(String[] args) {
        int[] a = {3, 6, 8, 11, 9, 12, 5};
        int[] b = new int[12];
        System.out.println("复制开始之前a中元素为：");
        for(int i=0; i<a.length; i++) {
            System.out.print(a[i] + " ");
        }
        System.out.println("");
        System.out.println("复制开始之前b中元素为：");
        for(int i=0; i<b.length; i++) {
            System.out.print(b[i] + " ");
        }
        System.arraycopy(a, 1, b, 4, 6);
        System.out.println("");
        System.out.println("复制开始之后b中元素为：");
        for(int i=0; i<b.length; i++) {
            System.out.print(b[i]+" ");
        }
    }
}
```

输出结果为：

复制开始之前a中元素为：
3 6 8 11 9 12 5
复制开始之前b中元素为：
0 0 0 0 0 0 0 0 0 0 0 0
复制开始之后b中元素为：
0 0 0 0 6 8 11 9 12 5 0 0

说明

在JDK 6中，Arrays类新增了数组复制的copyOf()方法，用法与arraycopy方法类似。

4.2.5 代码优化

在前面的代码中，如ArrayCopy.java和ArrayCopyBySystem.java的代码中，多处出现了for循环，除了变量名之外，其他语句都相同。如何优化这一块儿的代码呢？需要创建一个类似于main的方法。

方法其实就是一块可以重复调用的代码段，现在回顾一下main方法的格式：

```
public static 方法返回值 方法名([参数类型 参数名]) {
    语句;
    [return 返回值;]
}
```

当然这样写出来的方法是可以直接在 main 方法中被调用的,方法的定义在 Java 语言中还有其他形式,这里暂不考虑其他形式。

比如要创建一个显示数组内容的方法 printArray,它的详细代码如下所示:

```
public static void printArray(int[] arry)) {
    for(int i=0; i<arry.length; i++) {
        System.out.print(arry[i] + " ");
    }
}
```

建议通过提取公有部分的代码来实现代码优化的效果。下面是对 ArrayCopyBySystem 优化后的代码:

```
import java.util.Arrays;

public class ArrayCopyBySystem {
    /**
     * 优化后 ArrayCopyBySystem 的代码
     */
    public static void main(String[] args) {
        int[] a = {3, 6, 8, 11, 9, 12, 5};
        int[] b = new int[12];
        System.out.println("复制开始之前 a 中元素为: ");
        printArray(a);
        System.out.println("");
        System.out.println("复制开始之前 b 中元素为: ");
        printArray(b);
        System.arraycopy(a, 1, b, 4, 6);
        System.out.println("");
        System.out.println("复制开始之后 b 中元素为: ");
        printArray(b);
    }
    //输出数组元素的公用方法
    public static void printArray(int[] arry)) {
        for(int i=0; i<arry.length; i++) {
            System.out.print(arry[i] + " ");
        }
    }
}
```

 说明

(1) 方法中的参数称为形式参数,它不需要被初始化。
(2) 如果要定义有返回值的方法,除了用 return 语句,还需将 void 换为相应的类型。

4.3 多维数组

多维数组可以看作是数组的数组，如果将多维数组看作是比较特殊的一维数组，那么数组的元素本身就是数组。在学习多维数组之前，再来回顾一下多重循环的相关内容。

4.3.1 多重循环

所谓的多重循环，就是在循环体中再嵌入循环。下面通过两个问题的解决来介绍这方面的知识。

先来看这样一个问题，某次程序大赛，3个班级各有4名学员参赛，计算每个班级参赛学员的平均分。

问题分析：共3个班级，循环3次计算每个班级参赛学员的平均分，每班4名参赛学员，循环4次累加总分，可以通过while、do-while或for循环相互嵌套来解决此问题。

【例4.11】ForFor.java。代码如下：

```java
import java.util.*;
public class ForFor {
    /**
     * 分析：共 3 个班级，循环 3 次计算每个班的平均分，每班 4 名学员，循环 4 次累加总分
     */
    public static void main(String[] args) {
        Scanner input = new Scanner(System.in);
        //外层循环要循环三次
        for(int i=0; i<3; i++) { //控制 3 个班级
            int sum = 0; //内层循环要计算每个班级的参赛学员的总分
            System.out.println("请您输入第" + (i+1) + "个班级的四个学员的分数：");
            //内层循环结束后，才执行外层循环的语句
            //也就是外层循环执行一次循环体，内层循环必须执行完
            for(int j=0; j<4; j++) { //控制每一个班级的四个参赛学员的总分
                System.out.println("请您输入第" + (j+1) + "个学员的成绩：");
                int score = input.nextInt();
                sum = sum + score;
            }
            double avg = sum / 4;
            System.out.println("第" + (i+1) + "个班级的平均分是：" + avg);
        }
        System.out.println("计算完毕！！");
    }
}
```

输出结果为：

请您输入第 1 个班级的四个学员的分数：
请您输入第 1 个学员的成绩：
33
请您输入第 2 个学员的成绩：

```
88
请您输入第 3 个学员的成绩:
90
请您输入第 4 个学员的成绩:
80
第 1 个班级的平均分是: 72.0
请您输入第 2 个班级的四个学员的分数:
请您输入第 1 个学员的成绩:
98
请您输入第 2 个学员的成绩:
100
请您输入第 3 个学员的成绩:
90
请您输入第 4 个学员的成绩:
87
第 2 个班级的平均分是: 93.0
请您输入第 3 个班级的四个学员的分数:
请您输入第 1 个学员的成绩:
56
请您输入第 2 个学员的成绩:
59
请您输入第 3 个学员的成绩:
98
请您输入第 4 个学员的成绩:
99
第 3 个班级的平均分是: 78.0
计算完毕!!
```

再来看另外一个问题,如何用*打印一个直角三角形图案,如图 4.17 所示。

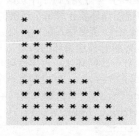

图 4.17 直角三角形图案

问题分析:在二重循环中,外层循环控制行数,内层循环打印每行的*。图案的特点是每行*的个数与行数相等。下面是代码实现。

【例 4.12】RightTriangle.java。代码如下:

```java
public class RightTriangle {
    /**
     * 外层控制行数,内层控制*号数
     */
    public static void main(String[] args) {
        for(int i=0; i<10; i++) {
            //内层循环的结束条件与外层循环变量有关
```

```
            for(int j=0; j<i; j++) {
                System.out.print(" *");       //打印*
            }
            System.out.println();             //换行
        }
    }
}
```

4.3.2 二维数组

二维数组使用名称和两个索引来指定存取数组中的元素。如一个整型的二维数组 a 的声明为 int a[][]。对 a[][]进行静态初始化：int a[][] = {{1,2}, {3,4,5,6}, {7,8,9}}；可以把二维数组理解为一个数组中嵌套了一个数组。如果用 i 代表行，用 j 代表列，则用平面图表述数组 a 的结构如图 4.18 所示。

i \ j	j=0	j=1	j=2	j=3
i=0	1	2		
i=1	3	4	5	6
i=2	7	8	9	

图 4.18 数组 a 的平面结构

根据图形可知，a[0][1]的值为 2；a[1][2]的值为 5；a[2][1]的值为 8；并且还可以通过数组的 length 属性获取数组中元素的个数。可以通过如下的代码来验证结果：

```
public static void main(String[] args) {
    int[][] b = {{1,2}, {3,4,5,6}, {7,8,9}};
    System.out.print(b[0][1]);
    System.out.print(b[1][2]);
    System.out.print(b[2][1]);
    System.out.print("二维数组的长度为:" + b.length);
    System.out.print("二维数组第一行中元素的个数为" + b[0].length);
}
```

二维数组中的元素一般都是结合二重循环来赋值或输出的，外循环控制行数，内循环控制列数(如图 4.19 所示)：

```
int[][] arr = {{1,2}, {3,4,5,6}, {7,8,9}};

//先控制循环的行数
for(int i=0; i<arr.length; i++) {

    //再控制循环的列数
    for(int j=0; j<arr[i].length; j++)
        System.out.print(arr[i][j] + " ");
        System.out.println();
    }

}
```

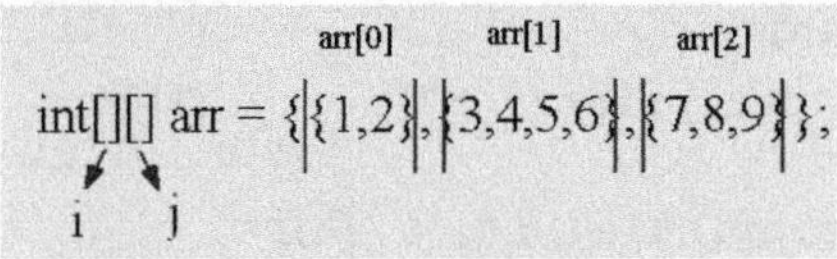

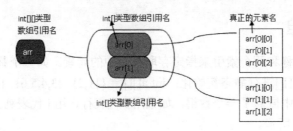

图 4.19 数组 a 理解为嵌套数组

二维数组对象：以对象的方式来配置一个二维数组对象，如图 4.20 所示。

图 4.20 二维数组的内存结构

例如：

```
int[][] arr = new int[2][3];
```

【例 4.13】ArrayArray.java。

二维数组也可以先分解为两个一维数组的形式，然后再分别输出数据，代码如下：

```
public class ArrayArray {
    /**
     * 二维数组也可以先分解为两个一维数组的形式，然后再分别输出数据
     */
    public static void main(String[] args) {
        int[][] arr = {{1, 2, 3}, {4, 5, 6}};
        int[] foo = arr[0]; //将arr[0]对象引用赋值给foo
        print(foo);
        System.out.println();
        foo = arr[1]; // 将arr[1]对象引用赋值给foo
        print(foo);
        System.out.println();
    }
    public static void print(int[] c) {
        for(int i=0; i<c.length; i++)
            System.out.print(" " + c[i]);
        System.out.println("");
    }
}
```

输出结果为：

```
1 2 3
4 5 6
```

也可以使用 new 关键字配置二维数组并同时指定初值，例如：

```
int[][] arr = new int[][] {{1, 2, 3}, {4, 5, 6}};
```

三维数组的初始化形式为：

```
int[][][] arr = {{{1, 2, 3}, {4, 5, 6}}, {{7, 8, 9}, {10, 11, 12}}};
```

一般三维数组最左边的数据一定要告诉计算机准备多少内存存放于第一维元素，例如：

```
int[][][] arr1 = new int[2][][];
```

也可以三个都指定，例如：

```
int[][][] arr = new int[2][2][3];
```

【例4.14】ArrayArrayArray.java。

虽然一般在Java编程过程中很少涉及三维以上的数组，但是Java语言还是支持三维以上的数组定义，如下面的代码所示：

```java
public class ArrayArrayArray {
    /**三维和四维数组：
    * int[][][] arr = {
    *         {{1, 2, 3}, {4, 5, 6}},
    *         {{7, 8, 9}, {10, 11, 12}}
    *         };
    */
    public static void main(String[] args) {
        int[] arr = {1, 2, 3};
        int[][][] arr1 = {
                    {{3,4,2}, {293,44,22}},
                    {{98,22,32}, {33,44,22}},
                    {{98,22,32}, {33,44,22}}
                    };
        int[][][] arr2 = new int[3][][]; //至少规定一个空间大小而且是最前面的
        int[][][][] arrr4 = new int[3][][][];
    }
}
```

在多维数组中，最多用到三维数组，三维以上数组基本不会使用到。因此就不过多地讨论了，感兴趣的读者可以查阅相关的文档。

4.4 排 序 算 法

排序也就是使集合中的元素有序化，它是最常见的计算机操作之一。理解并掌握排序的方法是程序员必备的技能之一。本节主要介绍几种经典的排序方法：冒泡排序、插入排序、快速排序和选择排序。

4.4.1 冒泡排序

冒泡排序是一种简单的排序算法。冒泡排序将一个列表中的两个元素进行比较，并将最小的元素交换到顶部。从最底部的元素开始比较，两个元素中较小的会冒到顶部，而较大的会沉到底部，该过程将被重复执行，直到所有元素都被排序。

冒泡排序就好像学生做操进场一样，要在老师的指导下，以某学生为基准，按高矮次序排队。冒泡排序法如图 4.21 所示。

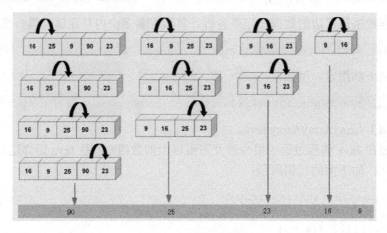

图 4.21　冒泡排序示意

以如图 4.21 所示的冒泡排序为例，每次比较相邻的两个数值，值小的交换到前面，每轮结束后值最大的数交换到了最后。第一轮需要比较 4 次；第二轮需要比较 3 次；第三轮需要比较 2 次；第四轮只需要比较 1 次。

那么如何用二重循环将 5 个数排序呢？5 个数存放在一维数组中，外层循环控制比较多少轮，循环变量为 i；内层循环控制每轮比较多少次，循环变量为 j，如图 4.22 所示。

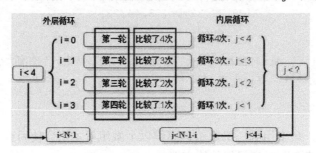

图 4.22　冒泡排序解析

【例 4.15】MathDemo.java。

下面是通过二重循环来实现的冒泡排序。实现代码如下：

```java
public class MathDemo {
    public static void main(String[] args) {
        int a[] = {16, 25, 9, 90, 23};
        System.out.print("排序之前的数组：");
        printArray(a);
        for(int i=0; i<a.length-1; i++) {
            for(int j=0; j<a.length-1-i; j++) {
                //判断两个数的大小
                if(a[j] > a[j+1]) {
                    int temp = a[j+1];
                    a[j+1] = a[j];
```

```
                a[j] = temp;
            }
        }
    }
    System.out.print("\n");
    System.out.print("排序之后的数组：");
    printArray(a);
}
public static void printArray(int[] arry){
    for(int i=0; i<arry.length; i++) {
        System.out.print(arry[i] + " ");
    }
}
```

输出结果为：

排序之前的数组：16 25 9 90 23
排序之后的数组：9 16 23 25 90

为了更好地理解这个冒泡排序，这里提供了一个记忆口诀(升序)如下：

"N 个数字来排队；
　两两相比小靠前；
　外层循环 N-1；
　内层循环 N-1-i。"

其中，两个变量的值交换位置，可以把两个变量比作成一杯红水和一杯蓝水，要想两个杯中的水互换，可以定义一个临时变量，也就是增加一个空杯子。先将红水倒入临时的空杯子，如语句 temp=a[j];，然后将蓝水倒入刚倒空的装红水的杯子中，如语句 a[j]=a[j+1];，最后将临时杯子中的红水倒入刚倒空的装蓝水的杯子中，这样就完成了两个变量中值互换的目的。交换后最好是通过程序调试的方法查看各个变量的变化情况。

4.4.2 插入排序

假设有一个已经有序的数据序列，要求在这个已经排好的数据序列中插入一个数，但要求插入后此数据序列仍然有序，这个时候，就要用到一种新的排序方法——插入排序法。

插入排序的基本操作就是将一个数据插入到已经排好序的有序数据中，从而得到一个新的、个数加一的有序数据。

插入排序算法类似于玩扑克时抓牌的过程，玩家每拿到一张牌，都要插入到手中已有的牌里，使之从小到大排好序，如图 4.23 所示(该图出自《算法导论》)。

也许我们没有意识到，但其实，我们的思考过程是这样的：现在抓到一张 7，把它与手里的牌从右到左依次比较，7 比 10 小，应该再往左插，7 比 5 大，好，就插在这里。

为什么比较了 10 和 5 就可以确定 7 的位置？为什么不用再比较左边的 4 和 2 呢？因为这里有一个重要的前提：手里的牌已经是排好序的。现在插了 7 之后，手里的牌仍然是排好序的，下次再抓到的牌还可以用这个方法插入。

图 4.23 扑克牌插入排序

对一个数组进行插入排序的编程也是基于这个道理,但与插入扑克牌有一点不同,不可能在两个相邻的存储单元之间再插入一个单元,因此要将插入点之后的数据依次往后移动一个单元。如对一个数组{15, 3, 56, 1, 78, 12, 7, 99, 123, 90, 63}运用插入排序进行操作,操作的步骤解析如图 4.24 所示。

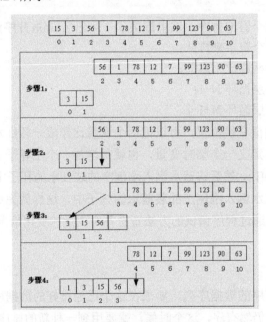

图 4.24 插入算法解析

从图 4.24 可了解插入算法的过程:比较 a[0]和 a[1]的值,然后再比较 a[2]与 a[1]的大小。本例中 a[2]的值比 a[1]的大,所以直接插入在 a[1]之后。

把这个过程用代码来实现,如例 4.16 所示。

【例 4.16】InsertSort.java。代码如下:

```java
public class InsertSort {
    public static void main(String[] args) {
        int[] a = {234, 67, 88, 99, 15, 3, 56, 1, 78, 12, 7, 99, 123, 90, 63};
        System.out.println("未排序前的数组元素");
        for (int i=0; i<a.length; i++) {
            System.out.print(" " + a[i]);
```

```java
            }
            a = insertSort(a);
            System.out.println("");
            System.out.println("排序后的数组元素");
            for (int i=0; i<a.length; i++) {
                System.out.print(" " + a[i]);
            }
        }
        private static void swap(int x[], int a, int b) {
            int t = x[a];
            x[a] = x[b];
            x[b] = t;
        }

        public static int[] insertSort(int[] a) {
            for (int i=0; i<a.length; i++) {
                for (int j=i; j>0&&a[j-1]>a[j]; j--) {
                    swap(a, j, j-1);
                }
            }
            return a;
        }
    }
```

输出结果为：

```
未排序前的数组元素
 234  67  88  99  15  3  56  1  78  12  7  99  123  90  63
排序后的数组元素
 1  3  7  12  15  56  63  67  78  88  90  99  99  123  234
```

提示

insertSort 方法有返回类型，所以需要使用 return 语句。

4.4.3 快速排序

快速排序是一种分而治之的算法。它的基本思想是：将要排序的数据分割成独立的两部分，其中一部分的所有数据都比另外一部分的所有数据要小，然后再按这方法对这两部分数据分别进行快速排序，整个排序过程可以递归进行，以此实现整个数据变成有序序列。

快速排序的步骤如下所示。

假设要排序的数组是 a[0] ... a[n]，首先任意选取一个数据(通常选用第一个数据)作为关键数据，然后将所有比小的数都放到它前面，所有比它大的数都放到它后面，这个过程称为一趟快速排序。一趟快速排序的算法如下。

(1) 设置两个变量 i、j，排序开始的时候 i=1，j=n。

(2) 以第一个数组元素作为关键数据，赋值给 x，即 x=a[0]。

(3) 从 j 开始向前搜索，即由后开始向前搜索(j--)，找到第一个小于 x 的值，两者交换。

(4) 从 i 开始向后搜索,即由前开始向后搜索(i++),找到第一个大于 x 的值,两者交换。
(5) 重复第 3、4 步,直到 i=j。

上例中的数组 a 用快速排序进行操作的情况如图 4.25 所示。

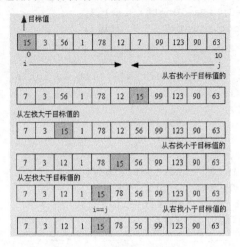

图 4.25　快速排序算法解析

用快速排序对数组 a 进行排序的代码如下所示。

【例 4.17】QuickSort.java。代码如下:

```java
public class QuickSort {
    public static void printArray(int[] arry) {
        for (int i=0; i<arry.length; i++) {
            System.out.print(arry[i] + " ");
        }
        System.out.println("");
    }
    /** 主方法 */
    public static void main(String[] args) {
        System.out.println("排序之前的数组：");
        int[] nums = {67, 88, 99, 15, 3, 56, 1, 78, 63}; //声明数组
        printArray(nums);
        System.out.println("排序之后的数组：");
        quickSort(nums, 0, nums.length-1);
        printArray(nums);
    }
    /** 快速排序方法 */
    public static void quickSort(int[] a, int left, int right) {
        int low = left;
        int high = right;
        if (low >= high)
            return;
        // 确定指针方向的逻辑变量
        boolean transfer = true;
        while (low < high) {
            if (a[low] > a[high]) {
                // 交换数字
```

```
            swap(a, low, high); //swap方法可参见例4.16
            //决定下标移动,还是上标移动
            transfer = (transfer==true) ? false : true;
            //或用transfer = !transfer
        }
        //将指针向前或者向后移动
        if (transfer)
            high--;
        else
            low++;
        // 显示每一次指针移动的数组数字的变化
        /**
        for (int i=0; i<a.length; ++i) {
            System.out.print(a[i] + ",");
        }
        System.out.print(" (low,high) = " + "(a[" + low + "]=" + a[low]
            + ",a[" + high + "]=)" + a[high]);
        System.out.println("");
        */
    }
    // 将数组分开两半,确定每个数字的正确位置
    low--;
    high++;
    quickSort(a, left, low);
    quickSort(a, high, right);
    }
}
```

读者可以将注释去掉,查看快速排序执行的每一个步骤。输出结果为:

```
排序之前的数组:
67  88  99  15  3  56  1  78  63
排序之后的数组:
1  3  15  56  63  67  78  88  99
```

4.4.4　选择排序

在介绍选择排序法之前,先介绍一种把最小的数放在第一个位置上的算法,当然也可以用前面所讲的冒泡排序法,现在我们改用一种新的算法:其指导思想是先并不急于调换位置,先从 a[0]开始逐个检查,看哪个数最小,就记下该数所在的位置 p,等一躺扫描完毕,再把 a[p]和 a[1]对调,这时 a[0]~a[9]最小的数据就换到了最前面的位置。算法的步骤如下。

(1) 先假设 a[0]的数最小,记下此时的位置 p。

(2) 依次把 a[p]和 a[i](i 从 2 变化到 9)进行比较,每次比较时,若 a[i]的数比 a[p]中的数小,则把 i 的值赋给 p,使 p 总是指向当前所扫描过的最小数的位置,也就是说 a[p]总是等于所有扫描过的数中最小的那个数。在依次一一比较后,p 就指向 10 个数中最小的数所在位置,即 a[p]就是 10 个数中最小的那个数。

(3) 把 a[p]和 a[0]的数对调,那么最小的数就在 a[0]中了,也就是在最前面了。

如果现在重复此算法，但每重复一次，进行比较的数列范围就向后移动一个位置，即第二遍比较时范围就从第 2 个数一直到第 n 个数，在此范围内找最小的数的位置 p，然后把 a[p]与 a[2]对调，这样从第 2 个数开始到第 n 个数中，最小数就在 a[2]中了，第三遍就从第 3 个数到第 n 个数中去找最小的数，再把 a[p]与 a[3]对调……此过程重复 n-1 次后，就把 a 数组中 n 个数按从小到大的顺序排好了。这种排序的方法就是选择排序法。如果用图形来描述选择排序的过程，如图 4.26 所示。

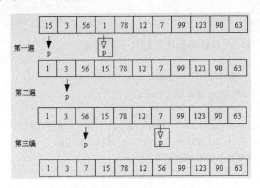

图 4.26　选择排序算法解析

把上述内容用代码来实现，如例 4.18 所示。

【例 4.18】SelectionSort .java。代码如下：

```java
public class SelectionSort {

    //data 是目标数组，size 是数组的长度
    public static void selectionSort(int[] data, int size) {

        //min 假设为最小值数组元素的下标值
        int i=0, j=0, min=0;

        for(i=0; i<size-1; i++) {
            min = i;
            for(j=i+1; j<size; j++) {
                if(data[j] < data[min]) {
                    min = j;
                }
            }
            swap(data, min, i);  //swap 方法可参见例 4.16
        }
    }

    public static void print(int[] c) {
        for (int i=0; i<c.length; i++)
            System.out.print(" " + c[i]);
        System.out.println("");
    }

    public static void main(String[] argv) {
        System.out.println("排序之前的数组：");
```

```
        int[] pData = {67, 88, 99, 15, 3, 56, 1, 78, 63};
        print(pData);
        System.out.println("排序之后的数组：");
        selectionSort(pData, pData.length-1);
        print(pData);
    }
}
```

输出结果为：

排序之前的数组：
  67 88 99 15 3 56 1 78 63
排序之后的数组：
  1 3 15 56 67 78 88 99 63

这里主要介绍了几种常用的排序方法。因为本书并未打算带读者深入学习相关的排序方法，所以其他排序方法就留给读者自行熟悉了。需要深入学习此方面内容的读者可参看专业书籍或查阅专业文档。

4.5 增强 for 循环

在 Java SE 5.0 之前，输出一列数据可以用如下方法：

```
int[] arr = {1, 2, 3, 4, 5};
for(int i=0; i<arr.length; i++)
    System.out.println(arr[i]);
```

但在 Java SE 5.0 之后，提出了一个增强 for 循环的语句，语法为：

```
for(type 变量名 : 集合变量名) {...}
```

用这个增强 for 循环迭代 arr 数组的代码如下：

```
for(int temp : arr)
    System.out.println(temp);
```

其中，temp 是一个迭代变量，它必须在()中定义，arr 是集合变量，它可以是数组或实现了 Iterable 接口的集合类。

下面再通过一个迭代二维数组的示例来加深对增强 for 循环的理解，例如：

```
int[][] arr = {{1, 2, 3},
               {4, 5, 6},
               {7, 8, 9}};

for(int[] row : arr) {

    for(int element : row) {
        System.out.println(element);
    }
}
```

在本书第 11 章中，会涉及有关增强 for 循环迭代集合类的使用，读者若在此处觉得不容易理解，可先暂时搁置。

如果读者想了解更多有关增强 for 循环的内容，可以查看 Java 语言规范中"14.14.2 The enhanced for statement"小节的相关内容。

4.6 本章练习

1. 简答题

(1) 如何定义一个一维数组？

(2) 如何给一个数组动态赋值？

2. 上机练习

(1) 有一列乱序的字符，'a'、'c'、'u'、'b'、'e'、'p'、'f'、'z'，试排序并按照英文字母表的逆序输出。

(2) 编码实现在控制台输出如图 4.27~4.31 所示的效果。

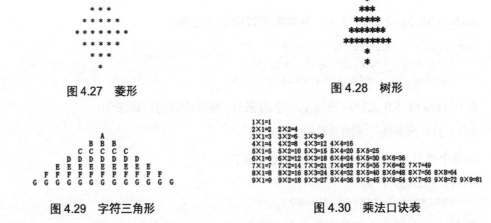

图 4.27 菱形　　　　　　　　　　图 4.28 树形

图 4.29 字符三角形　　　　　　　图 4.30 乘法口诀表

(3) 客户要求实现一个这样的功能：用户随意输入一些数字，显示出这些数字的和与平均值。试编写一段代码实现这个功能。

(4) 客户要求实现一个这样的功能：写一个方法，输入任意一个整数，返回它的阶乘。

(5) 前面已经学习过使用 for 循环输出 1 到 10 间的数，现在客户要求用递归实现这个效果，试编写相关的代码。

(6) 创建一个数组，把 26 个英文字母动态存入数组中，然后再反向显示出来(应考虑 char 类型与 int 类型的相互转化)。

(7) 阅读下列文字，回答问题。第一个月，有一对小兔子，一个月后，这对兔子成熟了，又过了一个月，它们生下一对小兔子，这时有两对兔子。再过一个月，成熟的兔子又生一对小兔子，而另一对小兔子长大了，此时有三对小兔子。按此规律，请问第 10 个月将会有多少对兔子(对此题的数据分析如表 4.1 所示)？

表 4.1 兔子数目列表

时间(月)	初生兔子(对)	成熟兔子(对)	兔子总数(对)
1	1	0	1
2	0	1	1
3	1	1	2
4	1	2	3
5	2	3	5
6	3	5	8
7	5	8	13
8	8	13	21
9	13	21	34
10	21	34	55

第 5 章

抽象和封装

学前提示

面向对象的编程思想是目前应用最广泛的编程思想。程序设计者考虑的是：对象的描述、对象间的关系、类的管理、何时何地调用对象的哪一种方法等。

使用面向对象的编程思想适用于规模较大的应用程序。Java 面向对象的编程思想引入了许多概念和机制，归纳总结为四大点：抽象、封装、继承和多态。本章重点介绍抽象和封装。

知识要点

- 面向过程的设计思想
- 抽象
- 封装
- 属性、局部变量/成员属性
- 变量的作用域
- Java 程序执行过程分析
- 方法
- 方法调用
- 方法参数及其传递问题
- this 关键字
- 简单的 JavaBean 类
- 包

5.1 面向过程的设计思想

面向过程的设计思想在考虑问题时,是以一个具体的流程为单位,考虑它的实现办法,关心的是功能的实现。在程序设计过程中一般由各个相关联的函数实现,耦合性比较强。在程序设计过程中,程序有一个明显的开始、明显的中间过程、明显的结束,程序的编制以这个预定好的过程为中心,设计好了开始子程序、中间子程序、结尾子程序,然后按顺序把这些子程序连接起来,一旦程序编制好,这个过程就确定了,程序按顺序执行。如果在执行过程中,用户需要输入什么参数或用户做出选择,程序将等待用户的输入。只有用户提供了足够的数据,程序才能继续执行下去。

下面来看一个简单的面向过程的例子。在洗衣机的工作过程中,一般要经过以下几个过程。

(1) 接通电源,按下洗衣机的"启动"按钮后开始供水。
(2) 当水满,触发了"水满传感器"时,就停止供水。
(3) 水满之后,洗衣机开始执行漂洗过程,正转 5 秒,然后倒转 5 秒,执行此循环动作 10 分钟。
(4) 漂洗结束之后,出水阀开始放水。
(5) 放水 30 秒后结束放水。
(6) 开始脱水操作,脱水持续 5 分钟。
(7) 脱水结束后,"声光报警器"报警,呼叫工作人员来取衣服。
(8) 按下"停止"按钮(或 10 秒报警超时到),声光报警器停止,并结束整个工作过程。

按照该洗衣机的工作流程,可以画出它的状态图来描述其状态转化过程,了解了该洗衣机的状态转化过程后,根据其状态图,就可以很容易地为其进行软件设计,并写出相应的程序实现代码了。但是这样的设计,每一个环节只关注行为动作和功能实现,没有考虑数据的状态,而且各个行为之间的耦合性比较强,不利于程序的扩展和模块化。

5.2 面向对象的设计思想

面向对象的设计思想在考虑问题时,以具体的事物(对象)为单位,考虑它的属性(特征)及动作(行为),关注整体,就好比观察一个人一样,不仅要关注他怎样说话,怎样走路,还要关注他的身高、体重、长相等属性特征。又比如,用程序来模拟对窗口的操作。使用面向过程的设计思想时,主要就是定义针对窗口的各种操作:隐藏窗口、移动窗口、关闭窗口等功能。而使用面向对象的设计思想时,却是把窗口当作主体来看待,定义它的大小、位置、颜色等属性,同时定义好对应的动作,如隐藏、移动、关闭等。

面向对象的编程思想更加接近于现实的事物,它有以下几点好处。

(1) 使编程更加容易。因为面向对象更接近于现实,所以可以从现实的东西出发,进行适当的抽象。
(2) 在软件工程上,面向对象可以使工程更加模块化,实现更低的耦合和更高的内聚。

(3) 在设计模式上(似乎只有面向对象才涉及设计模式)，面向对象可以更好地实现开闭原则，也使代码更易阅读。

相对而言，面向过程的程序设计是面向对象程序设计的基础。面向对象的程序里面一定会有面向过程的程序片段。在程序中，面向过程的程序设计，通过方法来实现。面向对象的程序设计，通过对象来封装方法和数据等。

总地来说，面向对象编程(Object Oriented Programming，OOP)是一种计算机编程架构。OOP 具有的优点是：使人们的编程与实际的世界更加接近，所有的对象被赋予属性和方法，这样编程就更加人性化；它的宗旨在于模拟现实世界中的概念；在现实生活中所有事物全被视为对象；能够在计算机程序中用类似的实体模拟现实世界的实体(实体即实实在在的物体)；它是一种设计和实现软件系统的方法。

OOP 主要有抽象(Abstract)、封装(Encapsulation)、继承(Inheritance)和多态(Polymorphism)四大特征。

第 5 章和第 6 章的内容就是围绕着这四大特征所展开的介绍。

5.3 抽　　象

首先来了解面向对象编程思想的第一个特征——抽象。抽象主要用来把客观世界中真实存在的事物用编程语言描述出来。这也是理解面向对象编程思想的第一步。

在了解抽象这个概念之前，需要先来了解一下对象和类的概念。

5.3.1 了解对象

在了解对象之前，先要了解世界是由什么组成的。客观世界是由事物组成的，现实生活中各个实实在在的事物也叫实体，如图 5.1 所示。

图 5.1　现实生活中的实体

如果以面向对象的编程思想来看客观世界的话，万事万物皆对象。对象就是某一个具体的事物。比如一个苹果、一台计算机都是一个对象。每个对象都是唯一的。两个苹果，无论它们的外观有多么相像，内部成分有多么相似，两个苹果毕竟是两个苹果，它们是两个不同的对象。

对象可以是一个实物，也可以是一个概念，比如某个苹果对象是实物，而一项政策可能就是一个概念性的对象了。在现实生活中，万事万物皆对象，OOP 是模拟现实生活中的一个个对象来编程的。下面来看一个例子，如图 5.2 所示。

图 5.2 生活中的对象

在日常生活中，大家谈论别人的媳妇(也就是对象)时，不仅会谈论她的姓名、年龄、体重等，还会关注她的行为，如：她能摔跤、会柔道等。

通过上面的介绍可以看出：万事万物皆对象，每一个对象都是唯一的，对象具有属性和行为。

5.3.2 Java 抽象思想的实现

现实生活中的许多对象都需要进行分类。比如分为人类、虎类、猫类、汽车类等。

分类的作用主要是为了便于管理和维护。面向对象的设计思想主要是通过模拟现实世界的各个对象来编程的。那么这些现实生活中的对象是怎样模拟或映射到计算机中的呢？这要归功于面向对象的一大思想——抽象。

其实，抽象不是 Java 语言中面向对象的设计思想所特有的，在其他面向对象的语言中，如 C++等，在构建对象时也需要抽象建模。但抽象思想之所以归纳进来，是因为它的确对于理解面向对象的编程起到了非常重要的作用。例如，将具有人的共同特征(如人有手、脚，会说话，会直立行走等)和行为的高级动物分为一类，叫人类。人类主要是为了区别于其他的动物而抽取出来的。

从上面的理解可以看出，所谓的抽象，即抽取，也叫提炼或归纳总结等。每一个人可以被视为一个具体的实体对象，而通过抽象，可以很容易地归纳总结出人的共同特征和行为，以便于与其他对象区别开来。这样抽取出来的属性和行为在面向对象的编程中叫属性和方法。

属性是指对象具有的各种特征；行为一般用动词描述对象的各种操作。

每个对象的每个属性都拥有特定值，如根据图 5.2 可知，布兰尼和朱丽叶的姓名、体重、年龄都不一样，她们执行的各种操作也不一样，如图 5.3、5.4 所示。

图 5.3 布兰尼的属性和操作

图 5.4　顾客朱丽叶的属性和操作

下面是通过抽象将对象中的属性和方法抽取出来另外两个例子，如图 5.5 所示。

图 5.5　对象的抽象

5.4　封　　装

在面向对象的编程过程中，为什么需要封装(Encapsulation)呢？因为对象也有隐私，对象的隐私就是对象内部的实现细节。要想对象保持良好的形象，就要保护好对象隐私，所谓的封装，其实就是保护对象隐私。当然，没有人能完全隐藏自己的隐私，比如，现实生活中去转户口时，不得不透露自己的家庭信息和健康状况。另外，在不同的场合所透露隐私的数量也不一样，朋友和家人可能会知道你更多的隐私，同事次之，其他人则知道得更少。面向对象的编程也考虑了这些实际的情况，所以像 Java 之类的编程语言有 public、private、protected、friend 等关键字，以适用于不同的情况。

封装可以隔离变化。对象内部是非常容易变化的。比如：电脑在不断升级，机箱还是方的，但里面装的 CPU 和内存已是今非昔比了。

变化是不可避免的，但变化所影响的范围是可以控制的，不管 CPU 怎么变，它不应该影响用户使用的方式。封装是隔离变化的好办法，用机箱把 CPU 和内存等封装起来，对外只提供一些标准的接口，如 USB 接口、网线接口和显示器接口等，只要这些接口不变，不管内部怎么变化，也不会影响用户的使用方式。

封装还可以提高易用性。封装后只暴露最少的信息给用户，对外接口清晰，使用更方便，更具用户友好性。试想，如果普通用户都要知道机箱内部各种芯片和跳线是如何布局的，那是多么恐怖的事情。很多人到现在为止甚至还搞不清楚硬盘的跳线设置。幸好也没有必要知道。

封装有两层含义，其一是隐藏内部行为，即隐藏内部方法，调用者只能看到对外提供的公共方法，其二是隐藏内部信息，即隐藏内部数据成员。为了方便读者对封装有较清晰的认识，图 5.6 很形象地表达了封装的含义(作者修改来自《Data Structures & Algorithms in Java》一书中的图片)。

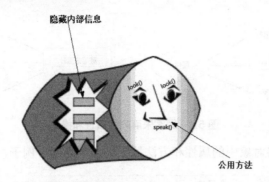

图 5.6　封装的含义

为了实现数据的封装，提高数据的安全性，一般建议把类的属性声明为私有的，把类的方法声明为公共的。这样，对象能够直接调用类中定义的所有方法，当对象想要修改或得到自己的属性的时候，就必须要调用已定义好的专用的方法才能实现。在考虑封装的时候，建议读者遵守"对象调方法，方法改属性"的要求。

对于面向对象编程而言，需要掌握如下几点。

(1) 抽象就是忽略一个主题中与当前目标无关的那些方面，以便更充分地注意与当前目标有关的方面。抽象并不打算了解全部问题，而只是选择其中的重要的一部分。

(2) 封装就是将属性和方法一起包装到一个程序单元中，并隐藏方法的实现过程。这个程序单元以类的形式实现。

(3) 只关注类的属性和方法就称为数据抽象。

封装一个类，就是根据具体的应用从同一类型对象中抽象出相关的属性(成员变量)和方法。例如，封装"人"这个类，将张三、李四、王五、布兰妮、朱丽叶等具体对象的重要信息抽出来，即姓名、体重、身高、说话、行走等，只要是有这些特征的高级动物，就归为一类，称为人类。

5.4.1　对象封装的概念

对象同时具有属性和方法两项特性，对象的属性和方法通常被封装在一起，共同体现事物的特性，二者相辅相成，不能分割。

图 5.7 很形象地说明了：狗除了有颜色，还能跑动；这就是说，对象除了有属性外，还要有方法。

图 5.7　跑动中的小狗

5.4.2 理解类

现实生活中，任何实实在在的具体物体都叫对象，通过面向对象的抽象思想，根据很多实体的行为特征，可以抽取出很多的对象，如张三、李四、法拉利汽车(如图 5.8 所示)、投影仪等，然后再通过归纳总结，将这些对象分门别类。

图 5.8　法拉利汽车

法拉利汽车是一个实体，可以抽象出它们共同的特征：有四个轮子、有颜色、能开、能坐等，具有这些特征的对象可以归为一类，叫作汽车类。此外还有很多的归类对象，如人类、狗类、虎类等。总地来说，类可以理解为对事物的分类。

5.4.3　Java 类模板创建

人民币面值分类有 100 元、50 元、20 元、10 元等，这些钱都是通过印钞机的模板印刷出来的。那么相应地就会有 100 元的模板、50 元的模板、20 元的模板等，这些模板都是根据现实生活中的一张张钱的共同特征制作出来的，它们都有尺寸、颜色、大小、功能等，如图 5.9 所示。

图 5.9　印钞机和钞票的关系

类可以理解为对数据的分类类型，是各种数据的模板。在面向对象的编程过程中，类是对象的类型，不同于原始数据类型 int 等，它有具体的方法。类决定对象将会拥有的特征(属性)和行为(方法)。例如，人类是一个共性的概念，对象是个性的概念。人类肯定包含每一个人，也就是对象的共同特征：姓名、身高、会说话、能行走等，这些特征都是由人类共同决定的。再如，人民币的模板决定着印出来的人民币的颜色、大小和功能等。

一个类可以决定多个对象，就好比 100 元人民币的模板决定印出来的全部 100 元人民币的样式。编程人员可以定义自己想要的类。类就是现在提到的对对象的分类，如上面提到的对人民币的分类，印刷人民币时，要先造印钞的模板，模板决定造出来的钱的样式。在 Java 中模板即类，100 元的人民币在 Java 中叫作对象。所以，要创建出对象，首先要创建出它的数据类型，即类。

在 Java 中，是通过类来封装现实生活中对象的各种信息的，如图 5.10 所示。

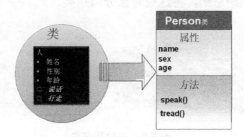

图 5.10　类封装

通过多个具体的人(即对象)的共性特征归纳出(也即抽象出)他们共同的特征和行为：姓名 name、性别 sex、年龄 age、说话 speak()、行走 tread()等。再将这些对象归为一类，叫作 Person 类。

在 Java 中，如何创建类呢？类是将现实世界中的概念模拟到计算机程序中，这需要由 Java 程序确定。在 Java 语言中，所有 Java 程序都以类为组织单元，构成 Java 面向对象编程的最小封装单元。在 Java 中，通过关键字 class 定义自定义的数据类型。

Java 类的模板创建语法如下：

```
public class  类名 {
    //定义属性部分
    属性 1 的类型 属性 1;
    ...
    属性 n 的类型 属性 n;

    //定义方法部分
    方法 1;
    ...
    方法 m;
}
```

Java 类的主体是通过一对大括号{}括起来的。类的主体中，除了属性就是方法。

例如下面的程序 Person.java：

```
public class Person {
    //属性的创建
    private String name;
    private String sex;
    private int age;
    //类中方法的创建
    public void speak() {
        System.out.println("会说话");
    }
    public String tread() {
```

```
        System.out.println("会行走");
        return "会行走";
    }
    public static void main(String[] args) {
        System.out.println("Java面向对象的程序设计，类的创建");
    }
}
```

在 Java 中，创建自定义类型的步骤如下。

第 1 步　定义类名。
第 2 步　编写类的属性。
第 3 步　编写类的方法。

【例 5.1】 ClassRoom.java。

如果用类的思想来描述学校的信息"教室"，那么就需要提取出 ClassRoom 类，再提取出它的属性，如教室名称、教室数目、机器数目等，方法为显示教室的信息。代码如下：

```
public class ClassRoom {
    //定义教室属性
    String name;         //教室名称
    int classNum;        //教室的数目
    int labNum;          //机器数目
    //定义教室的方法
    public String toString() {
        return "教室名称: " + name + "\n" + "教室数目: " + classNum + "\n"
                + "电脑台数: " + labNum + "\n";
    }
}
```

Object 类具有一个 toString()方法，用户创建的每个类都会继承该方法。它把对象的相关信息用 String 来表示，这个方法对于调试非常有帮助。然而默认的 toString()方法往往不能满足需求，需要覆写这个方法。这里就覆写了 toString()方法，将 ClassRoom 对象的相关信息组装为字符串，返回给方法的调用者。

> **提示**
> 在前面的练习中，class 中都包含一个 main 方法，但在此类的定义中却未含有该方法，这是为什么呢？在这里要强调的是，Java 类并不需要一定含有 main 方法，除非把此类定义为执行类。

5.4.4　Java 中对象的创建和使用

对象是 Java 程序的核心，在 Java 程序中"万事万物皆对象"。类描述了对象的属性和对象的行为。类是对象的模板和图纸。对象是类的一个实例，是一个实实在在的个体。类与对象的关系如图 5.11 所示。

类是对象的模板，决定着对象的属性和方法。由对象可以抽象出类，类可以实例化成对象，就像印钞机的模板决定印刷出来的钱的大小、颜色。

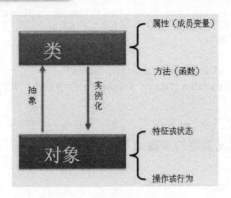

图 5.11　类与对象的关系

创建和使用对象的步骤如下。

第 1 步　使用 new 关键字创建类的一个对象，格式为：

```
类名 对象名 = new 类名();
```

例如创建一个 ClassRoom 类的对象，套用以上格式，代码为：

```
ClassRoom center = new ClassRoom();
```

此语句类似于基本数据类型的变量的声明并赋初值，如语句"int center = 88;"。

第 2 步　通过"对象名.属性名"或"对象名.方法名()"来使用。

访问对象中封装好的属性和方法是通过点"."操作符进行的。例如：

```
center.name = "CSDN 软件学院";    //给 name 属性赋值
center.toString();             //调用类的方法，该方法中的操作将被执行
```

【例 5.2】 ClassRoomTest.java。

基于例 5.1 创建一个信息教室类的对象，并给属性赋值后显示在控制台上。代码如下：

```
public class ClassRoomTest {
    public static void main(String[] args) {
        ClassRoom center = new ClassRoom();
        //直接输出对象时，会默认调用对象的 toString()方法
        System.out.println(center.toString());
        center.name = "CSDN 软件学院";
        center.classNum = 10;
        center.labNum = 10;
        System.out.println(center.toString());
    }
}
```

输出结果为：

```
教室名称：null
教室数目：0
电脑台数：0

教室名称：CSDN 软件学院
教室数目：10
电脑台数：10
```

当一个对象被创建时，会对其中各种类型的成员变量自动进行初始化赋值。所以在未给 center 赋值的时候，toString()方法显示的是 null、0 和 0，赋值后显示的是"CSDN 软件学院"、10 和 10。

> **注意**
> 如果 ClassRoom 类中的属性设置为私有的，此处的 ClassRoomTest 类编译能通过吗？

【例 5.3】编写学生类、教师类及测试类。

编写学生类，输出学生相关信息；编写教师类，输出教师相关信息；编写测试类，测试代码的正确性。学生类和教师类的具体属性及方法如图 5.12 所示。

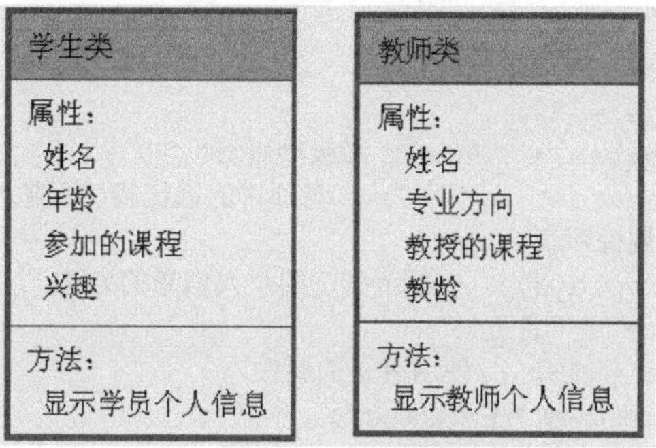

学生类	教师类
属性： 姓名 年龄 参加的课程 兴趣	属性： 姓名 专业方向 教授的课程 教龄
方法： 显示学员个人信息	方法： 显示教师个人信息

图 5.12 学生类和教师类的属性及方法

学生类代码 Student.java 如下：

```java
public class Student {
    //属性
    String name; //姓名
    int age; //年龄
    String course; //课程
    String interest; //兴趣需要注意它们的数据类型
    //方法 - 显示学员的个人信息
    public void display() {
        System.out.println("姓名:" + name + "年龄:" + age
            + "课程:" + course + "兴趣: " + interest);
    }
}
```

教师类代码 Teacher.java 如下：

```java
public class Teacher {
    //属性
    String name; //姓名
    String speciality; //专业
    int age; //年龄
    String course; //教授的课程
    //方法 - 显示教师的个人信息
    public void display() {
        System.out.println("教师的信息为: 姓名: " + name + "专业:" + speciality
            + "年龄:" + age + "课程: " + course);
    }
```

```
    }
}
```

测试类代码 Testing.java 如下:

```java
public class Testing {

    public static void main(String[] args) {

        //声明并赋初值
        Student zhangSan = new Student();
        Teacher laoWang = new Teacher();

        //使用
        zhangSan.name = "张三";
        zhangSan.age = 22;
        zhangSan.course = "JavaEE 高级冲刺班";
        zhangSan.interest = "对 Java 老师讲的课比较感兴趣";
        //使用属性为属性赋值
        zhangSan.display(); //显示张三的个人信息的方法
        laoWang.name = "老王";
        laoWang.age = 28; //使用老王的属性
        laoWang.course = "主攻 Java";
        laoWang.speciality = "Java EE 方向";
        laoWang.display(); //显示老王的个人信息
    }
}
```

在前面已经了解了 main 方法的用法,它的存在为 Java 应用程序启动 Java 提供了程序执行的入口点。因此,任何类都可以包含 main 方法。但一般是基于如下原因,才在类中添加 main 方法。

(1) 为了执行测试程序以测试类的其他方法中包含的程序。
(2) 为了启动应用程序。

本例中,是基于第一种情况,才在 Testing 类中添加 main 方法的。

读者可能对于类和对象的理解已经有初步的印象。面向对象的设计重点是类的设计,而不是对象的设计,下面将详细介绍类的组成部分:属性和方法。

5.5 属　　性

在定义类时,经常需要抽象出它的属性,并定义在类的主体中。下面就来介绍与属性相关的内容。

5.5.1 属性的定义

在类中定义的属性有常量属性和成员属性之分。常量属性就是用 final 修饰的属性,它的值只能赋值一次,以后不能再更改了。并且在类中定义的常量属性一般用大写字母命

名,例如:

```
//代码AttributeDemo1.java
public class AttributeDemo1 {
    final String ABS = "-8";
    final double PI = 3.14;      //常量属性,圆周率
}
```

非常量属性就是成员属性,它直接定义在类的主体中,例如:

```
//代码AttributeDemo2.java
public class AttributeDemo2 {
    private String name;
    private int age;      //成员属性
}
```

对于成员属性,在 Java 中提供了三种初始化方式。

(1) 使用默认值初始化

所有的字段虽然在声明的时候都未包含初始值,但在默认的情况下,每个字段都会被赋予默认值。Java 中为不同的类型提供的默认值如表 5.1 所示。

表 5.1　Java 中的各类型默认值

数据类型	默 认 值
boolean	false
byte	0
char	'\u0000'
short	0
int	0
long	0L
float	0.0f
double	0.0d
引用类型	null

(2) 使用显式值初始化

亦即声明的同时赋值,如定义 AttributeDemo1 类中的属性,即采用这种方式。

(3) 使用构造器初始化

通过构造器来初始化属性,读者可参看 5.6 小节的内容。

5.5.2　变量

在理解类的属性的同时,还需要回顾第 3 章节学习的一个概念:变量。其实简单地理解起来,变量就是用来代表内存中的某块区域的,这块内存区域中的值可以在程序的执行过程中发生变化。

变量根据它定义的位置,分为成员变量和局部变量。直接定义在类的主体中的变量叫成员变量,定义在方法的主体中的变量叫局部变量。上面介绍的类的属性其实就叫成员变

量，它们只是两种不同的称谓而已。

Java 变量在使用前必须先声明和初始化(赋初值)，特别是局部变量，如果没有被显式初始化并赋值，那么它的值是不可预见的，程序中使用这个变量时，就可能会出现异常情况。

定义局部变量的语法格式为：

数据类型 变量名 = 值；

例如，下面的代码编译时发生了异常：

```
//代码 Amethod.java
import java.ulil.Date;
public class Amethod {
    public void Amethod() {  //定义一个方法
        int i;
        int j = i + 5;     //编译出错！变量 i 还未被初始化就使用了
        double d = 3.14;
        System.out.println("test the local variable"));
    }
}
```

变量是有作用域的。所谓变量的作用域，是指定变量使用的范围，也就是活动范围。变量作用域与现实生活中的实例可以类比：鱼要在水中游、鸟要在天空中飞，每一个事物都有它的作用范围。在 Java 编程中，一般通过大括号{}来表示变量的作用范围。

【例 5.4】Company.java。

变量作用域演示示例的代码如下：

```
public class Company {
    // 公司总经理命令
    String managerSay = "我命令全体员工休假两天";

    // 执行总经理命令
    public void say() {
        System.out.println("总经理发言：" + managerSay);
    }
    //执行湖北地区经理命令
    public void huBeiManagersay() {
        String managersay1 = "我命令湖北地区全体员工休假两天";
        System.out.println("湖北地方区经理发言：" + managersay1);
        System.out.println("总经理发言：" + managerSay);
    }
    //执行湖南地区经理命令
    public void huNanManagersay() {
        String managersay2 = "我命令湖南地区全体员工休假两天";
        System.out.println("总经理发言：" + managerSay);
        // 编译出错
        System.out.println("湖北地方区经理发言：" + managersay1);
        System.out.println("湖南地方区经理发言：" + managersay2);
    }
}
```

在这个例子中，成员变量 managerSay 可以在方法 huBeiManagersay 范围内使用，也可以在 huNanManagersay 范围内使用。但湖北某个分公司经理的权利只能在湖北地区得到实施，在其他地区的公司得不到执行。

编译运行上例结果，出现了错误，如下所示：

```
Company.java:20: 找不到符号
符号：  变量 managersay
位置：  类 Company
            System.out.println("湖北地方区经理发言：" + managersay1);
                                                              ^
1 错误
```

变量声明的位置决定变量作用域，变量作用域确定了可以在程序中用变量名来访问该变量的值的区域。

Company 类的示意如图 5.13 所示。

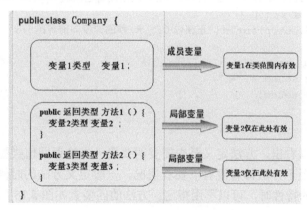

图 5.13 变量的作用域

在图 5.13 中，变量 1 可以在方法 1、方法 2 中使用，也可以在方法 1 和方法 2 的外面使用，只要在类的主体(也就是类的大括号{})中都可以使用。但变量 2 只能在方法 1 中使用，变量 3 只能在方法 2 中使用，超出这样的范围就不能使用了。

5.6 方　　法

在封装一个类时，不仅要定义出该类的属性，更为重要的是封装该类的方法。本节就来详细介绍在类中如何封装方法。

5.6.1 方法的定义

方法指定操作对象数据的方式。在得到操作请求时，指定如何做的算法等都要由一种办法来完成。对对象执行的操作叫方法。

方法的作用有：使程序变得更简短、更清晰，有利于程序维护，可以提高程序开发的效率，提高代码的重用性。

【例 5.5】AutoLion.java。

下面编写一个电动狮子跑和叫的方法示例。电动狮子的属性和方法如图 5.14 所示。

图 5.14 对象的属性和方法

代码如下：

```
public class AutoLion {
    String color = "黄色";
    //定义一个方法：public 是修饰符，void 表示没有返回值
    public void run() {
        System.out.println("正在以 0.1 米/秒的速度向前奔跑");
    }
    public String bark() {    //叫的方法
        String sound = "吼";
        return sound;
    }
}
```

从以上代码可以看出，方法定义至少需要四要素：方法返回值类型、方法名称、形参列表以及方法体。至于方法体有没有，要看情况。一般定义方法的时候都要指定方法体，但在后面学习接口的特性时，可以不用指定。方法的四要素如图 5.15 所示。

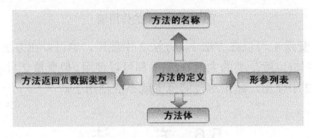

图 5.15 方法的四要素

方法的语法：

```
<modifiers> <return_type> <name>([<argument_list>]) [throws <exception>] {
    <block>
}
```

方法名要遵守标识符的规范，只不过还要遵循自身的命名规范：通常方法名是一个动词，如果由两个以上单词组成，则第一个单词的首字母应小写，其后单词首字母大写，如 addStudent 等。

方法的返回值有以下两种情况。

(1) 方法没有返回值，返回类型为 void。

(2) 方法有返回值，必须使用关键字 return 返回该值，返回类型为该返回值的类型，如：

```
return 表达式；   //注意，表达式的值必须是确定的值
```

下面来了解一下定义方法时经常出现的错误。

1. 返回类型不匹配

例如代码 Student.java：

```java
public class Student {
    String name = "张三";
    public void getName() {
        return name;    //方法定义了 void，没有返回值，这里却用 return 返回了一个值！
        //return;
    }
}
```

2. main 方法不能有返回值

例如：

```java
public class School {
    public static void main(String[] args) {
        return "我爱java";   //编译出错，main 方法没有返回值！
    }
}
```

3. 方法最多只能有一个返回值

例如：

```java
public class Student {
    public double getInfo() {
        double weight = 95.5;
        double height = 1.69;
        return weight, height;   //编译出错，这里试图返回多个值！
    }
}
```

根据方法的作用可以分为构造方法和自定义方法；根据方法的参数类型可以分为无参方法和有参方法。

无参方法的定义语法为：

```
public 返回值类型 方法名() {}
```

例如：

```java
public int add() {
    int i = 8;
    int j = 9;
    return i+j;   //返回值类型必须要与定义方法的返回值类型一致
}
```

有参方法的定义语法为：

```
public 返回值类型 方法名(形式参数列表) {}
```

例如：

```
public int add1(int i, int j) {
    return i+j; //i 和 j 的值由调用此方法的实际参数赋给
}
```

谈到参数，那就不得不讲一下形式参数和实际参数。"形式参数"是在定义方法名和方法体的时候使用的参数，目的是用来接收调用该方法时传入的参数。它不是实际存在变量，所以又称虚拟变量。"实际参数"就是已经定义并赋予了初值的变量或对象，是实实在在存在的数据，也叫实际参与运算的数。

5.6.2 方法的分类

根据方法的来源，可以将方法简单地分为用户自定义的方法和非自定义的方法(亦即系统提供的方法)。

1. 自定义方法

自定义方法是在类中为了解决某个问题而编写的一段功能代码片段。自定义方法必须满足方法的三要素：返回值类型、方法名和行参列表，至于方法体有没有，需要根据情况而定。

自定义方法的语法为：

```
public 返回值类型 方法名(行参列表) {...}
```

【例 5.6】ZelfMethod.java。

一般很多系统提供的方法不能满足项目的业务需求，这就需要自己定义满足业务需求的方法，下面是自定义方法的相关示例代码：

```java
public class SelfMethod {
    public void add1() {    //自定义无参无返回值的方法
        //执行的语句都写在方法体里面
    }

    public void add2(int a, double b) {  //自定义有两个参数无返回值的方法
        //执行的语句
    }

    public int add3(int a, int b) {   //自定义有参有返回值类型的方法
        return a + b;
    }

    public int[] add4(int a[]) {   //自定义有数组参数有数组返回值类型的方法
        return a;
    }
}
```

代码改错：

方法不能嵌套定义。下面是计算 1~n 的各整数的和的代码，编译时会出错：

```
public class MyMethod {
   public int add(int start, int end) {
      public void sum() {}      //编译错误：方法不能嵌套定义！
      int totalNum = end - start;
      int sum = (start+end) * totalNum / 2;
      return sum;
   }
}
```

2. 系统提供的方法

Java 流行的原因之一，就在于它的可重用性，JDK 中包含了很多开源组织已经写好的大部分功能的方法类，即创建好的引用数据类型的类或帮助我们解决问题的类，如 Scanner、Random、Math、System 类等(也叫 API 应用程序编程接口类)。只要学会使用或重用相应的类，就会使程序开发速度有质的飞跃。

这里以读者熟悉的 Scanner 类为例，请读者回忆此对象 next()方法的调用过程。

第 1 步 通过查阅说明书 API，将类引入到用户自己的程序中。例如：

```
import java.util.Scanner;
```

第 2 步 声明此类型的变量。例如：

```
Scanner input;
```

第 3 步 通过 new 关键字对变量进行初始化。例如：

```
input = new Scanner(System.in);
```

第 4 步 通过查 API 知道类的方法功能，然后通过"对象名.方法名(参数列表)"的形式来使用。例如：

```
String a = input.next();
```

说明

第 2 步和第 3 步可以合并到一起。例如：

```
Scanner input = new Scanner(System.in);
```

【例 5.7】 ScannerTest.java。

下面通过 JDK 中的 Scanner 类来实现键盘输入字符串功能。其代码如下：

```
import java.util.Scanner;
public class ScannerTest {
   public static void main(String[] args) {
      Scanner input = new Scanner(System.in);
      String a = input.next();
      System.out.println(a);
   }
}
```

5.6.3 构造方法

一个新对象初始化的最终步骤是通过 new 关键字去调用对象的构造方法，构造方法必须满足以下几个条件。

(1) 方法名必须与类名称完全相匹配。
(2) 不要声明返回类型。
(3) 不能被 static、final、synchronized、abstract、native 修饰，且不能有 return 语句返回值。

创建某类的对象要遵循如下语法：

```
类名 对象名 = new 类名();
```

使用 new 关键字创建对象时要注意以下 3 个方面：

- 为对象实例分配内存空间。
- 调用构造方法。
- 返回对象实例的引用。

当一个对象被创建时，会对其中各种类型的成员变量自动进行初始化赋值。除了基本数据类型之外，其余的变量类型都是引用类型。创建对象在内存中的情况如图 5.16 所示。

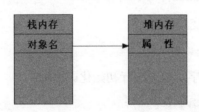

图 5.16 对象内存位置

Java 中，所有对象的存储空间都是在堆中分配的，但是这个对象的引用却是在堆栈中分配。也就是说，在建立一个对象时，从两个地方都分配内存：在堆中分配的内存实际建立这个对象，而在堆栈中分配的内存只是一个指向这个堆对象的指针(引用)而已。

> **注意**
> 构造方法和方法的类似之处在于它们都包含可执行代码。然而，它们的区别在于，只有当 JVM 实现在创建类的实例时才执行构造方法。构造方法通常包含字段初始化代码。严格来讲，构造方法并不是方法，因为它不会返回任何值。

根据参数不同，构造方法又可以分为以下 3 类。

1. 隐式无参构造方法(默认构造方法)

在定义类的时候，如果没有给类定义一个构造方法，Java 编译器在编译时会默认提供一个隐式的构造方法，它没有任何参数，并且有一个空主体。

例如，Person 类中隐含一个无参构造方法，在 main 方法中可以通过 new 关键字来调用此默认的构造方法，代码如下：

```
//代码 Person.java
public class Person {
    private String name;           //姓名
    private boolean sex;           //性别
    private int age;               //年龄
    public void speak(String word) {   //说话
        System.out.println(name + "说: " + word);
    }
    public void tread() {   //行走
        System.out.println("走走走…");
    }
    public static void main(String[] args) {
        Person person = new Person();   //调用系统提供的一个隐式无参构造方法
        person.tread();
    }
}
```

2. 显式无参构造方法

因为隐式无参构造方法的方法体为空，而我们有时候需要在调用这个构造方法时输出一些内容或执行一些操作，要实现这个需求，就需要为它定义一个显式无参构造方法。我们为 Person 类添加一个显式的无参构造方法，修改后的代码如下：

```
public Person() {   //显式定义一个无参的构造方法
    System.out.println("我是显式的无参构造方法！");
}
```

3. 显式有参构造方法

构造并初始化对象是构造方法的作用，所以有时需要给这个方法指定一些参数，定义一个显式的有参构造方法，例如：

```
public Person(int age) {...}
```

下面为 Person 类中添加一个有 3 个参数的显式构造方法，修改后的代码如下：

```
//代码 Person.java
public class Person {
    //...省略 name、sex 和 age 属性
    public Person(String n, boolean b, int a) {   //参数化的构造方法
        name = n;
        sex = b;
        age = a;
    }
    //...省略 speak 和 tread 方法
    public static void main(String[] args) {
        //用 new 来调用该类的显式有参构造方法，注意参数的匹配问题
        Person person = new Person("张三", true, 18);
        person.speak("你好");
    }
}
```

【例 5.8】Test1.java。

可以为自定义的类添加多个构造方法，比如在 Test1 类中定义一个显式无参构造方法和一个显式有参构造方法，代码如下：

```java
public class Test1 {
    public Test1() {} //显式无参构造方法
    public Test1(int i) {} //显式有参构造方法
}
```

> **注意**
>
> 如果类中有一个自己编写的构造方法时，编译器就不会再提供那个默认的构造方法。此时如果希望还可以用默认构造方法来创建类的实例时，就必须在类中明确添加这个默认构造方法，否则将编译报错。

【例 5.9】Person2.java。

如果显式定义了一个有参的构造方法，系统就不能调用无参的构造方法，如果通过 new 关键字来调用无参的构造方法就会出错，将 Person 的代码进行如下修改：

```java
public class Person2 {
    //...省略 name、sex 和 age 属性
    public Person2(String n, boolean b, int a) {
        name = n;
        sex = b;
        age = a;
    }
    //...省略 speak 和 tread 方法
    public static void main(String[] args) {
        Person2 person = new Person2();  //编译报错!
        person.speak("你好");
    }
}
```

5.6.4 方法重载

在前面的练习中，我们曾多次使用 print() 方法。按照常理，如果要打印 int、float 和 String 类型，则需要提供 3 个方法，如 printInt()、printFloat() 和 printString()，显然，这样做的话很繁琐。Java 编程语言允许为多个方法复用一个方法名。这种方式只有在能区分调用的所需方法的情况下才有效。

对于 3 个打印方法的情况，可以根据参数的数量和类型的不同来做区分。比如 API 文档中对此所做的说明如图 5.17 所示。

当编写代码调用其中一个方法时，会根据所传递的参数类型选择合适的方法。这也就是本小节要探讨的方法重载。

方法重载指的是一个类中可以定义有相同的名字但参数列表(参数的类型、个数、顺序)不同的多个方法。调用时，会根据不同的参数列表来选择对应的方法。这里要说明的是方法的返回类型可以不同。类中定义的普通方法、构造方法都可以重载。

图 5.17　PrintStream 类中的 print 方法

【例 5.10】Person3.java。

下面的 Person3 类定义了两个构造方法，构成构造方法重载，其代码如下：

```java
public class Person3 {
    private String name;         //姓名
    private boolean sex;         //性别
    private int age;             //年龄
    public Person3() {} //显式的不带参数的构造方法
    public Person3(String n, boolean s, int a) {   //显式的带参数的构造方法
        name = n;
        sex = s;
        age = a;
    }
    public void speak(String word) {  //说话
        System.out.println(name + "说：" + word);
    }
    public void speak() {
        System.out.println("无语…");
    }
    public static void main(String[] args) {
        Person3 person = new Person3();
        person.speak("你好");
        person.speak();
    }
}
```

注意：对于方法中有相同类型而不同数量的参数情形，罗列多个方法并不是最恰当的设计，如要创建一个计算一组整数平均数值的方法，通常会如下设计：

```java
public class AverageDemo {
    public float average(int n1, int n2) {
        return (float)(n1+n2)/2;
    }
    public float average(int n1, int n2, int n3) {
        return (float)(n1+n2+n3)/3;
```

```
    }
    public float average(int n1, int n2, int n3, int n4) {
        return (float)(n1+n2+n3+n4)/4;
    }
}
```

这 3 个重载的方法有相同的功能，Java SE 5.0 或以后的版本提供了一个新功能，称为可变参数，可以简化上述代码，写出更通用的方法：

```
public class AverageDemo {
    public float average(int ...nums) {
        int sum = 0;
        for(int x : nums) {
            sum += x;
        }
        return (float)(sum/nums.length);
    }
}
```

新的可变参数可以按照重载方法的方式被调用，length 属性为内建特征，用以返回参数的数量。

5.6.5 方法的调用

学习编程的一个很重要的基本技能就是要灵活运用变量和类的方法调用。方法的调用语法格式是：

> 对象变量名.方法名(实参列表);

其中"实参列表"由定义的方法的形式参数决定，形式参数和实际参数两者间一定要匹配。而且调用哪个方法，程序会到被调用的方法处运行，运行完后回到调用处，被调用的方法有返回值就返回所需要的值，没有返回值也会返回到调用处，例如，main()方法可以调用其他的方法，调用规则如图 5.18 所示。

图 5.18 方法的调用

这里，main()方法调用 a()方法，a()方法又调用 b()方法，程序从 main()方法开始运行，main()方法是程序的入口。当程序从 main()方法开始运行后，遇到调用 a()方法的语句会跳到 a()方法的方法体中运行，在 a()方法的执行体中如果有调用 b()方法的语句，进而会跳到 b()方法去运行 b()方法的方法体，直到 b()方法的方法体运行完为止，有返回值返回给 a()方法的变量或对象，没有返回值返回 a()方法执行体语句调用处。然后 a()方法执行体下面的语句继续运行，直到 a()方法的方法体运行完后回到 main()方法，有返回值返回给 main()方法的变量或对象，没有返回值返回 main 方法的调用处，执行 main()方法余下的语句，直到 main()方法的方法体执行完后结束程序的运行。

【例 5.11】MethodInVoke.java。

下面将实现在同一个类中通过方法 a 来调用方法 b，其代码如下：

```java
/** 同一个类中main方法调用其他方法 */
public class MethodInVoke {
    /**方法间可以相互调用，但不能嵌套定义 */
    public void a() {
        System.out.println("a()方法开始");
        String name = b();
        System.out.println(name);  //打印输出调用b()方法返回的值
        System.out.println("b()方法调用完后返回调用处，执行a()方法余下的语句");
    }
    public String b() {
        System.out.println("b()方法开始");
        System.out.println("b()方法执行完毕回到a()方法");
        return "返回值给a()方法的name变量";
    }
    public static void main(String[] args) {
        System.out.println("main方法开始执行");
        MethodInVoke m = new MethodInVoke();
        m.a();   //调用a()方法将到a()方法的执行体{}内开始执行，结束后回到此调用处
        //在main()方法中因为此方法是静态的，所以只能通过此类的对象来调用a()方法
        System.out.println(
            "main()方法下面的语句后遇到}括号结束main()方法，结束整个应用程序");
    }
}
```

输出结果为：

```
main方法开始执行
a()方法开始
b()方法开始
b()方法执行完毕回到a()方法
返回值给a()方法的name变量
b()方法调用完后返回调用处，执行a()方法余下语句
main()方法下面的语句后遇到}括号结束main()方法，结束整个应用程序
```

方法的调用根据有无参数，分为以下两类。

1. 无参方法的调用

无参方法是个"黑匣子"，用于完成某个特定的应用程序功能。

语法：

对象名.方法名();

【例 5.12】AutoLion1.java。

小明过生日，爸爸送给他一个电动狮子玩具，下面编程测试这个狮子能否正常工作：

```java
public class AutoLion1 {
    String color = "黄色";
    public void run() {         //方法1：跑
        System.out.println("正在以0.1米/秒的速度向前奔跑。");
```

```
    }
    public String bark() {      //方法2：叫
        String sound = "吼";
        return sound;
    }
    public String getColor() {   //方法3：获得颜色属性
        return color;
    }
    public String showLion() {   //方法4：描述狮子特性
        return "这是一个" + getColor() + "的玩具狮子!";
    }
}
```

测试类代码(TestLion.java)如下：

```
public class TestLion {
    public static void main(String[] args) {
        AutoLion lion = new AutoLion();
        System.out.println(lion.showLion());
        lion.run();
        System.out.println(lion.bark());
    }
}
```

输出结果：

这是一个黄色的玩具狮子！
正在以 0.1 米/秒的速度向前奔跑。
吼

无参方法调用小结如表 5.2 所示。

表 5.2 无参方法调用

情况	举例

在同一个类中
类 Student 的方法 a()调用 Student 类的方法 b()，直接调用
	`public void a() {`
	`    b();   //调用 b()`
	`}`

在不同类中
类 Student 的方法 a()调用类 Teacher 的方法 b()，先创建类对象，然后通过"."调用
	`public void a() {`
	`    Teacher t = new Teacher();`
	`    t.b();  //调用 Teacher 类的 b()`
	`}`

2. 有参方法的调用

语法：

[修饰符1 修饰符2 ...] 返回值类型 方法名(形式参数列表) {
    程序代码；
    return 返回值；
}

其中的形式参数是在方法被调用时用于接收外界输入的数据的。而实际参数是调用方法时实际传给方法的数据。返回值是指方法在执行完毕后返还给调用者的数据。返回值类型是方法要返回的结果的数据类型。若一个方法没有返回值，则必须给出返回值类型 void。return 语句用来终止方法的运行并指定要返回的数据。

【例 5.13】AutoLion2.java。

下面是有参方法的调用示例，代码如下：

```
package org.shan.Test;
public class AutoLion2 {
String color = "黄色";
    public void run() {    //方法1：跑
        System.out.println("正在以 0.1 米/秒的速度向前奔跑。");
    }
    public String bark(String sound){    //方法2：叫
        sound = "吼";
        return sound;
    }
    public String getColor() {    //方法3：获得颜色属性
        return color;
    }
    public String showLion() {    //方法4：描述狮子特性
        return "这是一个" + getColor() + "的玩具狮子!";
    }
}
```

测试代码(TestLion2.java)：

```
public class TestLion2 {
    /*在测试类 TestLion2 的 main()方法中调用类 AutoLion2 的有参方法*/
    public static void main(String[] args) {
        AutoLion2 lion = new AutoLion2();
        System.out.println(lion.showLion());
        lion.run();
        System.out.println(lion.bark("哄"));
    }
}
```

输出结果为：

```
这是一个黄色的玩具狮子!
正在以 0.1 米/秒的速度向前奔跑。
吼
```

理解清楚了如何调用方法之后，可以经常阅读一些编程高手写的优秀源代码，这是提高编程能力的一个很好的办法。看程序的时候就是从 main()方法开始看，调用哪个方法程序就会跳到哪个方法中去执行，执行完后返回调用处，直到 main()方法体结束为止。

5.6.6 方法参数及其传递问题

方法参数传递的过程如图 5.19 所示。

图 5.19 方法参数的传递

方法可以把相对独立的某个功能抽象出来，使之成为程序中的一个独立实体，可以在同一个程序或其他程序中多次重复使用。

在前面已经知道 Java 数据的分类有基本数据类型数据传递和引用数据类型数据传递两种。不管方法中的参数是哪种类型的数据，Java 语言在给被调用方法的参数赋值时，只采用传值的方式，下面分别来介绍这两种参数传递的原理和实质。

1. 基本数据类型传递

指的是在方法调用时，传递的是值的拷贝。对方不管怎么改值，都不影响原来的值。就如同第一个同学的作业写得比较好，其他同学要参考他的作业，他要求允许复制一份，将复制的作业给其他同学，这样其他同学爱怎么修改就怎么修改，不会改变原版的作业。

又如，有代码 ParameterPassValue.java：

```java
public class ParameterPassValue {
    public static void main(String[] args) {
        int x = 5;
        System.out.println("方法调用之前 x==" + x);
        change(x);
        System.out.println("方法调用之后 x==" + x);
    }
    public static void change(int x) {
        x = 100;
        System.out.println("方法中 x==" + x);
    }
}
```

输出结果为：

```
方法调用之前 x==5
方法中 x==100
方法调用之后 x==5
```

从结果可以看出，主方法中 x 的值前后是没有变化的。也就是说无法在被调用方法内部改变调用方法的参数值。此例中，不管 change()方法怎么修改 x 的值，其值都不会改变。

2. 引用数据类型传递

指的是在方法调用时，传递的参数是按引用进行传递，其实传递的引用的地址也就是变量所对应的内存空间的地址。引用数据类型的参数传递又分为数组传递和对象传递。

(1) 数组传递

方法的形式参数可以定义为数组类型,此方法就可以接受一组数据。

例如代码 ArrayParameter.java：

```java
public class ArrayParameter {
    /** 数组传递 */
    public static void main(String[] args) {
        //排序
        int a[] = {3, 8, 5, 0, 7, 2};
        System.out.println("排序之前的数据为:");
        for(int temp : a) {
            System.out.print(temp + " ");
        }
        //通过调用一个方法来实现
        //在 main 方法中调用 sort 方法
        ArrayParameter m = new ArrayParameter();
        m.sort(a);       //传递的是一个实际存在并有无序数据的数组的名字
                         //数组传递也是引用数据类型的传递,能改变原来的值
        System.out.println("排序之后的数据为:");
        for(int temp : a) {
            System.out.print(temp + " ");
        }
    }

    //定义一个方法来实现冒泡排序
    int temp;
    public void sort(int b[]) { //传递一个赋了值的数组
        for(int i=0; i<b.length-1; i++) {
            for(int j=0; j<b.length-i-1; j++) {
                if(b[j] > b[j+1]) {
                    temp = b[j];
                    b[j] = b[j+1];
                    b[j+1] = temp; //交换数据
                }
            }
        }
    }
}
```

输出结果为：

排序之前的数据为：
3 8 5 0 7 2
排序之后的数据为：
0 2 3 5 7 8

可见数组传递也是引用数据类型的参数传递。

(2) 对象传递

类属于引用类型,那么通过类实例化出的对象的传递也是引用类型。

例如代码(ParameterPassValue2.java)：

```java
public class ParameterPassValue2 {
    int x;
    public static void main(String[] args) {
        ParameterPassValue2 a = new ParameterPassValue2();
        //原版作业
        a.x = 5;

        System.out.println("方法调用之前 x==" + a.x); //原版作业是 5
        change(a); //传递的是引用数据类型的值，只是将原版直接给 change()方法
        System.out.println("方法调用之后 x==" + a.x); //打印输出原版作业
    }
    public static void change(ParameterPassValue2 a) {
        a.x = 100; //将原版作业改成 100
        System.out.println("方法中 x==" + a.x); //100
    }
}
```

输出结果为：

```
方法调用之前 x==5
方法中 x==100
方法调用之后 x==100
```

对象实例作为参数传递给方法时，参数的值不是对象本身，而是对象引用的拷贝。可以在被调用方法中改变对象的内容，但不能改变原对象的引用。就好比这份作业不是复制一份给其他同学，而是直接将作业给其他同学使用，其他同学觉得有问题，直接改原版的这份作业，这份作业拿回来时值已经改变了。

对于许多读者而言，对象实例作为参数传递给方法看起来很像引用传递，而且行为上与引用传递有很多的共同处。但我们要抓住实质，来佐证 Java 语言是值传递的观点：

- 改变传入内容的能力只适用于传递对象，不适用于基本类型值。
- 与对象类型相关的实际值是对象的引用，而非对象本身。

总之，"在 Java 里面参数传递都是按值传递"，亦即：按值传递是传递的值的拷贝，按引用传递其实传递的是引用的地址值，所以统称按值传递。

5.6.7 理解 main()方法语法及命令行参数

main()方法入口是一个数组类型的参数，也可以给 main()方法传递参数，通过命令行在运行时接着参数即可。

【例 5.14】CMDParameter.java。代码如下：

```java
public class CMDParameter {
    /** 命令行参数 */
    public static void main(String[] args) {
        System.out.println("参数1:" + args[0]);
        System.out.println("参数2:" + args[1]);
        System.out.println("参数3:" + args[2]);
    }
}
```

编译上面的代码，在运行的过程中输入：

java CMDParameter 中 国 人

当运行上面的命令时，程序会将"中"、"国"、"人"三个参数分别赋值给 main 方法参数数组元素 args[0]、args[1]、args[2]，然后打印输出。输出结果为：

参数1:中
参数2:国
参数3:人

args 数组中元素的个数就是在命令行中给类传递的参数的个数，每个参数间用空格分开，如果某个参数中含有空格，将这个参数用双引号括起来。参数与 args 数组的对应关系如图 5.20 所示。

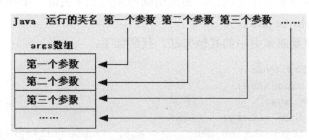

图 5.20 参数与 args 数组的对应关系

5.7 this 关键字

每个类的每个非静态方法(没有被 static 修饰)都会隐含一个 this 关键字，它指向调用这个方法的对象。当在方法中使用本类的属性时，都会隐含地使用 this 关键字，当然也可以明确指定。this 可以看作是一个变量，它的值就是当前对象的引用。

例如：

```
//Person 类的构造方法
public Person(String name, boolean sex, int age) {
    this.name = name;
    this.sex = sex;
    this.age = age;
}
```

【例 5.15】Rectangular.java。

为了区分属性与局部变量，可以通过 this 关键字来调用。代码如下：

```
class Rectangular {
    int x;
    int y;
    void init(int x, int y) {
        this.x = x;   //用 this 来显式调用当前对象的成员变量
        this.y = y;
    }
```

```
    public static void main(String args[]) {
        Rectangular p = new Rectangular();
        p.init(4, 3);
    }
}
```

> **注意**
> this 关键字只能在方法内部使用，表示对"调用方法的那个对象"的引用，如果是在同一个类中调用另外一个方法，则可以不用写 this，直接调用就行。

从总体来看，this 关键字有以下几种用法。

（1）当类中某个非静态方法的参数名与类的某个成员变量名相同时，为了避免参数的作用范围覆盖了成员变量的作用范围，必须明确地使用 this 关键字来指定。

【例 5.16】Employee.java。

显式调用成员变量或本类中的其他方法，代码如下：

```
public class Employee {
    private String name;          //姓名
    private int age;              //年龄
    private double salary;        //薪水
    public Employee(String name, int age, double salary) {   //构造方法
        this.name = name;
        this.age = age;
        this.salary = salary;
    }
}
```

（2）如果某个构造方法的第一条语句具有形式 this(...)，那么这个构造方法将调用本类中的其他构造方法。

【例 5.17】Employee1.java。

调用本类中的其他构造方法，代码如下：

```
public class Employee1 {
    private String name;          //姓名
    private int age;              //年龄
    private double salary;        //薪水
    public Employee1(String name, int age, double salary) {   //构造方法1
        this.name = name;
        this.age = age;
        this.salary = salary;
    }
    public Employee1() {          //构造方法2
        this("无名", 18, 800.0);   //调用到了构造方法1
    }
}
```

（3）如果某个方法需要传入当前对象，则可以将当前的对象作为参数传递给它。

【例 5.18】Employee2.java。

例如 CSDN 软件学院新入职了三位员工，院长要查看入职员工的信息，把这个过程用

代码描述，代码如下：

```java
import java.util.*;
public class Employee2 {

    //List 列表在后面的章节会学习到，此处暂时理解为员工信息资源库对象
    static List plist = new ArrayList();
    String name = "";     //姓名
    int age = 0;          //年龄
    int sex = 0;          //性别
    public Employee2() {}
    public Employee2(String name, int age, int sex) {
        this.name = name;
        this.age = age;
        this.sex = sex;
    }

    //显示员工信息
    public void show() {
        for(int i=0; i<plist.size(); i++) {
            Person p = (Person)plist.get(i);
            System.out.println(
              "name=" + p.name + " , age=" + p.age + " ,sex=" + p.sex);
        }
    }

    //登记注册
    public void put() {
        plist.add(this);
    }
    public static void main(String[] args) {
        Employee2 zhangsan = new Employee2("zhangsan", 5, 8);
        zhangsan.put();
        Employee2 lisi = new Employee2("lisi", 8, 8);
        lisi.put();
        Employee2 wangwu = new Employee2("wangwu", 9, 8);
        wangwu.put();
        Employee2 dean = new Employee2();
        dean.show();
    }
}
```

5.8 JavaBean

用 Java 语言描述的软件组织模型就是 JavaBean，它亦即符合某种标准的 Java 类，JavaBean 一般分为可视化组件和非可视化组件两种。可视化组件可以是简单的 GUI 元素，如面板或按钮等，也可以是复杂的元素，如报表组件；非可视化组件主要用于封装业务逻辑、数据库操作等。本节主要探讨的是非可视化组件。

一个完整有效的 JavaBean 需要符合以下标准：
- 有一个无参的公共的构造方法。
- 有属性，属性最好定义为私有的。
- 有与属性对应的 get、set 存取方法。

在 JavaBean 中涉及四类属性：Simple 属性、Index 属性、Bound 属性和 Constrained 属性。Simple 属性表示一个伴随有 get/set 方法的变量，Index 属性表示一个数组类型的变量，这里主要介绍 Simple 属性，读者如果对其他属性有兴趣，可参阅相关的资料。

Simple 属性的 JavaBean 示例如下。

【例 5.19】JavaBeanTest.java。JavaBean 类的应用举例代码如下：

```
public class JavaBeanTest {
    private String name;   //属性一般定义为private
    private int age;
    public JavaBeanTest() {}
    public int getAge() {
        return age;
    }
    public void setAge(int age) {
        this.age = age;
    }
    public String getName() {
        return name;
    }
    public void setName(String name) {
        this.name = name;
    }
}
```

5.9 包

为了便于管理大型软件系统中数目众多的类，解决类命名冲突的问题，Java 引入了包 (package)。在使用许多类时，类和方法的名称很难决定。有时需要使用与其他类相同的名称。包基本上避免了名称上的冲突。

日常生活中用文件袋有如下好处：①文档分门别类易于查找；②易于管理；③不同内容的文档可以放在不同的文件袋中，这样即使不同文件袋中的文档拥有相同的名字，也不会产生冲突。Java 中包的作用与文件袋的作用类似。

5.9.1 为什么需要包

树形文件系统主要的目的是使用目录可以解决文件命名的冲突问题，如图 5.21 所示。比如在编程的过程中要保存两个相同名字的 Sort.java 源代码。如果在同一个目录下 Windows 是不会让我们保存的，通过建立不同的文件夹，就可以对同名文件进行分类存储了。

在 Java 编程中，包类似于文件系统中的文件夹。包的作用如下：

- 允许类组成较小的单元(类似文件夹)，易于找到和使用相应的文件。
- 更好地保护类、数据和方法。
- 防止命名冲突。

图 5.21 文件夹结构

JDK 中定义的类就采用了"包"机制进行层次式管理，例如，图 5.22 显示了其组织结构的一部分。

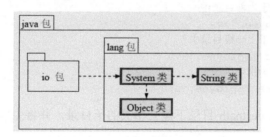

图 5.22 JDK 中部分包的组织结构

从图 5.22 中可以看出，一个名为 java 的包中又包含了两个子包：io 包和 lang 包。lang 包中包含了 System、String、Object 这三个类的定义。事实上，Java 包中既可以包含类的定义，也可以包含子包，或同时包含两者。简而言之，从逻辑上讲，包是一组相关类的集合；从物理上讲，同包即同目录。

5.9.2 如何创建包

在 Java 中用关键字 package 来创建包。例如代码 School.java：

```
package com.tjitcast.chapter5;    //声明包
public class School {
   ...
   public void toString() {
      ...
   }
}
```

创建包时需要注意的地方如下：
- 创建包时用 package 关键字。
- 如果有包声明，那么它一定作为源代码的第一行。
- 包的名称一般为小写，而且要有意义。
- 如果不加 package 语句，则指定为默认包或无名包。

5.9.3 编译并生成包

带有包的类的源代码，在编译成字节码时，不能直接用 javac.exe 编译，需要带上 "-d" 这个参数来编译。

（1）带包编译：

```
javac -d destpath 类名.java
```

归入该包的类的字节代码文件应放在 Java 的类库所在路径的 destpath 子目录下。现在包的相对位置已经决定了，但 Java 类库的路径还是不定的。事实上，Java 可以有多个存放类库的目录，其中的默认路径为 java 目录下的 lib 子目录，我们可以通过使用 -classpath 选项来确定当前想选择的类库路径。除此之外，还可以在 CLASSPATH 环境变量中设置类库路径。destpath 为目标路径，可以是本地的任何绝对或相对路径。例如：

```
//编译后的包文件位于当前目录中
javac -d . Employee.java
//编译后的包文件位于上一级目录中
javac -d ..share Employee.java
//编译后的包文件位于指定目录中
javac -d D:\share Employee.java
```

则编译器会自动在 destpath 目录下建立相关的子目录，并将生成的 .class 文件自动保存到子目录中。

（2）带包运行。带有包的类，在运行它时需要指定包名、类名，即通常所说的使用全限定名，格式如下：

```
java 包名.类名
```

包的命名规范有如下几点：
- 包名由小写字母组成，不能以圆点开头或结尾。
- 用户自己设定包名之前最好加上唯一的前缀，通常使用组织倒置的网络域名。如 package net.javagroup.mypackage;。
- 用户自己设定的包名部分依不同的机构各自内部的规模不同而不同。包的命名规范如图 5.23 所示。

图 5.23　包的命名规范

5.9.4 使用带包的类

为了使用不在同一个包中的类，需要在 Java 程序中使用 import 关键字导入这个类。包的导入语法如图 5.24 所示。

图 5.24 包的导入语法

使用示例如下：

```
import java.util.Scanner;   //导入java.util包中的Scanner类
import java.util.*;         //导入java.util包中的所有类。*代表所有
import java.util.Date;      //导入java.util包中的Date类
```

在 java 源文件中 import 语句应位于 package 语句之后，所有类的定义之前，可以有 0~多条 import 语句。

java 运行时环境将到 CLASSPATH + package 路径下寻找并载入相应的字节码文件。比如在示例中，import 语句标明要引入 java.util 包中的 Date 类，假定环境变量 CLASSPATH 的值为 ".;C:\jdk6\lib;D:\xmh"，java 运行环境将依次到下述可能的位置寻找并载入该字节码文件 Date.class：

```
.\java\util\Date.class
C:\jdk6\lib\java\util\Date.class
D:\ex\java\util\Date.class
```

其中，"."代表当前路径，如果在第一个路径下就找到了所需的类文件，则停止搜索。否则依次搜索后续路径，如果在所有的路径中都未找到所需的类文件，则编译或运行出错。

> **注意**
> 同一个包中的类不需要被导入，从外部包中使用的每个类都需要 import 语句。
> import 语句的替代方法是使用类的完全限定名称引用需要导入的类。如在上例中，若省略导入 Scanner 语句，则需要在引用 Scanner 类的位置使用 java.util.Scanner。
> Java 语言提供了从单个包导入所有类的语法，例如 import java.util.*;。

5.9.5 JDK 中常用包介绍

JDK 1.6 版本中提供了丰富的类库，借助它提供的说明文档，可以方便地解决编程过程中的很多问题。JDK 1.6 中常用的包提供的主要功能如下。

- java.lang：包含一些 Java 语言的核心类，如 String、Math、Integer、System 和 Thread，提供常用功能。此包因为非常常用，所以在任何类中不用导入就可能直接使用。
- java.util：包含一些实用工具类，如定义系统特性、日期时间、日历、集合类等。

- java.io：包含能提供多种输入输出的流类。
- java.net：包含执行网络相关操作的类。
- java.sql：Java 操作数据库的一些 API。
- java.text：包含了一些用来处理文本、日期、数字和消息的类和接口。
- java.awt：包含了构成抽象窗口工具集的多个类，这些类被用来构建和管理应用程序的图形用户界面(GUI)。
- javax.swing：包含了构成"轻量级"窗口的组件。

在后面的章节中，将陆续学习上面包中的类提供的各种功能。

> **注意**
> Java 编译器默认为所有的 Java 程序引入了 JDK 的 java.lang 包中所有的类(import java.lang.*;)，其中定义了一些常用类：System、String、Object、Math 等。因此我们可以直接使用这些类，而不必显式引入。但使用其他非无名包中的类时则必须先引入、后使用。

5.10 本章练习

1．判断题

(1) 在 Java 面向对象的抽象封装过程中，对象的特征和行为可以分开。   ( )
(2) 当局部变量和成员变量的变量名相同时，以成员变量为主。   ( )
(3) 类即数据类型，类决定对象的属性和方法。   ( )
(4) 类中的自定义方法可以嵌套定义。   ( )
(5) 类中的构造方法可以重载。   ( )
(6) main()方法可以调用其他自定义方法，其他方法也可以调用 main()方法。   ( )
(7) 在定义类的时候，如果只定义了一个有参数的构造方法，那么系统会默认提供一个隐式的无参构造方法。   ( )

2．简答题

(1) 面向过程的设计思想与面向对象的设计思想有什么区别？
(2) 面向对象的特征有哪些方面？
(3) 基本数据类型的变量、引用数据类型的变量、数组如何使用？大概分哪几步？
(4) 系统提供的类和自定义类如何实例化？大致步骤是什么？

3．上机操作题

(1) 编写 Java 应用程序，封装一个 Student 类的对象。其中定义一个表示学生的类 Student，包括"学号"、"班级"、"性别"、"年龄"域，以及"获得学号"、"获得性别"、"获得姓名"、"获得年龄"、"修改年龄"方法。另加一个 public String toString() 方法把 Student 类对象的所有属性信息组合成一个字符串，并有检验这个功能的程序体现。
(2) 使用上题编写的 Student 类创建 5 个学生对象，并在控制台把这 5 个学生的信息显

示出来。

(3) 编写一个计算器类，包含三个属性：数字 a，数字 b 和结果 result，其中 a 和 b 为 int 类型，result 为 double 类型。计算器对象拥有 4 个方法：sum、sub、mult 和 div，分别实现加、减、乘和除的功能。

(4) 编程实现矩形类，其中包括计算矩形周长和面积的方法，并测试方法的正确性。

(5) 编写一个工具类，包含对整型数组排序和求和的方法，并测试方法的正确性。

(6) 有如下代码：

```
1. class Voop {
2.     public static void main(String[] args) {
3.         doStuff(1);
4.         doStuff(1, 2);
5.     }
6.     //insert code here
7. }
```

以下方法能置于第 6 行，并通过编译的是(　　)。

A. static void doStuff(int... doArgs) {}

B. static void doStuff(int[] doArgs) {}

C. static void doStuff(int doArgs...) {}

D. static void doStuff(int... doArgs, int y) {}

E. static void doStuff(int x, int... doArgs) {}

第 6 章

继承和多态

学前提示

在 Java 面向对象的编程过程中，对于编程者来说，使用 Java 编程最大的优点是有效地支持重用，重用使得超大规模的程序变得易于维护。Java 中的抽象和封装都体现了面向对象的重用设计理念。本章将重点介绍 Java 面向对象的另外两大思想：继承和多态。

知识要点

- 继承
- 多态
- 访问修饰符
- static 关键字
- final 关键字
- abstract 关键字
- 接口

6.1 继　　承

继承是一种由已存在的类型创建一个或多个子类的机制。在 Java 技术中，一个类代表一种类型，继承可以由已存在的类创建子类。生活中继承的例子随处可见，如图 6.1 所示。

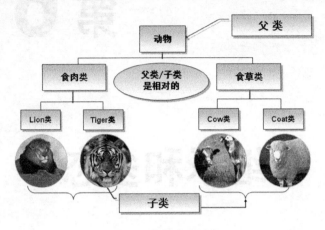

图 6.1　生活中的继承

牛是食草动物，牛继承了食草动物的特性；而老虎是食肉动物，老虎继承了食肉动物的特性。

> **提示**
>
> 继承需要符合的关系是 is-a，即是继承关系，比如老虎继承食肉动物可以写为"老虎 is-a 食肉动物"。

如图 6.1 所示，狮子继承了食肉动物的特性，按照 is-a 的规则，可以理解为狮子是食肉动物，但不能反过来说食肉动物是狮子，因为还有很多其他动物也是食肉动物。

继承具有以下特点。

(1) 继承具有层次结构，并具有传递性。如图 6.1 所示的牛是食草动物，食草动物是动物，有层次关系。

(2) 子类继承了父类的属性和方法(不包括构造方法)，同时也可以拥有自己的方法。如牛继承了食草动物的特性，牛除了吃草，还有牛脾气。牛脾气是它的特性。

> **注意**
>
> Java 只支持单继承：即一个子类只能有一个超类(父类)。但一个父类可以派生出多个子类。如同在现实生活中，一个儿子只能有一个父亲，但一个父亲可以有多个儿子。

在使用继承时要注意以下事项：
- 除非父类在开发中，否则不应该修改父类。
- 子类构造方法要负责调用适当的父类构造方法，不管是以显式还是隐式的方式。
- 父类的字段必须比子类的字段先初始化。

6.1.1 Java 继承思想的实现

如果不采用继承的方式，我们用类来描述员工和经理的特征可能是如下样式：

```java
class Employee { //员工类
    private String name;    //姓名
    private int age;        //年龄
    private double salary = 2000.0;    //薪水
    public Employee(String name, int age, double salary) {
        this.name = name;
        this.age = age;
        this.salary = salary;
    }
    public Employee() {}
    public double getSalary() {
        return salary;
    }
}
class Manager { //经理类
    private String name;    //姓名
    private int age;        //年龄
    private double salary = 2000.0;    //薪水
    private double bonus;   //奖金
    public void setBonus(double bonus) {
        this.bonus = bonus;
    }
}
```

从代码中可以看出，Employee 类和 Manager 类两者有重复的数据，因为经理也是员工的一种，所以员工所具有的特征经理也都有。如果采用继承的方式来重新编写这两个类，则代码会更趋合理。在 Java 中是通过 extends 关键字来实现继承关系的。

修改后的代码如例 6.1 所示。

【例 6.1】TestInheritance.java。代码如下：

```java
class Employee {
    private String name;    //姓名
    private int age;        //年龄
    private double salary = 2000.0;    //薪水
    public Employee(String name, int age, double salary) {
        this.name = name;
        this.age = age;
        this.salary = salary;
    }
    public Employee() {}
    public double getSalary() {
        return salary;
    }
}
```

```
class Manager extends Employee {      //经理类继承自员工类
    private double bonus;    //奖金
    public void setBonus(double bonus) {
        this.bonus = bonus;
    }
}

public class TestInheritance {    //测试类
    public static void main(String[] args) {
        Manager manager = new Manager();
        double sal = manager.getSalary();
        System.out.println("继承的薪水为" + sal);
    }
}
```

输出结果为：

继承的奖金为2000.0

如果某人是比尔的儿子，那么他可以继承父亲比尔的很多东西。

【例6.2】比尔.java。代码如下：

```
public class 比尔 {
    //写属性
    String a = "法拉利汽车";
    String color = "红色";
    //方法
    public void zhuanQian() {
        System.out.println("我能赚500亿");
    }
    public void pao() {
        System.out.println("跑300公里每秒");
    }
}
```

测试类程序"比尔的儿子.java"的代码如下：

```
public class 比尔的儿子 extends 比尔 {
    public static void main(String args[]) {
        //比尔 a;
        //a = new 比尔();
        比尔的儿子 b;
        b = new 比尔的儿子();
        System.out.println(b.a);
        System.out.println(b.color);
        b.pao();
    }
}
```

输出结果为：

法拉利汽车

红色
跑 300 公里每秒

上面是比尔和比尔的儿子通过 extends 关键字来实现继承关系的示例。父类中的属性和方法都可以被子类继承。需要重点强调的是，子类不能继承父类的构造方法。因为父类的构造方法是专门用来构造父类的模板，而不能构造子类，所以两个模板要分开处理。另外，父类的私有属性或方法虽被继承，但子类却无法访问。

> **注意**
> 此示例的类名都是通过中文取的名字，虽然 Java 编译器支持中文，但是一般在编程的过程中最好不要用中文取类名。

6.1.2 继承的优点

继承具有以下优点。

(1) 可以创建更为特殊的类型

继承自 Employee 类的 Manager 类可以说是 Employee 类的一种变体或特殊版本。这个特殊的类从各个方面来说都是父类型，但又不同于父类型，因为它包含了赋予其特殊性的附加属性。

(2) 消除重复代码

从 Employee 类的 Manager 类的示例中可以看出，使用继承减少了为创建现有类型的特殊版本而重复的程序代码。

(3) 利于维护

创建类型的层次集合可具有单点接触方式的维护性。如果受影响的类是子类，则只有子类需要更新，其余的类不受影响。若受影响的是共同的父类，也只有父类需要更新。此更新也同样会被所有的子类继承。

6.1.3 super 关键字

super 关键字类似于第 5 章学习的 this 关键字，它也是指对象的引用，只不过它是指向父类对象的引用。在同一个类中，如果有继承关系，属性和方法都可以被子类继承，子类如何显式地调用父类的普通方法呢？为了处理类似这样的问题，Java 语言提出了一个关键字 super。

super 关键字的规则为：若要在子类构造方法中调用超类构造方法，则在子类构造方法中的第一条语句要用 super 关键字来调用。

(1) 调用父类构造方法的语法为：

`super();    //或 super(实参表);    //必须是第一句`

(2) 调用父类的普通方法的语法为：

`super.methodname();    //或 super.methodname(实参表);`

super.methodname()是假设这个方法是其父类型时所调用的对应方法，但需要强调的是：

这个方法不一定在父类中被定义，它可能是从层次结构上更上层的类中继承来的。

【例 6.3】Manager1.java。

使用 super 关键字调用父类构造方法的示例代码如下：

```
class Employee1 {
    private String name;                    //姓名
    private int age;                        //年龄
    private double salary = 2000.0;         //薪水
    public Employee1(String name, int age, double salary) {
        this.name = name;
        this.age = age;
        this.salary = salary;
    }
    public Employee1() {}
    public double getSalary() {
        return salary;
    }
    public void displayInfo() {
        System.out.println("name=" + name + ",age=" + age);
    }
}

class Manager1 extends Employee1 {
    private double bonus;        //奖金
    private String position;     //职位

    public Manager1(String name, int age, double salary, String position) {
        super(name, age, salary);
        //子类的构造方法中，通过 super 关键字调用父类的显式有参构造方法，
        //写在第一句，通过调用父类的构造方法，完成对属性值的初始化
        this.position = position;
    }
    public void setBonus(double bonus) { this.bonus = bonus; }
}
```

【例 6.4】Manager2.java。

使用 super 关键字调用父类的普通方法的示例代码如下：

```
class Employee2 {
    private String name; // 姓名
    private int age; // 年龄
    private double salary = 2000.0; // 薪水
    public void displayInfo() {
        System.out.println("name=" + name + ",age=" + age);
    }
    public Employee2(String name, int age, double salary) {
        this.name = name;
        this.age = age;
        this.salary = salary;
    }
}
```

```
public class Manager2 extends Employee2 {
    private double bonus; // 奖金
    private String position; // 职位
    public Manager2(String name, int age, double salary, String position) {
        super(name, age, salary);
        this.position = position;
        super.displayInfo();
    }
    public void setBonus(double bonus) {
        this.bonus = bonus;
    }
    public static void main(String[] args) {
        Manager2 mg = new Manager2("zxx", 22, 3600.00, "manager");
        mg.show();
    }
}
```

> **提示**
>
> 思考一下：this 和 super 是否可以同时出现在构造方法中？this()和 super()调用语句能同时出现在一个构造方法之中吗？

6.2 Object 类

现实生活中，人类有祖先，动物也有祖先。在 Java 的继承特性中，类的继承关系中也有祖先类，类的祖先类是 java.lang.Object 类。此类是所有类的父类，如果在类的声明中未使用 extends 关键字指定父类，则默认为继承自 Object 类。

查阅 JDK 帮助文档可以了解到，Object 类在 java.lang 包中有如下几个实用的方法。

（1） toString()：返回代表该对象值的字符串。Object 类中返回的字符串形式是"类名@内存地址的十六进制整数值"。建议在自定义类中重写此方法。

（2） equals(Object obj)：测试其他某个对象是否与此对象"相等"，Object 类中是通过判断两个对象是否指向同一块内存区域来判断的。建议在自定义类中重写此方法。

（3） hashCode()：返回该对象的哈希码值，在重写 equals()方法时，建议同时重写 hashCode()方法，因为在某些场合，需要比较两个对象是否为相同的对象时，会调用到这两个方法来判断。

（4） Class<?> getClass()：返回此对象运行时的类。

（5） clone()：克隆一个对象，创建并返回此对象的一个副本。

在 Java 中，所有的 Java 类都直接或间接地继承了 java.lang.Object 类。例如：

```
public class MyObject {
    //...
}
```

相当于：

```
public class MyObject extends Object {
    //...
}
```

这样可以覆盖从 Object 继承的多个方法。

1. equals 方法

java.lang.包中的 Object 类具有 public boolean equals(Object obj)方法,用于比较两个对象是否相同。默认值为 false,若未覆盖此方法,只有在两个对比的引用指向同一个对象时,对象的 equals()方法才返回 true。equals()方法的目的是尽可能地比较两个对象的内容是否相等。这就是为什么此方法常被覆盖的原因。

例如:

```
public class Person {
    private String name;
    private int age;
    public Person(String name, int age) {
        this.name = name;
        this.age = age;
    }

    public boolean equals(Object o) {
        if (this == o)
            return true;
        if (!(o instanceof Person))
            return false;
        final Person other = (Person)o;
        if (this.name.equals(other.name))
            return true;
        else
            return false;
    }
}
```

可以用 instanceof 操作符来检测一个对象所属的类,当该操作符左边的表达式是一个与其右边的类型名赋值兼容的引用类型时,就返回 true,否则返回 false。注意 null 不是任何类型的实例,所以当 instanceof 作用于 null 时总是返回 false。

instanceof 的语法格式为:

对象 instanceof 类(或接口)

2. hashCode 方法

一般重写 equals()方法时也需要重写 hashCode 方法,它可以减少 equals 比较的次数,提高运算效率。例如:

```
public int hascode() {
    return name.hashCode() << 4^age;
}
```

> **注意**
> 当覆盖 equals 方法时,应该同时覆盖 hashCode 方法。简单的实现是使被测元素散列码使用按位异或。

3. toString 方法

toString 方法将对象转换成 String 表示。编译器会自动识别何时使用此方法。例如:

```
Date now = new Date();
System.out.println(now);
```

等同于:

```
System.out.println(now.toString());
```

6.3 多 态

多态是面向对象编程语言的一大特征。利用多态特征编程,可以使用户的应用程序具有可扩展性。在实际操作中,多态可以让用户不用关心某个对象到底是什么具体类型,就可以使用该对象的某些方法,而这些方法通过一个抽象类或者接口来实现,多态其实就是提供父类调用子类代码的一个手段而已。

6.3.1 多态概念的理解

简单地说,多态是同一个行为具有多个不同表现形式或形态的能力。如图 6.2 所示为现实生活中多态的例子。

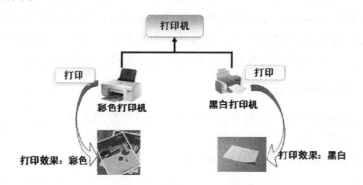

图 6.2 打印机多态示例

多态就好比现实生活中使用公用电话打电话,由于拨打的电话号码不同,可以实现拨通不同电话的功能,如拨 110 是报警电话,拨 119 是火警电话等。

再比如:电源插座提供了三个插孔,如果接入的是电视机,那么通电就可以看电视;如果接入的是电冰箱,那么冰箱就可以制冷;如果接入的是风扇,那么就有吹风功能。

如图 6.3 所示是一个比较经典的多态例子。

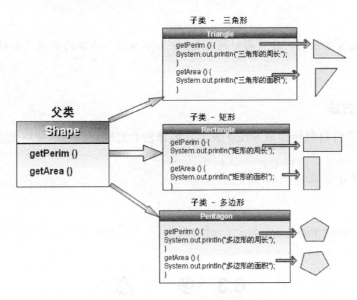

图 6.3 形状多态的例子

对于 Shape(图形类)而言，它有计算周长和面积的方法，而它的子类，如三角形、矩形和多边形也都有这两个方法。换言之，对于不同的图形，都有自己的计算周长和面积的方式，这就形成了多态。

6.3.2 Java 中多态的实现

多态也就是多种表现形态。方法的重写 Overriding 和重载 Overloading 是 Java 多态性的不同表现。重写 Overriding 是父类与子类之间多态性的一种表现，重载 Overloading 是一个类中多态性的一种表现。如果在子类中定义某方法与其父类有相同的名称和参数，就被称作该方法被重写(Overriding)。子类的对象使用这个方法时，将调用子类中的定义，对它而言，父类中的定义如同被"屏蔽"了。如果在一个类中定义了多个同名的方法，它们或有不同的参数个数或有不同的参数类型，则称为方法的重载(Overloading)。

1. 方法重载 Overloading

方法重载主要用于在同一个类中有多个具有相同名称的方法，包括构造方法的重载，方法具有不同的参数列表。

【例 6.5】OverLoadTest.java。代码如下：

```
import java.util.ArrayList;
public class OverLoadTest {
    // 属性
    // 方法
    // 构造方法的重载
    public OverLoadTest() {}
    public OverLoadTest(int i) {}
    public OverLoadTest(ArrayList list) {}
    // 自定义方法的重载
```

```
    public void display() {}
    public String display(int i, int j) {
        return "结果" + i + j;
    }
}
```

2. 方法重写 Override

方法重写主要用于当子类和父类具有相同的名称、返回值类型和形参列表，即三者必须相同的情况下。

【例 6.6】Son.java。代码如下：

```
class Father {    //父类
    //属性
    String name = "法拉利";
    String color = "red";
    //方法
    public void suDu() {
        System.out.println("父亲法拉利汽车的速度为 300 公里/小时");
    }
}
public class Son extends Father {       //子类
    public void suDu() {      //子类重写父类的方法
        System.out.println("儿子改装后，法拉利汽车的速度为 8000 公里/小时");
    }
}
```

有人将多态归纳为：静态时多态的表现形式是(Overloading)，动态时多态的表现形式是(Overriding)，此观点有助于读者加深对多态的理解。

> **注意**
>
> 自 Java SE 5.0 之后，方法重写的规则有细微的改变，即覆盖方法的返回类型现在可以是被继承方法返回类型的子类。也被称为协变返回。方法的覆盖还可以使用 Override 进行标注，有关标注的应用参见本书第 16 章相关的内容。
>
> 另外，在方法的重写中，子类重写的方法不能使用比被重写方法更严格的访问权限。

从 Java SE 5.0 开始，在重新定义方法时可以重新定义返回值的类型。例如：

```
public class Bird {
    protected String name;
    public Bird(String name) {
        this.name = name;
    }
    public Bird getCopied() {
        return new Bird(name);
    }
}
```

重新定义的返回值类型必须是父类中同一方法返回值类型的子类型，并且无法重新定义 static 方法。例如：

```java
public class Chicken extends Bird {
    protected String crest;
    public Chicken(String name, String crest) {
        super(name);
        this.crest = crest;
    }
    //重新定义返回值类型为 Chicken
    public Chicken getCopied() {
        return new Chicken(name, crest);
    }
}
```

前面在图 6.2 中，描述了打印机、彩色打印机和黑白打印机的关系，现在可以用代码来描述它们之间的关系。

【例 6.7】TestPrinter.java。代码如下所示：

```java
class Printer { //打印机
    public void paint() {
        System.out.println("默认打印无色");
    }
}
/* 彩色打印机 */
class CPrinter extends Printer {
    public void paint() {
        System.out.println("打印彩色字");
    }
}
/* 黑白打印机 */
class WPrinter extends Printer {
    public void paint() {
        System.out.println("打印黑白字");
    }
}
/* 控制打印输出 */
class PrintHandle {
    public void testCPinter(int id) {
        if(id == 1) {
            //测试彩色打印机是否工作
            CPrinter cprinter = new CPrinter();
            cprinter.paint();
        } else {
            //测试黑白打印机是否工作
            WPrinter wprinter = new WPrinter();
            wprinter.paint();
        }
    }
}
/* 测试类 */
public class TestPrinter {
    public static void main(String[] args) {
```

```
        PrintHandle tp = new PrintHandle();
        tp.testCPinter(1);     //传彩色打印机的对象
        tp.testCPinter(2);     //传黑白打印机的对象
    }
}
```

输出结果为：

```
打印彩色字
打印黑白字
```

虽然能够输出结果，但应该对 PrintHandle 类的代码进行修改，以期符合基于面向对象编程的要求。修改后的 PrintHandle 类的代码如下：

```
class PrintHandle {
    //测试彩色打印机是否工作
    public void testPinter(CPrinter cprinter) {
        cprinter.paint();
    }

    // 测试黑白打印机是否工作
    public void testPinter(WPrinter wprinter) {
        wprinter.paint();
    }
}
/* 测试类 */
public class TestPrinter {
    public static void main(String[] args) {
        PrintHandle tp = new PrintHandle();
        CPrinter cp = new CPrinter();
        tp.testCPinter(cp);
        WPrinter wp = new WPrinter();
        tp.testCPinter(wp);
    }
}
```

如果把测试类中的打印机子类 CPrinter 和 WPrinter 的类型提升为 Printer，则可以将测试黑白打印机是否工作和测试彩色打印机是否工作的方法合并为一个方法。而运行结果不会发生变化。修改后的代码如下所示：

```
class PrintHandle {
    // 测试打印机是否工作
    public void testPinter(Printer printer) {
        printer.paint();
    }
}
/* 测试类 */
public class TestPrinter {
    public static void main(String[] args) {
        PrintHandle tp = new PrintHandle();
        Printer cp = new CPrinter();
        tp.testCPinter(cp);     //传彩色打印机的对象
```

```
        Print wp = new WPrinter();
        tp.testCPinter(wp);   //传黑白打印机的对象
    }
}
```

还可以对 main 方法中的代码再进行一次修改，可以直接将子类对象作为实参传入测试的方法中。修改后的代码如下所示：

```
public static void main(String[] args) {
    PrintHandle tp = new PrintHandle();
    tp.testCPinter(new CPrinter());   //传彩色打印机的对象
    tp.testCPinter(new WPrinter());   //传黑白打印机的对象
}
```

总结以上内容，多态的实现可以按如下步骤进行。
第 1 步　子类重写父类的方法。
第 2 步　编写方法时，使用父类定义的方法。
第 3 步　运行时，根据实际创建的对象类型动态决定使用哪个方法。

6.3.3　类型转换、向上转型和向下转型

在继承关系的子类和父类中，有如下规则。
(1)　一个父类变量可以"指向"其子类的对象。例如：

```
Father son = new Son();
```

这类似于原始数据类型的小的数据类型的数据赋值到大的数据类型的变量，例如：

```
double a;
int b = 3;
a = b;
```

(2)　一个父类变量不可以访问其子类对象新增加的成员。
(3)　可以使用"对象变量名 instanceof 类名(或接口名)"来判断该变量所"指向"的对象是否属于该类。即判断子类是否是相应父类的子类。

继承关系中，子类的对象可以直接当作父类的对象使用，称为"向上转型"。从父类对象到子类对象的转换称为"向下转型"，向下转型要用强制类型转换。类似于：

```
double a = 8.9;
int b;
b = (int)a;
```

所以"向上转型"是安全的，"向下转型"是非安全的。
下面通过定义动物类，包括猫类和狗类，来测试向上转型和向下转型。
【例 6.8】TestCast.java。代码如下：

```
class Animal {   //定义一个动物类
    private String name;
    Animal(String name) {   //构造方法
        this.name = name;
```

```java
    }
    public String getName() {   //得到名字
        return name;
    }
}

class Cat extends Animal {   //猫类继承了动物类
    private String eyesColor;
    Cat(String n, String c) {   //构造方法
        super(n);
        eyesColor = c;
    }
    public String getEyesColor() {   //得到眼睛的颜色
        return eyesColor;
    }
}

class Dog extends Animal {   //狗类继承动物类
    private String furColor;
    Dog(String n, String c) {
        super(n);
        furColor = c;
    }
    public String getFurColor() {   //得到毛色
        return furColor;
    }
}
//测试类
public class TestCast {
    public static void main(String args[]) {
        Animal a = new Animal("动物");
        Animal c = new Cat("猫", "black");
        Dog d = new Dog("狗", "yellow");
        System.out.println(a instanceof Animal);   //动物属于动物
        System.out.println(c instanceof Animal);   //猫属于动物
        System.out.println(d instanceof Animal);   //狗属于动物
        System.out.println(a instanceof Cat);   //动物不属于猫
        //向上转型
        Animal an = new Dog("旺财", "yellow");
        //小类型放到大的类型里是可以的
        System.out.println(an.getName());
        System.out.println(an.getClass());
        //通过上转后模糊了类型,
        //可以通过Object类继承下来的.getClass()方法将原形显示出来
        //System.out.println(an.getFurColor()); //error!
        System.out.println(an instanceof Animal);   //true 狗是动物
        System.out.println(an instanceof Dog);   //true 狗也是狗
        //向下转型,要加强制转换符
        //--为了安全起见,要加instanceof判断
        Dog d2 = (Dog)an;
        //Cat c2 = (Cat)an;
```

```
        System.out.println(d2.getFurColor());
    }
}
```

输出结果为：

```
true
true
true
false
旺财
class Dog
true
true
yellow
```

在类型转换时，要确保在内存中存在的对象本身确实就是要转换成的类型，这样才可以使用强制转换。此例中，Animal an = new Dog("旺财", "yellow");是把狗提升为动物类型后，执行 Dog d2 = (Dog)an;语句亦即强制转换为狗类型才不会抛出 java.lang.ClassCastException 的异常。建议使用向下转型时，先使用 instanceof 验证具体的子类类型。

6.3.4 动态绑定

动态绑定也叫延迟绑定，指的是在执行期间而不是编译时判断所引用的对象的实际类型，根据其实际的类型，调用其相应的方法。

发生动态绑定的条件如下：

- 要有继承。
- 要有重写。
- 要有父类变量指向子类对象。
- 要有父类变量调用重写的方法。

【例 6.9】TestDynamicBinding.java。

下面的代码首先定义一个电器类，然后分别定义它的两个子类：电视机和电脑，再定义一个判定类判定在动态运行时是哪台电器在运行。代码如下：

```
class Equipment  { //电器类
    public void support() {  //通电
        System.out.println("通电功能！");
    }
}
class ColorTv extends Equipment {  //电视机类
    public void support() {
        System.out.println("电视机通电，看电视");
    }
}
class Computer extends Equipment { //电脑类
    public void support() {
        System.out.println("电脑通电，编 Java 程序");
    }
```

```
}
class Discriminate {  //描述在使用哪个电器
    public void judge(Equipment equi) {
        equi.support();
    }
}
public class TestEquipment {  //测试动态绑定
    public static void main(String args[]) {
        Discriminate dis = new Discriminate();
        dis.judge(new Computer());  //多态调用
        dis.judge(new ColorTv());   //多态调用
    }
}
```

输出结果为：

电脑通电，编 Java 程序
电视机通电，看电视

动态绑定的优点是添加新的类时，不用修改原来已经存在类的结构。如此处添加一个冰箱的类(Icebox)，只要重写电器类的 support 方法即可，代码如下所示：

```
class Icebox extends Equipment {  //冰箱类
    public void support() {
        System.out.println("冰箱通电，可以冰冻食物");
    }
}
```

测试类 TestEquipment 中为 judge 方法传入 Icebox 的对象，即可完成对冰箱类中 support 方法的测试。通过此例，读者可以体会多态特性对于系统可扩展性是多么重要。

像本例中 judge 方法，它与传入对象的绑定是不能在编译时实现的，只能推迟到运行时实现，这就被称为动态绑定或者后期绑定，是 Java 程序在运行时相对于其他语言编写的程序慢的一个主要原因。

> **注意**
> 静态方法(因为静态方法与类本身相关而不是与对象相关)、final 方法(final 修饰符表示方法在子类中不能被覆盖)和 private 方法(private 修饰符表示方法在子类中不可见)是不能实现动态绑定效果的。因为在编译时已经知道具体要调用那个方法。所以 private、static 和 final 所修饰的方法都是静态绑定的。

这里通过一个简单的示例来讲述静态绑定与动态绑定的区别。

【例 6.10】Person.java。代码如下：

```
class Son extends Person {
    public void say() {
        System.out.println("这是子类的 say()");
    }
}
public class Person {
    private void say() {
```

```
        System.out.println("这是父类的say()");
    }

    public static void main(String s[]) {
        Person person = new Son();
        person.say();
    }
}
```

输出结果为:

这是父类的 say()

显示这个结果是读者始料不及的,它跟继承无关,而是 say 方法在运行时到底是怎么绑定(Binding)的缘故。当 say()是 private 的时候,方法就是通过编译器直接静态绑定实现的,而编译器是不会知道会有一个叫作 Son 的子类以及其他子类,所以编译器只能调用属于 Person 的方法。

如果读者将父类中的 private 修饰符改为 public,则显示的结果为:

这是子类的 say()

两次调用不同的 say(),这就是在运行时通过虚拟机动态绑定实现的多态性。有关多态的相关内容就简要介绍到这里,希望读者多分析本小节的例子。面向对象中,多态一直被视为一个难点,其实在阅读代码的时候,从内存的层面而不仅仅依赖代码的层面去分析,很多问题会迎刃而解的。

6.4 访问修饰符

在定义类、属性、方法时都需要指定访问修饰符,以此来限定类、属性、方法的可访问范围。Java 中的访问修饰符有以下几个关键字。

(1) private:私有。只有在类的主体中才可访问。只能修饰属性和方法,不能修饰类。
(2) protected:受保护。该类及其子类的成员均可以访问,同一个包中的类也可以访问。只能修饰属性和方法,不能修饰类。
(3) public:公共。该类或非该类均可访问。
(4) 默认:不使用修饰符。只有相同包中的类可以访问。

访问修饰符的可访问性如表 6.1 所示。

表 6.1 修饰符的可访问性

位 置	private	默 认	protected	public
同一个类	是	是	是	是
同一个包内的类	否	是	是	是
不同包内的子类	否	否	是	是
不同包并且不是子类	否	否	否	是

下面示例定义了一个类 T 和一个类 TestAccess，用 TestAccess 类访问 T 类中的私有变量是不能访问的。

【例 6.11】TestAccess.java。代码如下：

```java
class T {
    private int i = 10;
    int j = 100;
    protected int k = 1000;
    public int m = 100000;
}
public class TestAccess {
    public static void main(String[] args) {
        T t = new T();
        System.out.println(t.i);   //私有的不能访问
        System.out.println(t.j);
        System.out.println(t.k);
        System.out.println(t.m);
    }
}
```

6.5　static 修饰符

可以使用 static 关键字声明与类而不是与实例相关的变量、方法或代码块。下面结合示例说明 static 关键字的常见用法。

6.5.1　静态变量

在编写一个类的时候，实际上就是在描述其对象的行为和属性，只有通过 new 关键字，系统才会分配内存空间给对象，对象才能被创建。然而有时候用户可能希望不管有无对象，某些特定的数据就只有一份值，即可以被类而不是对象直接访问。这样的特定数据即是静态变量。用 static 修饰的变量叫静态变量，也叫静态成员变量或叫类属性。

静态变量有如下注意事项：

- 类中的静态变量属于类，而不属于某个特定的对象。
- 类的静态成员可以与类的名称一起使用，而无须创建类的对象。
- 静态变量或方法也称为类的变量或方法。
- 不管创建了类的多少实例，整个类中静态变量的副本只有一个。
- 引用静态变量时建议使用类名来调用。
- 声明为 static 的变量实质上就是全局变量。

【例 6.12】TestChinese.java。
静态变量使用示例的代码如下：

```java
class Chinese {
    static String country = "china";    //静态变量
    String name;
```

```
        int age;
        void singOurCountry() {
            System.out.println("My dear " + country);
        }
    }
    public class TestChinese {
        public static void main(String a[]) {
            //通过类名来访问静态变量
            System.out.println("chinese country is " + Chinese.country);
            Chinese ch1 = new Chinese();
            //通过对象来访问静态变量,不建议这种做法
            System.out.println("chinese country is " + ch1.country);
            ch1.singOurCountry();
        }
    }
```

> **注意**
> 不能把任何方法体内的变量声明为静态变量。

6.5.2 静态方法

有时候,用户也希望能创建这样的一些方法,不通过对象即可以调用这些方法,如前面学习的 main 方法。

如 main 方法那样被 static 修饰的方法,叫静态方法,目的是使该方法独立于类的实例,使用类去访问,而不是用类的实例,所以也叫类方法。静态方法有如下特征:

- 类的静态方法只能访问其他的静态成员,不能访问非静态的成员。
- 静态方法中没有 this 关键字。
- 静态方法不能被覆盖(重写)为非静态方法。

【例 6.13】StaticFun.java。

使用静态方法的代码如下:

```
class StaticFun {
    static int i = 10;    //静态变量
    int j;
    static void setValue(int x) {    //静态方法
        j = x;    //编译出错
        System.out.println(" " + i);
    }
}
```

静态方法除了局部变量、静态属性及其参数外,无法访问其他任何变量。如果试图访问非静态属性时,会导致编译错误。

6.5.3 静态代码块

所谓的静态代码块,是由 static 与 {}(大括号)组成的代码片段,语法为:

```
static {
    //静态代码块
}
```

静态代码块使用时有如下注意事项：
- 如果需要通过计算来初始化静态变量，可以声明一个静态块。
- 静态块仅在该类被加载时执行一次。
- 只能初始化类的静态数据成员。
- 如果类包含多个静态块，则以在类中出现的顺序分别执行。

【例 6.14】TryInitialization.java。

下面通过定义一个静态代码块来随机生成 10 个数给一个数组元素赋值，代码如下：

```java
class TryInitialization {
    static int[] values = new int[10]; //静态变量
    static {  //静态语句块
        for(int i=0; i<values.length; i++) {
            values[i] = (int)(100.0 * Math.random());
        }
    }
}
```

前面学了静态语句可以初始化静态变量，而构造方法也是用来初始化成员变量的，在创建对象时，谁的优先级要高一些呢？

【例 6.15】TestStatic.java。

编写代码来测试静态语句块与构造方法的优先级比较。代码如下：

```java
public class TestStatic {
    static {
        System.out.println("我是语句块输出");
    }
    public TestStatic() {
        System.out.println("我是构造器");
    }
    public static void main(String[] args) {
        System.out.println("构造器调用前");
        TestStatic tc = new TestStatic();
        System.out.println("构造器调用后");
    }
}
```

输出结果为：

```
我是语句块输出
构造器调用前
我是构造器
构造器调用后
```

 提示

能否编写一个类：用一个空的 main 方法在控制台上输出 "HelloWorld" 字符串？

6.5.4 静态导入

如果访问类的静态成员,则必须限定类的引用。自 Java SE 5.0 以后,Java 语言提供了静态导入功能,用户可以对静态成员进行无限定访问,而无须使用限定类名。

例如,要使用 Math 类中的方法求平方根的值,用以前的写法,代码如下所示:

```
import java.lang.Math;
public class CalcDemo {
    public void say() {
        System.out.println("sqrt" + Math.sqrt(5.17));
    }
}
```

用 static import 的写法为:

```
import static java.lang.Math;
//import static java.lang.*; //静态导入中也可以使用"*"这样的通用字符
public class CalcDemo {
    public void say() {
        System.out.println("sqrt" + sqrt(5.17));
    }
}
```

不过用户如果在代码中使用的次数较少,则建议不要采用新式用法。比如此例,很容易引起误解,以为用户只定义了一个 sqrt() 方法。

> **提示**
> 要有节制地使用静态导入。否则会令程序难以理解和维护,破坏所导入的所有静态成员的命名空间,并破坏程序的可读性。

6.5.5 单态设计模式

设计模式是在大量的实践中总结和理论化之后优选的代码结构、编程风格以及解决问题的思考方式。

所谓的单态设计模式,指的是采取一定的方法,保证在整个软件系统中某个类只能存在一个对象,并且该类只提供一个取得其对象实例的方法。

单态设计模式的实现有两种形式。

(1) 第一种形式:定义一个类,它的构造方法为 private,它有一个静态的实例对象,并且此对象访问范围被设置为 private,通过 getInstance 方法获取对此对象的引用,继而调用此对象的相关方法。

【例 6.16】TestSingle.java。

将构造方法定义为私有的,然后通过方法将同一个对象对外公布,代码如下:

```
public class TestSingle { //形式一
    private static final TestSingle onlyone = new TestSingle();
    //前面加 private static final 修饰后只能产生一个对象
```

```
    private TestSingle() {
        //不能在类的外部使用new,但在类的内部可以
    }
    public static TestSingle getTestSingle() {
        return onlyone;  //外面只能通过方法调用获得一个对象
    }
}
```

(2) 第二种形式：不用每次都生成对象，只要第一次使用时生成实例即可，提高了编程和运行的效率。

【例 6.17】Singleton.java。

下面的代码是通过定义一个私有的变量来实现单态设计。代码如下：

```
public class Singleton { //形式二
    private static Singleton instance = null;
    public static synchronized Singleton getInstance() {
        if (instance == null) {
            instance = new Singleton();
        }
        return instance;
    }
}
```

一般认为第一种形式要更加安全些。

6.6 final 修饰符

final 修饰符可修饰类、方法和变量。final 在修饰类、方法和变量时表示的意义是不同的，但本质是一样的，即 final 表示不可改变。

1. final 修饰变量

final 修饰符修饰变量时，有如下规定：
- 一个变量可以声明为 final，这样做的目的是阻止它的内容被修改。
- 声明 final 变量后，变量只能被初始化一次，然后就不能对其值进行修改了。
- 一个 final 变量实质上是一个常量。

【例 6.18】FinalDemo.java。

final 修饰变量的示例代码如下：

```
class FinalDemo {
    public static void main(String args[]) {
        final int noChange = 20;    //因为只能赋值一次，所以赋值后就跟常量一样
        noChange = 30;    //不能改变其值！
    }
}
```

如果设置 final 变量声明与初始化是分开操作的，则要提醒用户空的 final 变量必须在实例化过程尚未结束前赋值。要达到这个目的，空的 final 变量必须在构造方法中赋值，但是

只能赋值一次。例如：

```
class FinalDemo {
    final int noChange;
    public FinalDemo() {
        noChange = 30;
    }
}
```

如果修饰引用类型的变量，此变量将无法引用任何其他对象。但是可以改变对象的内容。例如：

```
class Student {
    public int age = 5;
}
public class Grade {
    public void addStudent(final Student st) {
        //修饰引用类型参数与修饰引用类型变量效果一致
        st = new Student();
        st.age++;
    }
}
```

2. final 修饰方法

API 类中的许多方法，如 print()和 println()，以及 Math 类中的所有方法都定义为 final 方法。在具体应用软件开发中，一些执行特殊性运算和操作的方法，可以定义为 final 方法。

在方法的返回类型前加入关键字 final，则定义该方法为 final。使用 final 关键字向编译器表明子类不能覆盖此方法。

【例 6.19】Further.java。

下面定义两个类为父类和子类关系，其中子类要重写父类被 final 修饰过的方法时，会出现错误。代码如下：

```
class TestFinal {
    final void f() {}
}
class Further extends TestFinal {
    final void f() {}         //错误，final 方法不能被覆盖！
}
```

3. final 修饰类

API 中的某些类，如 String，以及 Math 等，就是 final 类的典型例子。final 修饰的类不能被子类继承。比如 TestFinal 类就不能被继承，它的代码如下：

```
final class TestFinal {
    int i = 51;
    int j = 7;
    void f() {}
}
```

尝试下面的类继承，是不能通过编译的：

```
class Further extends TestFinal {
   //...
}        //编译错误,final 类不能被继承！
```

如果在 IDE 中编写上述代码，则 IDE 工具会提示编译错误。在这里应注意：TestFinal 类中的变量可以是 final 类型，也可以不是。而 TestFinal 类中的方法都为隐式的 final 方法。

6.7 abstract 修饰符

前面学习了继承，如果父类中某个方法在子类中都有不同的实现，则父类无法为此方法提供一个有意义的共有的实现。根据代码优化原则，它应该提供最小化的程序代码。可如果某一个子类并未覆盖父类的这个方法，则此子类继承了这个方法也无实际作用。为了避免这样的情况，就需要声明这个方法为抽象方法。

abstract 修饰符用来修饰类和方法。使用 abstract 修饰符时有如下规则：
- 修饰的类即为抽象类，不能被实例化。
- 构造方法和 static 方法不能是抽象的。
- 父类的抽象方法往往在子类中实现，抽象类可以具有指向子类对象的对象引用。

抽象类中的方法既可以是具体方法，也可以是抽象方法。但一个类中如果有抽象方法，那么这个类一定是抽象类，应该在该类的前面加上 abstract 关键字来修饰。

【例 6.20】TestAbstract.java。

定义一个形状的抽象类，然后分别定义三个子类，最后定义判定类来判定是哪个类重写了此类的方法，其代码如下：

```
abstract class Shape {   //形状类
   protected double length;   //长
   protected double width;    //宽

   public Shape(double length, double width) {
      this.length = length;
      this.width = width;
   }

   // 抽象方法是没有方法体的
   public abstract double area();   //计算面积
}

class Rectangle extends Shape {   //矩形
   Rectangle(final double num, final double num1) {
      super(num, num1);
   }

   // 实现抽象方法如覆盖方法一样
   public double area() {
      return length * width;
```

```java
    }
}

class Triangle extends Shape {  //三角形
    Triangle(final double num, final double num1) {
        super(num, num1);
    }

    public double area() {
        return length*width/2;
    }
}

class Square extends Shape {
    public Square(final double num, final double num1) {
        super(num, num1);
    }

    /** 计算长方形的面积 */
    public double area() {
        return length*width;
    }
}

class Judge {  //判定类
    public double result(Shape shape) {
        // 注意：这里需要传入的是 Shape 的子类对象
        // 因为它自身是抽象类，所以无法创建自己的实例对象
        return shape.area();
    }
}

public class TestAbstract {
    public static void main(String[] args) {
        Judge judge = new Judge();
        System.out.println(
          "矩形的面积为：" + judge.result(new Rectangle(4, 5)));
        System.out.println(
          "三角形的面积为：" + judge.result(new Triangle(4, 5)));
        System.out.println(
          "长方形的面积为：" + judge.result(new Square(4, 5)));
    }
}
```

输出结果为：

```
矩形的面积为：20.0
三角形的面积为：10.0
长方形的面积为：20.0
```

建议读者把前面所有的多态例子中父类被复写的方法改为抽象方法，从而加强对抽象类的理解。

> **注意**
>
> （1）任何包含一个或多个抽象方法的类也应该声明为抽象类。抽象类不能被实例化。构造方法和 static 类方法不能声明为 abstract。
> （2）抽象类的任何子类必须实现在父类中声明的所有抽象方法，如果不实现，则子类也需要加 abstract 进行修饰。
> （3）注意抽象类可以有数据字段、具体方法和构造器。
> （4）抽象类除了被继承外，是没有用途的。

读者思考一下：final 是否可以修饰抽象类？

6.8 接　　口

接口的概念在现实生活中使用得很多，例如，计算机上提供的 USB 接口，专门供 USB 设备使用，如 U 盘、USB 风扇、USB 鼠标、USB 键盘等。计算机通过提供统一的 USB 接口来提高通用性，使计算机不再需要同时具备 U 盘专用接口、鼠标专用接口、键盘专用接口等。再如，计算机的主板上提供的 PCI 插槽，也提供统一的设计规范，使得遵守这个规范的声卡、显卡、网卡都可以插在 PCI 插槽上，如图 6.4 所示。

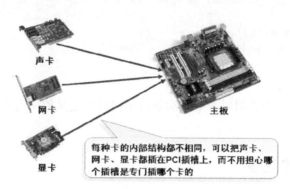

图 6.4　PCI 插槽提供的接口

那么接口到底是什么呢？其实接口就是一套规范。例如，科学家们在设计计算机的 USB 接口时，就是设计出一套规范，这套规范中规定 USB 有 4 个通道，并规定哪些用来传输数据、哪些用来进行供电，电压是多少等。所有的这些规范都只规定了必须实现哪些功能，但是却没有规定如何进行实现。

那么接口定义的规范由谁来实现呢？显然是由实现这个接口的具体类来实现的。例如，使用计算机的 USB 接口的是那些实现 USB 接口规范的产品，如 U 盘、USB 鼠标等，这些具体产品会实现如何传输数据。

6.8.1　接口的定义及实现

在 Java 中，使用 interface 关键字来定义接口。接口中的方法都只有声明，没有方法主体。例如：

```java
public interface PCI {          //定义了一个 PCI 接口
    public void start();        //定义了一个开始的方法
    public void stop();         //定义了一个结束的方法
}
```

Java 接口中定义的方法都只有方法声明(也叫方法签名)，没有具体的主体，也可以理解为接口中只能有抽象方法。接口就是用来被子类实现的，这样可以让不同的子类遵守相同的规范，但又有自己的实现。

下面分别定义声卡和显卡，来实现接口 PCI 规定的功能。

【例 6.21】 NetworkCard.java。代码如下：

```java
class SoundCard implements PCI {    // 声卡实现了 PCI 接口
    public void start() {
        System.out.println("Du du...");
    }
    public void stop() {
        System.out.println("Sound stop!");
    }
}
class NetworkCard implements PCI {  //网卡实现了 PCI 接口
    public void start() {
        System.out.println("Send...");
    }
    public void stop() {
        System.out.println("Network stop!");
    }
}
```

当一个类实现某一个接口时，必须实现这个接口中定义的所有方法。否则这个类必须定义成抽象的。

6.8.2 接口中的常量

接口中还可以定义变量，只不过这些变量默认是用 **public static final** 修饰的，变量值也不能更改，这种变量也可以叫作常量。示例代码如下：

```java
public class MathConstant {
    double PI = 3.1415926;      //定义数学上的 PI 常量
}
```

在这里要注意修饰符的顺序，作者曾见过一道与顺序相关的面试题，在此与读者分享，希望读者在学习编程时注意细节部分的学习。

在接口中定义了一些常量，下列语句中编写错误的是哪个？

```java
public static final int i = 5;
final public static int c = 5;
public final static int j = 5;
static public final int a = 5;
public final int static m = 5;
public static int final l = 5;
```

如果想获知答案，读者可自行在编译器中执行测试。

6.8.3 多重接口

在 Java 语言中，一个类是可以实现多个接口的，这个类必须实现接口中声明的所有方法。示例代码如下：

```java
//方法接口
public interface Runner {
    public void run();
}
//定义常量的接口
public interface Constants {
    public static final int COLOR_RED = 1;
    public static final int COLOR_GREEN = 2;
    public static final int COLOR_BLUE = 3;
}
class Car implements Runner, Constants {//实现两个接口，用逗号","分隔多个接口
    public void run() {
        System.out.println("车颜色是:" + COLOR_RED);
        System.out.println("用四个轮子跑...");
    }
}
```

接口无法被实例化，仅可以被类实现。具体类通过定义由接口声明的所有方法，来实现接口。多个类可以实现同一个接口。这些类不需要拥有共同的类层次。重要的是，一个类可以实现多个接口。读者考虑一下：接口是否可以继承多个接口呢？

> **注意**
>
> 接口和抽象类的差异：①接口提供了一种多重继承的形式，而类只能扩展一个其他的类(包括抽象类)；②抽象类中可以有普通方法(包括 protected、static 方法)和普通变量的声明，但接口中只能有 public 的常量和抽象方法。

请读者思考：接口是否可以用 final 来修饰呢？

在实际项目中，通过使用一定的接口，使得很多类的对象在实现某种类型的功能时，方法的声明是统一的，这样便于程序的调用和管理，利于程序项目的扩展。因此在现在的面向对象的编程领域中，存在着另外的一个方向——面向接口的编程，其实 Java 的很多技术都是这样实现的，后面的章节中将会逐步介绍。

6.9 本章练习

1. 简答题

(1) 类可以继承抽象类吗？抽象类可以实现接口吗？

(2) 类可以继承多个接口吗？类可以实现多个接口吗？

(3) 抽象类可以被实例化吗？
(4) 接口可以被实例化吗？接口可以继承接口吗？
(5) 接口可以实现多个接口吗？
(6) 抽象类与接口的区别是什么？

2. 改错题

(1) 错误代码一：

```java
abstract class Name {
    private String name;
    public abstract boolean isStupidName(String name) {}
}
```

(2) 错误代码二：

```java
public class Something {
    void doSomething() {
        private String s = "";
        int l = s.length();
    }
}
```

(3) 错误代码三：

```java
abstract class Something {
    private abstract String doSomething();
}
```

(4) 错误代码四：

```java
public class Something {
    public int addOne(final int x) {
        return ++x;
    }
}
```

(5) 错误代码五：

```java
public class Something {
    public static void main(String[] args) {
        Other o = new Other();
        new Something().addOne(o);
    }
    public void addOne(final Other o) {
        o = new Other();
        o.i++;
    }
}

class Other {
    public int i;
}
```

(6) 错误代码六：

```
class Something {
    final int i;
    public void doSomething() {
        System.out.println("i = " + i);
    }
}
```

(7) 错误代码七：

```
public class Something {
    public static void main(String[] args) {
        Something s = new Something();
        System.out.println("s.doSomething() returns " + doSomething());
    }
    public String doSomething() {
        return "Do something ...";
    }
}
```

(8) 错误代码八：

```
interface A {
    int x = 0;
}
class B {
    int x = 1;
}
class C extends B implements A {
    public void pX() {
        System.out.println(x);
    }
    public static void main(String[] args) {
        new C().pX();
    }
}
```

(9) 错误代码九：

```
interface Playable {
    void play();
}
interface Bounceable {
    void play();
}
interface Rollable extends Playable, Bounceable {
    Ball ball = new Ball("PingPang");
}
class Ball implements Rollable {
    private String name;
    public String getName() {
        return name;
```

```
    }
    public Ball(String name) {
        this.name = name;
    }
    public void play() {
        ball = new Ball("Football");
        System.out.println(ball.getName());
    }
}
```

(10) 运行下列代码，请判断结果是否正确：

```
class A {
    int s = 1;
    int getS() {
        return s;
    }
}
class B extends A {
    int s = 0;
    int getS() {
        return s;
    }
}
public class TestDynamic {
    public static void main(String[] args) {
        A a = new A();
        a.s = 11;
        B b = new B();
        b.s = 22;
        a = b;
        System.out.println(a.s);
        System.out.println(b.s);
        System.out.println(a.getS());
        System.out.println(b.getS());
    }
}
```

输出结果为：

```
1
22
22
22
```

3. 编程题

(1) 编写一段代码：统计某个类创建对象的个数。

(2) 编程实现如下需求。乐器(Instrument)分为钢琴(Piano)、小提琴(Violin)；这两种乐器的弹奏(play)方法各不相同。编写一个测试类 InstrumentTest，要求编写方法 testPlay，对这两种乐器进行弹奏测试。要依据乐器的不同，进行相应的弹奏测试。在 main()方法中进行测试。

(3) 编程实现动物世界的继承关系。动物(Animal)具有行为：吃(eat)、睡觉(sleep)；动物包括：兔子(Rabbit)，老虎(Tiger)；这些动物吃的行为各不相同(兔子吃草，老虎吃肉)，但睡觉的行为是一致的。通过继承实现以上需求，并编写测试类 AnimalTest 进行测试。

(4) 小明在面试的时候遇到这样一道题：请基于面向对象的思想，将下列内容用代码实现，并要求正确输出狗、猫和青蛙的声音。

- 狗生活在陆地上(是一种陆生动物)，既是哺乳类的也是肉食性的。狗通常会通过"摇摇尾巴"与人打招呼，在被抚摸感到舒服的时候，会"旺旺叫"，而在受到惊吓情绪烦躁时，会发出"呜呜"声。
- 猫也生活在陆地上(是一种陆生动物)，既是哺乳类的也是肉食性的。猫通常会通过发出"喵～"的声音跟人打招呼，在被抚摸情绪很好时，会发出"咕噜咕噜"声，而在受到惊吓时，会发出"嘶嘶"声。
- 青蛙是一种两栖动物(既是水生动物也是陆生动物)，既不是哺乳类的也不是肉食性的，属于卵生。当青蛙情绪好的时候，会在岸边"呱呱呱"地唱歌，而在受到惊吓时，会"扑通一声跳入水中"。

在此，作者已经绘制出以上动物间的关系，如图 6.5 所示，请帮小明完成这道面试题。

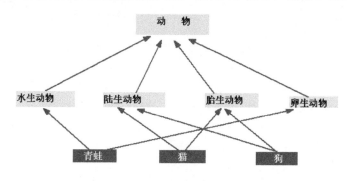

图 6.5 动物关系

第 7 章

面向对象的分析与设计

学前提示

在面向对象的编程过程中，分析与设计问题域中出现的对象显得尤为重要。采用面向对象的分析与设计技术非常适用于目前日趋复杂的应用程序的实现。本章将针对面向对象编程中要进行的面向对象分析和设计做详细的介绍，并提出一些重要的设计建议。

知识要点

- 面向对象的分析与设计简介
- 对象模型建立
- 类之间的关系
- 软件的可维护性与复用设计原则

7.1 面向对象的分析与设计简介

软件开发基本上都要经历需求分析、架构设计、程序编码、软件测试、部署、维护等几个阶段。为了提高系统的运行效率，降低成本，开发人员都要考虑软件的可重用性、可扩展性、可维护性、稳定性等。一般是将一个大型的系统分成很多小的模块，每一个模块都是相对独立的。当需要一个强大的系统时，就可以将这些模块像搭积木一样灵活地组装成一个整体，从而获得优良的性能。如果其他系统需要这些模块，只需要修改部分业务逻辑就可以了。在不会影响其他的功能模块的前提条件下，也可以增加新的功能模块来扩展现有的系统，从而提高软件的可重用性和可扩展性。

在面向对象的分析与设计过程中，要做到可重用、可扩展、独立等，首先要约定一整套编写高效可靠的代码的标准和指南，以安全可靠的软件工程原则为基础，使代码易于理解、维护和增强。而且，通过遵循这些程序设计标准，作为一个 Java 软件开发者的开发效率会有显著提高。经验证明，若从一开始就花时间编写高质量的代码，则在软件开发阶段，对代码的修改要容易很多。最后，遵循一套通用的程序设计标准将带来更大的一致性，使软件开发团队的开发效率明显提高。

Java 的程序设计标准很重要，原因在于此标准将提高开发团队各成员的代码的一致性。一致性的提高会使代码更易理解，这意味着它更易开发和维护，从而降低了应用程序的总开发成本。必须牢记的是：Java 代码在开发人员离开并开始另一个项目之后，会保留相当长的一段时间。因此开发过程中一个很重要的目标就是要确保在开发成员或开发团队之间的工作可以顺利交接，不必花很大的力气便能理解已编写的代码，以便继续维护和改进以前的工作。如果代码难以理解，很有可能被废弃和重写，那样会导致不可估量的损失。下面介绍的是一些在面向对象设计过程中最常用的设计技巧。

7.1.1 类的设计建议

在应用 Java 语言进行面向对象的编程与设计过程中，首先进行的都是类的设计。类是组成一个系统的基本单元。下面将对类的设计提供一些常用的建议。

（1）在用 Java 语言编写类的过程中，一般在一个.java 源文件中只编写一个类，如果确实要存放多个类，则同一文件中也只能有一个类是用 public 修饰符修饰的，并且此类与文件名同名。

（2）在完成某些业务逻辑方法时，最好利用一些优秀算法使代码尽可能短小精悍。例如，要设计一个求从 1~200 的整数和的程序，可以在类中定义一个高效的方法专门用来求 1~n 的整数和。根据方法传递的参数便可以求出 1~200 的整数和。要求 1~n 的整数和所遵循的算法为：

$$和 = (首数 + 尾数) \times 个数 / 2$$

实现代码见下面的示例。

【例 7.1】TestQiuHe.java。

定义一个类，计算从 1~200 的整数的和。代码如下：

```java
public class TestQiuHe {
    /** 求 1~200 整数的和 */
    public int qiuHe(int last) {  //算法，效率比较高，适用于求 1~n 的连续整数
        int he = (1 + last) * last / 2;  //和=(首数+尾数)*个数/2
        return he;
        //其中 last 表示传递的是尾数，也就是此列连续数列的最后一个数，也是此数列的个数
    }
    //测试 1~200 的整数的和
    public static void main(String[] args) {
        TestQiuHe t = new TestQiuHe();
        System.out.println("1~200 的整数的和为：" + t.qiuHe(200));
        //如果传递的是 100，那么结果就是 5050
    }
}
class TestPro {
 //一个 TestQiuHe.java 文件中可以定义两个类，但只有 TestQiuHe 是用 public 修饰的
}
```

输出结果为：

1~200 的整数的和为：20100

如果没有特别好的算法，那就以能运行、好理解为原则来编写方法，以便于后期维护。设计类的一些注意事项如下。

（1）在抽象出问题域中的类时，按照"对象类似"设计原则进行抽象。如果问题域中的多个实体都有相似的属性和相似的行为，那么可以将这些属性和行为写到同一个类中，对于差别比较大的行为，最好不要写入，或者另外写入一个新建类。

（2）封装每个核心代码类时，最好加入单元测试代码或加入 main()方法进行测试，以保证每个类的每个方法封装都符合业务要求。

（3）若系统中的某项业务已经是行业的标准，最好将此模块定义成一个或多个接口。不要定义成抽象类，以免给后期扩展带来不必要的麻烦。

（4）在已经创建好的类的基础上创建新类时，最好少用继承，多用组合。因为子类继承父类时，可能继承了对子类没用的或者有害的方法，会给整个系统代码带来很多麻烦。

（5）初学者在设计类之前，尽量多收集、多阅读别人写的优秀代码示例。理解别人的设计思想。

7.1.2 类名、变量名、方法名的选取

俗话说"人靠衣装马靠鞍"，对于程序员来说，就要靠编码的风格，这些最基本的风格就体现在类名、变量名和方法名的设计上，所以初学者一定要注意它们的命名规范。为了方便读者记忆，将命名规范总结如下。

（1）类名、变量名、方法名一般都是用英文标识符标识，不要用中文取名。类名的首字母应该大写，变量和方法的首字母用小写。对于所有标识符，其中包含的所有单词都应紧靠在一起，对于中间单词的首字母采用大写。例如，类名可以取 ThisIsMyClassName，属性名可以取 studentName 等，但要避免类名太长。

（2）类名、变量名、方法名的取名最好有意义，不要随便取名。这样便于以后阅读代码，如类名取名为 Person，方法名取名为 getName，变量名取名为 age，编程人员阅读此代码时，便知道是一个关于人的类，里面有一个年龄的变量和一个获取姓名的方法。

（3）若在定义中出现了常量初始化字符，则在 static final 修饰的基本类型标识符中大写所有字母，如 public static final String PI = 3.14；这样便可标识出这些常量属于编译期的常数。

（4）Java 包(Package)的命名属于一种特殊情况：全都用小写字母命名，即便中间单词的首字母亦如此。另外，对于域名扩展名称，如 com、org、net 或者 edu 等，全部都应小写。

7.1.3 类的属性设计建议

对于类的属性设计，建议遵循以下要求。

1. 将类的属性设置为私有

在设计类的过程中，最重要的是不能破坏面向对象的封装性。针对类的属性，一般都是把它设置成私有的，提供公有的设值方法和取值方法。

2. 一定要对局部变量进行初始化

在 Java 中，系统只会对成员变量进行默认初始化，不会对局部变量进行默认初始化。在设计类的过程中，最好不要依赖于默认的初始值，而是应该显式地初始化成员变量和局部变量。

7.1.4 类的方法设计建议

对于类的方法设计，建议遵循以下要求。

（1）在设计方法时，应该考虑构造方法，考虑系统提供的方法对自己定义的方法的影响，比如系统已经提供了数组的复制功能，就没有必要自己再去定义，应做到简明扼要、功能独立。如果方法比较大，可以适当抽取出功能比较接近的部分，重新再定义一个方法，让这些方法通过互调的方式完成代码的重复使用。

（2）在定义构造方法时，一般不要调用其他方法。在初始化各个变量时，可能会产生某种异常，通常将此异常直接抛出。这样设计就不会盲目地继承此类，避免创建失败还当作正确创建的情况。

（3）定义方法时，参数不宜过多，方法的参数过多，将使得方法调用变得难以编写、阅读和维护，应该试着将方法的参数放到更适合的类中，通过对象的形式来进行传递，或通过 JDK 5.0 以后的可变参数传递的新特性来解决此问题。

（4）一般在进行显式的清理工作，特别是在后续学习 JDBC 时，如果进行数据库的连接过多，会耗尽系统资源，导致系统崩溃。这时可以定义一个专门的清理或关闭方法(如 closeConnection()方法)来清理内存，必要时可以写到 finally 异常代码块中进行清理。

提示

一个好的设计能大大提高工作效率。有些时候，因为某个特定的问题，将耗费我们很多时间才能找到一种最恰当的解决方案。但一旦找到了正确的方法，以后的工作就轻松多了，再也不用经历日夜未眠的痛苦挣扎。成功的成就感是显而易见的。因此应坚决杜绝草草了事，那样做往往得不偿失。

7.1.5 继承的设计建议

将常用方法和属性放在超类中有如下建议。

(1) 不要使用 protected 变量，以免破坏封装。有的程序员认为把大多数实例字段设为 protected 是一个好方法，这样子类在需要的时候能够访问这些字段。然而 protected 机制不能带来好的保护，主要基于以下两个原因：

- 子类集是无界的，任何人都可以从定义的类派生出子类，然后就可以编写代码访问 protected 实例字段，因而就破坏了封装性。
- 在 Java 语言中，同一包的任何类，无论是否是子类，都能够访问 protected 字段。

(2) 在类关系模型中使用继承。在使用继承时，应认真考虑两个类之间是否真的存在继承关系。

(3) 除非通过继承得到的方法有用，否则不要使用继承。

(4) 重写方法时不要改变预期行为。

(5) 尽量使用多态，而不是类型信息。

(6) 尽量将非常常用的方法和属性放在超类中。

(7) 不要泛用反射。

7.2 对象模型建立

依据面向对象的思想——抽象，归纳总结，提取有用的东西。然后建立对象模型。一般是先从分析需求开始。项目经理或开发人员与用户的交谈是从用户熟悉的问题开始的，这样可以让开发人员能彻底弄清楚用户需求，并记录到需求说明书中。然后开发人员会根据需求说明书中的描述来抽取出特定的属性和行为的对象，把具有相同属性和行为的对象归为一类。每一个类中都有不同的行为和属性，还有一部分是相同的，可以将这些类中相同的属性和行为抽取出来，组织到父类或接口中，这样对象模型的建立会很快，编码就会顺利很多。但在具体的分析过程中会有很大难度，如客户本来就不知道软件是什么，要说出其中的需求就更困难，因而会带来很大难度。

7.2.1 UML 简介

"拥有一把砌刀未必能成为建筑师"，这句话在面向对象的分析与设计过程中同样适用。从现实模型中抽取出对象，然后用 Java 语言来描述，这些还算比较容易。但要了解这些对象之间的关系并灵活运用，就得要熟悉"面向对象的设计思想"，这种思想的建立一般经过面向对象的分析(OOA)、面向对象的设计(OOD)后，才是面向对象的编程(OOP)。

OOA 主要是分析现实业务系统并形成需求文档；OOD 是用面向对象的思维将 OOA 形成的文档进行细化后转换成计算机领域中的对象模型。在这个转换过程中，需要使用一种

统一的符号来描述、标记、交流等，UML(Unified Modeling Language，统一建模语言)就是这种专门用来描述 OOA、OOD 结果的符号语言。UML 是描述、构建和图形化文档系统的可视化描述语言。

用 UML 编制对象模型图时，主要分为静态和动态两种。静态图有助于设计包、类名、属性等。动态图有助于设计逻辑、代码行为或方法体等。

(1) UML 2.0 中静态图主要包括：
- 包图(Package Diagram)。
- 组件图(Component Diagram)。
- 对象图(Object Diagram)。
- 部署图(Deployment Diagram)。
- 复合结构图(Composite Structure Diagram)。
- 用例图(Use Case Diagram)。
- 类图(Class Diagram)。

(2) UML 2.0 中动态图主要包括：
- 交互概观图(Interactive Overview Diagram)。
- 顺序图(Sequence Diagram)。
- 通信图(Communication Diagram)。
- 状态图(State Diagram)。
- 活动图(Activity Diagram)。
- 定时图(Timing Diagram)。

最常用的 UML 图包括用例图、类图、序列图、状态图、活动图、组件图和部署图。本章并不深入讨论每个类图的细节问题。UML 常用的公有模型元素有：类、对象、状态、节点、包和组件等，模型元素对应的视图表示如图 7.1 所示。

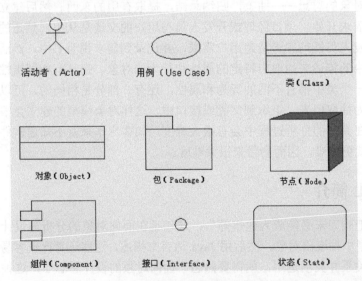

图 7.1　UML 常用模型元素

下面将对这些常用的 UML 图进行简要的说明。

7.2.2 用例图

用例图是显示用例和参与者的名称及其关系的图,是用来描述参与者如何使用系统来实现其目标的,一般只能从外部观察系统所得到的功能。用例是对某个系统功能的描述,参与者则是具有某些行为的事物,如人(由角色标识)、计算机系统等。用例图的主要目的是为了帮助开发团队以一种可视化的方式理解系统的功能需求。

要在用例图上表示某个用例,可绘制一个椭圆,然后将用例的名称放在椭圆的中心或椭圆下面的中间位置。要在用例图上表示一个角色(如表示一个系统用户),可绘制一个人形符号。角色和用例之间的关系使用简单的线或箭头来连接,如图 7.2 所示是一个博客管理系统的用例图。

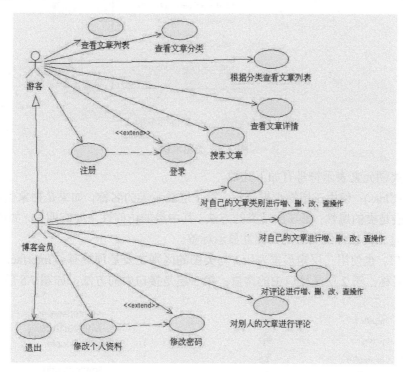

图 7.2　一个博客管理系统的用例图

7.2.3 类图

在面向对象的分析与设计过程中,类图是使用最广泛的 UML 图形之一。类图主要显示系统的静态结构,如类、接口及其关联。类图可用于表示逻辑类,逻辑类通常就是业务人员所谈及的事物种类,比如订单、订单项,产品等。类图还可以用于表示实现类,实现类就是程序员处理的实体。实现类与逻辑类有很多相似之处,但它有可能包含的不是基本属性,而是另外一个对象的引用。

类图在绘制上主要包含三个部分,如图 7.3 所示。

最上面的部分显示类的名称,中间部分描述此类的属性,最下面的部分描述此类的行文(或者说"方法")。

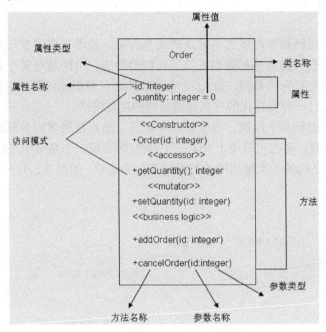

图 7.3 类图示例

常用的类图元素表示符号有如下几种。

(1) 类(Class)：使用三层矩形框表示。第 1 层显示类的名称，如果是抽象类，则用斜体显示；第 2 层是类的属性；第 3 层是类的方法。其中类的访问性主要有四种，如图 7.4 所示。图中最右边是工具软件绘图时的访问性显示标签。

(2) 接口：也使用三层矩形框表示，与类图的区别主要是顶端有<<Interface>>显示。第 1 层是接口名称；第 2 层是接口中的常量；第 3 层是接口中的方法，如图 7.5 所示。

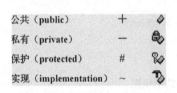 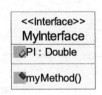

图 7.4 类的访问性　　　　　　　　图 7.5 接口

(3) 关系表示符号主要有如下几种，示意图如图 7.6 所示。
- 聚合关系(Aggregation)：表示一种弱的"拥有"关系，体现的是 A 对象可以包含 B 对象，但 B 对象却不是 A 对象的一部分，例如雁群与大雁。
- 组合关系(Composition)：部分和整体的关系，生命周期是相同的，例如，人与手。
- 依赖关系(Dependency)：例如，动物与氧气。
- 基数：连线两端的数字表明这一端的类可以有几个实例，比如，一个鸟应该有两只翅膀。如果一个类可能有无数个实例，则就用"n"来表示。关联、聚合、组合都有基数。

第 7 章 面向对象的分析与设计

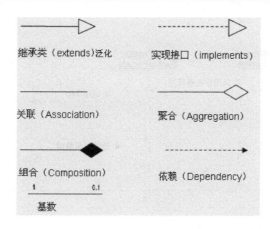

图 7.6　符号表示

大多数程序员都知道类图，但大多数程序员都不能正确地描述类的关系，本章后面将重点描述类与类之间的关系。如图 7.7 所示是一个博客管理系统的完整的类图。

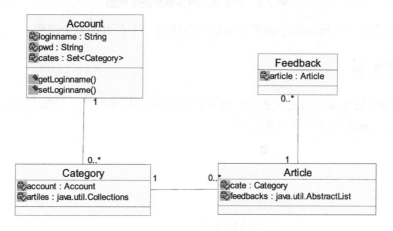

图 7.7　一个完整的类图

7.2.4　序列图

序列图也叫时序图，用于按时间顺序模拟控制流程。序列图显示了在对象生命线上各点之间的对象传递的消息，其重点在于描述消息及时间的顺序。一般水平方向表示消息或方法被哪个对象调用。垂直方向表示发生地及时间顺序序列。

序列图由活动者(Actor)、对象(Object)、消息(Message)、生命线(Lifeline)和控制焦点(Focus of Control)组成。活动者表示为一个小人状的图形，对象表示为一个矩形，消息表示为有箭头的线条，生命线由虚线表示，控制焦点由细长的矩形表示。

序列图的绘制非常简单。图顶部的每个框(见图 7.8)表示每个类的实例(对象)。如果某个类的实例向另一个类的实例发送了一条消息，那么就绘制一条具有指向接收类实例的带箭头的连线，并把消息(也就是方法)的名称放在连线上面。对于某些特别重要的消息，可以绘制一条具有指向发起类实例的箭头的虚线，将返回值标注在虚线上。阅读序列图也非常简单。从左上角启动序列的"驱动"类实例开始，然后顺着每条消息往下阅读。

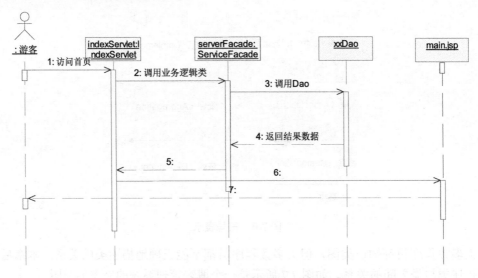

图 7.8　游客访问博客首页的序列图

通过阅读如图 7.8 所示的序列图，可以明白访问一个首页的整个流程。

7.2.5　状态图

状态图用于描述每个类对应的对象在其生存期间的动态行为。一般只对感兴趣的状态进行绘制。状态图的例子如图 7.9 所示。

图 7.9　状态图示例

状态图的符号集包括 5 个基本元素。
- 起始状态：它使用实心圆来绘制。
- 状态间的转换：用带有箭头的线段来绘制。
- 状态：用圆角矩形来绘制。
- 判断点：用空心圆来绘制。
- 一个或者多个终止点：用内部包含实心圆的圆环来绘制。

要绘制状态图，首先绘制起点和一条指向该类的初始状态的转换线段。状态本身可以在图上的任意位置绘制，然后只需使用状态转换线条将它们连接起来即可。

7.2.6 活动图

活动是某件事情正在进行的状态。活动图是一种描述系统行为的图，它用于展现参与行为的类所进行的各种活动的顺序关系。活动图与状态图的区别为：活动图着重表现从一个活动到另一个活动的控制流程，是内部处理驱动。而状态图着重描述从一个状态到另外一个状态的流程，主要是外部事件的参与。

活动图的符号集与状态图使用的符号集类似。像状态图一样，活动图也从一个连接到初始活动的实心圆开始。活动是通过一个圆角矩形(活动的名称包含在其内)来表示的。活动可以通过转换线段连接到其他活动，或者连接到判断点，这些判断点连接到由判断点的条件所保护的不同活动。过程结束的活动连接到一个终止点(就像在状态图中一样)。活动图的例子如图 7.10 所示。

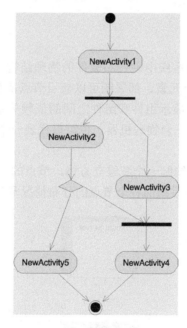

图 7.10 活动图示例

活动图通过显示已执行活动的序列来描述活动的状态。活动图描述系统的工作流行为。对工作流建模主要用于业务建模的时候，每一条泳道表示一个职责单位，活动图能够有效地体现出所有职责单位之间的工作职责、业务范围及之间的交互关系、信息流程。

7.2.7 组件图

组件图主要描述软件的各种组件之间的依赖关系。组件图可以在一个非常高的层次上显示，从而仅显示粗粒度的组件。

一般组件图主要包括：组件、接口和依赖关系这三个元素。组件定义了良好的接口的物理实现单元，是系统中可替换的物理部件。系统中的组件可以是源代码组件、二进制组件或一个可执行的组件。在 UML 中，组件用一个左侧带有突出的两个小矩形的矩形来表示。如图 7.11 所示就是一个组件图。

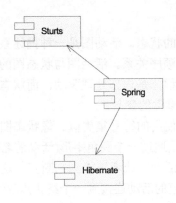

图 7.11　组件图

7.2.8　部署图

部署图描述了运行软件的系统中硬件和软件的物理结构。部署图通常包含节点(Node)和关联关系(Association)这两个元素。部署图可以显示节点及它们之间的必要连接，也可以显示这些连接的类型，还可以显示组件和组件之间的依赖关系，但每个组件必须存在于某些节点上。一个节点可以代表一台物理机器，也可以代表一个虚拟机器节点(例如，一个大型机节点)。

要对节点进行建模，只需绘制一个三维立方体，节点的名称位于立方体的顶部。

如图 7.12 所示描述了一个系统的各个节点的分布情况及它们的联系。

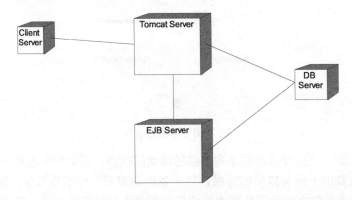

图 7.12　部署图

尽管这里仅提供了对统一建模语言 UML 的简要介绍，但还是鼓励读者把从这里学到的基本信息应用到自己的项目中，同时更深入地钻研 UML。目前已经有多种软件工具可以帮助设计者把 UML 图集成到软件开发过程中，不过即使没有自动化的工具，也可以使用白板上的标记或者纸和笔来手工绘制 UML 图，仍然会获益匪浅。

7.3 类之间的关系

UML 类图中除了可以表示静态的内部结构之外，还可以表示实体之间的相互关系，类之间的关系分为泛化、依赖、关联和实现四种。下面通过 UML 类图与应用示例来讲解前三种的关系。

1. 泛化(Generalization)

一个元素是另一个元素的特殊化，也类似地称为继承关系。泛化与继承是同一个概念，指的都是子类是一种特殊化的父类。类与类之间的继承关系是非常普遍的一种关系。

语法：

父类 父类实例 = new 子类();

如图 7.13 所示为一个类与类之间的泛化关系的示例。

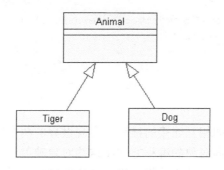

图 7.13 Animal 类与 Tiger 类、Dog 类的泛化关系

通过图 7.13 可以看出，Tiger 类和 Dog 类都继承了 Animal 这个父类，反过来说，Animal 类和 Tiger 类、Dog 类之间有泛化关系。可以通过以下示例来体现泛化关系。

【例 7.2】Test.java。代码如下：

```
class Animal {
}
class Tiger extends Animal {
}
public class Test {
    public void test() {
        Animal a = new Tiger();
    }
}
```

2. 依赖(Dependency)

在定义类时，如果一个类的改动会引起另外一个类的变动，则称两个类之间存在依赖关系。具体表现为：依赖关系表现在局部变量、方法的参数，以及对静态方法的调用。比如，人要去拧螺丝，则需要借助(也就是依赖)螺丝刀(Screwdriver)来帮助完成拧螺丝(screw)

的工作，如图 7.14 所示。

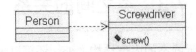

图 7.14　Person 类与 Screwdriver 类的依赖关系

可以通过如下示例来体现人与螺丝刀间的依赖关系。

【例 7.3】Person.java。代码如下：

```java
/* 螺丝刀(Screwdriver)类 */
class Screwdriver {
    public void screw() {
        System.out.println("拧螺丝");
    }
}
public class Person {
    /** 拧螺丝 */
    public void screw(Screwdriver screwdriver) {
        screwdriver.screw();
    }
}
```

3．关联(Association)

关联指的是类实例之间相互连接的描述。客观世界的两个对象之间总是存在着或多或少的联系，当我们通过面向对象的编程方式将这些对象映射到软件系统中时，类之间也必然存在着联系。对于两个相对独立的类，当一个类的实例与另一个类的一些特定实例存在固定的对应关系时，这两个实例之间为关联关系。关联可分为以下 3 种。

- 一对一关联：例如，一个人只有一个身份证，一个身份证也只能对应一个人。那么人和身份证之间就是一对一的关联。
- 一对多关联：例如，一个部门有多个员工，但一个员工只能属于一个部门，那么部门和员工之间是一对多的关联。
- 多对多的关联：例如，一个学生能选修多门课程，一门课程也可被多个学生选修，那么学生和课程之间就是多对多的关联。

如果仅能从一个类单方向地访问另外一个类，则称为单向关联。如果两个类的实例可以相互访问，则称为双向关联，比如客户和订单，每个订单对应特定的客户，每个客户对应一些特定的订单。

关联关系包括聚合和组合两种特例，它们都有整体和部分的关系。但组合比聚合更加严格。聚合表示一种弱的"拥有"关系。组合表示一种强的"拥有"关系。关联关系与聚合和组合关系在语法上是没办法区分的，从语义上看它们的区别主要体现在以下两个方面：

(1) 关联关系所涉及的两个对象是处在同一个层次上的。比如，人和自行车就是一种关联关系，而不是聚合关系，因为人不是由自行车组成的。聚合关系涉及的两个对象处于不平等的层次上，一个代表整体，一个代表部分，部分的实例可以通过参数传递的形式进行初始化。比如计算机和它的显示器、键盘、主板以及内存就是聚合关系，因为主板是计算机的组成部分，如图 7.15 所示。

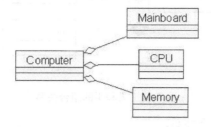

图 7.15　计算机和组件的聚合关系

下面通过示例来实现聚合关系。

【例 7.4】Computer.java。代码如下：

```java
class CPU {
    public void run() {
        System.out.println("CPU run");
    }
}

public class Computer {
    public CPU cpu; //也可以配置到其他计算机上，所以用 public 修饰
    public Computer() {}

    public Computer(CPU cpu) {  //通过参数传递来实例化 CPU
        this.cpu = cpu;
    }

    //开启计算机
    public void start() {
        cpu.run();  //CPU 运行
    }
    public static void main(String args[]) {
        Computer com = new Computer(new CPU());
        com.start();
    }
}
```

输出结果为：

```
CPU run
```

（2）对于具有组合关系(也叫强聚合关系)的两个类实例，整体类实例会制约它的组成类实例的整个生命周期。

组成类的对象不能单独存在，它的生命周期依赖于整体类的对象的生命周期，当整体消失时，组成部分也就随之消失。

组合在整体的构造函数中实例化部分，并且这个实例不能被其他实例共享。比如，人和其手、脚等，如图 7.16 所示。

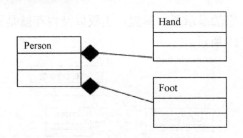

图 7.16 人和手的组合关系

下面通过示例来实现组合关系。

【例 7.5】Person.java。代码如下：

```java
class Hand { //手类
    public void na() { //拿的方法
        System.out.println("Hand   拿");
    }
}
class Foot { //脚类
    public void pao() { //跑的方法
        System.out.println("Foot   跑");
    }
}
public class Person {
    private Hand hand; //用私有的修饰符表示此hand只属于这个人
    private Foot foot; //同理
    Person() {
        hand = new Hand();
        //手和脚是组成人的一部分，不能分割，只能通过Person构造来实例化hand和foot
        foot = new Foot();
    }
    public static void main(String[] args) {
        Person p = new Person();
        p.foot.pao();
        p.hand.na();
    }
}
```

输出结果为：

```
Foot   跑
Hand   拿
```

一般组合优于聚合，在开发过程中大多使用组合。

7.4　软件的可维护与复用设计原则

在 Java 面向对象的分析与设计过程中，提高一个软件系统的可维护性和可复用性是设计时要解决的最重要的问题。本节将从开闭原则、替换原则、依赖倒转原则、接口分离原则等方面，来理解软件的可维护与复用设计原则。

1. 开闭原则

一个较好的软件系统设计应该满足"系统是可扩展的"，不要对源代码进行大幅度的修改。即对功能扩展开放，对源码功能修改关闭。在设计过程中，所有的继承结构一般不超过两层，否则会出现代码交织的情况，对系统的扩展不利。

2. 替换原则

从面向对象的分析与设计来讲，一个较好的软件系统很多组件或很多相关对象应该是可以替换的。替换原则准确的描述为"如果对每一个类型为 T1 的对象 o1，都有类型为 T2 的对象 o2，使得以 T1 定义的所有程序 P 在所有的对象 o1 都代换成 o2 时，程序 P 的行为没有变化，那么类型 T2 是类型 T1 的子类型"。也就是说，父类可以出现的地方，子类同样可以出现。替换原则的反命题是不成立的。替换原则在设计模式中的体现主要有：策略模式、合成模式和代理模式等，它们是对该原则的最好诠释。

从代码重构的角度来理解，对违反替换原则的设计，可以用下面的方式来对代码进行重构：

- 创建一个新的抽象类，作为两个具体类的基类，将两个具体类的共同行为移动到抽象类中。
- 将两个具体类的继承关系改写为委派关系。

如对于 A、B 两个类，B 由 A 派生，如果这种继承违反替换原则，可以采用如下方法进行重构：将 A、B 的共同行为抽象出来，建立一个抽象类 C，A 和 B 都是 C 的派生类，如图 7.17 所示。

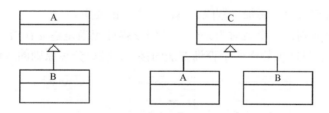

图 7.17 替换原则重构

3. 依赖倒转原则

传统的面向过程的软件设计原则一般是高层模块都依赖于低层模块，抽象层次依赖于具体层次，而面向对象的软件设计原则改变了以往的传统观念，将上述关系倒转过来。从而引出依赖倒转原则。依赖倒转原则描述为："抽象不应当依赖于细节，细节应当依赖于抽象。另一种表述为：针对接口编程，不要针对实现编程"。

也就是说，使用接口和抽象类进行变量的类型声明、方法的返回类型定义，以及数据类型的转换时要保证一个具体的 Java 类应当只实现的是接口或抽象类，而不应当是具体类。比如，Shape 代表抽象类，Circle 代表具体类，那么 Circle 应依赖于 Shape，而 Shape 不应该依赖于 Circle。假如 Shape 是一个接口，声明变量时应当遵循"子类对象给父类引用"，即 Shape s = new Circle();，而不是 Circle c = new Circle();。

一般在设计的过程中联合使用接口和抽象类。主要原因是：类型声明一般由接口承担，但是同时还为接口提供一个默认的抽象实现类。其他同属于这个抽象类型的具体类可以选择实现这个接口，也可以选择继承自这个抽象类。如果需要向接口加入一个方法的话，只要同时向这个抽象类加入这个方法的具体实现就可以了，因为继承自这个抽象类的子类都会从这个抽象类得到这个具体方法，例如 Action 接口和 AbstractAction 抽象类。

在面向对象的系统中，两个类之间通常有以下三种依赖关系。

- 零耦合：两个类之间没有耦合关系。
- 具体耦合：具体耦合关系发生在两个具体的类之间，经由一个类引用另一个类形成。
- 抽象耦合：抽象耦合关系发生在一个具体类和一个抽象之间，或者 Java 与接口之间，使两个必须发生关系的类之间存在最大的灵活性。

最理想的设计是一般类之间为零耦合，但一个系统中很少能有这种情况。依赖倒转原则虽然很强大，但是不容易实现，因为依赖关系倒转的缘故，对象的创建可能会通过对象工厂来获取对象，避免对具体类的使用。此外，依赖倒转原则假定所有的具体类都是会变化的，这也不总是正确的，如果一个具体类是稳定的、不会发生变化的，那么使用这个具体类的客户端完全可以依赖于这个具体类型。

4. 接口分离原则

接口分离原则一般描述为：有些接口不用，但是要不隔离，可能会影响其他的接口。接口分离原则的使用场合需要满足的条件为：提供调用者需要的方法，屏蔽不需要的方法。比如电子商务系统有订单这个类，有以下三个地方会使用到该类。

- 一个是门户：只能有查询方法。
- 一个是外部系统：有添加订单的方法。
- 一个是管理后台：添加、删除、修改、查询都要用到。

根据接口分离原则，一个类对另外一个类的依赖性应当是建立在最小的接口上。也就是说，对于门户，它只能依赖于一个查询方法的接口。接口分离原则的示例如图 7.18 所示。

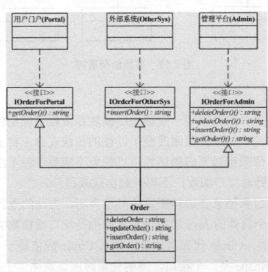

图 7.18　接口分离原则

下面通过示例来实现接口分离原则。

【例 7.6】TestCreateLimit.java。代码如下：

```java
//--这里不用接口继承，因为可能出现修改父接口影响子接口的情况
interface IOrderForPortal {
    String getOrder();  //入口接口定义一个得到订单的方法
}
interface IOrderForOtherSys {  //为其他系统的订单接口
    String insertOrder();
    String getOrder();
}
interface IOrderForAdmin {  //extends IOrderForPortal,IOrderForOtherSys
    String deleteOrder();  //管理员接口提供订单的增、删、改、查
    String updateOrder();
    String insertOrder();
    String getOrder();
}
/*
interface IOrderForPortal {
    String getOrder();
}
interface IOrderForOtherSys {
    String insertOrder();
}
interface IOrderForAdmin extends IOrderForPortal, IOrderForOtherSys {
    String updateOrder();
    String deleteOrder();
}
*/
class Order implements IOrderForPortal, IOrderForOtherSys,
  IOrderForAdmin {
    private Order() {
        //--什么都不干，就是为了不让直接 new，防止客户端直接 new 然后访问它不需要的方法
    }
    //返回给 Portal
    public static IOrderForPortal getOrderForPortal() {
        return (IOrderForPortal)new Order();
    }
    //返回给 OtherSys
    public static IOrderForOtherSys getOrderForOtherSys() {
        return (IOrderForOtherSys)new Order();
    }
    //返回给 Admin
    public static IOrderForAdmin getOrderForAdmin() {
        return (IOrderForAdmin)new Order();
    }
    //--下面是接口方法的实现，只是返回了一个 String 用于演示----------------
    public String getOrder() {
        return "implemented getOrder";
    }
    public String insertOrder() {
```

```
        return "implemented insertOrder";
    }
    public String updateOrder() {
        return "implemented updateOrder";
    }
    public String deleteOrder() {
        return "implemented deleteOrder";
    }
}
public class TestCreateLimit {  //测试创建限制
    public static void main(String[] args) {
        IOrderForPortal orderForPortal = Order.getOrderForPortal();
        IOrderForOtherSys orderForOtherSys = Order.getOrderForOtherSys();
        IOrderForAdmin orderForAdmin = Order.getOrderForAdmin();
        System.out.println("Portal 门户调用方法:"
          + orderForPortal.getOrder());
        System.out.println("OtherSys 外部系统调用方法:"
          + orderForOtherSys.insertOrder());
        System.out.println("Admin 管理后台调用方法:"
          + orderForAdmin.getOrder() + ";"
          + orderForAdmin.insertOrder() + ";"
          + orderForAdmin.updateOrder() + ";"
          + orderForAdmin.deleteOrder());
    }
}
```

输出结果为：

```
Portal 门户调用方法:implemented getOrder
OtherSys 外部系统调用方法:implemented insertOrder
Admin 管理后台调用方法:implemented getOrder;implemented
insertOrder;implemented updateOrder;implemented deleteOrder
```

这样就能很好地满足接口隔离原则了，调用者只能访问自己的方法，不能访问到不应该访问的方法。

5. 组合和聚合复用原则

组合和聚合复用原则即设计类的时候最好遵循组合(Composition)和聚合(Aggregation)关系。聚合表示的是整体和部分的关系，表示"含有"，整体由部分组合而成，部分可以脱离整体作为一个独立的个体而存在。组合则是一种更强的"拥有"，部分组成整体，而且不可分割，部分不能脱离整体而单独存在。合成关系中，部分和整体的生命周期一样，合成的新的对象完全支配其组成部分。

组合和聚合作为复用手段，可以应用到几乎任何环境中去，而继承只能在有限的环境中使用，并且继承关系会带来依赖性和耦合性方面的问题。尽管继承是一种非常重要的复用手段，但应当首先考虑组合和聚合，而不是继承。

6. 最少知识原则

最少知识原则说的是一个对象应该对其他对象有尽可能少的了解，也叫迪米特法则。也就是用户只和熟悉的朋友打交道，不要跟陌生人讲话。熟悉的对象所遵循的条件有：
- 以参量的形式传入到当前对象方法中的对象。
- 一个对象直接引用的对象。
- 聚合对象中的元素。
- 当前对象所创建的对象。

任何一个对象，如果满足上面的条件之一，就是当前对象的朋友，否则就是陌生人。最少知识原则主要的目的是控制信息量。将最少知识原则运用到系统设计中，应注意以下几点。

(1) 类的创建应该以弱耦合为标准，这样有利于复用。
(2) 在设计类的属性时应该定义属性为私有的，然后提供对此属性的 get()和 set()方法来操作此属性。
(3) 如果有必要，应将设计好的类定义成最终的。
(4) 类的对象间的相互关联应该降到最低限度。

以上内容主要介绍了常用的面向对象的分析与设计技巧，初学者对此可能理解得不是很透彻，建议读者在学习的过程中多翻阅本章，通过熟读，方能体会其中的奥妙。

7.5 本章练习

(1) 简短地描述一下类的设计原则。
(2) 类和类之间有几种关系？解释一下这几种关系。
(3) 软件可复用原则主要有几种？什么是接口分离原则？

第 8 章

内部类与包装器

学前提示

基本数据类型不能实例化成对象用，因而不能按照对象的思想来编程，Java 中提供了包装器进行装箱、拆箱操作来解决这个问题。Java 中有一种类，它声明在另一个类或接口中，这样的类叫嵌套类，也叫内部类。与此类似，声明在另外一个类或接口中的接口叫嵌套接口，这种情况比较特殊。本章将讨论内部类和包装器的相关知识。

知识要点

- 内部类
- 对象包装器
- 装箱和拆箱

8.1 内部类和内部接口

一般顶级类(如 Object)或顶级接口是不会被嵌套的，只有它们嵌套其他的类。除了顶级类以外，按类定义的特性可以分为：静态成员内部类、非静态成员内部类、局部内部类、匿名内部类。内部类都是一个独立的类，编译完后的.class 文件名以"外部类类名$内部类类名.class"的形式出现。由于内部类在一个类的内部作为外部类的一个成员出现，所以它们可以任意访问外部类的成员变量而不受修饰符的限制。内部类的内存堆栈如图 8.1 所示。

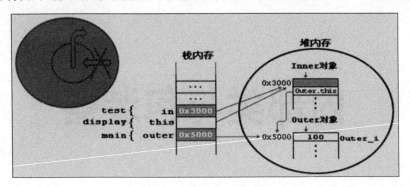

图 8.1　内部类的内存堆栈

图 8.1 说明了内部类与外部类的内存堆栈关系。在内部类中，内部类对象都保存一个对外部类对象的引用。在栈内存中，如果内部类对象的引用 in 的地址 0x3000 指向堆内存的内部类 Inner 对象，那么在栈内存中的外部类对象的引用 outer 的地址 0x5000 必须保存在堆内存 Inner 对象的属性中，一般用 Outer.this 来表示。因为当在内部类的成员方法中访问某一变量时，如果在该方法和内部类中都没有定义过这个变量，内部类中对 this 的引用就会被传递给那个外部类对象的引用，实现代码如下：

```
public class Out {
    int i = 8;
    class In {
        //该方法和内部类中都没有定义过这个变量 i
        public void display() {
            System.out.println(Out.this.i);
            //内部类中对 this 的引用会被传递给也就是赋值给外部类对象的引用，
            //在此处 Out.this 相当于一个外部类的引用，
            //因而可以通过 Out.this.i 来访问变量 i
        }
    }
}
```

图 8.1 左上角的两个椭圆上的箭头表示内部类可以访问它的外部类的成员，包括 private 成员，但内部类的成员只有在内部类的范围之内是可知的，不能被外部类使用。内部类的主要好处是：高内聚、低耦合。也就是说，内部类相当于外部类的密友，外部类与其他类相当于普通朋友，密友知道外部类的所有东西，普通朋友只能知道外部类所公布的东西。

下面对静态成员内部类、非静态成员内部类、局部内部类、匿名内部类一一进行说明。

8.1.1 成员内部类

成员内部类作为外部类或外部接口的成员，不带有关键字 static。定义成员内部类等同于定义一个类的非静态成员属性或方法。它的代码形式如下：

```java
public class Outer { //外部类
    int i; //外部类的非静态成员属性
    String name;
    class Inner { //非静态成员内部类
    }
}
```

成员内部类有如下性质。

(1) 类似于外部类的实例函数，成员类有 public/private/default 权限修饰符。在成员内部类中，可以直接访问自定义的属性，也可以通过 this 关键字来访问。例如：

```java
public class Outer2 {
    private class Inner2 {
        private int age = 88; //内部类自己定义的属性 age
        public void display2() {
            System.out.println(age); //可以直接访问
            System.out.println(this.age); //也可通过 this 访问内部类自己的 age 属性
        }
    }
}
```

上面内部类 Inner2 中定义了一个私有的 age 属性并赋初始值为 88，内部类 Inner2 的 display2 方法可以直接访问 age 属性，也可以通过 this.age 来访问。

(2) 一个成员类实例必然属于外部类实例，成员类可访问外部类的任一个实例字段和实例函数。例如：

```java
public class Outer1 {
    private String name = "张三"; //外部类的非静态私有成员属性
    class Inner1 {
        public void displayInner1() {
            //非静态内部类 Inner1 的 displayInner1 方法
            //可以直接访问非静态外部类的私有 name 属性
            System.out.println(name);
        }
    }
}
```

上面外部类 Outer1 的非静态私有成员 name 可以直接由内部类 Inner1 的 displayInner1() 方法访问。

(3) 在成员类内部采用 OuterClass.this 的形式来获得其所属外部类实例。例如：

```java
public class Outer3 {
    private int age = 98;
```

```
    class Inner3 {
        private int age = 88;    //内部类自己定义的属性age
        public void display3() {
            System.out.println(this.age);    //访问的是内部类的age属性
            System.out.println(Outer3.this.age);    //访问的是外部类的age属性
        }
    }
}
```

内部类的实例化途径有以下几种形式：
- 通过外部类的非静态方法实例化内部类。
- 通过外部类的静态方法实例化内部类。
- 在内部类中通过this来表示内部类的实例。

其中第三种实例化途径已经介绍过，下面介绍前两种实例化途径。

通过定义一个外部类的方法来实例化内部类，其实现代码如下：

```
public class Outer4 {
    private char sex = '男';
    public void instanceInner() {
        Inner4 in = new Inner4();
        //Outer4.Inner4 inII = this.new Inner4();
        in.displayInner();
    }
    class Inner4 {
        public void displayInner() {
            System.out.println(sex);
        }
    }
}
```

在Outer4类中虽然没有看到外部类的实例化，但在外部类的instanceInner方法中直接实例化内部类Inner4实质上是虚拟机隐含地实例化了外部类，也就是内部类引用会默认链接到外部类的对象上。

外部类的静态方法访问成员内部类，与在普通类外部访问属性或方法的方式一样。通过外部类的静态main方法实例化内部类，其实现代码如下：

```
public class Outer5 {
    private char sex = '女';
    class Inner5 {    //内部类
        public void accessOuter() {
            System.out.print(sex);
        }
    }
    public static void main(String[] args) {
        //建立外部类对象
        Outer5 out = new Outer5();
        //根据外部类对象建立内部类对象
        Outer5.Inner5 in = out.new Inner5();
        //访问内部类的方法
```

```
            in.accessOuter();
            //也可以简写为如下形式
            //Outer5.Inner5 in5 = new Outer5().new Inner5();
            //in5.accessOuter();
    }
}
```

由上述 Outer5 类的代码可知，内部类实例可在其外部类的实例方法中创建，此新创建内部类实例所属的外部类实例自然就是创建它的外部类实例方法对应的外部类实例。

下面的程序 MemberOuter.java 是实现成员内部类的综合例子：

```
package org.xmh.tj;
public class MemberOuter {
    //成员变量 i 未赋值，默认值为 0
    private static int i; //定义一个静态私有的成员变量 i
    private int j = 10;
    private int k = 20;
    public static void outer_f1() { //定义一个外部的静态方法
    }
    public void outer_f2() {
    }
    //成员内部类中，不能定义静态成员
    //成员内部类中，可以访问外部类的所有成员
    class Inner {
        //static int inner_i = 100;
        //内部类中不允许定义静态变量
        int j = 100;
        //内部类和外部类的实例变量可以共存
        int inner_i = 1;
        void inner_f1() {
            //如果内部类中没有与外部类同名的变量，则可以直接用变量名访问外部类变量
            System.out.println(i);
            //在内部类中访问内部类自己的变量直接用变量名
            System.out.println(j);
            //在内部类中访问内部类自己的变量也可以用 this.变量名
            System.out.println(this.j);
            //在内部类中访问外部类中与内部类同名的实例变量用"外部类名.this.变量名"
            System.out.println(MemberOuter.this.j);
            System.out.println(k);
            //非静态方法调用静态方法
            outer_f1();
            //普通方法的相互调用
            outer_f2();
        }
    }
    //外部类的非静态方法访问成员内部类
    public void outer_f3() {
        Inner inner = new Inner();
        inner.inner_f1();
    }
    //外部类的静态方法访问成员内部类，与在外部类外部访问成员内部类一样
```

```java
public static void outer_f4() {
    //step1 建立外部类对象
    MemberOuter out = new MemberOuter();
    //step2 根据外部类对象建立内部类对象
    Inner inner = out.new Inner();
    //step3 访问内部类的方法
    inner.inner_f1();
}
public static void main(String[] args) {
    //outer_f4(); //该语句的输出结果与下面三条语句的输出结果一样
    //如果要直接创建内部类的对象,不能想当然地认为只需加上外部类 Outer 的名字
    //就可以按照通常的样子生成内部类的对象,而是必须使用此外部类的一个对象来
    //创建其内部类的一个对象
    //MemberOuter.Inner outin = out.new Inner()
    //因此,除非你已经有了外部类的一个对象,否则不可能生成内部类的对象。因为此
    //内部类的对象会悄悄地链接到创建它的外部类的对象。
    //如果你用的是静态的内部类,
    //那就不需要对其外部类对象的引用
    MemberOuter out = new MemberOuter();
    MemberOuter.Inner outin = out.new Inner();
    outin.inner_f1();
}
}
```

在代码所在区域右击,在弹出的快捷菜单中选择 Run As → Java Application 命令,控制台的输出结果如图 8.2 所示。

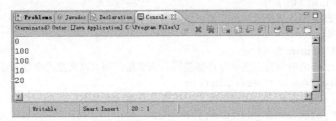

图 8.2 调用成员内部类的输出结果

打开工程目录下的 bin,可以看到 MemberOuter.java 编译成功,生成了 MemberOuter.class 和 MemberOuter$Inner.class 两个.class 文件,效果如图 8.3 所示。

图 8.3 成员内部类编译后的结果

成员类的显著特性就是成员类能访问它的外部类实例的任意字段和方法。方便一个类

对外提供一个公共接口的实现是成员类的典型应用。比如 JDK Collection 类库，每种 Collection 类必须提供一个与其对应的 Iterator 实现以便客户端能以统一的方式遍历任一 Collection 实例。每种 Collection 类的 Iterator 实现就被定义为该 Collection 类的成员类。

读者思考：成员内部类中可以定义静态成员吗？

8.1.2 静态内部类

用 static 修饰的内部类叫静态内部类，这通常称为嵌套类(Nested Class)。如果一个内部类用 static 修饰，这个类就相当于是一个外部定义的类，所以 static 的内部类中可声明 static 成员或非静态成员，并且可以通过 public、protected、private 修饰。代码形式如下：

```java
public class Outer11 {
    static class Inner11 {
        static String name = "李四"; //可以在静态内部类中定义静态成员
        int age = 88;
    }
    public static void main(String[] args) {
        Outer11.Inner11 n = new Outer11.Inner11();
        //由于静态内部类比较特殊，它的对象创建并不需要外部类对象
        Inner11 m = new Inner11();
    }
}
```

一般情况下，如果一个内部类不是被定义成静态内部类，那么在定义成员变量或者成员方法的时候，是不能够被定义成静态成员变量与静态成员方法的。也就是说，在非静态内部类中不可以声明静态成员。只有将某个内部类修饰为静态类，然后才能够在这个类中定义静态的成员变量和成员方法。这是静态内部类都有的一个特性。

我们通过下面的综合示例 StaticOuter.java 来学习静态内部类的相关知识。

【例 8.1】StaticOuter.java。代码如下：

```java
public class StaticOuter {
    private static int i = 1;
    private int j = 10;
    public static void outer_f1() {}
    public void outer_f2() {}
    //静态内部类可以用 public、protected、private 修饰
    //静态内部类中可以定义静态或者非静态的成员
    static class Inner {
        static int inner_i = 100;
        int inner_j = 200;
        static void inner_f1() {
            //静态内部类只能访问外部类的静态成员(包括静态变量和静态方法)
            System.out.println("Outer.i" + i);
            outer_f1();
        }
        void inner_f2() {
            //静态内部类不能访问外部类的非静态成员(包括非静态变量和非静态方法)
            //System.out.println("Outer.j" + j);
```

```
            //outer_f2();
        }
    }
    public void outer_f3() {
        //外部类访问内部类的静态成员：内部类.静态成员
        System.out.println(Inner.inner_i);
        Inner.inner_f1();
        //外部类访问内部类的非静态成员时实例化内部类即可
        Inner inner = new Inner();
        inner.inner_f2();
    }
    public static void main(String[] args) {
        new StaticOuter().outer_f3();
    }
}
```

在代码所在区域右击，在弹出的快捷菜单中选择 Run As → Java Application 命令，控制台的输出结果如图 8.4 所示。

图 8.4　调用静态内部类的输出结果

静态内部类的对象可以由 OuterClass.InnerClass in = new OuterClass.InnerClass()生成，不需要通过生成外部类对象来生成。这样实际上使静态内部类成为一个顶级类。

> **注意**
> 正常情况下，不能在接口内部放置任何代码，但嵌套类可以作为接口的一部分，因为它是 static 的。只是将嵌套类置于接口的命名空间内，这并不违反接口的规则。

8.1.3　局部内部类

局部内部类也叫方法内部类，即在方法内部定义的内部类。局部内部类的代码形式如下：

```
public class Outer6 {
    private String address;
    public void display() {//方法
        class Inner6 { //局部内部类
        }
    }
}
```

局部内部类有如下性质。

(1) 在局部内部类中，若定义的局部内部类的成员属性、局部内部类的成员方法参数以及外部类的成员属性同名，则如果是参数，可以直接访问，如果是局部内部类的成员属性，可以通过"this.属性名"来访问。如果是外部类的成员属性，可以通过"外部类的类名.this.属性名"来访问。例如：

```
public class Outer7 {
    private int size;
    public void display() {
        class Inner7 {
            private int size;
            public void doStuff(int size) {
                size++; //引用的是 doStuff 函数的形参
                this.size++; //引用的是 Inner 类中的成员变量
                Outer7.this.size++; //引用的是 Outer 类中的成员变量
            }
        }
    }
}
```

(2) 在局部内部类中，如果要访问外部类的局部变量，则此变量必须是 final 修饰的，否则不能访问。因为方法的生命周期只是在调用时存在，方法调用完后就结束了。内部类实例化后，并不随外部类成员方法的消失而消失，所以为了提高局部变量的生命周期，必须用 final 来修饰。例如：

```
class Outer8 {
    String str = new String("Between");
    public void amethod(final int iArgs) {
        int it; //不能访问
        class Bicycle {
            public void sayHello() {
                System.out.println(str);
                System.out.println(iArgs); //能访问
                //System.out.println(it); //编译出错
            }
        }
    }
}
```

(3) 与非静态成员内部类类似，内部类的实例化必须先实例化外部类。例如：

```
public class Outer10 {
    int outer_i = 100;
    void test() {
        for (int i=0; i<5; i++) {
            class Inner10 {
                void display() {
                    System.out.println("display:out_i=" + outer_i);
                }
            }
            Inner10 inner = new Inner10();
              //类似于 Outer10.test().Inner10 内部类实例化
            inner.display();
```

```
        }
    }
    public static void main(String args[]) {
        Outer10 outer = new Outer10();  //实例化外部类
        outer.test();
    }
}
```

【例 8.2】LocalOuter.java。

通过综合示例 LocalOuter.java 学习局部内部类的相关知识。代码如下：

```
public class LocalOuter {
    private int s = 100;
    private int out_i = 1;
    public void f(final int k) {
        final int s = 200;
        int i = 1;
        final int j = 10;
        //定义在方法内部
        class Inner {
            int s = 300;  //可以定义与外部类同名的变量
            //static int m = 20;  //不可以定义静态变量
            Inner(int k) {
                inner_f(k);
            }
            int inner_i = 100;
            void inner_f(int k) {
                //如果内部类没有与外部类同名的变量,
                //在内部类中可以直接访问外部类的实例变量
                System.out.println(out_i);
                //可以访问外部类的局部变量(即方法内的变量)，但是变量必须是 final 的
                System.out.println(j);
                //System.out.println(i);
                //如果内部类中有与外部类同名的变量,直接用变量名访问的是内部类的变量
                System.out.println(s);
                //用"this.变量名"访问的也是内部类变量
                System.out.println(this.s);
                //用"外部类名.this.内部类变量名"访问的是外部类变量
                System.out.println(LocalOuter.this.s);
            }
        }
        new Inner(k);
    }
    public static void main(String[] args) {
        //访问局部内部类必须先有外部类对象
        LocalOuter out = new LocalOuter();
        out.f(3);
    }
}
```

在代码所在区域右击，在弹出的快捷菜单中选择 Run As → Java Application 命令，控

制台的输出结果如图 8.5 所示。

图 8.5 调用局部内部类的输出结果

> **注意**
> 在局部内部类前不加修饰符 public 和 private。
> 通过内部类和接口达到一个强制的弱耦合，用局部内部类来实现接口，并在方法中返回接口类型，使局部内部类不可见，屏蔽实现类的可见性。

局部内部类基本上起不到与外部类交互的作用，实际应用较少，所以读者只需了解它的相关用法即可。

8.1.4 匿名内部类

匿名内部类就是没有名字的内部类。正因为它没有名字，所以匿名内部类是没有构造器的。在后面讲到 Swing 应用的时候，Java 事件处理匿名适配器中的匿名内部类将被大量使用。

匿名内部类的语法如下：

```
new[类别或接口()] {
    //操作
}
```

本小节将从两个方面来介绍匿名内部类。

1. 匿名内部类用来实现接口

【例 8.3】AnonymosOuter.java。

通过示例 AnonymosOuter.java 学习匿名内部类的相关知识。

首先，看一个普通的内部类示例：

```java
interface A {
    public void fun1();
}
class Outer {
    public void callInner(A a) {
        a.fun1();
    }
    public static void main(String[] args) {
        class Inner implements A { //其实是子类实现接口
```

```
        public void fun1() {
            System.out.println("我实现了A接口");
        }
    }
    new Outer().callInner(new Inner());
  }
}
```

内部类 Inner 实现了接口 A，代码用匿名内部类改写，则 AnonymosOuter.java 代码清单如下所示：

```
interface A {
   public void fun1();
}
class AnonymosOuter {
   public void callInner(A a) {
      a.fun1();
   }
   public static void main(String[] args) {
      new AnonymosOuter().callInner(new A() {
          //接口不能用new操作符，但此处比较特殊的是子类对象实现接口，
          //只不过没有为对象取名
          public void fun1() {
             System.out.println("我实现了A接口");
          }
      }); // 两步写成一步了
   }
}
```

在代码所在区域右击，在弹出的快捷菜单中选择 Run As → Java Application 命令，控制台的输出结果如图 8.6 所示。

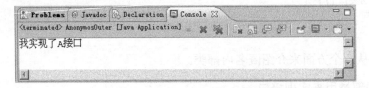

图 8.6　调用匿名内部类的输出结果

2. 匿名内部类用来扩展类

对于实现接口的内部类而言，内部类没有任何构造参数。如果匿名内部类扩展的是一个类，则可以将构造器参数送到父类的构造器中。代码清单如下：

```
//定义父类中的内容
class Base {
   public void fun1() {
      System.out.println("this is fun1");
   }
   public Base(String name) {
      System.out.println("fun1's name is " + name);
   }
```

```
}
//定义测试类中的内容
public class AnonymosOuter {
    public void callInner(Base a) {
        a.fun1();
    }
    //在main方法中使用匿名内部类
    public static void main(String[] args) {
        //如果Base类中提供有无参构造器，则此处不用传递参数
        new AnonymosOuter().callInner(new Base("zah") {
            public void fun1() {
                System.out.println("implement for fun1");
            }
        });
    }
}
```

运行这段代码，控制台的输出结果为：

```
fun1's name is zah
implement for fun1
```

如果要在内部匿名类别中使用外部的局部变量，则变量在声明时必须为 final 类型，代码片段如下所示：

```
public void someMethod() {
    final int x = 10;
    //final 修饰
    Object obj =
        new Object() {
            public String toString() {
                return String.valueOf(x); //x 可在匿名类中使用
            }
        };
    System.out.println(obj);
}
```

局部变量 x 并不是真正被拿来在内部匿名类中使用，x 会被匿名类复制，作为数据成员来使用；编译程序会要求加上 final 关键字，这样就知道不能在内部匿名类中改变 x 的值；内部匿名类在编译完成之后产生的 class 文件名称为"外部类别名称$编号.class"。

> **注意**
>
> 匿名内部类不能定义任何静态成员、方法和类，并且不能用 public、protected、private、static 修饰，只能创建匿名内部类的一个实例。一个匿名内部类一定是在 new 的后面，用其隐含实现一个接口或扩展一个类。因匿名内部类为局部内部类，所以局部内部类的所有限制都对其生效。

匿名内部类在后面的事件处理中有大量的运用，读者在此需要对它的使用有所了解，然后结合事件处理的示例加强理解。

8.2　对象包装器

Java 是一种面向对象语言，Java 中的类把方法与数据连接在一起，构成了自包含式的处理单元。但在 Java 中不能定义基本类型(Primitive Type)，为了能将基本类型视为对象来处理，并能连接相关的方法，Java 为每个基本类型都提供了包装类，这样，便可以把这些基本类型转化为对象来处理了，如图 8.7 所示。

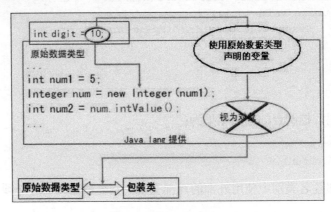

图 8.7　对象包装器类介绍

Java 语言针对所有的基本数据类型都提供了对应的包装类，其对应关系如表 8.1 所示。

表 8.1　基本数据类型与对应的包装类

基本数据类型	包 装 类
byte(字节)	java.lang.Byte
char(字符)	java.lang.Character
short(短整型)	java.lang.Short
int(整型)	java.lang.Integer
long(长整型)	java.lang.Long
float(浮点型)	java.lang.Float
double(双精度)	java.lang.Double
boolean(布尔)	java.lang.Boolean

在记忆过程中只要记住 char 对应 Character 类，int 对应 Integer 类，其他的类型都是将类型首字母大写就可以了。所有基本数据类型都能很方便地与对应的包装类相互转换。

1. 包装器类的使用

专门用来包裹(Wrap)基本类型的类叫包装类，也叫包装器，如 Long、Integer、Double、Float、Boolean 等。其主要目的就是提供一个对象实例作为壳，将基本类型包到这个对象之中，然后提供很多操作数据的方法，使面向对象的编程变得更加容易。

【例 8.4】WarpperDemo.java。

通过 WrapperDemo.java 演示包装器的使用。代码如下：

```java
public class WrapperDemo {
    public static void main(String args[]) {
        int data1 = 10;
        int data2 = 20;
        //使用 Integer 来包装 int 资料
        Integer data1Wrapper = new Integer(data1);
        Integer data2Wrapper = new Integer(data2);
        // 直接除以 3
        System.out.println(data1/3);
        //转为 double 值再除以 3
        System.out.println(data1Wrapper.doubleValue()/3);
        //进行两个值的比较
        System.out.println(data1Wrapper.compareTo(data2Wrapper));
    }
}
```

在代码所在区域右击，在弹出的快捷菜单中选择 Run As → Java Application 命令，控制台的输出结果如图 8.8 所示。

图 8.8 包装类 WarpperDemo 的执行结果

使用工具软件如 MyEclipse，当通过包装类 Integer 的对象查看 data1Wrapper 点时，会看到很多转换的提示方法，如图 8.9 所示。

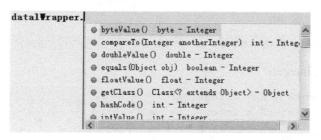

图 8.9 包装类 Integer 对象的方法

2．字符串、包装类、原始数据类间的转换

在 Java 编程过程中，经常涉及字符串、包装类、原始数据类型间的转换问题。

【例 8.5】NumberWrap.java。

通过 NumberWrap.java 演示类型转换的使用。代码如下：

```java
public class NumberWrap {
    public static void main(String[] args) {
```

```
        String str = "158";
        //------------- String 转换成 Integer
        Integer integer = new Integer(str);        //方式一
        // Integer integer = Integer.valueOf(str); //方式二
        //------------- Integer 转换成 String
        String str2 = integer.toString();
        //------------- 把 Integer 转换成 int
        int i = integer.intValue();
        //------------- 把 int 转换成 Integer
        Integer integer2 = new Integer(i);
        //通过 Value of()方法获取指定的 int 值的 Integer 实例
        //Integer integer2 = Integer.valueOf(i);
        //------------- String 转换成 int
        int i2 = Integer.parseInt(str);
        //------------- 把 int 转换成 String
        String str3 = String.valueOf(i2);   //方式一
        String str4 = i2 + "";              //方式二
    }
}
```

各个转换关系如下。

(1) String 转换成 Integer。代码如下：

```
Integer integer = new Integer("158");
//或 Integer integer = Integer.valueOf(str);
```

注意

此字符串必须是数字的有效表示形式，如"158"。

(2) Integer 转换成 String：

```
String str2 = integer.toString();
```

(3) Integer 转换成 int：

```
int i = integer.intValue();
```

(4) int 转换成 Integer：

```
Integer integer2 = new Integer(i);
//或 Integer integer2 = Integer.valueOf(i);
```

(5) String 转换成 int：

```
int i2 = Integer.parseInt(str);
```

(6) int 转换成 String：

```
String str3 = String.valueOf(i2); //或 String str4 = i2 + "";
```

上面主要介绍了 Integer 类的相关用法，读者可对照 API 文档了解一下 Character 类以下方法的相关用法。

public static boolean isDigit(char ch)：确定字符是不是 0~9 间的数字。

public static boolean isLetter(char ch)：确定字符是否为字母。
isLowerCase(char ch)：判断字符是否为小写。
isUpperCase(char ch)：判断字符是否为大写。
不要刻意去记忆，熟悉方法后，可以借助工具达到事半功倍的效果。

8.3　装箱和拆箱

在 Java SE 5.0 之前，要进行操作后才能将 int 包装为一个 Integer 类。JDK 5.0 中为基本数据类型提供了自动装箱(Boxing)和拆箱(Unboxing)的功能。

装箱：将基本数据类型包装为对应的包装类对象。例如：

```
Integer integer = 10;
```

或者：

```
int i = 10;
Integer integer = i;   //自动装箱
```

拆箱：将包装类对象转换成对应的基本数据类型。例如：

```
Integer fooInteger = 10;
int fooPrimitive = fooInteger;   //自动拆箱
```

Java 编译器在编译时期会根据源代码的语法来决定是否进行装箱或拆箱。在运算时，也可以进行自动装箱和拆箱。例如：

```
Integer i = 10;   //装箱
System.out.println(i + 10);   //Integer 类型不支持加法，所以必须拆箱转换为基本类型
System.out.println(i++);
```

当基本类型赋值给 wrapper 类类型的变量时，Java SE 5.0 或以后的平台的编译器自动创建 wrapper 对象。当从 wrapper 对象赋值给基本变量时，编译器也自动提取基本值。在使用自动装箱的时候，要注意以下两点。

(1) 防止没有初始化就使用变量所引起的空指针异常问题：

```
Integer i = null;
int j = i;
//NullPointerException
Integer i = null;
int j = i.intValue();
```

(2) 注意数字类型装箱时的特殊情况：

```
public class AutoBoxDemo2 {
    public static void main(String[] args) {
        Integer i1 = 100;
        Integer i2 = 100;
        if (i1 == i2)
            System.out.println("i1 == i2");
        else
```

```
            System.out.println("i1 != i2");
    }
}
```

输出结果如下。

```
i1 == i2
```

修改 AutoBoxDemo2 的代码，如下所示：

```
public class AutoBoxDemo3 {
    public static void main(String[] args) {
        Integer i1 = 200;
        Integer i2 = 200;
        if (i1 == i2)
            System.out.println("i1 == i2");
        else
            System.out.println("i1 != i2");
    }
}
```

输出结果为：

```
i1 != i2
```

说明："=="也用于判断两个对象参考名称是否指向同一个对象，在自动装箱时，对于基本类型的整数，如果数字在一个字节以内(-128~127)，一旦被包装为对象后，会被缓存在内存池中，当下次再被包装时，会首先从池中寻找，这样可以节省内存开支。所以上面两个结果不同。

如果定义了如下两个变量：

```
Integer i3 = Integer.valueOf(517);
Integer i4 = Integer.valueOf(517);
```

则 System.out.println("i3 == i4")的结果将是什么呢？读者可以查看 valueOf()方法的源码，如下所示：

```
public static Integer valueOf(int i) {
    final int offset = 128;
    if (i>=-128 && i<=127) { //must cache
        return IntegerCache.cache[i+offset];
    }
    return new Integer(i);
}
```

理解这几行代码，就不难理解为什么 System.out.println("i3 == i4")的答案为 false 了。

 注意

不要过分使用自动装箱功能。因为自动装箱或自动拆箱有潜在的性能影响。在紧缩循环内的表达式中混合基本类型和 wrapper 对象，可能会对应用程序的性能和吞吐量造成负面的影响。

8.4 本章练习

1. 简答题

(1) 内部类主要分为哪几类？分别有什么特点？

(2) Java 中为什么需要包装类？主要有哪些包装类？int 和 Integer 有什么区别？

(3) 简述静态嵌套类(Static Nested Class)和内部类(Inner Class)的不同。

(4) 认真分析下列代码，它的输出结果是什么？

```java
public class Test {
    public Test() {
        Inner s1 = new Inner();
        s1.a = 10;
        Inner s2 = new Inner();
        s2.a = 20;
        Test.Inner s3 = new Test.Inner();
        System.out.println(s3.a);
    }
    class Inner {
        public int a = 5;
    }
    public static void main(String[] args) {
        Test t = new Test();
        Inner r = t.new Inner();
        System.out.println(r.a);
    }
}
```

2. 上机练习

(1) 请用匿名内部类的方式实现在控制台上输出"Hello World"。

(2) 依据 API 文档中 Integer 类的相关方法，试编写代码，实现十进制与二进制或八进制或十六进制间的转换。

(3) 在 Java 中只能实现单继承，要想实现多重继承的效果就需要用接口来实现。但使用接口有时候有很多不方便的地方。因为要实现一个接口，就必须实现它里面的所有方法。而有了内部类就不一样了。它可以使要操作的类继承多个具体类或抽象类。试用内部类的相关知识，编写代码实现多继承的效果。

第 9 章

常用类介绍

学前提示

Java 编程中有些类的使用频率很高,为了加强读者对这些类的理解,本书专门用一章的篇幅来讲解常用类中相关方法的用法,读者掌握这些类的常用方法,有助于提高开发效率。由于篇幅所限,本章将主要介绍 Java 语言处理字符串和日期方面的细节。

知识要点

- String 类
- 字符串高级匹配搜索——正则表达式简介
- 时间获取与计算
- Java 语言国际化

9.1 String 类

一连串的字符组成一串，就构成字符串。字符串的处理不论是在生活中还是在计算机应用中都很广泛。本章将讨论怎样通过 Java 语言处理各种各样的字符串。

在 Java 中定义了 String 和 StringBuffer 两个类，来封装对字符串的处理，它们包含在 java.lang 包中，需要时直接使用就可以，默认情况下不需用 import java.lang 导入该包。如图 9.1 所示为生活中的字符串。

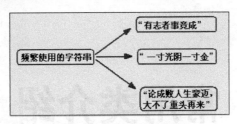

图 9.1 频繁使用的字符串

在 Java 语言中，创建 String 字符串的方法很多，查看 String 类 API 文档，String 构造方法列表如表 9.1 所示。通过这些构造方法，可以生成 String 类的对象。

表 9.1 获取 String 类对象的方法

方法名	说明
String()	初始化一个新创建的 String 对象，它表示一个空字符序列
String(byte[] bytes)	构造一个新的 String，方法是用平台的默认字符集解码字节的指定数组
String(byte[] bytes, int offset, int length)	构造一个新的 String，方法是使用指定的字符集解码字节的指定子数组
String(byte[] bytes, int offset, int length, String charsetName)	构造一个新的 String，方法是使用指定的字符集解码字节的指定子数组
String(byte[] bytes, String charsetName)	构造一个新的 String，方法是使用指定的字符集解码指定的字节数组
String(char[] value)	分配一个新的 String，它表示当前字符数组参数中包含的字符序列
String(char[] value, int offset, int count)	分配一个新的 String，它包含来自该字符数组参数的一个子数组的字符
String(int[] codePoints, int offset, int count)	分配一个新的 String，它包含该 Unicode 代码点数组参数的一个子数组的字符
String(String original)	初始化一个新创建的 String 对象，表示一个与该参数相同的字符序列；换句话说，新创建的字符串是该参数字符串的一个副本
String(StringBuffer buffer)	分配一个新的字符串，包含当前包含在字符串缓冲区参数中的字符序列
String(StringBuilder builder)	分配一个新的字符串，包含当前包含在字符串生成器参数中的字符序列

根据 String 类的构造方法，用户可以调用一个不需要任何参数的构造方法来创建一个空字符串。例如：

```
String s1 = new String();
```

也可以通过传递参数生成一个字符串。例如：

```
String s2 = new String("hello");
```

也可以由字符数组生成一个字符串对象。例如：

```
String s3 = new String(char tmp[]);
```

也可以由字符数组的一部分来生成一个字符串对象。例如：

```
String s4 = new String(char[] value, int offset, int count);
```

其中，value[]代表生成的字符数组，offset 代表字符串在数组中的起始位置，而 count 代表包含的字符个数。

除了以上方法构造 String 对象之外，Java 编译器会自动为每一个字符串常量生成一个 String 类的实例，因此字符串常量 String 有一个非常简单的构造方法，即用双引号括起一串字符，即可直接初始化一个 String 对象。例如：

```
String s5 = "Hello";
```

在内存中的存储是以每一个字符存一个空间，组成一串字符，并统一为它取个指向它的名字，这里的名字为 S5。"Hello"字符串在内存中的存储如图 9.2 所示。

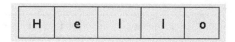

图 9.2 "Hello"字符串在内存中的存储

字符在 Java 编程语言中一旦规定好了空间，就不能再更改。

> **提 示**
>
> String a = "abc"和 String s = new String("abc")的区别：
>
> 在 Java 虚拟机(JVM)中存在着一个字符串池，其中保存着很多 String 对象，并且可以被共享使用，因此它提高了效率。String a = "abc";这行代码被执行的时候，Java 虚拟机首先在字符串池中查找是否已经存在了值为"abc"的这么一个对象，判断依据是 String 类 equals(Object obj)方法的返回值。如果有，则不再创建新的对象，直接返回已存在对象的引用；如果没有，则先创建这个对象，然后把它加入到字符串池中，再将它的引用返回。
>
> 对于 String s = new String("abc");语句，这里"abc"本身就是 pool 中的一个对象，而在运行时执行 new String()时，将 pool 中的对象复制一份放到堆中，并且把堆中的这个对象的引用交给 s 持有，创建了两个 String 对象。
>
> 后面这种方式创建了两个 String 对象，增加了性能开销，所以建议避免使用这种方式创建 String 对象。

下面从字符串的不变性及字符串的比较等方面学习 String 类的相关用法。

9.1.1 字符串常量

在 Java 中字符串有如下特性：
- 字符串必须使用双引号""来括起。
- 字符串的字符使用 Unicode 国际统一字符编码，一个字符占两个字节。
- String 是一个 final 类，代表不可变的字符序列。
- 字符串是不可变(Immutable)的。一个字符串对象一旦被配置，它的内容就是固定不可变的。下面通过一个示例来加强对此句的理解：

```
String str = "Just";
str = "Justin";
```

上述程序中，前一句是创建了一个 String 对象，后一句是改变变量的指向，整个过程如图 9.3 所示。

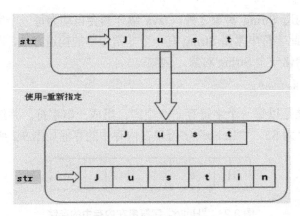

图 9.3 字符串的不变性

从图 9.3 中可以看出，"Just"的内容并未被改变，改变的只是 str 的指向，它指向了内存中另外一个字符串对象。

对于一些可以共享的字符串对象，会先在 String 池中查找是否存在相同的 String 内容。

如创建两个字符串对象 str1、str2，代码如下：

```
String str1 = "flyweight";
String str2 = "flyweight";
System.out.println(str1 == str2);
```

str1 和 str2 在内存中的布局如图 9.4 所示，所以程序中运行这几行代码，将输出"true"。

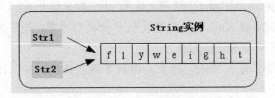

图 9.4 字符串池

> **注意**
>
> 当直接在程序中使用""来创建一个字符串对象时，该字符串就会存储于字符串常量池中，而str2在创建之前会先查寻字符串常量池中是否已经存在"flyweight"，如果已经存在，则无须创建，直接指向"flyweight"即可。

使用 String 中提供的 intern()方法也可以证明字符串是不可变(Immutable)的。String 类中对 intern()方法的介绍如图 9.5 所示。

图 9.5　String 类中 intern()方法的介绍

常量字符串创建后会加入到常量字符串池(pool)中，在添加字符串时，可以用 intern()方法判断是否包括了相同的 String 对象。相同与否由 equals()方法决定。如果包括，则会从池中返回该字符串。反之，原 String 对象会被加入池中，并返回这个 String 对象的引用。

通过示例 InternString.java 讲解 intern()方法的运用。

【例 9.1】InternString.java。代码如下：

```
public class InternString {
    public static void main(String[] args) {
        String str1 = "fly";
        String str2 = "weight";
        String str3 = "flyweight";
        String str4 = null;
        str4 = str1 + str2;
        //如果字符串1和字符串2通过+连接产生的对象是str3指向的,则字符串是可变的
        System.out.println(str3 == str4); //false
        //如果不是str3表示的字符串,则两个连接后产生了新的字符串对象。用str4来指定
        str4 = (str1 + str2).intern();
        //要想str3和str4指向同一个对象,就可以通过.intern()这个方法来实现
        System.out.println(str3 == str4);
```

        }
}

str1、str2、str3、str4 所对应的内存存储样式如图 9.6 所示。执行程序后字符串常量内存存储样式如图 9.7 所示。从图 9.7 中可以看出，str3 和 str4 所指向的地址并不一样，所以 System.out.println(str3 == str4)的输出结果为"false"。

当执行 str4 = (str1 + str2).intern();语句时，会先在字符串常量池中寻找内容为"flyweight"的地址，如果找到，就将 str4 变量指向这个地址，如果没有找到，就将创建一个字符串常量并将其加入到常量池中，此处已经有这个地址，所以 str4 变量指向这个地址。也就是 str4 与 str3 变量指向为同一个地址，两个引用指向同一个字符串对象了。

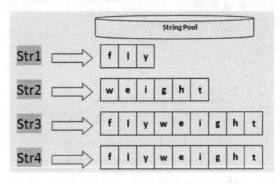

图 9.6　字符串常量内存存储样式

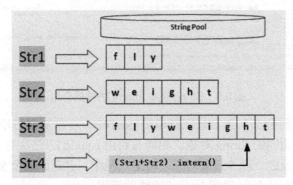

图 9.7　执行程序后字符串常量内存存储样式

在代码所在区域右击，在弹出的快捷菜单中选择 Run As → Java Application 命令，控制台输出结果如图 9.8 所示。

图 9.8　InternString.java 的运行结果

9.1.2 字符串对象的操作

操作字符串 String 类的主要方法如表 9.2 所示。

表 9.2 操作字符串类的主要方法

方 法 名	说 明
int length()	返回字符串的长度
public char charAt(int index)	返回 index+1 位置的字符
public boolean equals(Object anObject)	equalsIgnoreCase 方法忽略大小写
int compareTo(To)	比较此对象与指定对象的顺序。如果该对象小于、等于或大于指定对象，则分别返回负整数、零或正整数
public int indexOf (String s)	返回指定字符在此字符串中第一次出现处的索引
public int indexOf(String s, int startpoint)	从指定的索引处开始，返回第一次出现的指定子字符串在此字符串中的索引
public int lastIndexOf (String s)	返回最后一次出现的指定字符在此字符串中的索引
public int lastIndexOf(String s, int startpoint)	从指定的索引处开始向后搜索，返回在此字符串中最后一次出现的指定子字符串的索引
public boolean startsWith(String prefix)	测试此字符串是否以指定的前缀开始
public boolean endsWith(String suffix)	测试此字符串是否以指定的前缀结束
regionMatches(int toffset, String other, int ooffset, int len)	测试两个字符串区域是否相等

下面详细介绍各个方法的使用。

1. length 方法

length()方法的用法如下所示：

```
String s1 = "CSDN 软件人才实训基地";
String s2 = "csdnSoftBase";
System.out.println(s1.length());
System.out.println(s2.length());
```

对于 length()方法，它将汉字也按一个字符进行计算，所以输出的结果为 12。这里读者可能有疑问：一个汉字占两个字节，如何才能显示它们的真实长度呢？需要借助 getBytes()方法转化为 byte[]：

```
System.out.println(s1.getBytes().length);
System.out.println(s2.getBytes().length);
```

2. charAt 方法

charAt()方法的用法如下所示：

```
String s1 = "CSDN 软件人才实训基地";
String s2 = "csdn";
```

```
System.out.println(s1.charAt(5));
System.out.println(s2.charAt(2));
```

索引值从 0 开始，返回的是 index+1 位置的字符。本例输出的结果为"软"和"d"。

3. equals 方法、equalsIgnoreCase 方法

equals(String s)方法用来比较当前字符串对象的实体是否与参数指定的字符串 s 的实体相同。equalsIgnoreCase 方法忽略大小写。例如：

```
String tom = new String("we are students");
String jick = new String("We are students");
String jerry = new String("we are students");
//tom.equals(jick)的值是 false,
//tom.equalsIgnoreCase(jick)的值是 true,
//tom.equals(jerry)的值是 true
```

> **注意**
>
> Java 中 "=="在比较常量时，是比较常量的值是否相等；如果比较的是对象，则是比较两个变量是否引用同一个对象。

在 Java 中检查两个字符串引用是否指向同一个对象，可以通过"=="符号来判断，如图 9.9 所示。

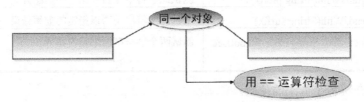

图 9.9 "=="对象比较

检查两个字符串的内容是否相等可以通过 equals()方法来判断，如图 9.10 所示。

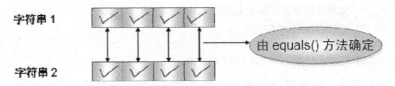

图 9.10 equals 字符串值比较

equals 和 "=="的用法示例如下：

```
String str1 = new String("caterpillar");
String str2 = new String("caterpillar");
System.out.println(str1 == str2);
System.out.println(str1.equals(str2));
```

因为 str1 和 str2 引用的不是同一个对象，所以运行上述几行代码后，System.out.println(str1==str2)语句的输出结果为 false；而 str1 和 str2 二者所对应的字符串内容是相同的，所以，System.out.println(str1.equals(str2))语句的输出结果为 true。

4. compareTo 和 compareToIgnoreCase 方法

compareTo()按辞典顺序与参数 s 指定的字符串比较大小。如果当前字符串与 s 相同，该方法返回值 0；如果当前字符串对象大于 s，该方法返回正值；如果小于 s，该方法返回负值。compareTo()用法示例如下：

```
String s1 = "tjitcast";
String s2 = "csdn";
String s3 = new String("csdn");
System.out.println(s1.compareTo(s2));
//s1>s2 取值为正
System.out.println(s3.compareTo(s2));
//内容相等，取值为零
System.out.println(s2.compareTo(s1));
//s2<s1 取值为负
```

5. 与 indexOf 相关的方法

项目开发中经常会用到搜索字符串的功能，在 String 类中，提供了较丰富的搜索字符串的方法，这些常用的搜索方法如下所示。

(1) public int indexOf(String s)：表示从当前字符串的头开始检索字符串 s，并返回首次出现 s 的位置。如果没有检索到字符串 s，则该方法返回的值是-1。

(2) public int indexOf(String s, int startpoint)：表示字符串调用该方法从当前字符串的 startpoint 位置处开始检索字符串 s，并返回首次出现 s 的位置。如果没有检索到字符串 s，则该方法返回的值是-1。

(3) public int lastIndexOf(String s)：表示字符串调用该方法从当前字符串的头开始检索字符串 s，并返回最后出现 s 的位置。如果没有检索到字符串 s，该方法返回的值是-1。

(4) public int lastIndexOf(String s, int startpoint)：表示字符串调用该方法从当前字符串的 startpoint 位置处开始检索字符串 s，并返回最后出现 s 的位置。如果没有检索到字符串 s，该方法返回的值是-1。

以上方法的用法示例如下：

```
String s1 = "CSDN 软件人才实训基地，乐知软件天津公司";
System.out.println(s1.indexOf("软"));
//4
System.out.println(s1.indexOf("地", 4));
//11
System.out.println(s1.lastIndexOf("司"));
//20
System.out.println(s1.lastIndexOf("件", 25));
//16
```

6. startsWith、endsWith 方法

startsWith(String prefix)和 endsWith(String Suffix)方法用来测试此字符串是否以指定的前缀开始或结束。其相关用法如下所示：

```
String tom = "220302620629021";
```

```
String jerry = "21079670924022";
//tom.startsWith("220")的值是 true
//jerry.startsWith("220")的值是 false
```

7. regionMatches 方法

regionMatches(int firstStart, String other, int ortherStart, int length)方法用来从当前字符串参数 firstStart 指定的位置开始处取长度为 length 的一个子串，并将这个子串和参数 other 指定的一个子串进行比较。其中 other 指定的子串是指从 other 字符串的 ortherStart 所指定的位置开始，截取长度为 length 的一个子串。如果两个子串相同，该方法就返回 true，否则返回 false。该方法的重载方法如下：

```
public boolean regionMatches(boolean b, int firstStart, String other,
    int ortherStart, intlength)
```

可以通过参数 b 决定是否忽略大小写，当 b 取 true 时，忽略大小写。其相关用法如下：

```
String s1 = "北京世纪乐知网络科技有限公司";
String s2 = "天津世纪乐知网络科技有限公司";
System.out.println(s1.regionMatches(2, s2, 2, 10));
//true
System.out.println(s1.regionMatches(false, 2, s2, 2, 10));
//true
```

9.1.3 字符串对象的修改

对给定字符串进行的各种修改并不会改变原有字符串的值，修改 String 的主要操作方法如表 9.3 所示。

表 9.3 字符串对象修改方法列表

方 法 名	说 明
public String substring(int startpoint)	字符串对象调用该方法获得一个当前字符串的子串,该子串是从当前字符串的 startpoint 处截取到最后所得到的字符串
public String substring(int beginIndex, int endIndex)	字符串对象调用该方法获得一个当前字符串的子串,该字符串从指定的 beginIndex 处开始,直到索引 endIndex-1 处的字符。因此,该子字符串的长度为 endIndex - beginIndex
public String replace(char oldChar, char newChar)	字符串对象 s 调用该方法可以获得一个串对象,这个串对象是用参数 newChar 指定的字符替换 s 中由 oldChar 指定的所有字符而得到的字符串
public String replaceAll(String old, String new)	字符串对象 s 调用该方法可以获得一个串对象,这个串对象是通过用参数 new 指定的字符串替换 s 中由 old 指定的所有字符串而得到的字符串
public String trim()	一个字符串 s 通过调用方法 trim()得到一个字符串对象,该字符串对象是 s 去掉前后空格后的字符串

续表

方 法 名	说 明
public String concat(String str)	将指定字符串连到此字符串的结尾
public String[] split(String regex)	根据给定的正则表达式的匹配来拆分此字符串

下面来详细介绍各个方法的使用。

1. substring 方法

substring(int startpoint)、substring(int beginIndex, int endIndex)方法主要用来从当前的字符串中获得一个子串。相关用法示例如下：

```
String s1 = "北京乐知学院教育科技有限公司";
System.out.println(s1.substring(2));
//乐知学院教育科技有限公司
System.out.println(s1.substring(2,8));
//乐知学院教育
```

 注意

substring 方法的索引是从 0 开始的，截取值是从 start 值开始的，并且包含 start 所对应的值。

2. replace 方法

replace(char oldChar, char newChar)方法用来返回一个新的字符串，它是通过用 newChar 替换此字符串中出现的所有 oldChar 而生成的。它的用法如下：

```
String s1 = "mesquite in your cellar".replace('e', 'o');
//返回"mosquito in your collar"
String s2 = "the war of baronets".replace('r', 'y');
//返回"the way of bayonets"
String s3 = "sparring with a purple porpoise".replace('p', 't');
//返回"starring with a turtle tortoise"
String s4 = "JonL".replace('q', 'x');
//返回"JonL"(无变化);
System.out.println(s1);
System.out.println(s2);
System.out.println(s3);
System.out.println(s4);
```

3. trim 方法

trim()方法用来返回字符串的副本，忽略前导空白和尾部空白。它的用法如下：

```
String s1 = " my name is xmh ";
System.out.println(s1);
System.out.println(s1.trim());
```

一般从客户端获取的数据，都建议使用 trim()方法去除两端多余的空格。运行上述几行

代码，输出效果如图 9.11 所示。

```
my name is xmh
my name is xmh
```

图 9.11　trim()方法的应用效果

4. concat 方法

concat(String str)方法用来将指定字符串连到此字符串的结尾。如果参数字符串的长度为 0，则返回此 String 对象。否则，创建一个新的 String 对象，用来表示由此 String 对象表示的字符序列和由参数字符串表示的字符序列串联而成的字符序列。它的用法如下：

```
"cares".concat("s");
//返回"caress"
"to".concat("get").concat("her");
//返回"together"
```

Java 中允许使用符号"+"把两个字符串连接起来组合成一个新字符串。例如：

```
String str = "你好" + "世界";
```

"+"号也能将字符串与其他的数据类型相连，成为一个新的字符串。例如：

```
String str = "abc" + 12;    //str 将引用一个新的字符串对象"abc12"
```

5. split 方法

split(String regex)根据给定的正则表达式的匹配来拆分此字符串。它的用法如下：

```java
public class SplitStringDemo {
    public static void main(String args[]) {
        String[] fakeFileData = {
            "justin\t64/5/26\t0939002302\t5433343",
            "momor\t68/7/23\t0939100391\t5432343"};
        for(String data : fakeFileData) {
            String[] tokens = data.split("\t");
            //\t 为字符串的分隔符号
            for(String token : tokens) {
                System.out.print(token + "\t| ");
            }
            System.out.println();
        }
    }
}
```

输出结果为：

```
justin  | 64/5/26  | 0939002302  | 5433343  |
momor   | 68/7/23  | 0939100391  | 5432343  |
```

此例采用了普通的分隔符，如果用户使用了"|"或"\"这样的分隔符，则需要进行转义。比如：

```
"1|3|4".split("|");        //返回的结果是{"1","|","3","|","4"}
"1|3|4".split("\\|");      //返回的结果是{"1","3","4"}
```

9.1.4 类型转换

1. 转化为整型

java.lang 包中的 Integer 类调用其类方法 public static int parseInt(String s)可以将"数字"格式的字符串(如"12387")，转化为 int 型数据。其应用示例如下：

```
int x;
String s = "6542";
x = Integer.parseInt("6542");
```

类似地，使用 java.lang 包中的 Byte、Short、Long 类调用相应的类方法 public static byte parseByte(String s)、public static short parseShort(String s)、public static long parseLong(String s)可以将"数字"格式的字符串转化为相应的基本数据类型。

当然，在相应的对象中，还提供了一个 valueOf(String s)方法对字符串进行转型。

2. 转化为 float 型或 double 型

java.lang 包中的 Float 类调用其类方法 public static int parseFloat(String s)可以将"数字"格式的字符串(如"12387.8976")，转化为 float 型数据。其应用示例如下：

```
String s = new String("12387.8976");
float n = Float.parseFloat(s)
```

同样，调用 Double 类的 public static double parseDouble(String s)，可以将"数字"格式的字符串转化为 double 型数据。

3. 将数值转化为字符串

可以调用 public String valueOf(byte n)、public String valueOf(int n)、public String valueOf(long n)、public String valueOf(float n)、public String valueOf(double n)等方法将数值转化为字符串。其应用示例如下：

```
String str = String.valueOf(12313.9876);
float x = 123.987f;
String temp = String.valueOf(x);
```

在前面已经学习过"+"的用法，它可以很方便地将数值转化为字符串。
例如：

```
Double f = 45.56;
Integer n = 89;
System.out.println("" + f + n);
```

4. 将字符串中的字符复制到字符数组

public void getChars(int start, int end, char c[], int offset)表示字符串调用 getChars 方法将当前字符串中的一部分字符拷贝到参数 c 指定的数组中，将字符串中从位置 start 到 end-1 位置上的字符复制到数组 c 中，并从数组 c 的 offset 处开始存放这些字符。需要注意的是，必须保证数组 c 能容纳下要被复制的字符。其应用示例如下：

```
String s1 = "mynameisxmh";
char[] temp = new char[6];
s1.getChars(2, 8, temp, 0);
for(char t : temp)
    System.out.print(t);
```

9.2 StringBuffer 和 StringBuilder 类

一个 String 对象的长度是固定的，不能改变它的内容。也许会在编程的过程中使用"+"来串联字符串以达到附加新字符或字符串的目的，但"+"会产生一个新的 String 对象。

如果程序对这种附加字符串的操作很频繁，并不建议用"+"来进行字符串的串联，应该用 java.lang.StringBuffer 类或 StringBuilder 类。下面就分别来介绍这两个类的相关用法。

1. StringBuffer 类的使用

java.lang.StringBuffer 代表可变的字符序列。StringBuffer 类的常用构造方法如表 9.4 所示。StringBuffer 类的使用与 String 类有很多的相似之处，但是其内部的实现却有很大的差别，StringBuffer 类实际上是封装一个字符数组，同时提供了对这个字符数组的相关操作，其中大部分用法与 String 类是一样的。StringBuffer 类常用的方法说明如表 9.5 所示。

表 9.4 StringBuffer 类常用的构造方法

方 法 名	说 明
StringBuffer()	构造一个其中不带字符的字符串缓冲区，其初始容量为 16 个字符
StringBuffer(CharSequence seq)	public java.lang.StringBuilder(CharSequence seq)构造一个字符串缓冲区，它包含与指定的 CharSequence 相同的字符
StringBuffer(int capacity)	构造一个不带字符，但具有指定初始容量的字符串缓冲区
StringBuffer(String str)	构造一个字符串缓冲区，并将其内容初始化为指定的字符串内容

表 9.5 StringBuffer 类的常用方法

方 法	说 明
StringBuffer append(String str)	将指定的字符串追加到此字符序列
StringBuffer insert(int offset, String str)	将字符串 str 插入此字符序列指定位置中
int length()	确定 StringBuffer 对象的长度

续表

方　　法	说　　明
void setCharAt(int pos, char ch)	使用 ch 指定的新值设置 pos 指定位置上的字符
String toString()	转换为字符串形式
StringBuffer reverse()	反转字符串
StringBuffer delete(int start, int end)	此方法将删除调用对象中从 start 位置开始直到 end 指定的索引-1 位置的字符序列
StringBuffer deleteCharAt(int pos)	此方法将删除 pos 指定的索引处的字符
StringBuffer replace(int start, int end, String s)	此方法使用一组字符替换另一组字符。将用替换字符串从 start 指定的位置开始替换，直到 end 指定的位置结束

StringBuffer 类的应用示例如下：

```java
public class TestStringBuffer {
    public static void main(String[] args) {
        StringBuffer buf = new StringBuffer("Java");
        buf.append(" Guide Ver1/"); //附加
        buf.append(3);
        int index = 5;
        buf.insert(index, "Student ");   //插入
        index = 23;   //指定的位置
        buf.setCharAt(index, '.'); //替换设置新的字符
        int start = 24;
        int end = 25;
        buf.replace(start, end, "4");
        String s = buf.toString();    //转换为字符串
        System.out.println(s);
        //输出结果为: Java Student Guide Ver1.4
    }
}
```

> **注意**
>
> StringBuffer 类不像 String 类那样为了线程访问安全创建大量副本对象。因此，如果是一段需要在一个字符串上进行操作的代码，推荐使用 StringBuffer 类提高性能。如果不考虑性能，可以全部选择 String 类进行操作。

2. StringBuilder 类的使用

StringBuilder 类是一个可变的字符序列。它提供一个与 StringBuffer 类兼容的 API，但不保证同步。该类被设计用作 StringBuffer 类的一个简易替换，用在字符串缓冲区被单个线程使用的时候(这种情况很普遍)。如果可能，建议优先采用该类，因为在大多数实现中，它比 StringBuffer 类要快。StringBuilder 类的 API 界面如图 9.12 所示。

图 9.12　StringBuilder 类的 API

StringBuilder 类构建字符串的过程比较简单，一般使用步骤如下所示。

第 1 步　构建一个空的字符串构建器：

```
StringBuilder builder = new StringBuilder();
```

第 2 步　当每次添加一小部分内容时就调用 append 方法：

```
builder.append(ch);
builder.append(str);
```

第 3 步　调用 builder.toString()方法得到构建好的字符串。

下面通过一个示例来理解 StringBuilder 的用法：

```
String text = "";
StringBuilder builder = new StringBuilder("");
builder.append("my name is ");
builder.append("xmh");
System.out.println("输出结果: " + builder.toString());
  //输出结果: my name is xmh
```

在前面学习了 String、StringBuffer 和 StringBuilder 的相关内容，下面通过一个示例来验证它们之间的性能差别。

【例 9.2】StringDemo.java。代码如下：

```
public class StringDemo {
    public static void main(String[] args) {
        String text = "";
        long beginTime = 0l;
        long endTime = 0l;
        StringBuffer buffer = new StringBuffer("");
        beginTime = System.currentTimeMillis();
        for(int i=0; i<20000; i++)
            buffer.append(String.valueOf(i));
        endTime = System.currentTimeMillis();
```

```
    System.out.println("StringBuffer 执行时间: " + (endTime - beginTime));
    StringBuilder builder = new StringBuilder("");
    beginTime = System.currentTimeMillis();
    for(int i=0; i<20000; i++)
        builder.append(String.valueOf(i));
    endTime = System.currentTimeMillis();
    System.out.println("StringBuilder 执行时间: " + (endTime - beginTime));
    beginTime = System.currentTimeMillis();
    for(int i=0; i<20000; i++)
        text = text + i;
    endTime = System.currentTimeMillis();
    System.out.println("+号执行时间: " + (endTime - beginTime));
    }
}
```

在代码所在区域右击,在弹出的快捷菜单中选择 Run As → Java Application 命令,控制台输出结果如图 9.13 所示。

图 9.13　StringDemo 类调用输出的结果

9.3　Runtime 类的使用

每个 Java 应用程序都有一个 Runtime 类实例,使应用程序能够与其运行的环境相连接。本节主要讲述 Runtime 类实例在调用应用程序和显示内存占用方面的运用。

应用程序不能创建自己的 Runtime 类实例。可以通过 getRuntime 方法获取当前运行的 Runtime 对象。下面通过示例 TestRuntime.java 来演示它的相关用法:

```
public class TestRuntime {
    public static void main(String args[]) throws Exception
    {
        Runtime r = Runtime.getRuntime();
        // 运行程序(记事本、画图、计算器)
        Process p = r.exec("notepad.exe");
        //Process p = r.exec("mspaint.exe");
        //Process p = r.exec("calc.exe");
        Thread.sleep(5000);
        //让进程销毁即关闭应用程序
        p.destroy();
    }
}
```

使用 DOS 命令(比如 dir)时也要使用到调用。如果想与调用的程序进行交互,那么就要

使用该方法的返回对象 Process 了，通过 Process 的 getInputStream()、getOutputStream()和 getErrorStream()方法可以得到输入输出流，然后通过 InputStream 可以得到程序对控制台的输出信息，通过 OutputStream 可以给程序输入指令，这样就实现了程序的交换功能。

下面这段代码将输出类所在文件夹的目录结构图：

```java
public static void main(String args[]) throws Exception
{
    String s;
    Process process = Runtime.getRuntime().exec("cmd /c dir .\\");
    BufferedReader bufferedReader = new BufferedReader(
      new InputStreamReader(process.getInputStream()));
    while((s=bufferedReader.readLine()) != null)
        System.out.println(s);
    process.waitFor();
}
```

如果用户想要调用其他一些系统功能，该怎么办呢？这就需要借助 Windows 提供的 **Rundll32.exe**。比如要调用系统的日期和时间面板，或者想播放硬盘上的某首歌曲，或想打开某个网站，只需如 **RuntimeDemo** 类编码即可：

```java
public class RuntimeDemo {
    public static void main(String[] args) {
        RuntimeDemo ut = new RuntimeDemo();
        //播放歌曲
        ut.doShowURL("g:\\MP3\\twshen.wma");
        //访问网站
        ut.doShowURL("http://www.csdn.net");
    }
    private void doShowURL(String urlSpec) {
        String commandLine = "";
        if (System.getProperty("os.name").startsWith("Windows")) {
            //X 代表要运行的文件，包括路径，
            //commandLine = "rundll32.exe url.dll,FileProtocolHandler "
            // + urlSpec;
            //打开日期和时间
            //commandLine = "Rundll32.exe Shell32.dll,
            //Control_RunDLL Timedate.cpl";
        } else {
            commandLine = "netscape " + urlSpec;
        }
        try {
            Runtime.getRuntime().exec(commandLine);
        } catch (IOException ex) {}
    }
}
```

在 Java 语言中，用户可以很方便地查看程序所占用的内存数据。Java 中提供读取内存信息的函数，如下所示：

```java
Runtime.getRuntime().maxMemory();   //得到虚拟机可以控制的最大内存数量
Runtime.getRuntime().totalMemory(); //得到虚拟机当前已经使用的内存数量
```

下面编写 TestMemory 类，通过输出一个指定的字符串，来演示虚拟机内存的占用情况：

```
public class TestMemory {
    /**
     * @param args
     */
    public static void main(String[] args) {
        String tmp = "CSDN 软件学院";
        System.out.println(tmp);
        System.out.print("当前最大内存是：");
        System.out.println(
          Runtime.getRuntime().maxMemory()/1024/1024 + "M");
        System.out.print("当前使用内存是：");
        System.out.println(
          Runtime.getRuntime().totalMemory()/1024/1024 + "M");
    }
}
```

在代码所在区域右击，在弹出的快捷菜单中选择 Run As → Java Application 命令，控制台输出结果如图 9.14 所示。

图 9.14　调用 TestMemory 类的输出结果

通过图 9.14 可以得知，虚拟机可以控制的最大内存数为 63MB，如果让 Java 虚拟机控制更多的内存呢？请读者参阅 Java 命令的 Xmx 参数的用法。

9.4　日期类简介

日期在编程过程中经常要获取，本节将从 System 类、Date 类和 Calendar 类及它们的方法来介绍与日期相关的操作。

1. java.lang.System 类

System 类提供的 public static long currentTimeMillis()用来返回当前时间与 1970 年 1 月 1 日 0 时 0 分 0 秒之间以毫秒为单位的时间差(不太精确)。这个方法只适用于计算时间差。

下面是 currentTimeMillis 方法的用法示例。

【例 9.3】TestTimeSystem.java。代码如下：

```
public class TestTimeSystem {
    /**
     * @param args
     */
```

```java
public static void main(String[] args) {
    //测试循环相隔多长时间
    long startTime = System.currentTimeMillis();
    //以毫微秒为单位
    System.out.println("开始跑起始时间是: " + startTime);
    for(int i=0; i<100; i++) {
        System.out.println("我已经跑了" + i + "圈了");
    }
    long estimatedTime = System.currentTimeMillis() - startTime;
    System.out.println("共花了" + estimatedTime + "毫微秒");
}
```

输出结果为：

开始跑起始时间是：30579800286349
我已经跑了 0 圈了
我已经跑了 1 圈了
……
我已经跑了 99 圈了
共花了 4167569 毫微秒

计算世界时间的主要标准如下。

- UTC(Coordinated Universal Time)：世界协调时间、世界统一时间或世界标准时间。
- GMT(Greenwich Mean Time)：格林威治标准时间或格林威治平均时间。

注意

UTC 比 GMT 更加精确，不过它们的差值不会超过 0.9 秒。

2. java.util.Date 类

Date 类表示特定的瞬间，精确到毫秒。常用的获取 Date 类对象的方法如表 9.6 所示。

表 9.6 获取 Date 类对象的方法

方法名	说明
Date()	分配 Date 对象并初始化此对象，以表示分配它的时间(精确到毫秒)
Date(long date)	分配 Date 对象并初始化此对象，以表示自从标准基准时间（称为"历元(epoch)"，即 1970 年 1 月 1 日 00:00:00 GMT)以来的指定毫秒数

Date()方法的作用是使用系统当前的时间创建一个 Date 实例，内部就是使用 System.currentTimeMillis()获取系统当前时间的毫秒数来创建 Date 对象。

Date(long date)方法的作用是使用自 1970 年 1 月 1 日 00:00:00 GMT 以来的指定毫秒数创建一个 Date 实例。

Date 类的常用方法包括以下几个。

- getTime()：返回自 1970 年 1 月 1 日 00:00:00 GMT 以来，此 Date 对象所表示的毫秒数。
- toString()：把 Date 对象转换为以下形式的 String：dow mon dd hh:mm:ss zzz yyyy，

即星期 月 日 时:分:秒 时区 年。

Date 类中的方法 API 不易于实现国际化,大部分被废弃了。Date 类获取时间比较简单,如 TestDateFormat.java 示例所示。

【例 9.4】TestDateFormat.java。代码如下:

```java
public class TestDate {
    public static void main(String[] args) {
        Date date = new Date(); //产生一个 Date 实例
        System.out.println(date.toString());
    }
}
```

输出结果为:

```
Wed Oct 07 08:13:13 CST 2009
```

确实取出时间值了,但是这个值是不符合中国人习惯的,所以建议读者只了解一下 Date 类的相关用法即可,在 Java 中一般使用 Calendar 类来获取与时间相关的值,它还可以把时间精确到毫秒。

3. java.util.Calendar 类

Calendar 类(日历)是一个抽象基类,主要用于完成日期字段之间相互操作的功能。可以设置和获取日期数据的特定部分。获取 Calendar 类实例的方法有:使用 Calendar.getInstance() 方法或调用它的子类 GregorianCalendar 的构造方法。一个 Calendar 的实例是系统时间的抽象表示,可以通过这个实例上的 get(int field)方法来取得想要的时间信息。public int get(int field)方法根据给定的日历字段获得当前时间中相应字段的值。

Calendar 类的常用方法包括以下几个。

(1) public int get(int field):根据给定的日历字段获得当前时间中相应字段的值。

(2) public void set(int field, int value):将指定的日历字段设置为给定的值。

(3) public void add(int field, int amount):根据日历的规则,为给定的日历字段添加或减去指定的时间量。

(4) public final Date getTime():返回一个表示此 Calendar 时间值的 Date 对象。

(5) public final void setTime(Date date):使用给定的 Date 设置此 Calendar 的时间。

(6) public long getTimeInMillis():返回此 Calendar 时间的毫秒值。

如果对这些方法不知如何使用,可以查看其子类 GregorianCalendar 的 API 文档。它里面提供了一个非常详细的示例。有助于读者理解这些方法。

【例 9.5】TestCalendar.java。

下面通过 TestCalendar.java 示例加强对 Calendar 类的理解:

```java
import java.util.Calendar;
import java.util.Date;
import java.util.GregorianCalendar;

public class TestCalendar {
    public static void main(String[] args) {
```

```java
//Calendar objCalendar = Calendar.getInstance();
Calendar objCalendar = new GregorianCalendar();
//显示Date和Time的各个组成部分
System.out.println("Date和Time的各个组成部分：");
System.out.print("年： " + objCalendar.get(Calendar.YEAR));
//一年中的第一个月是JANUARY，它为0
System.out.print("月： " + (objCalendar.get(Calendar.MONTH)));
System.out.print("日： " + objCalendar.get(Calendar.DATE));
//Calendar的星期常数从星期日Calendar.SUNDAY(是1)，
//到星期六Calendar.SATURDAY(是7)
System.out.println(
  "星期： " + objCalendar.get(Calendar.DAY_OF_WEEK));
System.out.print("小时： " + objCalendar.get(Calendar.HOUR_OF_DAY));
System.out.print("分钟： " + objCalendar.get(Calendar.MINUTE));
System.out.print("秒： " + objCalendar.get(Calendar.SECOND));
//从一个Calendar对象中获取Date对象
Date date = objCalendar.getTime();
//使用给定的Date设置此Calendar的时间
objCalendar.setTime(date);
objCalendar.set(Calendar.DAY_OF_MONTH, 8);
System.out.println(
  "当前时间日设置为8后，时间是： " + objCalendar.getTime());
objCalendar.add(Calendar.HOUR, 2);
System.out.println(
  "当前时间加2小时后，时间是： " + objCalendar.getTime());
objCalendar.add(Calendar.MONTH, -2);
System.out.println(
  "当前日期减2个月后,时间是:" + objCalendar.getTime());
  }
}
```

在代码所在区域右击，在弹出的快捷菜单中选择 Run As → Java Application 命令，控制台输出结果如图9.15所示。

图9.15 TestCalendar.java 运行后的输出结果

4. java.text. SimpleDateFormat 类

有时候获取了时间值后，还需要对时间值的格式进行转化，比如需要把"2008-8-8 08:8:8"转换为"2008年8月8日08时8分8秒"，如果实现呢？这就需要借助Java中提供的SimpleDateFormat类，它位于java.text包中，SimpleDateFormat类是一个以与语言环境有关的方式来格式化和解析日期的具体类。它允许进行格式化(日期→文本)、解析(文本→日期)和规范化。

示例代码如下:

```java
import java.text.SimpleDateFormat;
import java.util.Date;
public class TestSimpleForm {
   public static void main(String args[]) throws Exception
   {
      /*
      假设的一个时间值：2008-8-8 8:8:8
      原来的时间格式：yyyy-MM-dd HH:mm:ss
      新时间格式：年-月-日 时:分:秒
      */
      String str = "2008-8-8 8:8:8";
      //1、原时间格式
      SimpleDateFormat sdf1 = new SimpleDateFormat("yyyy-MM-dd HH:mm:ss");
      //2、新时间格式
      SimpleDateFormat sdf2 =
        new SimpleDateFormat("yyyy年MM月dd日 HH时mm分ss秒");
      //3、按sdf1模板解析出日期对象
      Date d = sdf1.parse(str);
      //4、用新模板格式化日期对象
      //public final String format(Date date)
      String newStr = sdf2.format(d);
      System.out.println(newStr);
   }
}
```

从示例中可知，把一种格式的时间向另外一种格式转换时需要执行如下步骤。

第1步　从原格式中取出具体的时间值。

第2步　准备一个新的时间格式。

第3步　用新格式设置时间值。

9.5　Java 程序国际化的实现

Java 语言内核基于 Unicode 2.1，提供了对不同国家和不同语言文字的内部支持。Java 程序的国际化主要通过如下 3 个类来完成。

- java.util.Locale：对应一个特定的国家/区域的语言环境。
- java.util.ResourceBundle：用于加载一个资源包。
- java.text.MessageFormat：用于将消息格式化。

下面详细介绍以上 3 个类的相关用法。

1. java.util.Locale 类

Locale 类是最重要的 Java I18N 类，Locale(本地)指的是一个具有相同风俗、文化和语言的区域。它的实例代表一种特定的语言和地区。可以通过如下方法取一个 Locale 实例。

(1) 用构造方法 public Locale(String language, String country)，根据指定的语言和国家/

地区代码创建一个 Locale 对象。其中，参数 language 代表语言代码，由两位小写字母组成；参数 country 代表国家/地区代码，由两位大写字母组成。例如：

```
new Locale("zh", "CN");
new Locale("en", "US");
```

这里的 language 并不是凭空臆想的，它依据国际标准化组织所制定的 ISO 639 标准。

ISO 639 制定了语言代号，国际化标准组织为世界上的大多数语言指派 2 个或者 3 个字母来代表。Locale 用 2 个字母代号标识出想要的语言。表 9.7 列出了这样的几个语言代号。

表 9.7　ISO 639 标准里的一些语言代号

语言(Language)	代号(Code)
Arabic	ar
German	de
English	en
Spanish	es
Japanese	ja
Hebrew	he

语言环境是 Locale 对象里的重要组成部分，因为它描述了特定用户群的语言。用户的应用程序需要用这些信息来为用户提供与其语言一致的用户界面。当然，语言并没描绘了整个 Locale。举一例，即使把 de 作为本地语言代号，单单的一个 de 并不能知道到底是哪一地区的人讲的德语。一些国家把德语作为官方语言或者作为第二种语言。一个国家与另一个国家里的德语的区别之一就是排列顺序。由于这样的原因以及另外一些原由，语言并不总能充分地、准确地定义一个区域。所以还需要指定国家(区域)代号。

国际标准 ISO 3166 定义了国家代号。这个标准为世界上的大多数主要区域以及每个国家定义了 2 到 3 个缩写字母。跟语言代号对比，国家代号是用大写字符的。表 9.8 给出了一些代号的定义。Locale 用两字母的代号来替代标准里也同样支持的 3 字母的代号。

表 9.8　ISO 3166 标准中一些国家代号的定义

国家(Country)	代号(Code)
China	CN
Canada	CA
France	FR
Japan	JP
Germany	DE

国家代号是 Locale 的重要组成部分。对应日期的 java.text.Format 对象，时间、数字和货币都对国家代号很敏感。有了国家代号，就可更好地确认 Locale 里的语言部分。举例来说，在加拿大和法国都说法语，然而确切的用法和语言表达习惯却是不一样的。这些不同之处可以用 Locale 里的国家代号来区分出来。例如，代号 fr_CA(加拿大法语)跟 fr_FR(法国法语)就不一样。

(2) 用 Locale 的几个静态常量。如果对语言代号或国家代号不熟悉，则读者可以直接使用 Locale 类的相关静态常量来获取 Locale 对象，例如：

```
Locale.CHINA;
Locale.US;
```

2. java.util.ResourceBundle 类

ResourceBundle 类根据特定的语言环境加载对应的资源包，ResourceBundle 类的常用方法如下。

(1) public static final ResourceBundle getBundle(String baseName, Locale locale)，其中，baseName 代表资源包基本名；locale 代表特定的语言环境实例。

(2) public final String getString(String key)，用来从资源包中获取给定键的字符串资源包对应的文件，就是存储"键-值"对的 properties 文件。每个资源文件中的"键"是不变的，但"值"则用各自语言环境书写。

资源文件的命名可以有以下 3 种方式：

- baseName_language_country.properties
- baseName_language.properties
- baseName.properties

其中，baseName 代表文件的基本名，由用户自己取名；language 代表语言代码，country 代表国家或地区代码。

按照此处的要求，对学习 Java 的第一个示例 HelloWorld 进行改写(假设用户的电脑上有 D 盘分区，在 D 盘有一个 testLocal 文件夹)，改写步骤如下。

(1) 编写资源文件

新建英文版资源文件，命名为 hello_en_US.properties，内容如下：

```
name=hello world
```

(2) 编写测试类

创建测试类，命名为 TestHello.java，内容如下：

```java
import java.util.Locale;
import java.util.ResourceBundle;
public class TestHello {
    public static void main(String[] args) {
        Locale local = new Locale("en", "US");
        ResourceBundle bundle = ResourceBundle.getBundle("hello", local);
        String myname = bundle.getString("name");
        System.out.println(myname);
    }
}
```

运行此程序，控制台输出结果如下：

```
hello world
```

如果要显示中文版的"HelloWorld"，该如何操作呢？

新建中文版资源文件，命名为 hello_zh_CN.properties，内容如下：

```
name=欢迎你进入 Java 世界
```

然后把 TestHello.java 中的 Locale 对象绑定中文的相关信息即可。如下所示：

```
Locale local = new Locale("zh", "CN");
```

重新运行 TestHello.java 程序，控制台输出结果如下：

```
?????
```

因为在不同的环境之下，中文并不能被正确识别，所以需要把中文转化为一种能被识别的字符。这就需要用到 native2ascii 命令对中文资源文件进行转码。

选择"开始"→"运行"命令，在弹出的对话框中输入"cmd"，然后单击"确定"按钮进入命令界面，进入 message_zh_CN.properties 所在的目录，此处 message_zh_CN.properties 文件位于 D 盘 testLocal 目录下。输入如下命令将中文转码成 Unicode 的国际编码形式：

```
C:\>native2ascii -encoding gbk message_zh_CN_temp.properties
message_zh_CN.properties
```

打开 message_zh_CN_temp.properties 文件，将其内容覆盖 message_zh_CN.properties 文件中的相关内容即可。

在实际的开发应用中，有时候需要用户提供一些参数值，如何将参数值与资源文件组合运用呢？这就需要用到 MessageFormat 类的 format 方法。

3. java.text.MessageFormat 类

MessageFormat 类提供了一种与语言环境无关的方式来组装消息，允许在运行时刻用指定的参数值来填充消息模式串中的占位符。消息模式串中的占位符格式为{0}、{1}、{2}、...。

MessageFormat 类的常用方法包括以下几个。

(1) public static String format(String pattern, Object... arguments)：表示用指定的参数值填充消息模式串中的占位符，并返回最终结果。

(2) public final StringBuffer format(Object[] arguments, StringBuffer result, FieldPosition pos)：表示格式化一个对象数组，并将 MessageFormat 的模式追加到所提供的 StringBuffer，用格式化后的对象替换格式元素。

(3) public final StringBuffer format(Object arguments, StringBuffer result, FieldPosition pos)：格式化一个对象数组，并将 MessageFormat 的模式追加到所提供的 StringBuffer，用格式化后的对象替换格式元素。这等效于 format((Object[])arguments, result, pos)。

【例 9.6】通过一个示例来展示 Java 语言国际化的相关操作。其具体步骤如下。

第 1 步　创建资源文件。

在项目的 src 目录下面建一个英文的资源文件，名字为 message_en_US.properties，内容如下：

```
appName=Java I18N
hello=hello,{0}\! Today is {1}{2}.
```

创建一个中文的资源文件，名字为 message_zh_CN.properties，内容如下：

```
appName=java 国际化
hello=你好,{0}今天是{1}{2}.
```

将中文内容转码，转码后的文件内容如下：

```
appName=Java \u56FD\u9645\u5316
hello=\u4F60\u597D,{0}\u4ECA\u5929\u662F{1}{2}.
```

第2步 通过程序I18NTest.java使用相应的API来进行国际化的转换显示，代码如下：

```java
package com.shan.i18n;

import java.text.MessageFormat;
import java.util.Date;
import java.util.Locale;
import java.util.ResourceBundle;

/**
 * Java 对国际化的支持
 * */
public class I18NTest {
    /**
     * @param args
     */
    public static void main(String[] args) {
        Locale locale = Locale.CHINA; //new Locale("zh", "CN");
        //设置本土化显示国家语言
        ResourceBundle bundle = ResourceBundle.getBundle("message", locale);
        //此类的作用是通过ResourceBundle类来进行资源文件的绑定
        String value = bundle.getString("appName");
        String value2 = bundle.getString("hello");
        //从资源文件中通过键拿到值
        System.out.println(value);
        String realValue =
          MessageFormat.format(value2, "张三", new Date(), "中国");
        //如果资源文件对应的值中有{}占位符,那么可以通过MessageFormat这个类的
        //format方法来进行填充
        System.out.println(realValue);
    }
}
```

在代码所在区域右击，在弹出的快捷菜单中选择 Run As → Java Application 命令，控制台输出结果如图9.16所示。

图9.16 中文语言环境下国际化示例的输出结果

将 I18Ntest.java 类中的"Locale locale = Locale.CHINA;"修改为"Locale locale = new Locale("en", "US");",然后再运行此类,控制台的输出结果如图 9.17 所示。

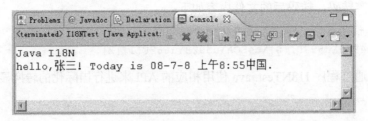

图 9.17　英文语言环境下国际化示例的输出结果

9.6　Random 类和 Math 类

借助系统提供的 Random 类和 Math 类,可以实现产生随机数。由于它们都是系统提供的类,要使用它们提供的方法,必须查阅它们提供的帮助文档。就好比买了一台电视机一样,由于电视机不是自己造的,但电视机的确提供了看电视的功能,要使用刚买回来的电视机,就需查看制造厂商提供的说明书。程序员要使用系统的提供类的相关功能和方法,就需查阅它提供的帮助文档。Random 类的相关属性和方法的相关说明如图 9.18 所示。

图 9.18　查阅 Random 类的帮助说明

获取 Random 对象主要有以下两种方法。
- Random():创建一个新的随机数生成器(使用当前时间毫秒值为种子)。
- Random(long seed):使用单个 long 种子创建一个新的随机数生成器,如果用相同的种子创建两个 Random 实例,则对每个实例进行相同的方法调用,它们将生成并返回相同的数字序列。

Random 类的常用方法如表 9.9 所示。

表 9.9 Random 类的常用方法列表

方 法 名	说 明
protected int next(int bits)	生成下一个伪随机数
boolean nextBoolean()	返回下一个伪随机数，它是从此随机数生成器的序列中取出的、均匀分布的 boolean 值
void nextBytes(byte[] bytes)	生成随机字节并将其置于用户提供的字节数组中
double nextDouble()	返回下一个伪随机数，它是从此随机数生成器的序列中取出的、在 0.0 和 1.0 之间均匀分布的 double 值
float nextFloat()	返回下一个伪随机数，它是从此随机数生成器的序列中取出的、在 0.0 和 1.0 之间均匀分布的 float 值
double nextGaussian()	返回下一个伪随机数，它是从此随机数生成器的序列中取出的、呈高斯(正态)分布的 double 值，其平均值是 0.0，标准偏差是 1.0
int nextInt()	返回下一个伪随机数，它是此随机数生成器的序列中均匀分布的 int 值
int nextInt(int n)	返回一个伪随机数，它是从此随机数生成器的序列中取出的、在 0(包括)和指定值(不包括)之间均匀分布的 int 值
long nextLong()	返回下一个伪随机数，它是从此随机数生成器的序列中取出的、均匀分布的 long 值
void setSeed(long seed)	使用单个 long 种子设置此随机数生成器的种子

【例 9.7】RandomTest.java。

下面通过示例 RandomTest.java 来了解 Random 类的相关用法。代码如下：

```
import java.util.Random;
public class RandomTest {
    /**
     * @param Random 类产生随机数
     */
    public static void main(String[] args) {
        Random random = new Random();
        int ran = random.nextInt(8);
        System.out.println("产生的随机数为：" + ran);
    }
}
```

输出结果为：

产生的随机数为：4

除了 Random 类外，还可以通过 Math 类的 random()方法来获取随机数。Math 类的 API 界面如图 9.19 所示。

Math 类提供的 random()方法获取随机数的代码如下所示：

```
int random = (int)(Math.random()*10)%3 + 1;
```

```
//电脑产生一个随机数1~3
System.out.println("产生的随机数为：" + random);
//产生的随机数为：3
```

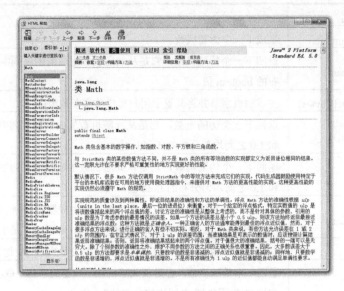

图 9.19　Math 类的 API 说明

9.7　枚　　举

　　Java 语言中两个基本的构造块是类和接口。在 JDK5 中引入了一个重要的新特性：枚举构造，它是一种新的类型，允许用常量来表示特定的数据片断，而且全部都以类型安全的形式来表示。这个新类型允许用户表示特定的数据点，但这些数据点只接受分配时预先定义的值集合。

1. 枚举类的使用

　　首先通过一个示例来演示使用枚举类的必要性。如果我们需要写一段程序来模拟下班后坐公交回家的情况，通常的写法可能如下所示：

```
public class EnumTest {
    final static int TRAIN_NUMBER_621 = 0;
    final static int TRAIN_NUMBER_631 = 1;
    final static int TRAIN_NUMBER_957 = 2;
    final static int TRAIN_NUMBER_991 = 3;
    public static void printTrain(int trainNumber) {
        switch(trainNumber) {
        case TRAIN_NUMBER_621:
            System.out.println("我坐 621 回去");
            break;
        case TRAIN_NUMBER_631:
            System.out.println("我坐 631 回去");
            break;
```

```
            case TRAIN_NUMBER_957:
                System.out.println("我坐957回去");
                break;
            case TRAIN_NUMBER_991:
                System.out.println("我坐991回去");
                break;
            default:
                System.out.println("我走路回去");
                break;
        }
    }
    public static void main(String[] args) {
        printTrain(EnumTest.TRAIN_NUMBER_631);
    }
}
```

运行此程序，可以输出"我坐631回去"。原本以为这样就解决了问题。可仔细想想，这里的printTrain()方法只是限定了形参的类型为int，并没有限定使用者一定要在设定的几个值中去选择。这样有可能出现用户调用"**printTrain(3);**"的现象。要想规避这种问题，虽然可以用if...else的组合去解决，但更便捷的是推荐用枚举类型。修改上例的代码如下：

```
public class EnumTest {
    enum Train {
        TRAIN_NUMBER_621, TRAIN_NUMBER_631,
        TRAIN_NUMBER_957, TRAIN_NUMBER_991;
    }
    
    public static void printTrain(Train train) {
        switch (Train.TRAIN_NUMBER_621) {
        case TRAIN_NUMBER_621: //case 标示的写法中不需要用枚举类型前缀
            System.out.println("我坐621回去");
            break;
        case TRAIN_NUMBER_631:
            System.out.println("我坐631回去");
            break;
        case TRAIN_NUMBER_957:
            System.out.println("我坐957回去");
            break;
        case TRAIN_NUMBER_991:
            System.out.println("我坐991回去");
            break;
        default:
            System.out.println("我走路回去");
            break;
        }
    }
    public static void main(String[] args) {
        printTrain(EnumTest.TRAIN_NUMBER_631);
    }
}
```

enum 就是枚举的关键字，类似于 class 的作用。改写后的代码就限定了使用者只能在 Train 所限定的值中选择。

switch 增加了对枚举类型的支持，因为枚举类型含有有限个可以使用整数代替的枚举常量，这很适合使用 switch 语句。在 switch 表达式中放置枚举类型变量，就可以在 case 中直接使用枚举类型中的枚举常量了。

2. 枚举类的定义

上例中的 Train 即是一个枚举类：

```
enum Train {
    TRAIN_NUMBER_621, TRAIN_NUMBER_631, TRAIN_NUMBER_957, TRAIN_NUMBER_991;
}
```

这和类、接口的定义很相像！可以理解为枚举类型就是一种使用特殊语法"enum"定义的类，枚举的元素就是这个类的实例化对象。

Train 中定义的 5 个枚举常量之间使用逗号","分隔开来。这些常量默认都是 public static final 的，所以就不必再为它们加上 public static final 修饰(编译器会提示出错)了，这也是为什么枚举常量采用大写字母来命名的原因。而且每一个常量都是枚举类型 Train 的一个实例。你可以通过类似 Train.TRAIN_NUMBER_621 这种格式来获取到 Train 中定义的枚举常量，也可以采用类似 Train train = Train.TRAIN_NUMBER_621 的方式为枚举类型变量赋值(不能给枚举类型变量分配除了枚举常量和 null 以外的值，编译器会提示出错)。

所有的枚举类型是 java.lang.Enum 的子类。它本身并不是枚举类型，但它定义了所有枚举类型所共有的行为，如图 9.20 所示。

方法摘要	
protected Object	clone() 抛出 CloneNotSupportedException。
int	compareTo(E o) 比较此枚举与指定对象的顺序。
boolean	equals(Object other) 当指定对象等于此枚举常量时，返回 true。
Class<?>	getDeclaringClass() 返回与此枚举常量的枚举类型相对应的 Class 对象。
int	hashCode() 返回枚举常量的哈希码。
String	name() 返回此枚举常量的名称，在其枚举声明中对其进行声明。
int	ordinal() 返回枚举常量的序数（它在枚举声明中的位置，其中初始常量序数为零）。
String	toString() 返回枚举常量的名称，它包含在声明中。
static <T extends Enum<T>> T	valueOf(Class<T> enumType, String name) 返回带指定名称的指定枚举类型的枚举常量。

图 9.20　Enum 类提供的方法列表

方法 values()可以获得包含所有枚举常量的数组；方法 valueOf 是 java.lang.Enum 中方法 valueOf 的简化版本，你可以通过它，根据传递的名称来得到当前枚举类型中匹配的枚举常量。可以通过 For 循环来遍历枚举中的所有元素。例如：

```
public static void printTrain(Train train) {
    for (Train tmp : train.values()) {
        System.out.println(tmp);
```

    }
}
```

虽然所有的枚举类型都继承自 java.lang.Enum，但是却不能绕过关键字"enum"而使用直接继承 Enum 的方式来定义枚举类型。

### 3. 实现带有构造方法的枚举

对于枚举的构造方法，必须是私有的。修改 Train 的代码如下：

```
enum Train {
    TRAIN_NUMBER_621(1), TRAIN_NUMBER_631,
    TRAIN_NUMBER_957, TRAIN_NUMBER_991;
    private Train() {
        System.out.println("hi");
    }
    private Train(int num) {
        System.out.println("hi num");
    }
}
```

运行程序，读者分析控制台输出的结果便可明白：在枚举元素的后面加上一对小括号就表示元素指向实例对象的时候使用的是哪个构造方法。

4. 实现带有抽象方法的枚举

在枚举中还可以带有抽象方法，这里以交通灯为例来展示带有抽象方法的用法：

```
public class TrafficLampTest {
    public enum TrafficLamp {
        RED {
            @Override
            public TrafficLamp nextLamp() {
                return GREEN;
            }
        },
        GREEN {
            @Override
            public TrafficLamp nextLamp() {
                return YELLOW;
            }
        },
        YELLOW {
            @Override
            public TrafficLamp nextLamp() {
                return RED;
            }
        };
        public abstract TrafficLamp nextLamp();
    }
    public static void printTrain(TrafficLamp train) {
        switch (train) {
        case RED:
```

```

```
            System.out.println(TrafficLamp.RED);
            break;
        case GREEN:
            System.out.println(TrafficLamp.GREEN);
            break;
        case YELLOW:
            System.out.println(TrafficLamp.YELLOW);
            break;
        default:
            System.out.println("无颜色"); break;
        }
    }
    public static void main(String[] args) {
        printTrain(TrafficLamp.RED.nextLamp());
    }
}
```

本小节只是介绍了枚举的基本用法，相关枚举类的用法将贯穿于后续的章节之中，读者应细细体会。

> **注意**
> enum 可以在类外部或内部定义，但不能定义在方法中。
> 定义在类外部的 enum 前不能用 static、final、abstract、protected 或 private 修饰。

读者学习枚举之后，千万别产生处处都想着使用枚举的冲动。如果代码中需要定义的常量只有一个单独的值，则还是用普通的做法为宜。如果程序中需要定义了一组值，而这些值中的任何一个都可以用于特定的数据类型，这时就选用枚举。

9.8 本章练习

1. 简答题

(1) String、StringBuilder 和 StringBuffer 的区别是什么？

(2) 下面的代码一共创建了几个对象？

```
String s1 = "zah";
String s2 = s1;
String s3 = "zah";
```

(3) 下面的代码一共创建了几个对象？

```
String s1 = "zah";
String s2 = s1;
String s3 = new String("zah");
```

(4) 下面的代码一共创建了几个对象？

```
String s1 = "zah";
String s2 = new String(s1);
String s3 = new String("zah");
```

(5) 判断下面的代码是否可以通过编译，如果可以，将输出什么结果？

```java
public class AnimailsTest {
    enum Animals {
        DOG("woof"), CAT("meow"), FISH("burble");
        String sound;
        Animals(String s) {
            sound = s;
        }
    }
    static Animals a;
    public static void main(String[] args) {
        System.out.println(a.DOG.sound + " " + a.FISH.sound);
    }
}
```

2. 上机练习

(1) 开发过程中经常遇到输出某种编码的字符，如 iso8859-1 等，如何输出一个某种编码的字符串？提示：String tempStr = new String(str.getBytes("ISO-8859-1"), "GBK");可以进行字符转码。

(2) 编写一个 Java 程序，打印昨天的当前时刻。

(3) 编写一个程序，输出一个字符串中大写英文字母的个数、小写英文字母的个数以及非英文字母的个数。

(4) 阅读下列代码：

```java
public static void main(String[] args) {
    char[] a = {'Q', 'Q', 'Q', 'Q', 'Q', 'Q', 'Q', 'Q', 'Q', 'Q'};
    String s = "hellotianjin";
    s.getChars(2, 5, a, 2);
    s.getChars(6, 10, a, 6);
    for (int i=0; i<a.length; i++)
        System.out.print(a[i] + " ");
}
```

运行此段代码，控制台输出的结果是什么？

(5) 根据本章所学的日期类知识，编写一段代码，在控制台上输出一个描绘当前日期的电子日历，如图 9.21 所示。

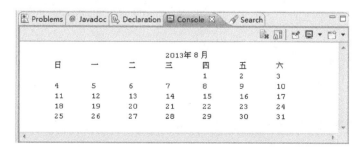

图 9.21 描绘当前日期的电子日历

第 10 章

Java 异常处理

学前提示

异常处理是程序设计中一个非常重要的方面,也是程序设计的一大难点。Java 语言在设计的当初就考虑到这些问题,提出了异常处理的框架方案,所有的异常都可以用一个类型来表示,不同类型的异常对应于不同的子类异常,定义了异常处理的规范。在 1.4 版本以后,增加了异常链机制,从而便于跟踪异常。这是 Java 语言设计者的高明之处,也是 Java 语言学习中一个重要的知识点。Java 的异常处理机制可以使程序设计人员方便、快捷地处理程序执行过程中出现的各种异常情况,在很大程度上提高了程序编写和测试的效率。

知识要点

- 掌握 Java 的异常处理机制
- 使用 try、catch、finally 处理异常
- 使用 throw 和 throws 引发异常
- getMessage 和 printStackTrace 方法
- 自定义异常类

10.1 异常概述

在程序设计中，错误通常分为两类，即编译错误和运行错误。编译错误是比较容易发现的，而运行错误常常让开发人员感到头疼。异常就是一个运行错误，如果不能很好地处理异常，则项目的稳定性就不强。所以为了增强项目的稳健性，就要求在出现异常时进行相关处理，亦即异常处理。

其实在生活中，也可以很容易找到诸如异常的事例。例如，小王每天开车去上班，正常情况下耗时在 30 分钟以内，若把上班的动作描述为方法，则伪代码为：

```
上班() {
    输出 一路畅通;
}
```

用示意图来描述上班这个方法，效果如图 10.1 所示。

图 10.1 道路畅通

如果遇上道路限行或其他交通情况，就会耗时大于 30 分钟，对于这种情况，生活中肯定会及时与工作单位取得联系，通过电话请假避免影响工作。而对于程序而言，这就算是一种异常情况。及时与工作单位取得联系的做法可用编程术语描述为"异常处理"，如图 10.2 所示。

图 10.2 有堵车异常

在不支持异常处理的程序设计语言中，程序员为了检查可能发生的异常情况，需要在程序中设置一些标量值，并使用很多的 if...else 语句，并且要求程序员非常清楚地知道是什么导致了异常的产生，以及异常的确切含义。若用代码来描述如图 10.2 所示的过程，则伪代码为：

```
上班() {
    设置标量值;
    调用标量输出(标量值);
}
标量输出(标量值) {
    if(堵车) {
        call 公司;
        输出 堵车;
    } else if(撞车) {
```

```
        call 公司撞车;
        输出 撞车;
    } else {
        输出 一路畅通;
    }
}
```

而在 Java 中，没有必要去编写上述的这些 if...else 语句。在默认的情况下，异常会输出一个错误消息，并中止线程的执行。为了更好地处理异常情况，程序员通常会在程序中定义异常处理段来捕获和处理异常。这样，当异常情况发生时，一个代表该异常类的对象就会被创建，并在产生异常的方法中被触发。"上班()"方法可以选择处理异常的方式：由自己处理或抛出该异常。使用 Java 语言提供对异常处理的支持，改写上班的伪代码如下所示：

```
上班() 可能存在 堵车, 撞车 {
    try {
        输出 一路畅通;
    } catch(堵车) {
        call 公司堵车;
    } catch(撞车) {
        call 公司撞车;
    }
}
```

通过比较可以发现，采用异常类不仅可以使代码变得更加简洁，而且能够为程序调试提供很大的方便，从而达到提高程序健壮性的目的。

Java 提供了一个 Throwable 类，它的 API 说明如图 10.3 所示。

图 10.3　Throwable 类的 API 说明

Throwable 类是 Java 语言中所有错误或异常的超类。只有当对象是此类(或其子类之一)的实例时，才能通过 Java 虚拟机或者 Java 的 throw 语句抛出。类似地，只有此类或其子类之一才可以是 catch 子句中的参数类型。它的两个子类的实例 Error 和 Exception 通常用于指

示发生了异常情况。这些实例是在异常情况的上下文中新近创建的，因此包含了相关的信息(比如堆栈跟踪数据)。Throwable 类及其子类的结构如图 10.4 所示。

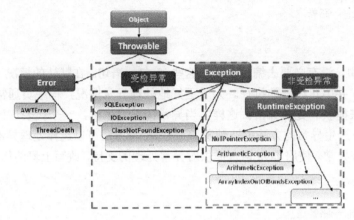

图 10.4　Throwable 类及其子类的结构

Throwable 类充当所有对象的父类，可以使用异常处理机制将这些对象抛出并捕获。在 Throwable 类中定义方法来检索与异常相关的错误信息，并打印显示异常发生的栈跟踪信息。它有 Error 和 Exception 两个基本子类。

- 错误(Error)：JVM 系统内部错误、资源耗尽等严重情况。
- 异常(Exception)：其他因编程错误或偶然的外在因素导致的一般性问题，例如对负数开平方根、空指针访问、试图读取不存在的文件、网络连接中断等。

当发生 Error 时，程序员根本无能为力，只能让程序终止。比如说内存溢出，不可能指望程序能处理这样的情况。而对于 Exception，有补救或控制的可能，程序员也可以预先防范，本章主要讨论 Exception 的处理。Exception 类的 API 说明如图 10.5 所示。

图 10.5　Exception 类的 API 说明

图 10.5 中包括了众多 Exception 类的已知子类，读者不必担心，也没有必要把每个子类

都搞清楚，在实际使用时再查阅异常类的文档即可。

下面列举一些常见的异常类，如表 10.1 所示。

表 10.1 常见的异常类

异 常	说 明
Exception	异常层次结构的根类
RuntimeException	许多 java.lang 异常的基类
ArithmeticException	算术错误情形，如以零作为除数
IllegalArgumentException	方法接收到非法参数
ArrayIndexOutOfBoundException	数组大小小于或大于实际的数组大小
NullPointerException	尝试访问 null 对象成员
ClassNotFoundException	不能加载所需的类
NumberFormatException	数值转化格式异常，比如字符串到 float 型数的转换无效
IOException	I/O 异常的根类
FileNotFoundException	找不到文件
EOFException	文件结束
InterruptedException	线程中断

10.2 认识异常

通过前面的文字概述，读者可能对异常有些了解。现在再从编码的角度来理解异常。请运行如下代码：

```
public class ShowException {
    public static void main(String[] args) {
        System.out.println(args[0]);
    }
}
```

在输出语句中将要显示 args 数组中第一个元素的值，但此处并未提供，所以控制台会显示如图 10.6 所示的内容。

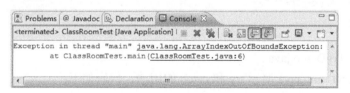

图 10.6 控制台显示异常

当然如果读者提供正确的参数，控制台将不会显示上述 Exception。这就是异常，亦即程序运行中出现的错误或不正常的情况。在前面章节的练习中，读者可能已经遇到过 ArrayIndexOutOfBoundsException 异常，它是初学者常遇到的异常之一。

这里提醒读者要区别对待异常与语法错误。语法错误是由编译器发现的，如果有语法错误，则将无法生成类文件，所以必须要通过源代码来修改。而异常是程序在执行过程中发生的错误。

发现异常就需要处理，怎么处理呢？我们接着学习下面的内容。

10.3 使用 try 和 catch 捕获异常

Java 程序在执行过程中如果出现异常，会自动生成一个异常对象，该异常对象将被自动提交给 JVM，当 JVM 接收到异常对象时，会寻找能处理这一异常的代码，并把当前异常对象交给其处理，这一过程称为捕获(catch)异常。如果 JVM 找不到可以捕获异常的方法，则运行时系统将终止，相应的 Java 程序也将退出。

在 Java 中捕获异常时，首先用 try 选定要捕获异常的范围，在执行时，catch 后面括号内的代码会产生异常对象并被抛出，然后就可以用 catch 块来处理异常了。try 和 catch 的应用效果如图 10.7 所示。

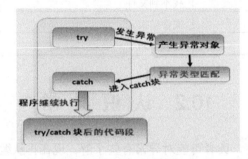

图 10.7 try 和 catch 的应用效果

try 的意思就是测试它所包含的代码是否会发生异常，而 catch 的意思就是在异常发生时就抓住它，并进行相应的处理，使程序不受该异常的影响从而继续执行下去。它们通常使用的格式如下：

```
try {
    //代码段(可能发生异常的代码)
} catch (异常类型 ex) {
    //对异常进行处理的代码段
}
//代码段
```

【例 10.1】TryDemo.java。

通过示例 TryDemo.java 演示 try 和 catch 的用法。代码如下：

```java
public class TryDemo {
    /**
     * @param args
     */
    public static void main(String[] args) {
        int number = 0;
```

```
    try {
        number = Integer.parseInt(args[0]);
        //如果存在异常,下面这一行代码是不会输出的
        System.out.println("看得见吗?");
    } catch(Exception e) {
        System.out.println("非法的数字");
    }
    System.out.println("你输入的数字为: " + number);
    }
}
```

TryDemo.java 描述了从控制台获取用户输入的参数,如果将参数转换为数值成功,就输出转换后的数;如果转换有异常,就说明用户输入的是非法的数字。代码比较简单,主要是通过这段代码让读者思考两个问题:一是程序没有异常时 catch 中的语句是否会被执行?二是程序中有异常时最后的语句还会被执行吗?

带着疑问,我们通过实际操作找寻答案。

1. 输入一个未能转化为数值的参数

在菜单栏中选择 Run→Configurations 命令,在弹出的 Run 对话框中选择 Arguments 标签,在 Program arguments 文本框中输入"Hello",然后单击 Run 按钮,如图 10.8 所示。

图 10.8 设置 main 方法的参数

控制台的输出结果如图 10.9 所示。

图 10.9 当参数不为数字时的输出结果

2. 输入一个能转化为数值的参数

重复如图 10.7 所示的操作，在 Program arguments 文本框中输入"2"，然后单击 Run 按钮。控制台的输出结果如图 10.10 所示。

图 10.10　当参数为数值 2 时的输出结果

通过这两种方式的比较可以看出，当有异常发生时，要执行 catch 后面括号中的语句，并且 catch 之后的语句也会执行；没有异常发生时，不会执行 catch 后面括号中的语句。

一段代码可能会引发多种类型的异常，当引发异常时，会按顺序来查看每个 catch 语句块，并执行第一个与异常类型匹配的 catch 语句块。执行其中的一个 catch 语句块之后，其后的 catch 语句块将被忽略。

多重 catch 语句块的常用方法如下所示：

```
public void method() {
    try {
        ... // 代码段
        ... // 产生异常(异常类型2)
    } catch (异常类型1 ex) {
        ... // 对异常进行处理的代码段
    } catch (异常类型2 ex) {
        ... // 对异常进行处理的代码段
    } catch (异常类型3 ex) {
        ... // 对异常进行处理的代码段
    }
    ... // 代码段
}
```

多重 catch 语句块程序的运行流程如图 10.11 所示。

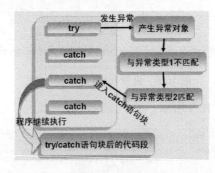

图 10.11　多重 catch 语句块的运行流程

【例 10.2】MoreCatchDemo.java。

通过 MoreCatchDemo.java 演示多重 catch 的用法。

```java
import java.util.InputMismatchException;
import java.util.Scanner;

public class More CatchDemo {
    public static void main(String[] args) {
        Scanner in = new Scanner(System.in);
        try {
            System.out.print("请输入第一学期的总学时: ");
            int totalTime = in.nextInt();  //总学时
            System.out.print("请输入第一学期的课程数目: ");
            int totalCourse = in.nextInt();  //课程数目
            System.out.println(
                "第一学期各课程的平均学时为: " + totalTime/totalCourse);
        } catch (InputMismatchException e1) {
            System.out.println("输入不为数字!");
        } catch (ArithmeticException e2) {
            System.out.println("课程数目不能为零!");
        } catch (Exception e) {
            System.out.println("发生错误:" + e.getMessage());
        }
        System.out.println("我是catch后面的代码");
    }
}
```

输出结果为:

```
请输入第一学期的总学时: 300h
输入不为数字!
我是catch后面的代码
```

根据输出结果可以看出，当匹配到异常类型 InputMismatchException 的对象 e1 后，e2、e 都被忽略，直接执行 catch 语句块后面的代码。

在安排 catch 语句的顺序时，首先应该捕获子类异常，然后再捕获父类异常。如果顺序弄反了，后面捕获异常的代码将无法被调用。如果异常是同级关系，则无所谓哪个置前，哪个置后。如下列代码:

```java
try {
    FileInputStream fii = new FileInputStream("zah.txt");
    fii.read();
} catch (Exception e) {
    e.printStackTrace();
} catch (FileNotFoundException e) {
    e.printStackTrace();
} catch (IOException e) {
    e.printStackTrace();
}
```

在此处，第一个 catch 语句捕获了父类异常，所以后面的 catch 语句都不会被执行，编译器也不会接受这样的代码。

> **注意**
>
> Java异常处理的几个原则如下。
>
> (1) 一个方法中可能会产生多种不同的异常,我们可以设置多个"异常"抛出点来解决这个问题。
>
> (2) "异常"对象从产生点产生后,到被捕捉后终止生命的全过程中,实际上是一个传值过程,所以我们可以根据需要来合理地控制检测到"异常"的粒度。如果并不需要知道具体产生的是什么异常,那么可以使用"异常"的公共父类Exception来结合"异常"对象,即catch(Exception e){...}。同样在"异常"与方法关联的传递过程中,也可以根据需要控制关联"异常"的粒度,即throws后面跟上异常对象的父类名。
>
> (3) "异常机制"中还有一种特殊情况——RuntimeException"异常类",这个"异常类"和它的所有子类都有一个特性,就是"异常"对象一产生就被Java虚拟机直接处理掉,即在方法中出现throw子句的地方便被虚拟机捕捉了。因此凡是抛出这种"运行时异常"的方法在被引用时,不需要用try...catch语句来处理。

10.4 使用throw和throws引发异常

前面讨论了如何捕获Java运行时由系统引发的异常,如果想在程序中明确地引发异常,则需要用到throw或throws语句。

1. throw语句

throw语句用来明确地抛出一个"异常"。这里请注意,用户必须得到一个Throwable类或其他子类产生的实例句柄,通过参数传到catch子句,或者用new语句来创建一个实例。throw语句的通常形式如下:

```
throw ThrowableInstance
```

【例10.3】 ThrowDemo.java。

创建ThrowDemo.java演示throw的相关用法。ThrowDemo.java的代码清单如下所示:

```java
public class ThrowDemo {
    /**
     * @param args
     */
    public static void main(String[] args) {
        int number = 0;
        try {
            number = Integer.parseInt(args[0]);
        } catch(Exception e) {
            throw new ArrayIndexOutOfBoundsException("数组越界");
            //System.out.println("非法的数字");
        }
        System.out.println("你输入的数字为: " + number);
    }
```

}

若不提供参数,会引发数组越界的异常(ArrayIndexOutOfBoundsException 即为数组越界异常类)。运行 ThrowDemo 类,控制台的输出结果如图 10.12 所示。

> **注意**
>
> throw 总是出现在函数体中,用来抛出一个异常。程序会在 throw 语句后立即终止,它后面的语句执行不到,throw 后必须抛出一个 Throwable 类的实例。

图 10.12　当参数为空时的输出结果

从图 10.12 可以看出,throw 语句一经执行,后面的语句都不会被执行。

2. throws 语句

如果一个方法 a 可以引发异常,而它本身并不对该异常进行处理,那么 a 方法必须将这个异常抛给调用者以使程序能够继续执行下去。这时候就要用到 throws 语句。throws 语句的常用格式如下所示:

```
returnType  methodName() throws ExceptionType1, ExceptionType2, ... {
    ... //方法体
}
```

在方法体中可以是引发异常列表中的任何一种异常及其子类型的异常。throws 用来声明一个方法可能会抛出的所有异常,它跟在方法签名的后面。如果有多个异常,则使用逗号将其分开。如果一个方法声明的是受检异常,则在调用这个方法之处必须处理这个异常(一般情况下由调用此方法的类来处理)。

【例 10.4】ThrowsDemo.java。

创建 ThrowsDemo.java 演示 throws 的相关用法。代码如下:

```java
public class ThrowsDemo {
   /**
    * @param args
    */
   public static void main(String[] args) {
      testThrows(args);
   }
   public static void testThrows(String[] tmp) {
      try {
         createThrow(tmp);
      } catch (Exception e) {
         System.out.println("来自 createThrow 方法的异常");
      }
```

```
    }
    // 抛出可能存在的异常
    public static void createThrow(String[] tmp) throws Exception {
        int number = 0;
        number = Integer.parseInt(tmp[0]);
        System.out.println("你输入的数字为: " + number);
    }
}
```

如果方法签名后有 throws 关键词，则在此方法被调用时，需要在调用方法中用 try 和 catch 进行异常捕获，如果不捕获异常，则需要在调用方法中使用 throws 关键词将异常抛出。代码中的 testThrows()方法也可以改为如下所示：

```
public static void testThrows(String[] tmp) throws Exception {
    createThrow(tmp);
}
```

被调用的方法和调用方法处理异常的关系如图 10.13 所示。

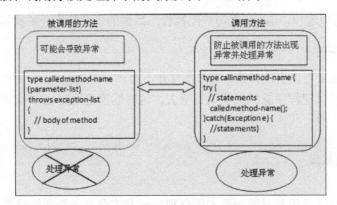

图 10.13　被调用的方法和调用方法处理异常的关系

当覆盖抛出异常的方法时，覆盖方法仅需要声明异常的同类或子类。例如，如果父类方法抛出 IOException，则覆盖方法可以抛出 IOException、FileNotFoundException(IOException 的子类)，但不可以抛出 Exception(IOException 的父类)。可以在 throws 子句中声明更少或更多指定的异常。

3. throw 和 throws 语句的组合应用

在实际的应用中，一般都需要 throw 和 throws 语句组合应用，就是在捕获异常后，抛出一个明确的异常给调用者。

【例 10.5】ThrowAndThrowsDerno.java。

创建 ThrowAndThrowsDerno.java，演示 throw 和 throws 语句的组合应用。代码如下：

```
public class ThrowAndThrowsDemo {
    /**
     * @param args
     */
    public static void main(String[] args) {
        testThrow(args);
```

```
}
//调用有异常的方法
public static void testThrow(String[] tmp) {
    try {
        createThrow(tmp);
    } catch (Exception e) {
        System.out.println("捕捉来自createThrow方法的异常");
    }
}
//抛出一个具体的异常
public static void createThrow(String[] tmp) throws Exception{
    int number = 0;
    try {
        number = Integer.parseInt(tmp[0]);
    } catch (Exception e) {
        throw new ArrayIndexOutOfBoundsException("数组越界");
        //System.out.println("非法的数字");
    }
    System.out.println("你输入的数字为: " + number);
}
```

> **注意**
>
> throw 语句是编写在方法之中的，而 throws 语句是用在方法签名之后的。在同一个方法中使用 throw 和 throws 时要注意，throws 抛出的类型的范围要比 throw 抛出的对象范围大才可以。

10.5　finally 关键字

前面讲过，如果 try 语句块中存在异常，则这行产生异常代码之后的语句将不再被执行。但在某些特定的情况下，不管是否有异常发生，总是要求某些特定的代码必须被执行，比如在讲解与数据库连接时，不管对数据库的操作是否成功，最后都需要关闭数据库的连接以释放内存资源。这就需要用到 finally 关键字。finally 关键字的用法如图 10.14 所示。

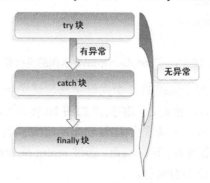

图 10.14　finally 关键字的用法

finally 的使用格式如下所示：

```
try {
    ... //代码段(可能发生异常的代码)
} catch (异常类型 ex) {
    ... //对异常进行处理的代码段
} finally {
    ... //总要被执行的代码
}
... // 代码段
```

【例 10.6】FinallyDemo.java。

下面通过 FinallyDemo.java 示例演示 finally 的用法。代码如下：

```
public class FinallyDemo {
    public static void main(String[] args) {
        System.out.println("请打开数据库连接......");
        try {
            System.out.println("执行查询操作");
            System.out.println("执行修改操作");
            int i = 12/0;
            System.out.println("执行添加操作");
            System.out.println("执行删除操作");
        } catch (Exception ex) {
            System.out.println("除零出错！");
            ex.printStackTrace();
        } finally {
            System.out.println("请关闭数据库连接......");
        }
    }
}
```

这里为了演示 finally 关键字的效果，特意设置了除零的应用来制作异常。

运行 FinallyDemo.java，控制台的显示结果如图 10.15 所示。

图 10.15　FinallyDemo.java 示例的运行结果

到这里，Java 的异常处理所依赖的 5 个关键字都讲述完毕了，这 5 个关键字是：try、catch、finally、throw、throws，他们之间的关系如图 10.16 所示。

还要强调的一点是：只有一种情况会阻止 finally 子句执行，就是虚拟机被关闭。不管 try 是以何种方式结束的(正常结束、异常结束、通过 return 或 break 控制流语句结束)，finally 子句也总是恰好在成员函数返回前执行。

下面通过示例 ReturnExceptionDemo.java 讲解 return 语句的作用。

图 10.16 关键字 try、catch、finally、throw、throws 的关系

【例 10.7】ReturnExceptionDemo.java。代码如下：

```java
public class ReturnExceptionDemo {
    static void methodA() {
        try {
            System.out.println("进入方法A");
            throw new RuntimeException("制造异常"); //抛出异常
        } finally {
            System.out.println("用A方法的finally");
            //注意：不管发生什么都会执行！！
        }
    }
    static void methodB() {
        try {
            System.out.println("进入方法B");
            return;
            //返回，实际上是在finally语句执行完后才返回
        } finally {
            System.out.println("调用B方法的finally");
        }
    }
    public static void main(String[] args) {
        try {
            methodA();
        } catch (Exception e) {
            System.out.println(e.getMessage());
        }
        methodB();
    }
}
```

运行此程序，输出结果如图 10.17 所示。

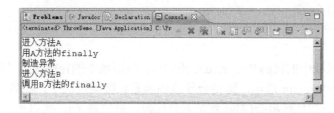

图 10.17 ReturnExceptionDemo.java 的输出结果

finally 语法最早是在微软的 SEH 所设计出的一种机制，虽然它功能很强大，但是实现起来却并不是很难，从表象可以这样来理解：当代码在执行过程中，遭遇到 return 和 goto 等类似的语句所引发作用域(代码执行流)转移时，便会产生一个局部展开(Local Unwinding)；而由于异常导致的 finally 块被执行的过程，往往被称为全局展开(Global Unwinding)。由于展开(Unwinding)而导致的 finally 块被执行的过程，非常类似于一个子函数(或子过程)被调用的过程。

例如，当在 try 块中最后一条语句 return 被执行到的时候，一个展开操作便发生了，可以把展开操作想象成编译器在 return 语句之前插入了一些代码(这些代码完成对 finally 块的调用)，因此可以得出结论：finally 区域内的代码块，肯定是在 return 之前被执行。

不过读者应注意：finally 块区域中的代码虽然在 return 语句之前被执行，但是 finally 块区域中的代码不能够通过重新赋值的方式来改变 return 语句的返回值。

看如下的示例代码：

```java
public class TestFinallyReturn {
    public static void main(String[] args) {
        //你认为test函数返回的值是多少呢？
        System.out.println("test 的返回值为: " + testFinally());
    }
    public static int testFinally() {
        int tmp = 1;
        try {
            return tmp;
        } catch (Exception e) {
            e.printStackTrace();
        } finally {
            tmp = 2;
        }
        return 0;
    }
}
```

本来是想在 finally 区域中通过改变 tmp 的值，来影响 testFinally 函数最终 return 的值。但是真的影响了吗？答案是否定的。

虽然 finally 块区域中的代码不会轻易影响 try 区域中 return 语句的返回值，但是有一种情况例外，那就是在 finally 内部使用 return 语句。如果把上例的 finally 区域的代码改为如下所示：

```java
finally {
    tmp = 2;
    //这里添加了一条 return 语句
    return tmp;
}
```

由于 finally 区域中的代码先于 return 语句(try 作用域中的)被执行，但是，如果此时在 finally 内部也有一个 return 语句，这将会导致该函数直接就返回了，而致使 try 作用域中的 return 语句再也得不到执行机会(实际就是无效代码，被覆盖了)。所以返回结果为 2。

对上述情况，其实更合理的做法是，既不在 try 内部使用 return 语句，也不在 finally 内

部使用 return 语句，而应该在 finally 语句之后使用 return 来表示函数的结束和返回。把上面的程序改造一下，testFinally 方法的代码如下：

```java
public static int testFinally() {
    int tmp = 1;
    try {
        //操作语句
    } catch (Exception e) {
        e.printStackTrace();
    } finally {
        tmp = 2;
    }
    // 把 return 语句放在最后，这最为妥当
    return tmp;
}
```

10.6　getMessage 和 printStackTrace 方法

在前面介绍过异常类有很多的子类，也建议过读者不用去刻意记住这些子类。那么如何知道异常类的相关信息呢？这就需要借助本节将要学习的两个方法：getMessage 方法和 printStackTrace 方法。

这两个方法的相关介绍如表 10.2 所示。

表 10.2　getMessage 方法和 printStackTrace 方法

方 法 名	功能说明
getMessage	返回此 Throwable 对象的详细消息字符串
printStackTrace	将此 Throwable 对象及其追踪输出至标准错误流。此方法将此 Throwable 对象的堆栈跟踪输出至错误输出流，作为字段 System.err 的值。输出的第一行包含此对象的 toString()方法的结果。 剩余行表示以前由方法 fillInStackTrace()记录的数据

catch 中声明的异常对象 catch(ExceptionName e)封装了异常事件发生的信息，在 catch 语句块中可以使用这个对象的一些方法获取这些信息。

getMessage 的用法示例如下：

```java
try {
    int i = 12/0;
} catch (Exception ex) {
    System.out.println(ex.getMessage());
}
```

运行这几行代码，输出：

```
/ by zero
```

printStackTrace 的用法示例如下：

```
try {
    int i = 12/0;
} catch(Exception ex) {
    ex.printStackTrace();
}
```

运行上述代码，输出结果如图 10.18 所示。

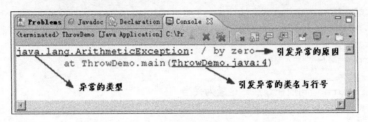

图 10.18　printStackTrace 的输出结果

使用 printStackTrace()方法可以获取异常的具体类型，这样就可以在使用 throw 时抛出一个确切的异常。

前面已经探讨过 try...catch 语法，其实还可以嵌套一个以上的 try...catch 语法。比如要完成从命令行传入参数求商的需求，就涉及到嵌套 try...catch 语句的应用，代码如下所示：

```
public class TryCatchDemo {
    public static void main(String[] args) {
        try {
            int number1 = Integer.parseInt(args[0]);
            int number2 = Integer.parseInt(args[1]);
            try{
                double result = number1 / number2;
            } catch(Exception e) {
                System.out.println("/ by zero");
            }
            System.out.println("not exception is here!!");

        } catch (Exception e) {
            //System.out.println(e.getMessage());
            e.printStackTrace();
        } finally {
            System.out.println("this is the end flag!");
        }
    }
}
```

try-catch 嵌套运行时的先后顺序：先内后外。不过这种嵌套 try-catch 语句处理异常的方式我们并不所推荐。

10.7　异 常 分 类

从编程角度考虑，可以将异常分为以下几种。

1. 非受检异常

非受检(unchecked)异常是指编译器不要求强制处置的异常。一般是指因设计或实现方式不当而导致的问题。也可以说，是程序员的原因导致的，是本来可以避免发生的情况。

java.lang.RuntimeException 类及它的子类都是非受检异常，具体如下。

- java.lang.ClassCastException：错误的类型转换异常。
- java.lang.ArrayIndexOutOfBoundsException：组下标越界异常。
- java.lang.NullPointerException：空指针访问异常。
- java.lang.ArithmeticException：除零溢出异常。

如果事先检查数组元素下标，保证其不超出数组长度，ArrayIndexOutOfBoundsException 异常从不会抛出；再如，先检查并确保一个引用类型变量值不为 null，然后令其访问所需的属性和方法，那么，NullPointerException 也就从不会产生。如果程序设计良好并且正确实现，这类异常便永远不会发生，所以通常也不会处理这类异常。

2. 受检异常

受检(checked)异常是指编译器要求必须处置的异常，即程序在运行时由于外界因素造成的一般性异常，具体如下。

- java.lang.ClassNotFoundException：没有找到具有指定名称的类异常。
- java.io.FileNotFoundException：访问不存在的文件异常。
- java.io.IOException：操作文件时发生的异常。
- java.sql.SQLException：操作数据库时发生的异常。

Java 编译器要求 Java 程序必须捕获或声明所有受检异常，如 FileNotFoundException、IOException 等。因为，对于这类异常来说，如果程序不进行处理，可能会带来意想不到的结果。而非受检异常可以不做处理，因为这类异常很普遍，若全部处理可能会对程序的可读性和运行效率产生影响。

> **注意**
>
> (1) Java 的异常分为两类：checked exception 和 unchecked exception。
> (2) 应用开发中产生的异常都应该继承自 Exception，但都属于 checked exception 类型。
> (3) 应用中的每一层在包装并传递异常的时候要过滤掉 RuntimeException。
> (4) 从责任角度看 Error 属于 JVM 需要负担的责任；RuntimeException 是程序应该负担的责任；checked exception 是具体应用负担的责任。
> (5) 无论如何都不希望或者确切地说是不应该将 RuntimeException 这样的异常暴露给客户的，因为它们没有解决这个问题的责任。

10.8 自定义异常类

尽管 Java 中提供了众多的异常处理类，但程序设计人员有时候可能需要定义自己的异常类来处理某些问题，比如可以抛出中文文字的异常提示信息，帮助客户了解异常产生的

原因。这种情况下用户只要定义一个直接或间接继承 Throwable 的类就可以了。一般情况下，自定义的异常类都选择 Exception 作为父类。直接继承 Exception 类的异常属于已检查异常，所以必须进行相应的处理。

定义一个自定义的异常，命名为 MyException.java。

【例 10.8】MyException.java。代码如下：

```java
public class MyException extends Exception {
    public MyException() {
        super();
    }

    public MyException(String msg) {
        super(msg);
    }

    public MyException(Throwable cause) {
        super(cause);
    }

    public MyException(String msg, Throwable cause) {
        super(msg, cause);
    }
}
```

使用自定义异常类的代码如下所示：

```java
public String[] createArray(int length) throws MyException {
    if (length < 0) {
        throw new MyException("数组长度小于 0,不合法");
    }
    return new String[length];
}
```

对于初学读者，要注意，并不是对所有的方法都要进行异常处理，因为异常处理将占用一定的资源，影响程序的执行效率。

在学习本章之后有以下建议：

- 认真观察抛出的异常的名字和行号。
- 调用 Java 方法前，阅读其 API 文档，了解它可能会产生的异常。然后再据此决定是处理这些异常还是将其加入 throws 列表。
- 尽量减小 try 语句块的体积。
- 在处理异常时，应该打印出该异常的堆栈信息以方便调试。

注意

一个 try 所包括的语句块，必须有对应的 catch 语句块或 finally 语句块。try 语句块可以搭配多个 catch 语句块，catch 语句块的捕获范围要由小到大。try 语句块与 catch 语句块之间不能有程序。

10.9 本章练习

1. 简答题

(1) Java 语言如何进行异常处理？关键字 throws、throw、try、catch、finally 分别代表什么意义？在 try 块中可以抛出异常吗？

(2) 简单描述一下 Java 中的异常处理机制的原理和应用。

(3) try 语句块里有一个 return 语句，那么紧跟在这个 try 语句块后的 finally 语句块里的代码会不会被执行？什么时候被执行？在 return 语句之前还是之后被执行？

(4) error 和 exception 有什么区别？

(5) final、finally 和 finalize 有什么用法上的区别？

2. 上机题

(1) 编写一个 ExceptionTest1 类，在 main 方法中使用 try、catch、finally，要求：
① 在 try 块中，编写被零除的代码。
② 在 catch 块中，捕获被零除所产生的异常，并且打印异常信息。
③ 在 finally 块中，打印一条语句。

(2) 上机练习：写一个自定义异常，实现数组越界异常信息。

(3) 在 IDE 中创建如下所示的 TestEx 类，运行之后观察输出结果是什么：

```java
public class TestEx {
    public static int test(int x) {
        int i = 1;
        try {
            System.out.println("try 块中 10/x 之前");
            i = 10/x;
            System.out.println("try 块中 10/x 之后");
            return i;
        } catch (Exception e) {
            i = 100;
            System.out.println("catch 块中......");
        } finally {
            i = 1000;
            System.out.println("finally 块");
        }
        return i;
    }
    public static void main(String[] args) {
        System.out.println(TestEx.test(1));
        System.out.println(TestEx.test(0));
    }
}
```

(4) 在 IDE 中创建如下所示的 TestEx 类，运行之后观察输出结果是什么：

```java
public class TestReturnException {
    public static void main(String[] args) {
        try {
            System.out.println("testReturn 的返回值为: " + testReturn());
        } catch (Exception e) {
            e.printStackTrace();
        }
    }
    public static int testReturn() throws RuntimeException {
        int tmp = 0;
        try {
            System.out.println("try 区域输出");
            //这里会导致出现一个运行态异常
            int i=4, j=0;
            tmp = i/j;
        } catch (RuntimeException e) {
            System.out.println("catch 区域输出");
            e.printStackTrace();
            //异常被重新抛出，上层函数可以进一步处理此异常
            throw e;
        } finally {
            System.out.println("finally 区域输出!");
            //注意，这里有一个 return 语句
            return tmp;
        }
    }
}
```

第 11 章

Java 集合框架和泛型机制

学前提示

不同的方法和数据结构的选取,性能会存在很大的差异。如何快速地搜索百万级的数据项?如何快速地实现队列的排序?如何将有用的数据加入队列,或从队列中删除无用的数据?如何建立类似于地图的数据,通过地图数据就可以找到实际的地址?Java 中提供了一套特殊的类——集合类。Java 集合类大致分为 Set、List 和 Map 三大接口。Java 集合就像一种容器,可以通过相应的方法将多个对象的引用放入该容器中。JDK 5.0 中引入了泛型机制,进一步提高了代码的重用率。考虑到 Java 集合框架在实际应用中非常广泛,本章将详细讲述与 Java 集合相关的内容,需要读者重点掌握。

知识要点

- Java 集合框架
- 容器类 API
- Set 接口
- Comparable/Comparable 接口
- List 接口
- Map 接口
- 容器的泛型操作
- equals 和 hashCode 方法的理解

11.1　Java 集合框架概述

在 JDK API 中专门设计了一组类，这组类的功能就是实现各种方式的数据存储，这样一组专门用来存储其他对象的类，一般被称为对象容器类，简称容器类，这组类和接口的设计结构也被统称为集合框架(Collection Framework)。集合框架中容器类的关系如图 11.1 所示。

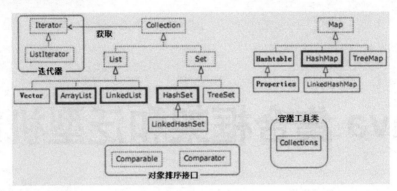

图 11.1　Java 集合框架中容器类的关系

接下来将详细介绍集合框架容器类的相关用法。

11.2　Collection 接口

Collection 接口表示一组对象，这些对象也称为 Collection 接口的元素。一些 Collection 接口允许有重复的元素，而另一些则不允许；一些 Collection 接口是有序的，而另一些则是无序的。

JDK 不提供此接口的任何直接实现，而是提供更具体的子接口(如 Set 和 List)实现。Collection 接口通常用来传递 Collection。

Set 接口存放的元素是无序的且不包含重复元素；List 接口存放的元素是有序的且允许有重复的元素。

> **提示**
>
> "元素"即对象引用，容器中的元素类型都为 Object 类型(除非有预定义的泛型定义)。从容器取得元素时，必须把它转换成原来的类型。"重复"是指两个对象通过 equals 判断相等；"有序"是指元素存入的顺序与取出的顺序相同。

Collection 接口的 API 文档如图 11.2 所示。

Collection 接口有众多的实现类，后面的内容会涉及对实用性较强的实现类的讲解，本节希望读者关注 Collection 接口中常用的一些方法。

(1) 容器类中单个元素的添加、删除的方法如表 11.1 所示。

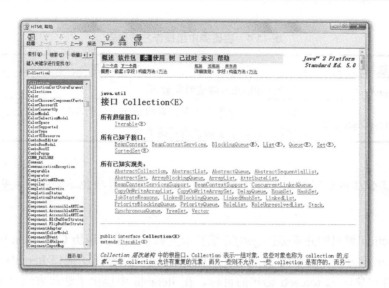

图 11.2　Collection 接口的 API 文档

表 11.1　容器类中添加、删除操作方法列表

方 法 名	方法介绍
boolean add(Object o)	将对象添加给集合
boolean remove(Object o)	如果集合中有与 o 相匹配的对象，则删除对象 o

（2）容器类中元素查询的方法，如表 11.2 所示。

表 11.2　容器类中元素查询操作方法列表

方 法 名	方法介绍
int size()	返回当前集合中元素的数量
boolean isEmpty()	查找此 Collection 中是否包含元素
boolean contains(Object obj)	查找此 Collection 是否包含指定的元素
boolean contains(Collection c)	判断此 Collection 是否包含指定 Collection 中的所有元素
Iterator iterator()	返回一个该集合上的迭代器，用来访问该集合中的各个元素
boolean containsAll(Collection c)	查找集合中是否含有集合 c 中的所有元素

（3）组操作，作用于元素组或整个集合，如表 11.3 所示。

表 11.3　容器类中组操作方法列表

方 法 名	方法介绍
boolean addAll(Collection c)	将指定的集合 c 中所有元素添加给该集合
void clear()	删除集合中所有元素
void removeAll(Collection c)	从集合中删除集合 c 中的所有元素
void retainAll(Collection c)	从当前集合中删除指定集合 c 中不包含的元素

（4）转换操作，用于集合与数组间的转换，如表 11.4 所示。

表 11.4 容器类中组操作方法列表

方法名	方法介绍
Object[] toArray()	把此 Collection 转成对象数组
Object[] toArray(Object[] a)	返回一个内含集合所有元素的 array。运行期间返回的 array 与参数 a 的类型相同，需要转换为正确类型

注意

可以把集合转换成任何其他的对象数组。但是，不能直接把集合转换成基本数据类型的数组。

在 Collection 对象中并未提供 get()方法获取元素。如果要遍历 Collection 中的元素，一般采用 Iterator 遍历器。通过图 11.2 可知，Collection 接口继承了接口 Iterable<E>，实现这个接口将允许对象成为 foreach 语句的目标。在 Iterable 中提供了迭代方法 iterator()。所以 Collection 接口定义的子类集合上都有一个与容器类相对应的遍历器。可以通过遍历器遍历出容器类中的各个对象元素。

Iterator 接口中定义的方法如表 11.5 所示。

表 11.5 Iterator 接口中的方法列表

方法名	方法介绍
boolean hasNext()	判断游标右边是否有元素
Object next()	返回游标右边的元素并将游标移动到下一个位置
void remove()	删除游标左面的元素

遍历器与容器中元素的关系如图 11.3 所示。

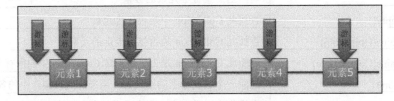

图 11.3 遍历器与容器中元素的关系

11.3 Set 接口实现类

Set 系列中的类都实现了 Set 接口，该系列中的类均以 Set 作为类名的后缀。Set 系列中的容器类不允许存储重复的元素。也就是当容器中已经存储一个相同的元素时，无法实现添加一个完全相同的元素，也无法将已有的元素修改成与其他元素相同。Set 系列中类的这些特点，使得在某些特殊场合的使用比较适合。Set 接口的 API 文档如图 11.4 所示。

从图 11.4 可以看出，Set 有 7 个实现类，其中最为常用的实现类有 3 个，即 HashSet、TreeSet 和 LinkedHashSet。下面分别讲述它们的相关用法。

第 11 章 Java 集合框架和泛型机制

图 11.4　Set 接口的 API 文档

> **注意**
>
> 　　实现 Set 接口的容器存储对象时，根据每个对象的哈希码值(调用 hashCode()方法获得)用固定的算法算出它的存储索引，把对象存放在一个叫散列表的相应位置(表元)中：如果对应的位置没有其他元素，就只需要直接存入；如果该位置已经有元素了，就会将新对象跟该位置的所有对象进行比较(调用 equals()方法)，以查看容器中是否已经存在该对象，若不存在，就存放该对象，若已经存在，就直接使用该对象。
> 　　Set 实现类取对象时根据对象的哈希码值计算出它的存储索引，在散列表的相应位置(表元)上的元素间进行少量的比较操作就可以找出它。Set 接口存、取、删对象都有很高的效率。对于要存放到 Set 容器中的对象(如 Student)，对应的类一定要重写 equals()和 hashCode(Object obj)方法以实现对象相等规则，如 x.equals(y)为 true，那么 x.hashCode()的值必须与 y.hashCode()的值相同。

11.3.1　实现类 HashSet

　　HashSet 类是 Set 接口实现类之一，使用较为广泛，它不保存元素的加入顺序。HashSet 类根据元素的哈希码进行存放，所以取出时也可以根据哈希码快速找到。
　　HashSet 类的使用如图 11.5 所示。

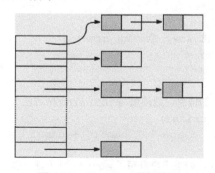

图 11.5　HashSet 类的使用

下面通过应用示例 HashSetTest.java 演示 HashSet 的相关用法。

HashSetTest.java 的代码清单如下所示：

```java
public class HashSetTest {
    public static void main(String[] args) {
        HashSet hs = new HashSet();
        hs.add("zxx");
        hs.add("zahx");
        hs.add("zyj");
        hs.add("xmh");
        hs.add("zah");
        Iterator it = hs.iterator();
        while (it.hasNext()) {
            System.out.println(it.next());
        }
    }
}
```

运行上述程序，在控制台上的显示效果如图 11.6 所示。

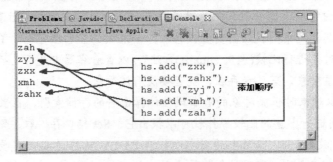

图 11.6　HashSetTest 的运行结果

从图 11.6 中可以看出，HashSet 添加的顺序与迭代显示的结果顺序并不一致，这也验证了 HashSet 不保存元素加入顺序的特征。当然这个示例只是添加了 String 对象，所以略显简单。如果要添加一个自定义的对象，又该如何呢？

创建名为 Student 的 JavaBean 文件。Student.java 的代码清单如下所示：

```java
public class Student {
    private int age;
    private String name;
    //省略了相应的set/get方法
    public Student(int age, String name) {
        this.age = age;
        this.name = name;
    }
    //要显示 Student 类的信息，必须重写 toString()方法
    public String toString() {
        return "age:" + age + " name:" + name;
    }
    //在 Java 规范中要求，如果用户重写了 equals()方法，就一定要重写 hashCode()方法
    //两个对象进行 equals 比较时，如果返回 true，那么它们的 hashCode 要求返回相等的值
```

```java
    public int hashCode() {
        return age * name.hashCode();
    }
    //HashSet中加入的对象需要重写hashCode()和equals()方法
    public boolean equals(Object o) {
        Student s = (Student) o;
        return age == s.age && name.equals(s.name);
    }
}
```

因为 Set 集合中不能加入重复的元素，所以对于自定义类，需要提供判断怎样才算重复元素的方法。在本例中，hashCode()和 equals()方法即是用来判断 Student 对象是否为重复对象的标准方法。

equals()方法在前面的章节已经学习过，用来比较两个对象是否为相等的对象。在自己实现的 equals()方法中用相关的条件来进行比较。比如对于 Student 类，这里用年龄和姓名作为条件进行比较，年龄和姓名相同的对象就被视为相等的对象。

在前面介绍 Set 接口时已经对 hashCode()方法进行了简要介绍，为了让读者加深印象，在此有必要再对 hashCode()方法详细介绍一下。

读者可以想象，如果一个容器中有 100 个元素，再添加一个新元素时，是不是需要执行 100 次 equals()方法呢？如果每增加一个元素就检查一次，那么当元素很多时，后添加到集合中的元素比较的次数就非常多了，这样显然会大大降低效率。于是，Java 采用了哈希表的原理。哈希算法也称为散列算法，是将数据依特定算法直接指定到一个地址上。读者可以将 hashCode()的方法返回值看作是对象存储的物理地址的一个索引。添加新元素的时候，先通过索引查看这个位置是否存在元素，如果不存在，则可以直接将元素存储于此，不需要再调用 equals()方法；如果已经存在元素，则再调用 equals()方法与新元素进行比较，相同的话就不存了，不相同就散列其他的地址。这样就使实际调用 equals()方法的次数大大降低了，提高了运算效率。如果读者能读懂本段文字，则 Java 对于 eqauls()方法和 hashCode()方法的规定"如果两个对象相同，那么它们的 hashCode 值一定要相同"和"如果两个对象的 hashCode 值相同，它们并不一定相同"也就不难理解了。

下面创建 SelfHashSetTest.java，演示 HashSet 存放自定义类的相关用法：

```java
public class SelfHashSetTest {
    public static void main(String[] args) {
        HashSet hs = new HashSet();
        hs.add(new Student(28, "zah"));
        hs.add(new Student(31, "xmh"));
        hs.add(new Student(30, "zyj"));
        //添加重复元素
        hs.add(new Student(28, "zah"));
        hs.add(new Student(33, "zxx"));
        //添加null元素
        hs.add(null);
        hs.add(null);
        Iterator it = hs.iterator();
        while (it.hasNext()) {
            System.out.println(it.next());
```

```
            }
        }
}
```

运行此程序,在控制台上的显示效果如图 11.7 所示。

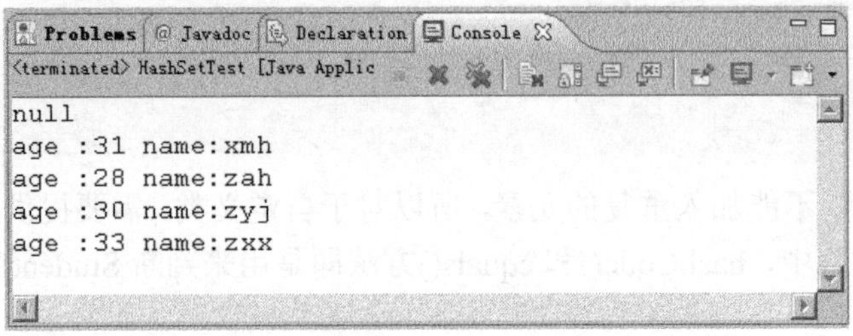

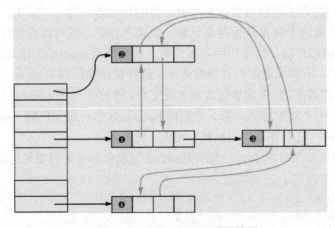

图 11.7 SelfHashSetTest 的运行结果

从图 11.7 中可以看出,HashSet 允许添加 null 元素,但对于重复的元素,只能添加一个元素。HashSet 对象还包括 add、remove、contains 和 size 等操作,希望读者依照本例代码进行修改,验证或研究其他操作的使用。

11.3.2 实现类 LinkedHashSet

LinkedHashSet 类根据元素的哈希码进行存放,同时用链表记录元素的加入顺序,如图 11.8 所示。

图 11.8 LinkedHashSet 类的使用

通过应用示例 LinkedHashSetTest.java 演示 LinkedHashSet 的相关用法。

LinkedHashSetTest.java 通过 LinkHashSet 容器类来存储多个 Student 对象,它的代码清单如下所示:

```
import java.util.LinkedHashSet;
import java.util.Set;
public class LinkedHashSetTest {
    public static void main(String[] args) {
        Set<Student> linkHashSet = new LinkedHashSet<Student>();
        Student stu1 = new Student(18, "zxx");
```

```
        Student stu2 = new Student(23, "zyj");
        Student stu3 = new Student(25, "xmh");
        Student stu4 = new Student(25, "zah");
        Student stu5 = new Student(25, "zah");
        linkHashSet.add(stu3);
        linkHashSet.add(stu4);
        linkHashSet.add(stu1);
        //记录 HashCode 码顺序，按照顺序查找出来
        linkHashSet.add(stu2);
        linkHashSet.add(stu5);
        linkHashSet.add(null);
        Iterator it = linkHashSet.iterator();
        while (it.hasNext()) {
            System.out.println(it.next());
        }
    }
}
```

运行此程序，在控制台上显示的效果如图 11.9 所示。

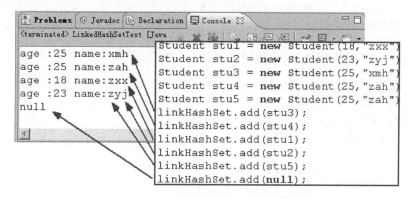

图 11.9　LinkedHashSetTest 的运行结果

提示

通过链表来存储对象，一般插入和删除效率较高，检索效率相对较低。

11.3.3　实现类 TreeSet

TreeSet 类使用红黑树结构对加入的元素进行排序存放，通过 TreeSet 构造方法来获取 TreeSet 对象，TreeSet 构造方法如表 11.6 所示。

表 11.6　TreeSet 构造方法列表

方 法 名	方法介绍
TreeSet()	构建一个空的树集
TreeSet(Collection c)	构建一个树集，并且添加集合 c 中的所有元素

续表

方法名	方法介绍
TreeSet(Comparator c)	构建一个树集，并且使用特定的比较器对其元素进行排序，Comparator 比较器没有任何数据，它只是比较方法的存放器。这种对象有时称为函数对象。函数对象通常在"运行过程中"被定义为匿名内部类的一个实例
TreeSet(SortedSet s)	构建一个树集，添加有序集合 s 中的所有元素，并且使用与有序集合 s 相同的比较器排序

放入 TreeSet 类中的元素必须是可"排序"的。注意：对加入的元素(Student)，若要实现 compareTo()方法，必须实现 Comparable 接口。

下面通过应用示例 TreeSetTest.java 来演示 TreeSet 的相关用法。

TreeSetTest.java 通过 TreeSet 容器类来存储多个 Student 对象，它的代码清单如下所示：

```java
public class TreeSetTest {
    public static void main(String[] args) {
        Set ts = new TreeSet();
        Student stu1 = new Student(18, "zxx");
        Student stu2 = new Student(23, "zyj");
        Student stu3 = new Student(25, "xmh");
        Student stu4 = new Student(25, "zah");
        ts.add(stu3);
        ts.add(stu4);
        ts.add(stu1);
        ts.add(stu2);
        ts.add(null);
        Iterator it = ts.iterator();
        while (it.hasNext()) {
            System.out.println(it.next());
        }
    }
}
```

如果直接运行 TreeSetTest，则控制台会抛出异常，异常信息如图 11.10 所示。

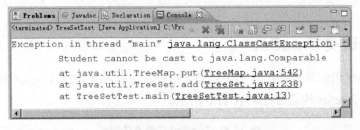

图 11.10　TreeSetTest 添加对象未实现 Comparable 接口所引发的异常

Comparable 接口强行对实现它的每个类的对象进行整体排序。此排序被称为该类的自然排序，类的 compareTo()方法被称为它的自然比较方法。实现 Comparable 接口的对象列表(和数组)可以通过 Collections.sort(和 Arrays.sort)进行自动排序。实现 Comparable 接口的对象可以用作有序映射表中的键或有序集合中的元素，无需指定比较器。

Java SDK 中，已经有一些实现 Comparable 接口的类，如表 11.7 所示。

表 11.7 实现 Comparable 接口的类

类 名	排 序
BigDecimal、BigInteger、Byte、Double、Float、Integer、Long、Short	按数字大小排序
Character	按 Unicode 值的数字大小排序
String	按字符串中字符的 Unicode 值排序

Student 类是自定义类，所以它需要实现 Comparable 接口，并且它的自然排序要与 equals 一致。Student 类的每一个对象符合与"对象 1.equals((Object)对象 2)"具有相同的布尔值的条件时，Student 类的自然排序才叫作与 equals 一致。注意，null 不是任何类的实例，即使 e.equals(null)返回 false，e.compareTo(null)也会抛出 NullPointerException。

compareTo(Object o)方法用于比较当前对象与指定对象的顺序。如果该对象小于、等于或大于指定对象，则分别返回负整数、零或正整数。compareTo()方法的功能介绍如下：

```
public int compareTo(Object obj) {
    //返回 0，表示 this==obj
    //返回正数，表示 this>obj
    //返回负数，表示 this<obj
}
```

让 Student.java 实现 Comparable 接口，通过重写 compareTo()方法确定该类对象的排序方式。这样 Student 类就成为可排序的类。

Student 类的代码清单如下所示：

```
public class Student implements Comparable {
    private Integer age;
    private String name;
    Student(int age, String name, int score) {
        this.age = age;
        this.name = name;
    }
    //因为需要打印出 Student 类的相关信息，所以要重写 toString()方法
    public String toString() {
        return "age:" + age + " name:" + name;
    }
    public int hashCode() {
        return age * name.hashCode();
    }
    public boolean equals(Object o) {
        Student s = (Student)o;
        return age==s.age && name.equals(s.name);
    }
    //因为要实现 Comparable 接口，所以要重写 compareTo(Object o)方法
    //判断执行 compareTo 方法的 Student 对象与传入的对象按排序的条件相比，
    //是大于、小于还是等于传入的对象
    public int compareTo(Object o) {
```

```
        Student s = (Student)o;
        if (s.getAge() < this.getAge())
            return -1;
        else if (s.getAge() == this.getAge())
            return 0;
        else
            return 1;
    }
    //提供访问属性 age 的方法
    public Integer getAge() {
        return age;
    }
    //提供设置属性 age 的方法
    public void setAge(Integer age) {
        this.age = age;
    }
}
```

在这里，细心的读者会发现 Integer 已经实现了 Comparable 接口，所以这里的 compareTo 方法中的代码还可以这样写：

```
public int compareTo(Object arg0) {
    Student st = (Student)arg0;
    return st.age.compareTo(this.age);
}
```

> **提示**
>
> 强烈推荐使自然排序与 equals 一致。这是因为在使用其自然排序与 equals 不一致的元素或键时，没有显式比较器的有序集合或有序映射表行为表现"怪异"。尤其是，这样的有序集合或有序映射表违背了根据 equals 方法定义的集合映射表的常规协定。

运行此程序，在控制台上的显示效果如图 11.11 所示。

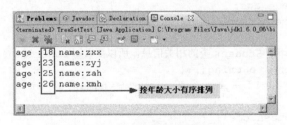

图 11.11　Student 的执行结果

前面通过实现 Comparable 接口完成了 TreeSet 的排序要求，但使用 Comparable 接口定义排序顺序有其局限性，实现此接口的类只能按 compareTo()定义的这一种方式排序。如果同一类对象要有多种排序方式，应该为该类定义不同的比较器。比如现在客户的需求发生了变化，要求为 Student 类添加一个分数 score 属性，并且还要按分数对 Student 进行排序，此时就需要定义多个不同的比较器了。

如何自定义一个比较器呢？查看一下前面所介绍的 TreeSet(Comparator c)构造器，

Comparator 是一个接口，通过它就可以完成这个任务。

自定义比较器实际上就是让自编写的类实现 Comparator 接口，重写 Comparator 接口中的比较方法 compare(Object a, Object b)。compare()方法的功能介绍如下：

```java
public int compare(Object a, Object b) {
    //返回 0，表示 this==obj
    //返回正数，表示 this>obj
    //返回负数，表示 this<obj
}
```

TreeSet 有一个构造方法，允许给定比较器，并会根据给定的比较器对元素进行排序。下面用自编写的比较器来完成如图 11.11 所示的效果。

修改 Student.java，为其添加一个 score 属性。代码清单如下所示：

```java
public class Student {
    private Integer age;
    private String name;
    private Integer score;

    //省略相应的 set/get 方法
    Student(int age, String name, int score) {
        this.age = age;
        this.name = name;
        this.score = score;
    }
    public String toString() {
        return "age :" + age + " name:" + name+ " score:" + score;
    }
    public int hashCode() {
        return age*name.hashCode();
    }
    public boolean equals(Object o) {
        Student s = (Student)o;
        return age==s.age && name.equals(s.name);
    }
}
```

创建 SelfTreeSetTest.java，演示自定义比较器的相关用法。代码清单如下所示：

```java
import java.util.Comparator;
import java.util.Iterator;
import java.util.LinkedHashSet;
import java.util.Set;
import java.util.TreeSet;

//学生年龄比较器 class
class StudentAgeComparator implements Comparator<Student> {
    public int compare(Student o1, Student o2) {
        int i = o2.getAge() - o1.getAge();
        return i;
    }
}
```

```java
}
//学生成绩比较器
class StudentScoreComparator implements Comparator<Student> {
    public int compare(Student o1, Student o2) {
        int i = (int)(o2.getScore() - o1.getScore());
        return i;
    }
}
public class SelfTreeSetTest {
    public static void main(String[] args) {
        //创建TreeSet对象时选择比较器
        Set ts = new TreeSet(new StudentAgeComparator());
        Student stu1 = new Student(18, "zxx", 85);
        Student stu2 = new Student(23, "zyj", 81);
        Student stu3 = new Student(26, "xmh", 92);
        Student stu4 = new Student(25, "zah", 76);
        ts.add(stu3);
        ts.add(stu4);
        ts.add(stu1);
        ts.add(stu2);
        Iterator it = ts.iterator();
        while (it.hasNext()) {
            System.out.println(it.next());
        }
    }
}
```

运行此程序，在控制台上的显示效果如图11.12所示。

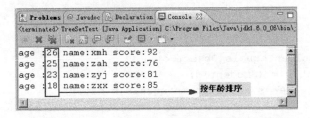

图11.12　SelfTreeSetTest 采用年龄比较器的执行结果

为名将 Set ts = new TreeSet(new StudentAgeComparator());这行代码中的参数修改一下，改为 StudentScoreComparator，即选择分数比较器，然后运行此程序，在控制台上显示的效果如图11.13 所示。

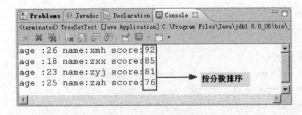

图11.13　SelfTreeSetTest 采用分数比较器的执行结果

11.4 List 接口实现类

List 接口继承了 Collection 接口，它是一个允许存在重复项的有序集合。List 接口不但能够对列表的一部分进行处理，还添加了面向位置的操作，在 List 接口中搜索元素可以从列表的头部或尾部开始，如果找到元素，还将报告元素所在的位置。List 接口的 API 文档如图 11.14 所示。

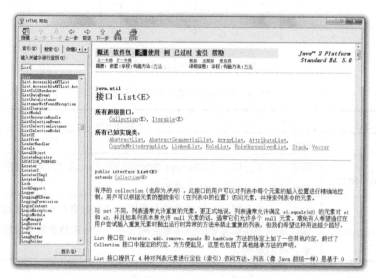

图 11.14　List 接口的 API 文档

JDK API 中 List 接口的实现类常用的有 ArrayList、LinkedList 和 Vector。下面来分别讲述它们的相关用法。

11.4.1　实现类 ArrayList

ArrayList 类扩展 AbstractList 并执行 List 接口。ArrayList 类支持可随需要而增长的动态数组。在 Java 中，标准数组是定长的。在数组创建之后，它们不能被加长或缩短，这也就意味着我们必须事先知道数组可以容纳多少元素。但是，直到运行时才能知道需要多大的数组。

为了解决这个问题，类集框架定义了 ArrayList。本质上，ArrayList 类是对象引用的一个变长数组。

也就是说，ArrayList 类能够动态地增加或减小其大小。数组列表以一个原始大小被创建，当超过了它的大小时，类集自动增大；当对象被删除后，数组就可以缩小。ArrayList 类容器如图 11.15 所示。

ArrayList 类对于使用索引取出元素有较高的效率，它可以使用索引来快速定位对象。但元素做删除或插入速度较慢，因为使用了数组，需要移动后面的元素以调整索引顺序。ArrayList 类的构造方法如表 11.8 所示。

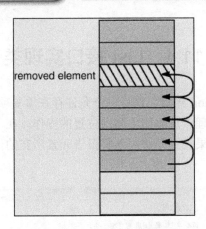

图 11.15 ArrayList 类容器

表 11.8 ArrayList 类的构造方法列表

方 法 名	方 法 说 明
ArrayList()	构造一个初始容量为 10 的空列表
ArrayList(Collection c)	构造一个包含指定 Collection 的元素的列表，这些元素是按照该 Collection 的迭代器返回它们的顺序排列的
ArrayList(int capacity)	构造一个具有指定初始容量的空数组，该数组有指定的初始容量(capacity)。容量是用于存储元素的基本数组的大小。当元素被追加到数组列表上时，容量会自动增加

下面通过示例 ListDemo.java 来演示 ArrayList 类的相关用法。ListDemo.java 的代码清单如下所示：

```
import java.util.*;
public class ListDemo {
    public static void main(String args[]) {
        Collection c1 = new ArrayList(); //实例化一个具体的子类对象
        for (int i=0; i<5; i++) {
            c1.add(new Integer(i));
        } //循环添加 10 个整型类对象
        System.out.println("c1:" + c1);
        Collection c2 = new ArrayList();
        c2.addAll(c1); //将集合 c1 添加到 c2 集合对象中的操作
        c2.remove(new Integer(3)); //删
        c2.add("hehe"); //添加
        System.out.println("c2:" + c2);
        Iterator it = c2.iterator(); //下面介绍迭代器接口
        while(it.hasNext()) { //用迭代器进行迭代(遍历)操作
            Object obj = it.next(); //取出的元素类型为 Object 类型
            System.out.println("Iterator 遍历 c2 " + obj + "\t");
        }
    }
}
```

运行此程序，输出结果如图 11.16 所示。

```
c1:[0, 1, 2, 3, 4]
c2:[0, 1, 2, 4, hehe]
Iterator遍历c2    0
Iterator遍历c2    1
Iterator遍历c2    2
Iterator遍历c2    4
Iterator遍历c2    hehe
```

图 11.16　ListDemo.java 的运行结果

> **注意**
>
> Collection 的打印结果以方括号括住，每个元素之间以逗号相隔。如果想查看源码，可查看 Collection 接口的实现类 AbstractCollection，它重写了 toString()。源码如下所示：
> ```
> public String toString() {
>     Iterator<E> i = iterator();
>     if (!i.hasNext())
>         return "[]";
>     StringBuilder sb = new StringBuilder();
>     sb.append('[');
>     for ( ; ; ) {
>         E e = i.next();
>         sb.append(e==this? "(this Collection)" : e);
>         if (!i.hasNext())
>             return sb.append(']').toString();
>         sb.append(", ");
>     }
> }
> ```

上述代码还可以通过增强 for 循环来遍历集合中的每一个元素。

可以将 System.out.println("c2:" + c2);后面的代码修改如下：

```
for(Object i : c2) {
    System.out.println("Iterator 遍历c2 " + i + "\t");
}
```

从图 11.16 中可以看，ArrayList 类保持添加顺序。

11.4.2　实现类 LinkedList

LinkedList 类扩展 AbstractSequentialList 并执行 List 接口。它提供了一个链接列表数据结构，LinkedList 容器类通过连接指针来关联前后两个元素，如图 11.17 所示。

因为 LinkedList 是使用双向链表实现的容器，所以针对频繁的插入或删除元素，使用 LinkedList 类效率较高，它适合实现栈(Stack)和队列(Queue)。

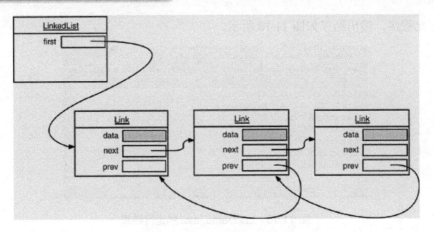

图 11.17 LinkedList 元素关联

LinkedList 类的构造方法如表 11.9 所示。

表 11.9 LinkedList 类的构造方法列表

方 法 名	方法说明
LinkedList( )	建立一个空的链接列表
LinkedList(Collection c)	建立一个链接列表，该链接列表由类集 c 中的元素初始化

LinkedList 类本身还定义了一些有用的方法，这些方法主要用于操作和访问列表。调用 addFirst()方法可以在列表头增加元素；调用 addLast()方法可以在列表的尾部增加元素；调用 getFirst()方法可以获得第一个元素；调用 getLast()方法可以得到最后一个元素；调用 removeFirst()方法可以删除第一个元素；调用 removeLast()方法可以删除最后一个元素。

下面通过示例 LinkedListDemo.java 演示 LinkedList 的相关用法。LinkedListDemo.java 的代码清单如下所示：

```
import java.util.*;

class LinkedListDemo {
   @SuppressWarnings("unchecked")

   public static void main(String args[]) {
      LinkedList linklst = new LinkedList();
      linklst.add("F");
      linklst.add("B");
      linklst.add("D");
      linklst.add("E");
      linklst.add("C");
      System.out.println("显示初始化后 linklst 内容: " + linklst);
      linklst.addLast("Z");
      linklst.addFirst("A0");
      linklst.add(1, "A1");
      System.out.println("显示添加操作后 linklst 内容: " + linklst);
      // 执行删除 F 元素操作
      linklst.remove("F");
```

```
        // 执行删除第二个元素操作
        linklst.remove(2);
        System.out.println("显示删除操作后linklst内容: " + linklst);
        // 执行删除第一个元素操作
        linklst.removeFirst();
        // 执行删除最后一个元素操作
        linklst.removeLast();
        System.out.println("显示删除操作后linklst内容: " + linklst);
        // 获取第二个元素
        Object val = linklst.get(2);
        //修改内容
        linklst.set(2, (String) val + " Changed");
        System.out.println("显示修改操作后linklst内容: " + linklst);
    }
}
```

运行此程序，输出结果如图 11.18 所示。

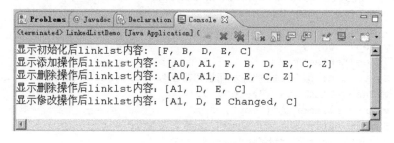

图 11.18　LinkedListDemo.java 的运行结果

11.4.3　实现类 Vector

Vector 类提供了实现可增长数组的功能，随着更多元素加入其中，数组变得更大；在删除一些元素之后，数组变小。Vector 类的大多数操作与 ArrayList 类相同，区别之处在于 Vector 类是线程同步的。Vector 类的构造方法如表 11.10 所示。

表 11.10　Vector 类的构造方法列表

方 法 名	方法说明
Vector()	构造一个空向量，使其内部数据数组的大小为 10，其标准容量增量为零
Vector(Collection c)	构造一个包含指定集合中的元素的向量，这些元素按其集合的迭代器返回元素的顺序排列
Vector(int initialCapacity)	使用指定的初始容量和等于零的容量增量构造一个空向量
Vector(int initialCapacity, int capacityIncrement)	使用指定的初始容量和容量增量构造一个空的向量

Vector 类提供的访问方法支持类似数组运算和与 Vector 大小相关的运算。类似数组的运算允许向量中增加、删除和插入元素。它们也允许测试矢量的内容和检索指定的元素。Vector 类的常用方法如表 11.11 所示。

表 11.11 Vector 类的常用方法列表

方 法 名	方法说明
add(Object obj)	把组件加到向量尾部，同时大小加 1，向量容量比以前大 1
insertElementAt(Object obj, int index)	把组件加到所定索引处，此后的内容向后移动 1 个单位
setElementAt(Object obj, int index)	把组件加到所定索引处，此处的内容被代替
remove(Object obj)	把向量中含有的本组件内容移走
removeAllElements()	把向量中所有组件移走，向量大小为 0

下面通过示例 VectorDemo.java 演示 Vector 的相关用法。VectorDemo.java 的代码清单如下所示：

```java
class VectorDemo {
    @SuppressWarnings("unchecked")
    public static void main(String args[]) {
        Vector v = new Vector();
        v.add("one");
        v.add("two");
        v.add("three");
        System.out.println("显示向量初始值" + v.toString());
        v.insertElementAt("zero", 0);
        v.insertElementAt("oop", 3);
        System.out.println("显示插入元素后向量值" + v.toString());
        v.setElementAt("three", 3);
        v.setElementAt("four", 4);
        System.out.println("显示修改元素后向量值" + v.toString());
        v.removeAllElements();
        System.out.println("显示全删除后向量值" + v.toString());
    }
}
```

运行此程序，输出结果如图 11.19 所示。

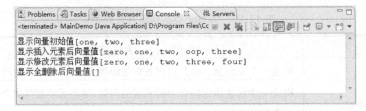

图 11.19 VectorDemo.java 的运行结果

> **注意**
>
> Java 的集合与数组的区别在于：在创建 Java 数组时，必须明确指定数组的长度，数组一旦创建，其长度就不能被改变。为了使程序能方便地存储、检索和操纵数目不固定的一组数据，JDK 类库提供了 Java 集合，所有 Java 集合类都位于 java.util 包中。另外 Java 集合中不能存放基本类型数据，而只能存放对象的引用。

11.4.4 实现类 Stack

Stack 有时也可以称为"后入先出"(LIFO)集合，读者可以想想大家洗盘子或洗碗的叠放过程，也就是说，在堆栈里最后"压入"的东西将是以后第一个"弹出"的。与其他所有 Java 集合一样，压入和弹出的都是"对象"，所以用户必须对弹出的东西进行"造型"。

Stack 类的构造方法如表 11.12 所示。

表 11.12　Stack 类的构造方法列表

方 法 名	方法说明
Stack()	创建一个空 Stack

Stack 继承至 Vector 类，它通过 5 个操作对类 Vector 进行了扩展，允许将向量视为堆栈。它提供了通常的 push 和 pop 操作，以及取栈顶点的 peek 方法、测试堆栈是否为空的 empty 方法、在堆栈中查找项并确定到栈顶距离的 search 方法。

Stack 类的常用方法如表 11.13 所示。

表 11.13　Stack 类的常用方法

方 法 名	方法说明
empty()	测试堆栈是否为空
peek()	查看栈顶对象而不移除它
pop()	移除栈顶对象并作为此函数的值返回该对象
push(E item)	把项压入栈顶
search(Object o)	返回对象在栈中的位置，以 1 为基数

下面通过示例 StackDemo.java 演示 StackDemo 的相关用法。StackDemo.java 的代码清单如下所示：

```java
import java.util.Stack;
public class MyStack {
    static String[] weeks =
        {"周一","周二","周三","周四","周五","周六","周日"};
    public static void main(String[] args) {
        //创建一个空 Stack
        Stack stk = new Stack();
        for (int i=0; i<weeks.length; i++) {
            stk.push(weeks[i] + " ");
        }
        System.out.println("stk = " + stk);
        // 把 Stack 当作 Vector 看待
        stk.addElement("自由假期");
        System.out.println("第五个元素是: " + stk.elementAt(5));
        System.out.println("移出栈的顺序:");
        while (!stk.empty())
            System.out.println(stk.pop());
```

        }
    }

Stack 类继承自 Vector，而 Vector 又有父类，这样 Stack 中出现了多余方法。使用者只希望 Stack 栈完成进栈和出栈功能就行，而不需要 add 等方法。通常一个折中功能的栈是通过 LinkedList 来完成的，因为 LinkedList 链表结构可快速地实现插入删除。

11.5 Map 接口

Map 接口不是 Collection 接口的继承。Map 接口用于维护键/值对(key/value pairs)，描述了从不重复的键到值的映射。

Map 接口的 API 文档如图 11.20 所示。

图 11.20　Map 接口的 API 文档

Map 接口定义了存储"键-值映射对"的方法，Map 中不能有重复的"键"，Map 实现类中存储的"键-值"映射对是通过键来唯一标识的，Map 底层的"键"是用 Set 来存放的；所以存入 Map 中的映射对的"键"对应的类必须重写 hashCode()和 equals()方法。常用 String 作为 Map 的"键"。

Map 接口中定义的一些常用方法如下。

(1) 添加、删除操作，如表 11.14 所示。

表 11.14　添加、删除操作方法

方法名	方法介绍
Object put(Object key, Object value)	将互相关联的一个关键字与一个值放入该映像。如果该关键字已经存在，那么与此关键字相关的新值将取代旧值。方法返回关键字的旧值，如果关键字原先并不存在，则返回 null

续表

方 法 名	方法介绍
Object remove(Object key)	根据指定的键把此"键-值"对从 Map 中移除
void putAll(Map t)	将来自特定映像的所有元素添加给该映像
void clear()	从映像中删除所有映射,键和值都可以为 null。但是,不能把 Map 作为一个键或值添加给自身

(2) 容器类中元素查询的方法如表 11.15 所示。

表 11.15 查询操作方法列表

方 法 名	方法介绍
Object get(Object key)	获得与关键字 key 相关的值,并且返回与关键字 key 相关的对象,如果没有在该映像中找到该关键字,则返回 null
boolean containsKey(Object key)	判断映像中是否存在关键字 key
boolean containsValue(Object value)	判断映像中是否存在值 value
int size()	返回当前映像中映射的数量
boolean isEmpty()	判断映像中是否有任何映射元素

(3) 容器类中元视图操作的方法,如表 11.16 所示。

表 11.16 视图操作方法列表

方 法 名	方法介绍
Set keySet()	返回映像中所有关键字的视图 set 集,因为映射中键的集合必须是唯一的,用 Set 支持。还可以从视图中删除元素,同时,关键字和它相关的值将从源映像中被删除,但是不能添加任何元素
Collection values()	返回映像中所有值的视图 Connection 集,因为映射中值的集合不是唯一的,用 Collection 支持。还可以从视图中删除元素,同时,值和它的关键字将从源映像中被删除,但是不能添加任何元素
Set entrySet()	返回 Map.Entry 对象的视图集,即映像中的关键字/值对,因为映射是唯一的,用 Set 支持。还可以从视图中删除元素,同时,这些元素将从源映像中被删除,但是不能添加任何元素

JDK API 中 Map 接口的实现类常用的有:HashMap、TreeMap 和 Properties 等。下面分别讲述它们的相关用法。

11.5.1 实现类 HashMap

HashMap 是基于哈希表的 Map 接口的实现,它是使用频率最高的一个容器,提供所有可选的映射操作,它内部对"键"用 Set 进行散列存放,所以根据"键"去取"值"的效率很高。并且它允许使用 null 值和 null 键,但它不保证映射的顺序,特别是它不保证该顺序是恒久不变的。

下面通过示例 HashMapDemo.java 演示 HashMap 的相关用法：

```java
public class HashMapDemo {
    public static void main(String args[]) {
        HashMap hashmap = new HashMap();
        hashmap.put("0", "c");
        //存放对象用 put 方法，记住所存的一定是"键-值"对
        hashmap.put("1", "a");
        hashmap.put("2", "b");
        hashmap.put("3", "a");
        System.out.println("HashMap:");
        System.out.println(hashmap);
            //该容器有其内部的排序方式,事实上是依据哈希算法来排的

        Set set = hashmap.keySet();
          //获取全部键，它的返回类型是 set
        Iterator iterator = set.iterator();
        while (iterator.hasNext()) {
          //System.out.print(iterator.next()
        // + " = " + hashmap.get(iterator.next()) + ";");
            System.out.print(hashmap.get(iterator.next()) + ";");
        }
    }
}
```

运行此程序，控制台的显示结果如图 11.21 所示。

图 11.21　HashMapDemo.java 的运行结果

> **注意**
>
> Map 的打印结果以大括号括住，key 和 value 之间以等号相接，key 在左侧，value 在右侧。

11.5.2　实现类 LinkedHashMap

LinkedHashMap 类是 HashMap 的子类，它可以依照插入的顺序来排列元素，增、删、改，效率比较高。

下面通过示例 LinkedHashMapTest.java 来演示 LinkedHashMap 的相关用法：

```java
public class LinkedHashMapTest {
    public static void main(String args[]) {
```

```
        LinkedHashMap lhmap = new LinkedHashMap();
        lhmap.put("0", "xmh");
        //存放对象用 put 方法,记住所存的一定是"键-值"对
        lhmap.put("1", "zah");
        lhmap.put("2", "zxx");
        lhmap.put("3", "zyj");
        System.out.println("HashMap:");
        System.out.println(lhmap);
        //该容器有其内部的排序方式,事实上是依据哈希算法来排的
        lhmap.put("3", "zyj");
        Set set = lhmap.keySet();  //获取全部键,它的返回类型是 set
        Iterator iterator = set.iterator();
        while (iterator.hasNext()) {
            System.out.print(lhmap.get(iterator.next()) + ";");
        }
    }
}
```

运行此程序,控制台的显示结果如图 11.22 所示。

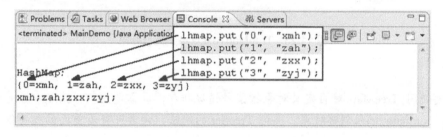

图 11.22　LinkedHashMapTest.java 的运行结果

LinkedHashMap 类维护着一个运行于所有条目的双重链接列表。此链接列表定义了迭代顺序,该迭代顺序通常就是将键插入到映射中的顺序(插入顺序)。如果在映射中重新插入键,则插入顺序不受影响。

11.5.3　实现类 TreeMap

TreeMap 容器类比较特殊,TreeMap 内部使用红黑树结构对"键"进行排序存放,所以放入 TreeMap 中的"键-值"对的"键"必须是可"排序"的。

下面通过示例 TreeMapTest.java 来演示 TreeMap 的相关用法:

```
import java.util.*;
public class TreeMapTest {
    @SuppressWarnings("unchecked")
    public static void main(String args[]) {
        TreeMap treemap = new TreeMap();
        treemap.put("0", "d");
          //指定键值,如果映射以前包含一个此键的映射关系,那么将替换原值
        treemap.put("2", "a");
        treemap.put("1", "b");
        treemap.put("3", "c");
```

```
        System.out.println("\nTreeMap:");
        //可以对键排序
        System.out.println(treemap);
        System.out.println(treemap.firstKey());   //返回第一个键
        Set set = treemap.keySet();
        Iterator iterator = set.iterator();
        while(iterator.hasNext()) {
            System.out.print(treemap.get(iterator.next()) + ";");
        }
    }
}
```

运行此程序，控制台显示结果如图 11.23 所示。

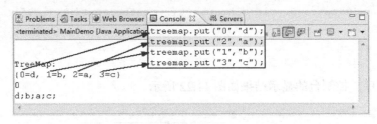

图 11.23　TreeMapTest.java 的运行结果

> **注意**
> 若要使用 TreeMap 对自定义对象按某种情况排序，就需要用 TreeMap(Comparator<? super K> comparator)来创建对象，类似 TreeSet 的用法，读者可查看前面的相关案例。

11.5.4　实现类 Properties

Properties 类表示了一个持久的属性集，它可保存在流中或从流中加载。属性列表中每个键及其对应值都是一个字符串；Properties 的 API 文档如图 11.24 所示。

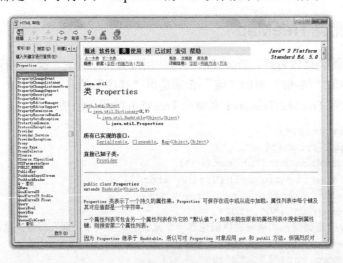

图 11.24　Properties 类的 API 文档

它继承自 HashTable，也即哈希表，自 Java 2 平台 v 1.2 以来，HashTable 类已经改进为可以实现 Map，所以 Properties 类也具有 Map 的特性。但是 Properties 类存放的"键-值"对都是字符串，在存取数据时不建议使用 put、putAll 和 get 这类存取元素方法，应该使用 setProperty(String key, String value)方法和 getProperty(String key)方法。

下面通过示例 PropertiesTest.java 来演示 Properties 类的相关用法：

```java
pimport java.io.IOException;
import java.io.InputStream;
import java.util.Properties;
/**
* 演示用 Properties 属性集从指定的文件流中获取"键-值"对
* @author Administrator
*/
public class PropertiesTest {
    /**@param args */
    public static void main(String[] args) {
        //获取文件，并读入到输入流
        InputStream is = Thread.currentThread().getContextClassLoader()
          .getResourceAsStream("config.properties");
        //创建属性集对象
        Properties prop = new Properties();
        try {
            //从流中加载数据
            prop.load(is);
        } catch (IOException e) {
            e.printStackTrace();
        }
        String name = prop.getProperty("name");
        System.out.println("name=" + name);
        String pwd = prop.getProperty("password");
        System.out.println("password==" + pwd);
    }
}
```

创建一个属性文件，命名为 config.properties，存放于工程的 src 目录中。属性文件中内容如下：

```
#key=value
name=spirit
password=abc123
```

运行此程序，控制台的显示结果如图 11.25 所示。

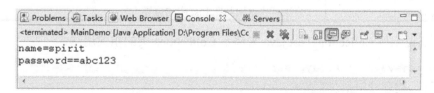

图 11.25　PropertiesTest.java 的运行结果

11.6 Collections 类

Collections 类是一个工具类，用来对集合进行操作，它主要提供一些排序的算法，包括随机排序、反向排序等。Collections 类的 API 文档如图 11.26 所示。

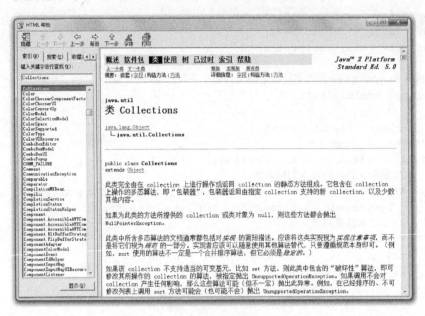

图 11.26 Collections 类的 API 文档

Collections 类提供了一些静态方法，实现了基于 List 容器的一些常用算法；Collections 类中的方法都是静态方法，常用方法如表 11.17 所示。

表 11.17 Collections 类的常用操作方法

方 法 名	方法介绍
void sort(List)	对 List 内的元素排序
void shuffle(List)	对 List 内的元素进行随机排列
void reverse(List)	对 List 内的元素进行逆序排列
void fill(List, Object)	用一个特定的对象重写整个 List 容器，注意它只是将同一个对象引用复制到容器的每个位置上，并且只对 List 有效，无法作用于 Set 和 Map
void copy(List dest, List src)	将 src 中的内容复制到 dest 中
int binarySearch(List, Object)	二分法查找返回其在 List 中的位置

下面通过示例 CollectionsTest.java 来演示 Collections 类的相关用法：

```
import java.util.ArrayList;
import java.util.Arrays;
import java.util.Collections;
import java.util.Iterator;
import java.util.List;
```

```java
@SuppressWarnings("unchecked")
public class CollectionsTest {
    public static void printView(List arrayList) {
        Iterator it = arrayList.iterator();
        while (it.hasNext()) {
            System.out.print(" " + it.next());
        }
        System.out.println("");
    }
    public static void main(String[] args) {
        List list = new ArrayList();
        //泛型操作
        Student stu1 = new Student(18, "zxx", 85);
        Student stu2 = new Student(23, "zyj", 81);
        Student stu3 = new Student(26, "xmh", 92);
        Student stu4 = new Student(25, "zah", 76);
        list.add(stu1);
        list.add(stu2);
        list.add(stu3);
        list.add(stu4);
        System.out.println("初始 list 内容");
        printView(list);
        Collections.shuffle(list);
        System.out.println("混淆后 list 内容");
        printView(list);
        //list 中的对象 Student 类要实现 Comparable 接口才能使用 sort 方法
        Collections.sort(list);
        System.out.println("排序后 list 内容");
        printView(list);
        Collections.reverse(list);
        System.out.println("逆序后 list 内容");
        printView(list);
        // List newlst= new ArrayList(list.size());
        List newlst = new ArrayList(Arrays.asList(new Object[list.size()]));
        Collections.copy(newlst, list);
        System.out.println("复制 list 内容");
        printView(newlst);
    }
}
```

提示

使用 Collections 类中的 copy()方法的时候，一定要初始化 dest 所对应的 List，并且要用对象填充，如 new ArrayList(Arrays.asList(new Object[list.size()]))，否则运行时将会有异常 Exception in thread "main" java.lang.IndexOutOfBoundsException: Source does not fit in dest 抛出。

在本例中，要用到 Collections 类提供的排序方法 sort(List<T> list)，就要求列表中的所有元素都必须实现 Comparable 接口，所以需要修改 Student.java，修改后的 Student.java 代

码清单如下所示：

```java
public class Student implements Comparable {
    private Integer age;
    private String name;
    private Integer score;

    //省略 set/get...

    Student(int age, String name, int score) {
        this.age = age;
        this.name = name;
        this.score = score;
    }

    public String toString() {
        return "age :" + age;
    }

    public int hashCode() {
        return age * name.hashCode();
    }

    public boolean equals(Object o) {
        Student s = (Student)o;
        return age==s.age && name.equals(s.name);
    }
    public int compareTo(Object o) {
        Student s = (Student)o;
        if (s.getAge().compareTo(this.getAge()) > 0)
            return -1;
        else if (s.getAge().compareTo(this.getAge()) == 0)
            return 0;
        else
            return 1;
    }
}
```

运行此程序，控制台的显示结果如图 11.27 所示。

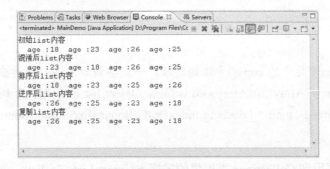

图 11.27　CollectionsDemoTest.java 的运行结果

> **提示**
>
> 如何选择容器呢？主要从存放要求和读写数据效率两方面来考虑。
> (1) 存放要求。
> 无序：Set，不能重复。
> 有序：List，允许重复。
> key-value 对：Map。
> (2) 读写效率。
> Hash：两者都最高。
> Array：读快改慢。
> Linked：读慢改快。
> Tree：加入元素可排序使用。

11.7 泛型概述

在前面的练习中，存入容器的对象在取出时需要强制转换类型，因为对象加入容器时都被转化为 Object 类型，而取出时要转成实际类型。在 Java 中向下类型转换对于 ClassCastException 而言都是潜在的危险，应当尽量避免它们。那么有什么办法可以让装入容器的数据保存自己的类型而不被转化为 Object 对象呢？这就需要用到 JDK 5.0 支持的一项新功能——Java 泛型。

泛型只是编译时的概念，是供编译器进行语法检查用的(由于程序员需要一种类型安全的集合，正是这种需求促成了泛型的产生)。所谓的泛型，就是在定义(类的定义、方法的定义、形式参数的定义、成员变量的定义等)的时候，指定它为通用类型，也就是数据类型可以是任意的类型，如"List<?> list = null;"，具体调用的时候，要将通用类型转换成指定的类型来使用。

泛型为提高大型程序的类型安全和可维护性带来了很大的潜力。它与 JDK 5.0 中其他几个新的语言特性相互协作，包括增强的 for 循环、枚举和自动装箱。

> **注意**
>
> 泛型语言特性只在 JDK 5.0 及以后版本中可用。如果是基于较早的 JDK 版本开发的软件，那么在迁移到 JDK 5.0 或以后版本之前，将无法在代码中使用泛型特性。为了使用泛型，必须具有一个 JDK 5.0 开发环境。

使用泛型的目的主要有以下两个方面：

- 努力将运行时异常转换成编译时错误，减少运行时异常的数量(提高了编译器的能力)。
- 解决模板编程的问题。

其实泛型这个概念类似于大学自习时的占座行为，在桌子上丢一本书或某个相关的标记，表明此座位已经有人了，相信经历过大学生活的读者都有这种经历。这个座位上究竟

是哪位同学，可能只有到上课时才知道。泛型也就是给参数类型指定的一个占位符，就像方法的形式参数是运行时传递的值的占位符一样。如果还难以理解，就看如下代码：

```
...
public int add(int a, int b) {
    return a + b;
}
...
```

方法 add 的参数 a 和 b 就相当于占位符，具体代表什么值也只是在此方法被调用时才知道。下面通过一个简单的示例来展示泛型的用法。

在 MyEclipse 中，单击代码中的 List 可以查看 List 的源代码，如图 11.28 所示。

```
package java.util;
 * An ordered collection (also known as a <i>sequence</i>). The user of this
public interface List<E> extends Collection<E> {
    // Query Operations

    * Returns the number of elements in this list. If this list contains
    int size();

    * Returns <tt>true</tt> if this list contains no elements.
    boolean isEmpty();

    * Returns <tt>true</tt> if this list contains the specified element.
    boolean contains(Object o);

    * Returns an iterator over the elements in this list in proper sequence.
    Iterator<E> iterator();

    * Returns an array containing all of the elements in this list in proper
    Object[] toArray();

    * Returns an array containing all of the elements in this list in
    <T> T[] toArray(T[] a);
```

图 11.28　List 的源代码截图

在源代码中，接口 List 后跟有<E>，这个 E 就与方法中的形参类似，E 限定了放在容器中元素的类型，在后面的内容中会详细讲解。

在下述代码中，普通做法在获取对象时需要类型转换，采用泛型之后，就不再需要类型转换了：

```
//不用泛型
List list = new ArrayList();
list.add("zyj");
String name = (String)list.get(0);
System.out.println("添加的姓名为：" + name);
//采用泛型
List<String> lst = new ArrayList<String>();
lst.add("zyj");
String rname = lst.get(0);
System.out.println("添加的姓名为：" + rname);
```

下面从泛型的声明和泛型的使用来学习泛型的相关内容。

1. 泛型的声明

在定义一个泛型类的时候，在<>之间定义形式类型参数，例如，"class TestGen<K, V>"，

其中 K、V 不代表值，而是表示类型。对于常见的泛型模式，推荐的名称如下。
- K：键，比如映射的键。
- V：值，比如 List 和 Set 的内容，或者 Map 中的值。
- E：异常类。
- T：泛型。

实例化泛型对象的时候，一定要在类名后面指定类型参数的值(类型)，一共要有两次书写，例如：

```
List<String> lst = new ArrayList<String>();
```

2. 泛型的使用

(1) 消除类型转换

下面通过示例 TestGenerics1.java 来演示消除类型转换的功能：

```
public class TestGenerics1 {
    public static void main(String[] args) {
        List<String> lst = new ArrayList<String>();
        lst.add("ABC"); lst.add("DEF");
        //错误操作，试图将 Integer 和 Double 类型的对象放入 List<String>中
        //lst.add(1);
        //lst.add(1.0);
        String str = lst.get(0);
        //使用泛型后，获得对象时不用进行强制类型转换
        for (String s : lst) {
            System.out.println(s);
        }
        Map<Integer, String> map = new HashMap<Integer, String>();
        map.put(1, "Huxz");
        map.put(2, "Liucy");
        map.put(3, "TangLiang");
        Set<Integer> keys = map.keySet();
        for (Integer i : keys) {
            String value = map.get(i);
            System.out.println(i + "---" + value);
        }
    }
}
```

> **注意**
> ① 属性中使用集合时不指定泛型，默认为<Object>，如定义属性：List<Object> list = null;。
> ② 泛型不同的引用不能相互赋值。
> ③ 加入集合中的对象类型必须与指定的泛型类型一致。

(2) 自动解包装与自动包装的功能

JDK 5.0 提供了自动装箱与拆箱的功能，通过这个功能，可以将基本类型的数据直接存

放在容器之中，也可以直接从容器中取出基本类型。

下面通过示例 TestGenerics2.java 来演示自动解包装与自动包装的功能。

TestGenerics2.java 的代码清单如下所示：

```java
public class TestGenerics2 {
    public static void main(String[] args) {
        List<Integer> lst = new ArrayList<Integer>();
        //自动装箱
        lst.add(1);
        lst.add(2);
        lst.add(3);
        //自动拆箱
        for (int i : lst) {
            System.out.println(i);
        }
    }
}
```

(3) 限制泛型中类型参数的范围

在使用泛型的时候，可以限制泛型中类型参数的范围，常见的方式如下所示。

- <?>：允许所有泛型的引用调用。
- <? extends Number>：只允许泛型为 Number 及 Number 子类的引用调用。
- <? super Number>：只允许泛型为 Number 及 Number 父类的引用调用。
- <? extends Comparable>：只允许泛型为实现 Comparable 接口的实现类的引用调用。

注意

① 方法参数中使用集合时不指定泛型，默认为<?>。
② 方法参数中<? extends Number&Comparable>这种修饰符是不支持的。

下面通过示例 TestGenerics3.java 来演示应用限制泛型中类型参数的范围。

TestGenerics3.java 的代码清单如下所示：

```java
public class TestGenerics3 {
    public static void main(String[] args) {
        List<String> l1 = new ArrayList<String>();
        l1.add("中国");
        List<Object> l2 = new ArrayList<Object>();
        l2.add(88);
        List<Number> l3 = new ArrayList<Number>();
        l3.add(8.8);
        List<Integer> l4 = new ArrayList<Integer>();
        l4.add(99);
        List<Double> l5 = new ArrayList<Double>();
        l5.add(100.8);
        print(l1); //String 类型的泛型对象
        print(l2); //Object 类型的泛型对象
        print(l3); //Number 类型的泛型对象
        print(l4); //Integer 类型的泛型对象
        print(l5); //Double 类型的泛型对象
```

```
    }
    //方法参数中使用集合时不指定泛型,默认为<?>
    public static void print(List list) {
        for (Object o : list) {
            System.out.println(o);
        }
    }
}
```

运行程序,输出结果如图 11.29 所示。

图 11.29　TestGenerics3.java 的运行结果

下面以 TestGenerics3.java 文件的代码为基础,通过示例来演示限制泛型中类型参数范围的相关操作。

① <?>:允许所有泛型的引用调用,因为在参数中未指定类型时,默认情况即为<?>,所以用下面的这个 print(List<?> list)方法取代 TestGenerics3.java 中的 void print(List list)方法,运行程序,输出结果不变:

```
public static void print(List<?> list) {
    for(Object o : list) {
        System.out.println(o);
    }
}
```

② <? extends Number>:只允许泛型为 Number 及 Number 子类的引用调用,用下面这个 print(List<? extends Number> list)取代 TestGenerics3.java 中的 void print(List list)方法,因为抽象类 Number 是 BigDecimal、BigInteger、Byte、Double、Float、Integer、Long 和 Short 类的超类,所以需要将 TestGenerics3.java 中的 print(l1);和 print(l2);两行代码注释:

```
public static void print(List<? extends Number> list) {
    for(Number o : list) {
        System.out.println(o);
    }
}
```

运行程序,输出结果如图 11.30 所示。

图 11.30　Number 范围内 TestGenerics3.java 的运行结果

③ <? extends Comparable>:只允许泛型为实现了 Comparable 接口的实现类的引用调用,因为 Object 和 Number 类未实现此接口,所以在用下面这个 print 方法替换代码中的 print 方法时,还需要将 TestGenerics3.java 中的 print(l2);和 print(l3);两行代码注释:

```
public static void print(List<? extends Comparable> list) {
    for(Comparable o : list) {
        System.out.println(o);
    }
}
```

运行程序,输出结果如图 11.31 所示。

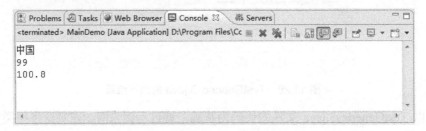

图 11.31　Comparable 范围内 TestGenerics3.java 的运行结果

④ <? super Number>:只允许泛型为 Number 及 Number 父类的引用调用,那么只能打印出 Object 和 Number 对象的相关信息。代码如下:

```
public static void print(List<? super Number> list) {
    for(Object o : list) {
        out.println(o);
    }
}
```

运行程序,输出结果如图 11.32 所示。

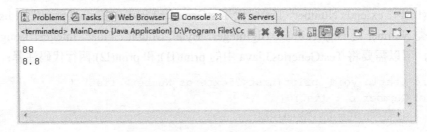

图 11.32　super 范围内 TestGenerics3.java 的运行结果

⑤ 方法参数中<? extends Number&Comparable>这种修饰符是不支持的,用下面这个 print 方法替换代码中的 print 方法时,会显示编译错误(错误提示内容如图 11.33 所示):

```
public static void print(List<? extends Number&Comparable> list) {
    for(Object o : list) {
        out.println(o);
    }
}
```

```
public static void print(List<? extends Number & Comparable> list){
    Incorrect number of arguments for type List<E>; it cannot be parameterized with arguments <?
    extends Number, Comparable>
                                                            Press 'F2' for focus.
}
```

图 11.33 &符号引发 TestGenerics3 编译错误

(4) 泛型方法(也被一些用户称为多态方法)

在类的定义中添加一个形式类型参数列表，可以将类泛型化。其实方法也可以被泛型化，不管它们定义在其中的类是不是泛型化的。

泛型方法的格式为：

修饰符 泛型 返回类型 方法名 参数表 抛出的异常

如编写一个将数组的元素转存于 List 的方法：

```java
public static <T> List<T> toList(T[] arr) {
    List<T> temp = new ArrayList<T>();
    for (T a : arr) {
        temp.add(a);
    }
    return temp;
}
```

方法签名的第一个<T>，初看起来比较奇怪，与传统的方法签名并不相同，这个<T>表示为我们的方法声明一个类型变量(Type Variable)，该类型变量是用来约束方法返回类型及方法参数的类型变量一致，这个类型变量的作用域仅限于该方法本身。我们可以在 main 方法中测试此方法：

```java
public static void main(String[] args) {
    List<Integer> ints = toList(new Integer[] {1, 2, 3});
    System.out.println(ints.size());
    List<String> words = toList(new String[] {"a", "b", "c"});
    System.out.println(ints.size());
}
```

泛型的样式有以下几种。

- <T>：允许所有泛型的引用调用。
- <T extends Number>：只允许泛型为 Number 及 Number 子类的引用调用。
- <T extends Comparable>：只允许泛型为实现了 Comparable 接口的实现类的引用调用。
- <T extends Number&Comparable>：只允许泛型为既是 Number 及 Number 子类又实现了 Comparable 接口的实现类的引用调用。

注意

泛型方法中<? super Number>这种修饰符是不支持的。

下面通过示例 TestGenerics4.java 来演示泛型方法的创建技巧。TestGenerics4.java 的代码清单如下所示：

```
import java.util.*;
public class TestGenerics4 {

   List<?> list = null;
   public static void main(String[] args) {
      List<String> l1 = new ArrayList<String>();
      List<Object> l2 = new ArrayList<Object>();
      List<Number> l3 = new ArrayList<Number>();
      List<Integer> l4 = new ArrayList<Integer>();
      List<Double> l5 = new ArrayList<Double>();
      String[] a1 = new String[10];
      Object[] a2 = new Object[10];
      Number[] a3 = new Number[10];
      Integer[] a4 = new Integer[10];
      Double[] a5 = new Double[10];
      copyFromArray(l1, a1);
      copyFromArray(l2, a2);
      copyFromArray(l3, a3);
      copyFromArray(l4, a4);
      copyFromArray(l5, a5);
   }
}
```

下面来编写泛型方法 copyFromArray 完成 TestGenerics4.java 所要实现的功能。

① <T extends Number>：只允许泛型为 Number 及 Number 子类的引用调用。例如：

```
public static <T extends Number> void copyFromArray(List<T> l, T[] a) {
   for(T o : a) {
      l.add(o);
   }
}
```

② <T extends Number&Comparable>：只允许泛型为既是 Number 及 Number 子类，又实现了 Comparable 接口的实现类的引用调用。例如：

```
public static <T extends Number&Comparable> void copyFromArray(List<T> l,
  T[] a) {
   for (T o : a) {
      l.add(o);
   }
}
```

(5) 泛型类

泛型类在实际开发之中有较大的用处，在 Java SE 1.5 之前，没有泛型的情况的下，通常是采用对 Object 类型的引用来实现参数的"任意化"，"任意化"带来的缺点是要做显式的强制类型转换，而这种转换是要求开发者对实际参数类型可以预知的情况下进行的。对于强制类型转换错误的情况，编译器可能不提示错误，在运行的时候才出现异常，这是一个安全隐患。而在 Java SE 1.5 之后，这个问题就可以得到圆满的解决，下面通过两种方式的对比，让读者对泛型类有较清晰地认识。

在第 6 章节列举过打印机的示例，如果不用继承的方式，则控制打印输出类需要采用对 Object 类型的引用来完成相关的功能，代码如下所示：

```java
/* 彩色打印机 */
class CPrinter {
    public void paint() {
        System.out.println("打印彩色字");
    }
}

/* 黑白打印机 */
class WPrinter {
    public void paint() {
        System.out.println("打印黑白字");
    }
}

/* 控制打印输出 */
class PrintHandle {
    //定义一个通用的类型
    private Object ob;
    public PrintHandle(Object ob) {
        this.ob = ob;
    }
    public Object getOb() {
        return ob;
    }
    public void setOb(Object ob) {
        this.ob = ob;
    }
}

/* 测试类 */
public class TestPrinter {
    public static void main(String[] args) {
        PrintHandle oh = new PrintHandle(new CPrinter());
        ((CPrinter)oh.getOb()).paint();
        PrintHandle oh2 = new PrintHandle(new WPrinter());
        ((WPrinter)oh2.getOb()).paint();
    }
}
```

引入泛型机制去除强制转化的过程，从而消除"向下转型"的隐患。读者按如下代码进行修改即可：

```java
class PrintHandle<T> {
    private T t;
    public PrintHandle(T t) {
        this.t = t;
    }
    public T getT() {
```

```
            return t;
        }
        public void setT(T t) {
            this.t = t;
        }
}

/* 测试类 */
public class TestPrinter {
    public static void main(String[] args) {
        PrintHandle<CPrinter> tp =
          new PrintHandle<CPrinter>(new CPrinter());
        tp.getT().paint();
        PrintHandle<WPrinter> tp2 =
          new PrintHandle<WPrinter>(new WPrinter());
        tp2.getT().paint();
    }
}
```

下面通过示例 TestGenerics5.java 再次强调泛型类的创建时要注意的一些问题。
TestGenerics5.java 的代码清单如下所示：

```
public class TestGenerics5 {
    public static void main(String[] args) {
        MyClass2 test = new MyClass2();
        MyClass2<String> s = new MyClass2<String>();
        s.method1("231");
        MyClass2<Integer> s2 = new MyClass2<Integer>();
        s2.method1(231);
    }
}

class MyClass2<T> { //定义了一个泛型类
    public void method1(T t) {
    }
    public T method2() {
        return null;
    }

    /*
    * 静态方法中不能使用类的泛型
    */
    // public static void m(T t) {
    // }
    /*
    * 不能创建泛型类的对象 T 可以是一个接口
    */
    // public void m() {
    // T t = new T();
    // }
    /*
```

```
     *  不能在Catch子句中使用泛型
     */
    //    public void m() {
    //        try {
    //        } catch (T t) {
    //        }
    //    }
}
```

如果去除以上注释，则编译出错，相关问题请读者在创建泛型类时尽量规避，如还存在疑问，可查看"注意"中的相关内容。

> **注意**
> ① 带泛型的类不能成为 Throwable 类和 Exception 类的子类，不能在 catch 子句中使用泛型，因为编译时，如果 try 子句抛出的是已检查异常，编译器无法确定 catch 能不能捕获这个异常。
> ② 不能用泛型来创建一个对象，如 T t = new T()。因为泛型类有可能是一个接口或抽象类，如果不是接口或抽象类则可以创建。
> ③ 静态方法中不能使用类的泛型，原因是泛型类中的泛型在创建类的对象时被替换为确定类型。静态方法可以通过类名直接访问，而 Java 为一种强类型语言，没有类型的变量或对象是不允许的，所以静态方法中不能使用类的泛型。

泛型还有接口、方法等，内容很多，需要花费一番功夫才能理解、掌握并熟练应用。本章主要通过一些示例对比的方式让读者很快学会泛型的应用，如果需要深入地学习泛型的相关内容，可参考专业书籍或技术文档。

11.8 本章练习

1．简答题

（1）说出 ArrayList、Vector、LinkedList 的存储性能和特性。
（2）Collection 和 Collections 有什么区别？
（3）List、Set、Map 是否继承自 Collection 接口？
（4）集合类中引入泛型机制有什么好处？

2．上机练习

（1）随机输入 10 个数字保存到 List 中，并按倒序显示出来(提示：依据 List 接口 API 文档中提供的方法来完成此题)。
（2）把学生名与考试分数录入到 Map 中，并按分数显示前三名成绩学员的名字。
（3）自行编写代码实现队列的效果。
（4）编写代码解决如下需求：有 100 个学生(含有姓名与分数)，用随机数给他们分配姓名和分数；然后分成三组（前 30 名学生为第一组，后 30 名学生为第二组，剩余 40 名学生为第三组）；并显示出第一组学生的姓名和分数。

(5) 采用泛型编写一个针对 int 型数组、float 型数组、double 型数组求平均值的功能类，然后再编写一个测试类，测试此功能类是否正确。

第12章

多线程

学前提示

现代大型应用程序都需要高效地完成大量任务，其中使用多线程就是一个提高效率的重要途径。本章就来介绍多线程的相关知识，重点在于理解多线程的运行机制及线程同步的机制。

知识要点

- 线程简介
- 线程的创建和启动
- 线程的状态及转换
- 线程的调度和优先级
- 线程的同步
- 集合类的同步问题
- java.util.Timer 类调度任务

12.1 理解线程

现代计算机使用的操作系统几乎都是以多任务执行程序的，即能够同时执行多个应用程序。例如，你可以在编写 Java 代码的同时听音乐、发送电子邮件等。

在多任务系统中，每个独立执行的程序称为进程，也就是说"进程是正在进行中的程序"。如图 12.1 所示是 Windows 7 系统任务管理器中的进程，从中可以看到当前操作系统中有多个任务正在同时执行。

图 12.1 Windows 任务管理器中的进程

对于计算机而言，所有的应用程序都是操作系统执行的。操作系统执行多个应用程序时，它会负责对 CPU、内存等资源进行分配和管理，会根据很小的时间间隔交替执行多个程序，使得这些应用程序看起来就像是在并行运行一样。

12.1.1 什么是多线程

本章之前编写的 Java 程序都是从 main 方法开始一行一行代码往下执行的，执行完后回到 main 方法，结束整个应用程序。这样顺序往下执行的程序叫单线程程序。单线程程序在同一个时间内只执行一个任务。在实际处理问题的过程中，单线程程序往往不能适应日趋复杂的业务需求。例如，电信局提供的电话服务，经常需要在一段时间内服务上亿的用户，如果要等待一位用户通话完毕后才能服务下一位用户的话，这样的效率也太低了。要想提高服务的效率，可以采用多线程的程序来同时处理多个请求任务。

多线程程序扩展了多任务操作的概念，它将多个任务操作降低一级来执行，那就是各个程序看起来是在同一个时间内执行多个任务。每个任务通常称为一个线程。这种能同时执行多个线程的程序称为多线程程序。简单地理解多线程编程，就是将程序任务分成几个并行的子任务，各个子任务相对独立地并发执行，这样可以提高程序的性能和效率。

Java 语言提供了内置的多线程机制。

12.1.2 进程和线程的区别

在理解线程前,需要先区分进程和线程。

1. 进程(Process)

进程是指每个独立程序在计算机上的一次执行活动。例如,运行中的 QQ 程序、运行中的 MP3 播放器等。运行一个程序,就是启动了一个进程。基于进程的多任务处理就是允许计算机同时运行多个程序。

2. 线程(Thread)

线程是比进程更小的执行单位,基于线程的多任务处理就是一个程序可以执行多个任务,比如流行的迅雷下载软件,当从网络上下载一段视频时,用户就可以在它下载完毕之前,播放部分已下载的视频内容,这时就存在下载和播放两个线程。

3. 线程和进程的区别

在操作系统中能同时运行多个任务(程序)叫多进程。在同一应用程序中多条执行路径并发执行叫多线程。线程和进程有如下区别:
- 每个进程都有独立的代码和数据空间(进程上下文),进程间的切换开销大。
- 同一进程内的多个线程共享相同的代码和数据空间,每个线程有独立的运行栈和程序计数器(PC),线程间的切换开销小。

通常,在以下情况中可能要使用到多线程:
- 程序需要同时执行两个或多个任务。
- 程序需要实现一些需要等待的任务时,如用户输入、文件读写操作、网络操作、搜索等。
- 需要一些后台运行的程序时。

12.1.3 线程的创建和启动

先来看一段大家已经很熟悉的程序代码:

```
public class Sample {
    public void method1(String str) {
        System.out.println(str);
    }
    public void method2(String str) {
        method1(str);
    }
    public static void main(String args[]) {
        Sample s = new Sample();
        s.method2("hello");
    }
}
```

当编译并执行这个类时，JVM 会启动一个线程：将 main()方法放在这个线程执行空间的最开始处。该线程会从程序入口 main()方法开始每行代码逐一调用执行。这个类的执行过程如图 12.2 所示。

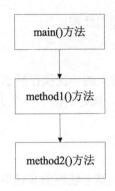

图 12.2　Java 程序的执行过程

类似的这种程序叫单线程程序，这个运行 main()方法的线程通常叫作主线程。主线程都是由 JVM 来启动的。

Java 语言的 JVM 允许应用程序同时运行多个线程，它通过 java.lang.Thread 类来实现。Thread 类有如下特性：

- 每个线程都是通过某个特定 Thread 对象的 run()方法来完成其操作的。经常把 run()方法的主体称为线程体。
- 通过该 Thread 对象的 start()方法来调用这个线程。

1．创建新线程

Java 中提供了两种创建新线程的方式。

（1）定义实现 java.lang.Runnable 接口的类。Runnable 接口中只有一个 run()方法，用来定义线程运行体。代码如下所示：

```
class MyRunner implements Runnable {   //实现 Runnable 接口
    public void run() {
        //要在线程中执行的代码
        for(int i=0; i<100; i++) {
            System.out.println("MyRunner:" + i);
        }
    }
}
```

定义好这个类之后，需要把它的实例作为参数传入 Thread 的构造方法中，来创建出一个新线程，代码如下所示：

```
Thread thread1 = new Thread(new MyRunner());
```

（2）将类定义为 Thread 类的子类，并重写 run()方法。代码如下所示：

```
class MyThread extends Thread {   //继承自 Thread 类
    public void run() {
```

```
        //要在线程中执行的代码
        for(int i=0; i<100; i++) {
            System.out.println("MyThread:" + i);
        }
    }
}
```

这种方式下，创建一个新线程只需要创建出它的一个实例即可。代码如下所示：

```
Thread thread2 = new MyThread();
```

提示

这两种创建线程的方式中，建议使用第一种方式。因为采用实现接口的方式可以避免由于 Java 的单一继承带来的局限，有利于程序代码的健壮性。

2. 启动线程

注意多线程的调用需要获得操作系统的支持，如果在此直接调用 run 方法，则只是普通的方法调用，没有取得操作系统的支持。要手动启动一个线程，只需要调用 Thread 实例的 start()方法即可。代码如下所示：

```
thread1.start();
thread2.start();
```

完整的测试程序代码如下：

```
package com.csdn.corejava12;

/** 创建和启动多个线程 */
public class FirstThreadTest {
    public static void main(String[] args) {
        System.out.println("主线程开始执行");
        Thread thread1 = new Thread(new MyRunner());
        thread1.start();
        System.out.println("启动一个新线程(thread1)...");
        Thread thread2 = new MyTread();
        thread2.start();
        System.out.println("启动一个新线程(thread2)...");
        System.out.println("主线程执行完毕");
    }
}
```

运行这个测试程序后，在控制台下得到如下输出结果：

```
主线程开始执行
启动一个新线程(thread1)...
启动一个新线程(thread2)...
主线程执行完毕
MyRunner:0
MyThread:0
MyThread:1
```

```
MyThread:2
MyThread:3
MyThread:4
MyThread:5
MyRunner:1
MyThread:6
...(省略了一些输出)
MyThread:98
MyThread:99
```

从上述代码的运行效果来看，主线程先执行，然后启动了两个新线程(由主线程创建的新线程都叫子线程)，但这两个新线程并没有立刻得到执行，而是统一由 JVM 根据时间片来调度，调度到哪个线程，就由哪个线程执行片刻。并且这两个新线程应该是交替显示结果，如果没有交替显示，可能是机器性能较好，在单位时间片内已经完成了循环运算，读者可以将循环次数更改为 2000 或更高值再行测试。多运行几次，每次的输出结果都不可能相同，说明 JVM 调度线程的执行顺序是随机的。可以用图 12.3 来大致示意多线程的执行流程。

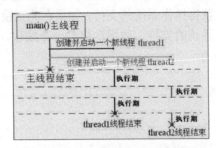

图 12.3　多线程的执行流程

从图 12.3 中可以看出，JVM 在执行多线程的程序时，在某一个时刻，其实也只能运行一个线程，但 JVM 用划分时间间隔(时间片)的机制来转换调用各个线程，这个时间间隔非常短，所以，看起来好像是多个线程在同时执行。

输出结果中 MyRunner 和 MyThread 输出是在代码中直接定义，代码的可读性不高，如果此时要求为线程设定名字，又该如何做呢？

(1) 通过 setName 的方式设置线程名称，通过 Thread.currentThread().getName()获取线程的名称。

(2) 通过使用 Thread(Runnable target, String name)构造方法创建含带名称的 Thread 对象。

用这两种方式改写上述代码比较容易，在此为了不使本章篇幅冗长，由读者来实现这一功能要求。这里主要提醒读者，线程的名字一般在启动线程前设置，但也允许为已经运行的线程设置名字。

12.1.4　Thread 类介绍

Java.lang.Thread 类就是线程实现类，它提供的常用方法如下。

- public void start()：启动该线程。需要注意的是，在某个线程实例上调用这个方法后，并不一定就立即运行这个线程，它还需要看 CPU 是否调度到该线程。只有调度到该线程，它才运行。
- public static Thread currentThread()：返回对当前正在执行的线程对象的引用。
- public ClassLoader getContextClassLoader()：返回该线程的上下文 ClassLoader。上下文 ClassLoader 由线程创建者提供，供运行于该线程中的代码在加载类和资源时使用。
- public final boolean isAlive()：测试线程是否还活着。
- public Thread.State getState()：返回该线程的当前状态。
- public final String getName()：返回该线程的名称。
- public final void setName(String name)：设置该线程名称。
- public final void setDaemon(boolean on)：将该线程标记为守护线程或用户线程。
- public final void setPriority(int newPriority)：更改线程的优先级。
- public static void sleep(long millis) throws InterruptedException：在指定的毫秒数内让当前正在执行的线程休眠(暂停执行)。
- public void interrupt()：中断线程。

如下代码常用来获取当前 classpath 的绝对路径。

```
//使用方法链调用方式获得当前classpath的绝对路径的URL表示法
URL url = Thread.currentThread()
        .getContextClassLoader()
        .getResource("");
```

12.1.5 为什么需要多线程

根据上面的分析，在正常情况下，让程序来完成多个任务(调用多个方法)，只使用单个线程来完成比用多个线程完成所用的时间肯定会更短，因为 JVM 在调度管理每个线程上肯定是要花一定的时间。那么，为什么还需要多线程呢？

这是因为多线程程序作为一种多任务并发的工作方式，具有以下的优点。

(1) 改善应用程序的响应。这对图形界面程序更有意义。当一个操作耗时很长时，整个系统都会等待这个操作，此时程序不能响应键盘、鼠标、菜单的操作。而使用多线程技术，将耗时长的操作放置到一个新线程中执行，而界面仍能响应用户的操作，这样可以增强用户体验。

(2) 提高计算机系统 CPU 的利用率。多线程可以充分利用现代计算机的多 CPU 或单 CPU 运算能力快的特点，从而节省响应时间。

(3) 改善程序结构。一个既长又复杂的进程可以考虑分为多个线程，成为几个独立或半独立的运行部分，这样的程序会利于理解和修改。

12.1.6 线程分类

Java 中的线程分为两类：一种叫守护线程，另一种叫用户线程。先前看到的例子都是用户线程，守护线程是一种"在后台提供通用性支持"的线程，它并不属于程序本体。从字面上很容易将守护线程理解成是由虚拟机(Virtual Machine)在内部创建的，而用户线程则

是自己所创建的。事实并不是这样，任何线程都可以是"守护线程"或"用户线程"。它们在几乎每个方面都是相同的，唯一的区别是判断虚拟机何时离开。
- 用户线程：Java 虚拟机在它所有非守护线程都已经离开后自动离开。
- 守护线程：守护线程是用来服务用户线程的，如果没有其他用户线程在运行，那么就没有可服务对象，也就没有理由继续下去。

通过调用下面的方法，可以把一个用户线程变成一个守护线程：

```
thread.setDaemon(true);
```

守护线程是为其他线程提供服务的一种线程，除此之外它就没有其他特别的功能。若被服务的线程运行完毕，则守护线程也会自动结束。例如：

```java
public class TestDamonThread {
    public static void main(String[] args) {
        Thread t1 = new ActRunner(20);
        t1.setName("用户线程");
        t1.start();

        Thread t2 = new ActRunner(800);
        t2.setDaemon(true);
        t2.setName("后台线程");
        t2.start();
        for (int i=0; i<20; i++) {
            System.out.println(Thread.currentThread().getName() + ":" + i);
        }
        System.out.println("主线程结束");
    }
}
class ActRunner extends Thread {
    private int n;

    public ActRunner(int n) {
        this.n = n;
    }
    public void run() {
        for (int i=0; i<n; i++) {
            System.out.println(this.getName() + ":" + i);
        }
        System.out.println(this.getName() + "结束");
    }
}
```

运行这个测试程序后，在控制台得到如下所示的输出结果：

```
用户线程:0
后台线程:0
main:0
用户线程:1
后台线程:1
main:1
用户线程:2
```

```
后台线程:2
main:2
用户线程:3
后台线程:3
......
后台线程:295
后台线程:296
后台线程:297
```

目前所熟悉的 Java 垃圾回收线程就是一个典型的守护线程，当程序中不再有任何运行中的线程时，程序就不会再产生垃圾，垃圾回收器也就无事可做，所以当垃圾回收线程是 Java 虚拟机上仅剩的线程时，Java 虚拟机会自动离开，结束程序的运行。

12.2 线程的生命周期

一个线程从它的创建到销毁的过程中，会经历不同的阶段。线程的生命周期是一个比较复杂的过程，要想掌握线程的使用，就需要很好地理解它的生命周期。

12.2.1 线程的状态及转换

一个线程创建之后，它总是处于其生命周期的 6 种状态之一。JDK 中用 Thread.State 枚举表示出了这 6 种状态，分别如下。

- NEW：至今尚未启动的线程处于这种状态。称为"新建"状态。
- RUNNABLE：正在 Java 虚拟机中执行的线程处于这种状态。称为"可运行"状态。
- BLOCKED：受阻塞并等待某监视器锁的线程处于这种状态。称为"阻塞"状态。
- WAITING：无限期地等待另一个线程来执行某一特定操作的线程处于这种状态。称为"等待"状态。
- TIMED_WAITING：等待另一个线程来执行取决于指定等待时间的操作的线程处于这种状态。称为"超时等待"状态。
- TERMINATED：已退出的线程处于这种状态。称为"中止"状态。

下面来介绍各种状态的特征及它们之间的相互转换关系。

1. 新线程

当创建 Thread 类(或其子类)的一个实例时，就意味着该线程处于"新建"状态。当一个线程处于新创建状态时，它的线程体中的代码并未得到 JVM 的执行。

2. 可运行的线程

一旦调用了该线程实例的 start()方法，该线程便是个可运行的线程了，但可运行的线程并不一定立即就在执行了，需要由操作系统为该线程赋予运行的时间。

当线程里的代码开始执行时，该线程便开始运行了(Sun 公司官方并不将这种情况视为一个专门的状态，正在运行的线程仍然处于可运行状态)。一旦线程开始运行，它不一定始终保持运行状态，因为操作系统随时可能(分配给该线程的时间片用完了)会打断它的执行，

以便其他线程得到执行机会。

3. 被阻塞和等待状态下的线程

当一个线程被阻塞或处于等待状态时，它暂时处于停止，不会执行线程体内的代码，消耗最少的资源。

(1) 当一个可运行的线程在获取某个对象锁时，若该对象锁被别的线程占用，则 JVM 会把该线程放入锁池中。这种状态也叫同步阻塞状态。

(2) 当一个线程需要等待另一个线程来通知它的调度时，它就进入等待状态。这通常是通过调用 Object.wait()或 Thread.join()方法来使一个线程进入等待状态的。在实际应用中，阻塞和等待状态的区别并不大。

(3) 有几种带超时值的方法会导致线程进入定时等待状态。这种状态维持到超时过期或收到适当的通知为止。这些方法主要包括 Object.wait(long timeout)、Thread.join(long timeout)、Thread.sleep(long millis)。

4. 被终止的线程

基于以下原因，线程会被终止：
- 由于 run()方法正常执行完毕而自然中止。
- 由于没有捕获到的异常事件终止了 run()方法的执行而导致线程突然死亡。

如果想要判断某个线程是否还活着(也就是判断它是否处于可运行状态或阻塞状态)，可以调用 Thread 类提供的 isAlive()方法。如果这个线程处于可运行状态或阻塞状态，它返回 true；如果这个线程处于新建状态或被中止状态，它将返回 false。

综合上面对 6 种状态的描述，可以把线程的状态用图 12.4 来表示。

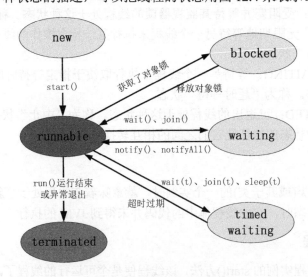

图 12.4 线程的状态及转换

12.2.2 线程睡眠

在线程体中调用 sleep()方法会使当前线程进入睡眠状态，调用 sleep()方法时需要传入一个毫秒数作为当前线程睡眠的时间，线程睡眠相应的时间后便会苏醒，重新进入可运行状态。

在实际开发应用中，为了调整各个子线程的执行顺序，可以通过线程睡眠的方式来完成，代码如下所示：

```java
package com.csdn.corejava12;

/** 线程睡眠示例 */
public class ThreadSleepTest {

    public static void main(String[] args) {
        System.out.println("主线程开始执行");
        Thread thread1 = new Thread(new SleepRunner());
        thread1.setName("SleepRunner:");
        thread1.start();
        System.out.println("启动一个新线程(thread1)...");
        Thread thread2 = new Thread(new NormalRunner());
        thread1.setName("NormalRunner:");
        thread2.start();
        System.out.println("启动一个新线程(thread2)...");
        System.out.println("主线程执行完毕");
    }
}
class SleepRunner implements Runnable {
    public void run() {
        try {
            Thread.sleep(100);   //线程睡眠100毫秒
        } catch (InterruptedException e) {
            e.printStackTrace();
        }

        // 要在线程中执行的代码
        for (int i=0; i<100; i++) {
            System.out.println(Thread.currentThread().getName() + i);
        }
    }
}
class NormalRunner implements Runnable {
    public void run() {
        //要在线程中执行的代码
        for (int i=0; i<100; i++) {
            System.out.println(Thread.currentThread().getName() + i);
        }
    }
}
```

运行这个程序后，在控制台的输出结果如下：

```
主线程开始执行
启动一个新线程(thread1)...
启动一个新线程(thread2)...
```

```
主线程执行完毕
NormalRunner:0
NormalRunner:1
NormalRunner:2
NormalRunner:3
...
NormalRunner:98
NormalRunner:99
SleepRunner:0
SleepRunner:1
SleepRunner:2
SleepRunner:3
...
SleepRunner:98
SleepRunner:99
```

读者思考一下：在线程睡眠的时候，它的时间片让出去了吗？

12.2.3 线程让步

Thread.yield()方法会暂停当前正在执行的线程对象，把执行机会让给相同或者更高优先级的线程。示例代码如下：

```java
package com.csdn.corejava12;

/** 线程让步示例 */
public class ThreadYieldTest {
    public static void main(String[] args) {
        //获取当前线程的名称
        System.out.println(Thread.currentThread().getName());
        Thread thread1 = new Thread(new YieldThread());
        thread1.start();
        Thread thread2 = new Thread(new YieldThread());
        thread2.start();
    }
}
class YieldThread implements Runnable {
    public void run() {
        for(int i=0; i<100; i++) {
            System.out.println(Thread.currentThread().getName() + ":" + i);
            if(i%10 == 0) {    //当i可以被10整除时，当前线程让步给其他线程
                Thread.yield();  //线程让步的方法
            }
        }
    }
}
```

这样，在子线程运行过程中，当i的值可以被10整除时，这个线程就会让步，给别的线程执行的机会。

12.2.4 线程的加入

有时需要线程间的接力来完成某项任务，这就需要调用线程类的join()方法，join()方法可以使两个交叉执行的线程变成顺序执行，加入的子线程运行完成之后，其他的线程才可以继续运行。示例代码如下：

```java
package com.csdn.corejava12;

/** 线程加入操作 */
public class ThreadJoinTest {
    public static void main(String[] args) {
        Thread thread1 = new Thread(new MyThread3());
        thread1.start();
        //主线程中执行for循环
        for (int i=1; i<=50; i++) {
            System.out.println(Thread.currentThread().getName() + ":" + i);
            if (i == 30) {
                try {
                    thread1.join();      //把子线程加入到主线程中执行
                } catch (InterruptedException e) { e.printStackTrace(); }
            }
        }
    }
}
class MyThread3 implements Runnable {
    public void run() {
        for (int i=1; i<=20; i++) {
            System.out.println(Thread.currentThread().getName() + ":" + i);
            try {
                Thread.sleep(10);
            } catch (InterruptedException e) { e.printStackTrace(); }
        }
    }
}
```

上述程序代码中，当主线程中的 for 循环执行到 i=30 时，会把子线程加入进来执行，子线程执行完毕后，再回来执行主线程。

12.3 线程的调度和优先级

线程的调度是让 JVM 对多个线程进行系统级的协调，以避免因多个线程争用有限的资源而导致应用系统死机或者崩溃。

为了把线程对于操作系统和用户的重要性区分开来，Java 定义了线程的优先级策略。Java 将线程的优先级分为 10 个等级，分别用 1~10 之间的数字来表示，数字越大，表明线程的优先级越高。相应地，在 Thread 类中定义了表示线程最低、最高和普通优先级的静态成员变量：MIN_PRIORITY、MAX_PRIORITY 和 NORMAL_PRIORITY，代表的优先级等

级分别为1、10和5。当一个线程对象被创建时,其默认的线程优先级是5。JVM提供了一个线程调度器来监控应用程序启动后进入就绪状态的所有线程。优先级高的线程会获得较多的运行机会。

设置线程优先级的方法很简单,在创建完线程对象之后,可以调用线程对象的setPriority()方法来改变该线程的运行优先级。调用 getPriority()方法可以获取当前线程的优先级。例如:

```java
package com.csdn.corejava12;

/** 线程优先级设置 */
public class ThreadPriorityTest {
    public static void main(String[] args) {
        Thread t0 = new Thread(new R());  //第一个子线程
        Thread t1 = new Thread(new R());  //第二个子线程
        t1.setPriority(Thread.MAX_PRIORITY);  //把第二个子线程的优先级设置为最高
        t0.start();
        t1.start();
    }
}
class R implements Runnable {
    public void run() {
        for (int i=0; i<100; i++) {
            System.out.println(Thread.currentThread().getName() + ": " + i);
        }
    }
}
```

提示

不同操作系统平台的线程的优先级等级可能跟Java线程的优先级别不匹配,甚至有的操作系统会完全忽略线程的优先级。所以,为了提高程序的移植性,不太建议手工调整线程的优先级。

12.4 线程的同步

大多数需要运行多线程的应用程序中,两个或多个线程需要共享对同一个数据的访问。如果每个线程都会调用一个修改该数据状态的方法,那么这些线程将会互相影响对方的运行。为了避免多个线程同时访问一个共享数据,必须掌握如何对访问进行同步。

举一个示例来说明这个问题。有一奥运门票销售系统,它有5个销售点,共同销售100张奥运会开幕式门票。用多线程来模拟这个销售系统的代码如下:

```java
package com.csdn.corejava12;

/** 奥运门票销售系统 */
public class TicketOfficeTest {
    public static void main(String[] args) {
        TicketOffice off = new TicketOffice();   //要多线程运行的售票系统
```

```java
        Thread t1 = new Thread(off);
        t1.setName("售票点1");  //设置线程名
        t1.start();
        Thread t2 = new Thread(off);
        t2.setName("售票点2");
        t2.start();
        Thread t3 = new Thread(off);
        t3.setName("售票点3");
        t3.start();
        Thread t4 = new Thread(off);
        t4.setName("售票点4");
        t4.start();
        Thread t5 = new Thread(off);
        t5.setName("售票点5");
        t5.start();
    }
}
class TicketOffice implements Runnable {
    private int tickets = 0;   //门票计数器——成员变量
    public void run() {        //线程体
        boolean flag = true;   //是否还有票可卖——局部变量
        while (flag) {
            flag = sell();     //售票
        }
    }
    public boolean sell() {   //售票方法，返回值表示是否还有票可卖
        boolean flag = true;
        if(tickets < 100) {
            tickets = tickets + 1;  //更改票数
            //为了增大出错的几率，让线程睡眠105毫秒
            try {
                Thread.sleep(105);
            } catch (InterruptedException e) {
                e.printStackTrace();
            }
            System.out.println(Thread.currentThread().getName()
                + ":卖出第" + tickets + "张票");
        } else {
            flag = false;
        }
        return flag;
    }
}
```

运行这个程序，在控制台得到如下的输出结果：

```
售票点1:卖出第5张票
售票点3:卖出第5张票
售票点5:卖出第5张票
售票点2:卖出第5张票
售票点4:卖出第5张票
售票点4:卖出第10张票
```

```
售票点 2:卖出第 10 张票
售票点 1:卖出第 10 张票
售票点 5:卖出第 10 张票
售票点 3:卖出第 10 张票
售票点 3:卖出第 15 张票
售票点 2:卖出第 15 张票
售票点 4:卖出第 15 张票
售票点 5:卖出第 15 张票
售票点 1:卖出第 15 张票
售票点 4:卖出第 20 张票
售票点 1:卖出第 21 张票
售票点 3:卖出第 22 张票
售票点 5:卖出第 23 张票
...
```

注意观察这个输出结果,发现程序运行时有时会出现问题,那就是不同售票点会重复售出同一张门票,这显然不符合要求。这个问题就出现在两个线程同时试图更新门票计数器时。假设有两个线程同时执行 sell()方法中的下面这行代码:

```
tickets = tickets + 1;
```

JVM 在执行这行代码时并不是用一条指令就执行完成了,它需要分成以下几个步骤进行。

(1) 将成员变量 tickets 的值装入当前线程的寄存器中。
(2) 取出当前线程寄存器中 tickets 的值加上 1。
(3) 将结果重新赋值给成员变量 tickets。

现在,假设第一个线程执行了第 1 步操作和第 2 步操作。当它要执行第 3 步操作时,它的运行被中断了(CPU 分配给它的时间片用完了)。这时假设第二个线程被执行,并且顺利完成了以上三步操作,把成员变量的值更新了。接着,第一个线程被执行,并且继续完成它的第 3 个步骤的操作。这样就撤消了第二个线程对成员变量的值的修改。结果,出现两个售票点卖出同一张票的问题。可以用图 12.5 来表示上述过程。

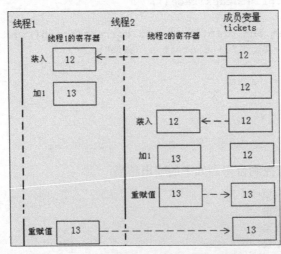

图 12.5 两个线程同时执行共享数据的操作

12.4.1 线程同步的方法

为了共享区域的安全，可以通过关键字 synchronized 来加保护伞，以保证数据的安全。synchronized 主要应用于同步代码块和同步方法中。

(1) 同步方法：synchronized 放在方法声明中，表示整个方法为同步方法。例如：

```
public synchronized boolean sell() {   //同步售票方法，返回值表示是否还有票可卖
    boolean flag = true;
    if(tickets < 100) {
        tickets = tickets + 1;   //更改票数
        //为了增大出错的几率，让线程睡眠105毫秒
        try {
            Thread.sleep(105);
            System.out.println(Thread.currentThread().getName()
                + ":卖出第" + tickets + "张票");
        } catch(InterruptedException e) {
            e.printStackTrace();
        }
        return flag;
    } else {
        return false;
    }
}
```

如果一个线程调用了 synchronized 修饰的方法，它就能够保证该方法在执行完毕前不会被另一个线程打断，这种运行机制叫作同步线程机制；而没有使用 synchronized 修饰的方法，一个线程在执行的过程中可能会被其他线程打断，这种运行机制叫异步线程机制。两种运行机制的比较如图 12.6 所示。

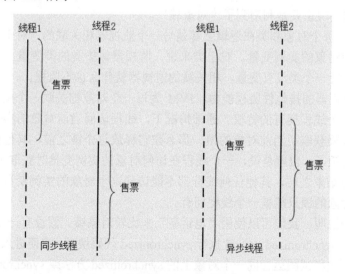

图 12.6　异步线程和同步线程运行情况的比较

一般来说，在线程体内执行的方法代码中如果操作到(访问或修改到)共享数据(成员变量)，那么需要给其方法加上 synchronized 标志。这样就可以保证在另一个线程使用这个共

享数据之前，这个线程能运行到结束为止。

当然，同步是需要付出代价的，每次调用同步方法时，都需要执行某个管理程序。

(2) 同步代码块：把线程体内执行的方法中会操作到共享数据的语句封装在{}之内，然后用 synchronized 放在某个对象前面修饰这个代码块。例如：

```java
public boolean sell() {      //售票方法，返回值表示是否还有票可卖
    boolean flag = true;
    synchronized(this) {     //同步会操作到共享数据的代码块
        if(tickets < 100) {
            tickets = tickets + 1;   //更改票数
            //为了增大出错的几率，让线程睡眠105毫秒
            try {
                Thread.sleep(105);
            } catch(InterruptedException e) {
                e.printStackTrace();
            }
            System.out.println(Thread.currentThread().getName()
                + ":卖出第" + tickets + "张票");
        } else {
            flag = false;
        }
    }
    return flag;
}
```

这种情况下，只是同步了会操作到共享数据的代码，比同步整个方法会更有效率。

12.4.2 对象锁

同步机制的实现主要是利用到了"对象锁"。

在 JVM 中，每个对象和类在逻辑上都是与一个监视器相关联的。对于对象来说，相关联的监视器保护对象的实例变量。对于类来说，监视器保护类的类变量。如果一个对象没有实例变量，或者一个类没有变量，相关联的监视器就什么也不监视。

为了实现监视器的排他性监视能力，JVM 为每一个对象都关联一个锁。这个锁代表任何时候只允许一个线程拥有的特权。通常情况下，线程访问当前对象的实例变量时不需要锁。但是如果线程获取了当前对象的锁，那么在它释放这个锁之前，其他任何线程都不能获取当前对象的锁了。也就是说，一个线程在访问对象的实例变量时获取了当前对象的锁，在这个线程访问结束之前，其他任何线程都不能访问这个对象的实例变量了。即在某个时间点上，一个对象的锁只能被一个线程拥有。

举个例子来说明：我们可以使用"电话亭"来比较对象锁。假设有一个带锁的电话亭，当一个线程运行 synchronized 方法或执行 synchronized 代码块时，它便进入电话亭并将它锁起来。当另一个线程试图运行同一个对象上的 synchronized 方法或 synchronized 代码块时，它无法打开电话亭的门，只能在门口等待，直到第一个线程退出 synchronized 方法或 synchronized 代码块并打开锁后，它才有机会进入这个电话亭。

Java 编程人员不需要自己动手加锁，对象锁是 JVM 内部使用的。在 Java 程序中，只需

要使用同步代码块或者同步方法就可以标志一个监视区域。每次进入一个监视区域时，Java虚拟机都会自动锁上对象或者类。

在 JDK 1.5 以后，Java 提供了另外一种显式加锁机制，即使用 java.util.concurrent.locks.Lock 接口提供的 lock()方法来获取锁，用 unlock()方法来释放锁。在实现线程安全的控制中，通常会使用可重入锁 ReentrantLock 实现类来完成这个功能。示例代码如下：

```java
private Lock lock = new ReentrantLock();    //创建 Lock 实例
public boolean sell() {    //售票方法，返回值表示是否还有票可卖
    boolean flag = true;
    lock.lock();    //获取锁
    if(tickets < 100) {
        tickets = tickets + 1;   //更改票数
        System.out.println(Thread.currentThread().getName()
          + ":卖出第" + tickets + "张票");
    } else {
        flag = false;
    }
    lock.unlock();    //释放锁
    try {
        Thread.sleep(15);
    } catch (InterruptedException e) {
        e.printStackTrace();
    }
    return flag;
}
```

通常 lock()方法提供了比 synchronized 代码块更广泛的锁定操作，前者允许更灵活的结构。

12.4.3　wait 和 notify 方法

wait 和 notify 方法是 Java 同步机制中重要的组成部分。它们与 synchronized 关键字结合使用，可以建立很多优秀的同步模型。

java.lang.Object 类中提供了 wait()、notify()、notifyAll()方法，这些方法只有在 synchronized 方法或 snychronized 代码块中才能使用，否则就会报 java.lang.IllegalMonitorStateException 异常。

当 snychronized 方法或 snychronized 代码块中的 wait()方法被调用时，当前线程将被中断运行，并且放弃该对象的锁。

当另外的线程执行了某个对象的 notify()方法后，会唤醒在此对象等待池中的某个线程，使之成为可运行的线程。notifyAll()方法会唤醒所有等待这个对象的线程，使之成为可运行的线程。

下面来看一个比较经典的问题：生产者(Producer)/消费者(Consumer)问题。这个问题的解决就是通过灵活使用 wait()、notify()或 notifyAll()方法来实现的。

问题描述是这样的：生产者将产品交给店员，而消费者从店员处取走产品，店员一次只能持有固定数量的产品，如果生产者生产了过多的产品，店员会叫生产者等一下，如果店中有空位放产品了，再通知生产者继续生产；如果店中没有产品了，店员会告诉消费者

等一下，如果店中有产品了，再通知消费者来取走产品。

根据上述描述，我们需要创建一组"生产者"线程和一组"消费者"线程，并建立一个全局数组作为共享缓冲区。"生产者"向缓冲区输入数据，"消费者"从缓冲区取出数据。当缓冲区满时，"生产者"必须阻塞，等待"消费者"取走缓冲区数据后将其唤醒。当缓冲区空时，"消费者"阻塞，等待"生产者"生产了产品后将其唤醒。以下代码就是解决方案。

(1) 编写产品类

生产者要生产产品，消费者要消费产品，所以产品要提供一个含有标识的 id 属性，另外要在生产或消费时打印产品的详细内容，所以需要重写 toString()方法，产品类的代码如下所示：

```java
package com.csdn.corejava12;

class Products {
    int id;
    public Products(int id) {
        this.id = id;
    }
    public String toString() {
        return "Products : " + id;
    }
}
```

(2) 编写店员类

店员一次只能持有 10 份产品，如果生产者生产的产品多于 10 份，则会让当前的正在此对象上操作的线程等待。一个线程访问 addProduct 方法时，它已经拿到这个锁了，当遇到产品大于 10 份时，它会阻塞。读者注意，只有锁定对象后才可以用 wait 方法，否则会出错。如果没有大于 10 份，则要继续生产产品，并且调用 notify 方法，叫醒一个正在当前这个对象上等待的线程。这里提醒读者：notify 与 wait 一般是一一对应的。

店员类的代码如下所示：

```java
class Clerk {    //店员
    //默认为0个产品
    int index = 0;
    Products[] pro = new Products[10];

    //生产者生产出来的产品交给店员
    public synchronized void addProduct(Products pd) {
        while(index == pro.length) {
            try {
                this.wait(); //产品已满，请稍候再生产
            } catch (InterruptedException e) {
                e.printStackTrace();
            }
        }
        this.notify(); //通知等待区的消费者可以取产品了
        pro[index] = pd;
```

```
            index++;
        }

        //消费者从店员处取产品
        public synchronized Products getProduct () {
            while(index == 0) {
                try {
                    this.wait(); //缺货，请稍候再取
                } catch (InterruptedException e) {
                    e.printStackTrace();
                }
            }

            this.notify(); //通知等待区的生产者可以生产产品了
            index--;
            return pro[index];
        }
}
```

(3) 编写生产者线程类

生产者与店员有关系，所以店员类被当作属性引入进来，通过构造器完成初始化店员类对象的任务。为了突显效果，每生产一个产品后让线程睡眠一会儿。生产类的代码如下所示：

```
class Producer implements Runnable {    //生产者线程要执行的任务
    private Clerk clerk;
    public Producer(Clerk clerk) {
        this.clerk = clerk;
    }
    public void run() {
        System.out.println("生产者开始生产产品");
        for (int i=0; i<15; i++) {
            //注意这里的循环次数一定要大于 pro 数组的长度
            Products pd = new Products(i);
            clerk.addProduct(pd); // 生产产品
            System.out.println("生产了: " + pd);
            try {
                Thread.sleep(100);
            } catch (InterruptedException e) {
                e.printStackTrace();
            }
        }
    }
}
```

(4) 编写消费者线程类

消费者与店员也有关系，所以也被当作属性引入进来，同样通过构造器完成初始化店员类对象的任务。消费者类的代码如下所示：

```
class Consumer implements Runnable {    //消费者线程要执行的任务
    private Clerk clerk;
```

```java
    public Consumer(Clerk clerk) {
        this.clerk = clerk;
    }
    public void run() {
        System.out.println("消费者开始取走产品");
        for (int i=0; i<15; i++) {
            //注意这里的循环次数一定要大于 pro 数组的长度
            //取产品
            Products pd = clerk.getProduct();
            System.out.println("消费了: " + pd);
            try {
                Thread.sleep(100);
            } catch (InterruptedException e) {
                e.printStackTrace();
            }
        }
    }
}
```

(5) 编写生产消费者示例的测试类

创建生产者和消费者线程，然后分别调度线程。测试类的代码如下所示：

```java
public class ProductTest { //生产者消费者问题
    public static void main(String[] args) {
        Clerk clerk = new Clerk();
        Thread producerThread = new Thread(new Producer(clerk));//生产者线程
        Thread consumerThread = new Thread(new Consumer(clerk));//消费者线程
        producerThread.start();
        consumerThread.start();
    }
}
```

运行这个程序，在控制台将得到如下所示的输出结果：

```
生产者开始生产产品
消费者开始取走产品
生产了: Products : 0
消费了: Products : 0
生产了: Products : 1
消费了: Products : 1
消费了: Products : 2
生产了: Products : 2
消费了: Products : 3
生产了: Products : 3
...
消费了: Products : 12
消费了: Products : 13
生产了: Products : 13
生产了: Products : 14
消费了: Products : 14
```

这里生产一个消费一个，生产与消费是成对出现的。这种现象显然与现实不太符合，

所以需要修改线程的睡眠时间。可以设置生产者或消费者的睡眠时间，当然这里推荐把睡眠时间用随机产生的值来设置：

```
Thread.sleep((int)(Math.random() * 10) * 100);
```

再次运行程序，可以看到有时候生产了多个产品之后，消费者才开始消费。生产消费者示例可以让读者对线程有较深入的理解，生产消费者示例还会涉及到其他知识点，比如死锁，将在下一小节探讨。

综上所述，对 wait()、notify()和 notifyAll()方法的理解可以归纳为如图 12.7 所示。

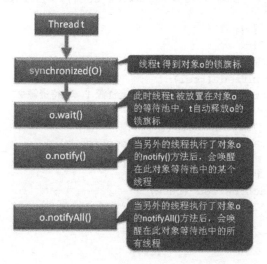

图 12.7 对 wait()、notify()和 notifyAll()方法的理解

12.4.4 死锁

Java 语言中的同步特性使用起来很方便，功能也很强大。但如果使用时考虑不周的话，就有可能出现线程死锁的问题。提到死锁，想起一个经典的故事：有 5 个哲学家，共享一张放有五把椅子的桌子，每人分得一把椅子。但是，桌子上总共只有 5 支筷子，在每人两边分开各放一支。哲学家们只有拿到两支筷子时，才能吃饭；任何一个哲学家在自己未拿到两支筷子吃饭之前，决不放下自己手中的筷子。如果没有哲学家率先把自己的一支筷子贡献出来，则将形成死锁。

在前面的生产和消费者示例中，请读者做如下修改。

(1) 将生产者的睡眠时间设置改为：

```
//使生产者的速度比消费者快
Thread.sleep((int)(Math.random() * 10) * 3);
```

(2) 将 Clerk 类中获取产品方法中的 notify()加上注释：

```
//this.notify();
```

当消费者消费完以后，不通知生产者可以生产产品了，所以生产者始终处于等待通知的状态中，这样就形成了死锁。

下面通过示例 DeadLockTest 来加深对死锁的了解。

程序代码如下：

```java
package com.csdn.corejava12;

/** 死锁问题演示 */
public class DeadLockTest implements Runnable {
    public boolean flag = true;
    private static Object res1 = new Object();   //资源1
    private static Object res2 = new Object();   //资源2

    public void run() {
        if (flag) {
            /* 锁定资源 res1 */
            synchronized (res1) {
                System.out.println("锁定资源1，等待资源2...");
                try {
                    Thread.sleep(1000);
                } catch (InterruptedException e) {
                }
                /* 锁定资源 res2 */
                synchronized (res2) {
                    System.out.println("Complete.");
                }
            }
        } else {
            /* 锁定资源 res2 */
            synchronized (res2) {
                System.out.println("锁定资源2，等待资源1***");
                try {
                    Thread.sleep(1000);
                } catch (InterruptedException e) {}
                /* 锁定资源 res1 */
                synchronized (res1) {
                    System.out.println("Complete.");
                }
            }
        }
    }

    public static void main(String[] args) {
        DeadLockTest r1 = new DeadLockTest();
        DeadLockTest r2 = new DeadLockTest();
        r2.flag = false;
        Thread t1 = new Thread(r1);
        Thread t2 = new Thread(r2);
        t1.start();
        t2.start();
    }
}
```

运行这个程序后，在控制台的输出结果如下：

```
锁定资源1,等待资源2...
锁定资源2,等待资源1***
```

然后，程序就卡住了，形成了死锁。死锁产生的原因为：线程 1 锁住资源 A 等待资源 B，线程 2 锁住资源 B 等待资源 A，两个线程都在等待自己所需要的资源，而这些资源被另外的线程锁住，这些线程你等我，我等你，谁也不愿意让出资源。

要解决这个程序中的死锁问题，就要加大锁的力度，不要分别同步各个资源的操作代码块，而是统一放在一个同步块中。

在编写多线程的应用程序时，需要特别小心，以免出现死锁问题。

12.5 集合类的同步问题

集合类是编程过程中经常要使用的，java.util 包中的集合类有的是线程同步(也叫线程安全)的，但大多数的集合类是线程不同步(也叫线程不安全)的。例如，常用到的集合类 HashSet、ArrayList、LinkedList、HashMap 等都是线程不同步的。在编写多线程的程序时，如果多个线程都会操作到共享的集合类对象(成员变量)，那么就必须自行实现同步以确保共享集合类对象在多线程下存取不会出错。解决这类问题的常用方式有以下 3 种。

12.5.1 使用 synchronized 同步块

类似于 12.4.1 小节中介绍的线程同步方法，把线程体中操作到共享集合类对象的代码用 synchronized 锁住。示例代码如下：

```java
private List<String> list = new ArrayList<String>();
public void run() {
    synchronized(list) {
        list.add(...);
    }
}
```

12.5.2 使用集合工具类同步化集合类对象

在 java.util.Collections 这个集合工具类中提供了几个静态方法，用来把一个非线程同步的集合类对象包装成支持同步的集合类对象。主要方法如下：

- public static <T> Set<T> synchronizedSet(Set<T> s);
- public static <T> List<T> synchronizedList(List<T> list);
- public static <K,V> Map<K,V> synchronizedMap(Map<K,V> m);

但是，需要注意的是，这种方式返回的同步化集合类对象在进行迭代时(用 Iterator 访问)，仍然要用 synchronized 加锁。具体代码如下所示：

```java
private List list = Collections.synchronizedList(new ArrayList());
```

```
public void run() {
    synchronized(list) {
        Iterator i = list.iterator();
        while (i.hasNext()) {
            i.next();
        }
    }
}
```

12.5.3　使用 JDK 5.0 后提供的并发集合类

JDK 5.0 之后，新增了 java.util.concurrent 这个包，其中包括了一些确保线程安全的并发集合类，如 CopyOnWriteArraySet、CopyOnWriteArrayList、ConcurrentHashMap 等，根据不同的使用场景，开发者可以用它们替换 java.util 包中的相应集合类，它们在效率与安全性上取得了较好的平衡。

这些并发集合类的使用示例如下所示：

```
private List<String> list = new CopyOnWriteArrayList<String>();
public void run() {
    Iterator i = list.iterator();    //无须再手工处理同步问题，放心操作
    while (i.hasNext()) {
        i.next();
    }
}
```

12.6　用 Timer 类调度任务

从 Java 1.3 开始，JDK 提供了 java.util.Timer 类来定时执行任务。java.util.Timer 类代表一个计时器，与每个 Timer 对象相对应的是单个后台线程，用于顺序地执行所有计时器任务。这个计时器执行的任务用 java.util.TimerTask 子类的一个实例来代表。

java.util.TimerTask 类是一个抽象类，要创建一个定时任务时，只需要继承这个类并实现 run()方法，再把要定时执行的任务代码添加到 run()方法体中即可。示例代码如下：

```
class MyTask extends TimerTask {    //定时任务类
    public void run() {    //实现 run()方法
        System.out.println("起床了......");
    }
}
```

定义好定时任务类之后，就可以用 Timer 类来定时执行了。Timer 类中用来执行定时任务的常用方法如下：

- public void schedule(TimerTask task, long delay, long period)：重复地以固定的延迟时间去执行一个任务。
- public void scheduleAtFixedRate(TimerTask task, long delay, long period)：重复地以固定的频率去执行一个任务。

- public void cancel()：终止此计时器，丢弃所有当前已安排的任务。

下面的代码是一个定时执行 MyTask 任务的示例：

```
package com.csdn.corejava12;

import java.io.IOException;
import java.util.Timer;
import java.util.TimerTask;

/** 定时任务调度 */
public class TimerTest {
    public static void main(String[] args) {
        Timer timer = new Timer();
        //立即开始执行指定任务，并间隔1000 毫秒就重复执行一次
        //timer.schedule(new MyTask(), 0, 1000);
        timer.scheduleAtFixedRate(new MyTask(), 0, 1000);

        while (true) {
            try {
                int ch = System.in.read();
                if (ch == 'q') {
                    timer.cancel();   //使用这个方法退出任务
                    break;
                }
            } catch (IOException e) {
                e.printStackTrace();
            }
        }
    }
}
```

12.7 本章练习

(1) 简述线程的基本概念、线程的基本状态以及状态之间的关系。
(2) 多线程有几种实现方法？分别是什么？
(3) 同步有几种实现方法？分别是什么？
(4) 当一个线程进入一个对象的一个 synchronized 方法后，其他线程是否可进入此对象的其他方法？
(5) 简述 synchronized 和 java.util.concurrent.locks.Lock 的异同。

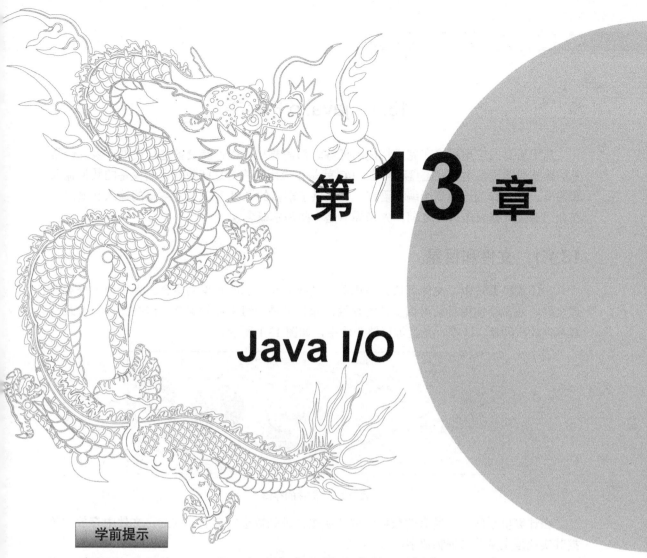

第13章

Java I/O

学前提示

在 Java 编程中，I/O 系统主要负责文件的读写。一般在运行程序时，Java I/O 程序将源磁盘、文件或网络上的数据通过输入流类的相应方法读入内存，然后通过输出流类的相应方法将处理完的数据写回目标文件、磁盘或网络资源指定的位置。I/O 系统类库位于 java.io 包中，提供了全面的 I/O 接口，包括文件读写、标准设备输出等。Java 中 I/O 是以流为基础进行输入输出的，所有数据被串行化写入输出流，或者从输入流读入。在具体使用中很多初学者对 java.io 包的使用非常模糊，本章将详细解说关于 Java I/O 系统的使用。

知识要点

- java.io.File 类的使用
- I/O 原理
- 流的分类
- 文件流
- 缓冲流
- 转换流
- 数据流
- 打印流
- 对象流
- 随机存取文件流
- ZIP 文件流

13.1　java.io.File 类

几乎所有的应用程序在完成特定的任务时都需要与数据存储设备进行数据交换,最常见的数据存储设备主要有磁盘和网络,I/O 就是指应用程序对这些数据存储设备的数据输入和输出。Java 作为一门高级编程语言,也提供了丰富的 API 来完成对数据的输入和输出。在介绍这些数据操作 API 之前,先来弄清楚一些基本概念。

13.1.1　文件和目录

在计算机系统中,文件可认为是相关记录或放在一起的数据的集合。为了便于分类管理文件,通常会使用目录组织文件的存放,即目录是一组文件的集合。这些文件和目录一般都存放在硬盘、U 盘、光盘等存储介质中,如图 13.1 所示。

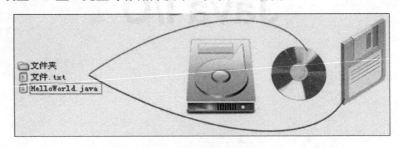

图 13.1　文件的存储

在计算机系统中,所有的数据都被转换成二进制数进行存储。因此,文件中存放的数据其实就是大量的二进制数字。

读取文件就是把文件中的二进制数字取出来,而将数据写入文件就是把二进制数字存放到对应的存储介质中。

13.1.2　Java 对文件和目录的操作

在 Java 语言中,对物理存储介质中的文件和目录进行了抽象,使用 java.io.File 类来代表存储介质中的文件和目录。

也就是说,存储介质中的一个文件在 Java 程序中是用一个 File 类对象来代表的,存储介质中的一个目录在 Java 程序中也是用一个 File 类对象来代表的,操作 File 类对象就相当于在操作存储介质中的文件或目录。

File 类定义了一系列与操作系统平台无关的方法来操作文件和目录。一个 File 对象可以代表一个文件,也可以代表一个目录。

创建了一个 File 对象后,如果是目录,可以显示目录清单,新建或删除目录;如果是文件,可以查询文件的属性和路径信息,也可以输出和改名,通过查阅 Java API 帮助文档,可以了解 java.io.File 类的相关内容。

1. File 类的常用构造方法

File 类的常用构造方法如表 13.1 所示。

表 13.1　File 类的常用构造方法

方 法 名	方法介绍
File(String pathname)	通过路径文件名来创建对象，pathname 可以是绝对路径也可以是相对的。相对路径，则是相对于 Java 的系统属性 user.dir 中的路径 (Java 系统属性的 user.dir 路径就是当前字节码运行的目录)
File(String parent, String filename)	通过父目录和文件名来创建对象，filename 是不含路径的文件名
File(File parent, String filename)	通过父目录和文件名来创建对象，父目录由一个 File 对象提供

【例 13.1】下面示例通过代码来加强对 File 构造方法的理解：

```java
package com.csdn.corejava13;

public class FileCons {
    public static void main(String[] args) {
        try {
            //File dir = new File(".."); //..代表上级目录；.代表当前目录
            File f1 = new File("c:\\");
            File f2 = new File("c:\\", "xxx515");
              //在 C 盘下创建一个名为 xxx515 的文件夹
            File f3 = new File(f1, "sss.txt"); //在 f1 路径下创建 sss.txt 文件
            File f4 = new File("FileCons.java");
              //在当前路径下创建 FileCons.java 文件
            File f5 = new File("ereew/");
            f4.createNewFile();
            f2.mkdir();
            System.out.println("Path of F2 is " + f2.getPath());
            if (f3.exists())
                System.out.println(f3 + " exists");
            else {
                f3.createNewFile();
                System.out.println("F3 was created!");
            }
        } catch(java.io.IOException e) {
            e.printStackTrace();
        }
    }
}
```

提示

　　文件的绝对路径：完整的描述文件位置的路径就是绝对路径，用户不需要知道其他任何信息就可以根据绝对路径判断出文件的位置。
　　文件的相对路径：从当前目录为参照点描述文件位置的路径就是相对路径，亦即一个文件相对于另一个文件所在的地址不是完整的路径名。

2. File 类的常用属性

public static final String separator：存储了当前系统的路径分隔符。在 Unix 系统上，此字段的值为'/'；在 Windows 系统上，它为'\\'。为了实现程序的跨平台特性，文件的路径应该用这个属性值来代表。

3. File 类中常用的访问属性的方法

File 类提供了许多方法给出 File 对象所对应文件的各种属性。其中一类是判断性的，大多数无参数的都返回 boolean 值。File 类中常用的访问属性的方法如表 13.2 所示。

表 13.2 File 类常用访问属性的方法

方 法 名	方法介绍
canRead()	判断文件是否可读
canWrite()	判断文件是否可写
exists()	判断文件是否存在
isDirectory()	判断是否为目录
isFile()	判断是否为文件
length()	返回文件以字节为单位的长度
getName()	获取文件名
getPath()	获取文件的路径
getAbsolutePath()	获取此文件的绝对路径名
getParent()	得到该文件的父目录路径名

【例 13.2】下面示例演示如何访问存储介质中一个指定文件的属性：

```
package com.csdn.corejava13;
import java.io.*;
import java.util.Date;
public class File1Properties {
    static void printProperty(File file) {
        System.out.println("Name: " + file.getName());
        System.out.println("Path: " + file.getPath());
        System.out.println("Parent: " + file.getParent());
        System.out.println("Can read? " + file.canRead());
        System.out.println("Can write? " + file.canWrite());
        System.out.println("Is hidden? " + file.isHidden());
        System.out.println("Is readonly? " + file.setReadOnly());
        System.out.println("Length: " + file.length());
        Date date = new Date(file.lastModified());
        System.out.println("last modified: " + date.toString());
        System.out.println();
        System.out.println("Is Absolute? " + file.isAbsolute());
        System.out.println("AbsolutePath: " + file.getAbsolutePath());
    }
    public static void main(String args[]) {
        File f = new File("517.txt");
```

```
         printProperty(f);
    }
}
```

4. 对文件的操作

File 类中常用的操作文件的方法如表 13.3 所示。

表 13.3　File 类常用操作文件的方法

方 法 名	方法介绍
createNewFile()	不存在时创建此文件对象所代表的空文件
delete()	删除文件，如果是目录，必须是空才能删除
mkdir()	创建此抽象路径名指定的目录
mkdirs()	创建此抽象路径名指定的目录，包括所有必需但还不存在的父目录

【例 13.3】下面的示例演示如何对指定文件的操作：

```java
package com.csdn.corejava13;
import java.io.File;
import java.io.IOException;

public class DirCreate {
    File root = new File("c:\\root$dir"); //目录名
    File[] dirs = new File[10];
    File[] fs = new File[10];

    public static void main(String[] args) {
        DirCreate dc = new DirCreate();
        //dc.init();
        dc.destroy();
    }
    //创建一个"根目录"及 9 个子目录，并在每个子目录中创建一个空文件
    public void init() {
        try {
            if (!root.exists())
                root.mkdir();
            for (int i=1; i<10; i++) {
                dirs[i] = new File(root, "Dir" + String.valueOf(i));
                dirs[i].mkdir();
                fs[i] = new File(dirs[i], "file" + String.valueOf(i));
                fs[i].createNewFile();
            }
        } catch (IOException e) {
            e.printStackTrace();
        }
    }
    //删除所有的子目录和文件，并将"根目录"改名
    public void destroy() {
        for (int i=1; i<10; i++) {
```

```
            dirs[i] = new File(root, "Dir" + String.valueOf(i));
            fs[i] = new File(dirs[i], "file" + String.valueOf(i));
            fs[i].delete();
            dirs[i].delete();
        }
        File r = new File("c:\\root$$$");
        root.renameTo(r);
    }
}
```

5. 浏览目录中的文件和子目录的方法

File 类中浏览目录中的文件和子目录的方法如表 13.4 所示。

表 13.4 File 类浏览文件和子目录的方法

方 法 名	方法介绍
list()	返回此目录中的文件名和目录名的数组
listFiles()	返回此目录中的文件和目录的 File 实例数组
listFiles(FilenameFilter filter)	返回此目录中满足指定过滤器的文件和目录。java.io.FilenameFilter 接口用于完成文件名过滤的功能

【例 13.4】下面的示例演示如何浏览目录中的文件或子目录：

```
package com.csdn.corejava13;

import java.io.File;
public class TestDirectory {
    public static void main(String[] args) {
        String s = "c:\\inetpub";
        printDirectory(s);
    }
    public static void printDirectory(String deirectoryname) {
        File f = new File(deirectoryname);
        File[] listf = f.listFiles();
        for (int i=0; i<listf.length; i++) {
            if(listf[i].isDirectory()) {
                System.out.print("\n");
                System.out.println(listf[i].getName() + "里的文件为:");
                printDirectory(listf[i].toString());
                System.out.print("\n");
            } else {
                System.out.println(listf[i].getName());
            }
        }
    }
}
```

有时候，我们并不需要显示所有的文件，比如这里要求显示"d:\\xmhbook"文件夹中后缀为".asp"类型的文件，将如何设置呢？这就需要使用带过滤器的 listFiles 方法，必须

建立一个过滤器类。这个类要实现 FilenameFilter 接口。

【例 13.5】下面的示例演示过滤文件的实现方式：

```java
package com.csdn.corejava13;
import java.io.File;
import java.io.FilenameFilter;

public class TestDirectory {
    public static void main(String[] args) {
        String s = "d:\\xmhbook";
        printDirectory(s);
    }

    public static void printDirectory(String deirectoryname) {
        File f = new File(deirectoryname);
        File[] listf = null;
        String endwith = ".asp";
        if(endwith == "")
            listf = f.listFiles();
        else
            listf = f.listFiles(new DirFilter(endwith));
        for (int i=0; i<listf.length; i++) {
            if (listf[i].isDirectory()) {
                System.out.print("\n");
                System.out.println(listf[i].getName() + "里的文件为:");
                printDirectory(listf[i].toString());
                System.out.print("\n");
            } else {
                System.out.println(listf[i].getName());
            }
        }
    }
}

class DirFilter implements FilenameFilter {
    String afn;
    DirFilter(String afn) {
        this.afn = afn;
    }

    public boolean accept(File dir, String name) {
        String f = new File(name).getName();
        return f.indexOf(afn) != -1;
    }
}
```

以上介绍的 File 类的方法的使用，不用死记硬背，在实际使用时可详细查看 Java SE API 文档。同时，我们也发现，File 类根本无法访问文件的具体内容，既不能从文件中读取出数据，也不能往文件里写入数据，要完成这些操作，必须使用 I/O 流。

13.2　Java I/O 原理

流(Stream)是一个抽象的概念,代表一串数据的集合,当 Java 程序需要从数据源读取数据时,就需要开启一个到数据源的流。同样,当程序需要输出数据到目的地时,也需要开启一个流。流的创建是为了更方便地处理数据的输入和输出。

可以把数据流比喻成现实生活中的水流,每户人家中要用上自来水,就需要在家和自来水厂之间接上一根水管,这样水厂的水才能通过水管流到用户家中。同样,要把河流中的水引导到自来水厂,也需要在河流和水厂之间接上一根水管,这样河流中的水才能流到水厂中去。

在 Java 程序中,要想获取数据源中的数据,需要在程序和数据源之间建立一个数据输入的通道,这样就能从数据源中获取数据了;如果要在 Java 程序中把数据写到数据源中,也需要在程序和数据源之间建立一个数据输出的通道。在 Java 程序中创建输入流对象时就会自动建立这个数据输入通道,而创建输出流对象时就会自动建立这个数据输出通道,如图 13.2 所示。

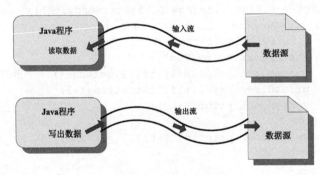

图 13.2　Java I/O 原理

13.3　流类的结构

Java 中的流可以按如下方式分类。
(1) 按数据流向分
- 输入流:程序可以从中读取数据的流。
- 输出流:程序能向其中输出数据的流。

(2) 按数据传输单位分
- 字节流:以字节为单位传输数据的流。
- 字符流:以字符为单位传输数据的流。

(3) 按流的功能分
- 节点流:用于直接操作数据源的流。
- 过滤流:也叫处理流,是对一个已存在流的连接和封装,来提供更为强大、灵活的读写功能。

Java 所提供的流类位于 java.io 包中，分别继承自以下 4 种抽象流类，这 4 种抽象流按分类方式显示在表 13-5 中。

表 13-5 抽象流类

	字 节 流	字 符 流
输入流	InputStream	Reader
输出流	OutputStream	Writer

下面分别介绍这些抽象流类的基本知识。

13.3.1 InputStream 和 OutputStream

InputStream 和 OutputStream 都是以字节为单位的抽象流类。它们规定了字节流所有输入和输出的基本操作。

1. InputStream

InputStream 抽象类是表示字节输入流的所有类的超类，它以字节为单位从数据源中读取数据。它的继承层次结构大致如图 13.3 所示。

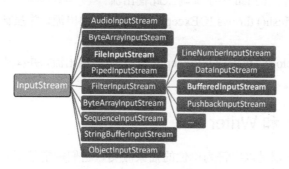

图 13.3 InputStream 的继承层次结构

InputStream 定义了 Java 的输入流模型。下面是其常用方法的一个简要说明。

- public abstract int read() throws IOException：从输入流中读取数据的下一个字节，返回读到的字节值。若遇到流的末尾，返回-1。
- public int read(byte[] b) throws IOException：从输入流中读取 b.length 个字节的数据并存储到缓冲区数组 b 中，返回的是实际读到的字节数。
- public int read(byte[] b, int off, int len) throws IOException：读取 len 个字节的数据，并从数组 b 的 off 位置开始写入到这个数组中。
- public void close() throws IOException：关闭此输入流并释放与此流关联的所有系统资源。
- public int available() throws IOException：返回此输入流下一个方法调用可以不受阻塞地从此输入流读取(或跳过)的估计字节数。
- public skip(long n) throws IOException：跳过和丢弃此输入流中数据的 n 个字节，返回实现路过的字节数。

2. OutputStream

OutputStream 抽象类是表示字节输出流的所有类的超类，它以字节为单位向数据源写出数据。其继承层次结构如图 13.4 所示。

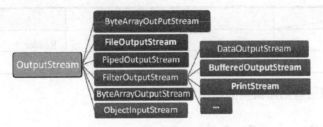

图 13.4 OutputStream 的继承层次结构

下面是 OutputStream 类的常用方法介绍。

- public abstract void write(int b) throws IOException：将指定的字节写入此输出流。
- public void write(byte[] b) throws IOException：将 b.length 个字节从指定的 byte 数组写入此输出流。
- public void write(byte[] b, int off, int len) throws IOException：将指定 byte 数组中从偏移量 off 开始的 len 个字节写入此输出流。
- public void flush() throws IOException：刷新此输出流，并强制写出所有缓冲的输出字节。
- public void close() throws IOException：关闭此输出流，并释放与此输出流有关的所有系统资源。

13.3.2　Reader 和 Writer

Reader 和 Writer 都是以字符为单位的抽象流类。它们规定了所有字符流输入和输出的基本操作。

1. Reader

Reader 抽象类是表示字符输入流的所有类的超类，它以字符为单位从数据源中读取数据。其继承层次结构如图 13.5 所示。

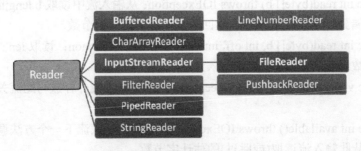

图 13.5 Reader 的继承层次结构

下面是 Reader 类提供的常用方法介绍。

- public int read() throws IOException：读取单个字符，返回作为整数读取的字符，如果已到达流的末尾，返回-1。
- public int read(char[] cbuf) throws IOException：将字符读入数组，则返回读取的字符数。
- public abstract int read(char[] cbuf, int off, int len) throws IOException：读取 len 个字符的数据，并从数组 cbuf 的 off 位置开始写入到这个数组中。
- public abstract void close() throws IOException：关闭该流并释放与之关联的所有系统资源。
- public long skip(long n) throws IOException：跳过 n 个字符。

2. Writer

Writer 抽象类是表示字符输出流的所有类的超类，它以字符为单位向数据源写出数据。它的继承层次结构如图 13.6 所示。

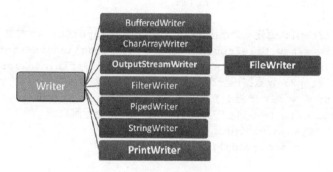

图 13.6 Writer 的继承层次结构

下面是 Writer 类提供的常用方法介绍。
- public void write(int c) throws IOException：写入单个字符。
- public void write(char[] cbuf) throws IOException：写入字符数组。
- public abstract void write(char[] cbuf, int off, int len) throws IOException：写入字符数组的某一部分。
- public void write(String str) throws IOException：写入字符串。
- public void write(String str, int off, int len) throws IOException：写字符串的某一部分。
- public abstract void close() throws IOException：关闭此流，但要先刷新它。
- public abstract void flush() throws IOException：刷新该流的缓冲，将缓冲的数据全部写到目的地。

13.4 文 件 流

文件流是指那些专门用于操作数据源中的文件的流，主要有 FileInputStream、FileOutStream、FileReader、FileWriter 四个类。下面根据它们读写数据时的操作单位，分成两组来介绍。

13.4.1 FileInputStream 和 FileOutputStream

FileInputStream 和 FileOutputStream 是以字节为操作单位的文件输入流和文件输出流。利用这两个类可以对文件进行读写操作。

【例 13.6】 下面的示例是使用 FileInputStream 类来读取指定文件的数据：

```
package com.csdn.corejava13;

import java.io.*;

/** 用 FileInputStream 类来读取数据源中的数据 */
public class FileInputStreamTest {
    public static void main(String[] args) {
        FileInputStream fin = null;
        try {
            //step1: 创建一个连接到指定文件的 FileInputStream 对象
            fin = new FileInputStream("D:\\IOTest\\source.txt");
            System.out.println("可读取的字节数: " + fin.available());
            //step2: 读数据: 一次读取一个字节的数据, 返回的是读到的字节
            int i = fin.read();
            while (i != -1) { //若遇到流的末尾, 会返回-1
                System.out.print((char) i);
                i = fin.read();   //再读
            }
        } catch (FileNotFoundException e) {
            e.printStackTrace();
        } catch (IOException e) { //捕获 I/O 异常
            e.printStackTrace();
        } finally {
            //step3: 关闭输入流
            try {
                if (null != fin) {
                    fin.close();
                }
            } catch (IOException e) {
                e.printStackTrace();
            }
        }
    }
}
```

其中"D:\IOTest\soruce.txt"文件的内容如下：

abc
你好吗
中国
i1234o

运行以上这个程序，在控制台的输出结果为：

```
可读取的字节数：25 字节
abc
??????
???ú
i1234o
```

上述程序中使用字节文件输入流从指定文件中读取数据，并输出到控制台中。

注意

从输出结果可以看到，中文字符会乱码。这是因为在 Unicode 编码中，一个英文字符是用一个字节编码的，而一个中文字符则是用两个字节编码的。所以用字节流读取中文时，肯定会出问题的。

【例 13.7】 下面再来看一个使用 FileOutputStream 类往指定文件中写入数据的示例：

```java
package com.csdn.corejava13;

import java.io.*;

/** 用 FileOutputStream 类往指定文件中写入数据 */
public class FileOutputStreamTest {
    public static void main(String[] args) {
        FileOutputStream out = null;
        try {
            //step1: 创建一个向指定名的文件中写入数据的 FileOutputStream
            //第二个参数设置为 true 表示：使用追加模式添加字节
            out = new FileOutputStream("D:\\IOTest\\dest.txt", true);
            //step2: 写数据
            out.write('#');
            out.write("helloWorld".getBytes());
            out.write("你好".getBytes());
            //step3: 刷新输出流
            out.flush();
        } catch (FileNotFoundException e) {
            e.printStackTrace();
        } catch (IOException e) { //捕获 I/O 异常
            e.printStackTrace();
        } finally {
            if(out != null) {
                try {
                    out.close();  //step3: 关闭输出流
                } catch (IOException e) {
                    e.printStackTrace();
                }
            }
        }
    }
}
```

运行这个程序后，可以在 D:\IOTest\看到有一个 dest.txt 文件存在，它的内容如图 13.7

所示。

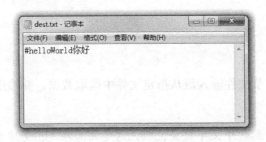

图 13.7 dest.txt 文件的内容

> **注意**
> 从图 13.7 可以看到，用字节文件输出流往文件中写入的中文字符没有乱码。这是因为程序先把中文字符转成了字节数组，然后再向文件中写，Windows 操作系统的记事本程序在打开文本文件时能自动"认出"中文字符。

从上面这两个 I/O 流操作文件的代码中，我们可以归纳出使用 I/O 流类操作文件的一般步骤如下：

第 1 步　创建连接到指定数据源的 I/O 流对象。

第 2 步　利用 I/O 流类提供的方法进行数据的读取或写入。在整个操作过程中，都需要处理 java.io.IOException 异常。另外，如果是向输出流写入数据，还需要在写入操作完成后，调用 flush()方法来强制写出所有缓冲的数据。

第 3 步　操作完毕后，一定要调用 close()方法关闭该 I/O 流对象。

> **提示**
> I/O 流类的 close()方法会释放流所占用的系统资源，因为这些资源在操作系统中的数量是有限的。

一般来说，FileInputStream 和 FileOutputStream 类用来操作二进制文件比较合适，如图片、声音、视频等文件。

13.4.2　FileReader 和 FileWriter

FileReader 和 FileWriter 是以字符为操作单位的文件输入流和文件输出流。因此，用 FileReader 和 FileWriter 来操作字符文本文件是最合适不过的了。

【例 13.8】如下示例实现复制字符文本文件的功能：

```
package com.csdn.corejava13;

import java.io.*;

/** 用 FileReader 和 FileWriter 实现字符文本文件复制的功能 */
public class TextCopyTest {
```

```java
    public static void main(String[] args) {
        FileReader fr = null;
        FileWriter fw = null;
        int c = 0;
        try {
            //step1: 创建I/O流对象
            fr = new FileReader("d:\\IOTest\\source.txt");
            fw = new FileWriter("d:\\IOTest\\dest2.txt");
            while ((c=fr.read()) != -1) {   //从源文件中读取字符
                fw.write(c);      //往目标文件中写入字符
            }
            fw.flush();   //刷新输出流
        } catch (FileNotFoundException e) {
            e.printStackTrace();
        } catch (IOException e) {
            e.printStackTrace();
        } finally {
            //关闭所有的I/O流对象
            try {
                if (null != fw) {
                    fw.close();
                }
            } catch (IOException e) {
                e.printStackTrace();
            }
            try {
                if (null != fr) {
                    fr.close();
                }
            } catch (IOException e) {
                e.printStackTrace();
            }
        }
    }
}
```

运行上述程序后，在D:\IOTest目录下新产生了一个dest2.txt文件，其内容跟source.txt的内容完全相同，中文也不会出现乱码了。如果此时仍有乱码，还有可能就是记事本与MyEclipse所采用的字符集不一致，读者可以核实。

为了提高读取和写入数据的效率，还可以使用一次读取一个字节数组和一次写入一个字节数组的方法，代码如下所示：

```
char[] cbuf = new char[8192];   //字节数组，实现数据的成批读取
int read = fr.read(cbuf);
//read值默认为cbuf的长度，实际上也有可能小于这个长度
while(read != -1) {
    System.out.println(cbuf);   //一次性写入指定字节数组指定位置的数据
    read = fr.read(cbuf);
}
```

13.5 缓 冲 流

为了提高数据读写的速度，Java API 提供了带缓冲功能的流类，在使用这些带缓冲功能的流类时，它会创建一个内部缓冲区数组。在读取字节或字符时，会先以从数据源读取到的数据填充该内部缓冲区，然后再返回；在写入字节或字符时，会先以要写入的数据填充该内部缓冲区，然后一次性写入到目标数据源中。

根据数据操作单位，可以把缓冲流分为两类。

- BufferedInputStream 和 BufferedOutputStream：针对字节的缓冲输入和输出流。
- BufferedReader 和 BufferedWriter：针对字符的缓冲输入和输出流。

缓冲流都属于过滤流，也就是说，缓冲流并不直接操作数据源，而是对直接操作数据源的节点流的一个包装，以此增强它的功能。节点流和缓冲流的连接如图 13.8 所示。

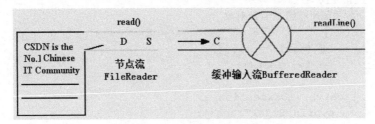

图 13.8 节点流和缓冲流的连接

【例 13.9】用缓冲流来改写字符文本文件复制功能。代码如下：

```
package com.csdn.corejava13;

import java.io.*;

/**用 BufferedReader 和 BufferedWriter 实现字符文本文件复制的功能 */
public class BufferedTextCopyTest {
    public static void main(String[] args) {
        BufferedReader br = null;
        BufferedWriter bw = null;
        try {
            //创建缓冲流对象：它是过滤流，是对节点流的包装
            br = new BufferedReader(
                new FileReader("d:\\IOTest\\source.txt"));
            bw = new BufferedWriter(
                new FileWriter("d:\\IOTest\\destBF.txt"));
            String str = null;
            while ((str=br.readLine()) != null) {
                //一次读取字符文本文件的一行字符
                bw.write(str);   //一次写入一行字符串
                bw.newLine();    //写入行分隔符
            }
            bw.flush();    //刷新缓冲区
        } catch (IOException e) {
```

```
                e.printStackTrace();
            } finally {
                //step3：关闭 I/O 流对象
                try {
                    if (null != bw) {
                        bw.close();    //关闭过滤流时，会自动关闭它所包装的底层节点流
                    }
                } catch (IOException e) {
                    e.printStackTrace();
                }
                try {
                    if (null != br) {
                        br.close();
                    }
                } catch (IOException e) {
                    e.printStackTrace();
                }
            }
        }
    }
```

在操作字节文件或字符文本文件时，建议使用以上介绍的缓冲流，这样程序的效率会更高一些。

> **提示**
>
> 在使用过滤流的过程中，当关闭过滤流时，它会自动关闭它所包装的底层节点流。所以，在这种情况下，无须再手动关闭节点流了。

13.6 转 换 流

有时我们需要在字节流和字符流之间进行转换，以方便操作。Java SE API 提供了两个转换流：InputStreamReader 和 OutputWriter。

1. InputStreamReader

InputStreamReader 用于将字节流中读取到的字节按指定字符集解码成字符。它需要与 InputStream "套接"。它有以下两个主要的构造方法。

- public InputStreamReader(InputStream in)：创建一个使用默认字符集的 InputStreamReader。
- public InputStreamReader(InputStream in, String charsetName)：创建使用指定字符集的 InputStreamReader。

2. OutputStreamWriter

OutputStreamWriter 用于将要写入到字节流中的字符按指定字符集编码成字节。它需要与 OutputStream "套接"。它也有两个主要的构造方法如下。

- public OutputStreamWriter(OutputStream out)：创建使用默认字符编码的 OutputStreamWriter。
- public OutputStreamWriter(OutputStream out, String charsetName)：创建使用指定字符集的 OutputStreamWriter。

【例 13.10】转换流的使用示例。代码如下：

```java
package com.csdn.corejava13;

import java.io.*;

/** 转换流的使用示例 */
public class ByteToCharTest {

    public static void main(String[] args) {

        System.out.println("请输入信息(退出输入 e 或 exit):");
        //把"标准"输入流(键盘输入)这个字节流包装成字符流，再包装成缓冲流
        BufferedReader br =
          new BufferedReader(new InputStreamReader(System.in));
        String s = null;
        try {
            while ((s=br.readLine()) != null) {
                //读取用户输入的一行数据 --> 阻塞程序
                if (s.equalsIgnoreCase("e") || s.equalsIgnoreCase("exit")) {
                    System.out.println("安全退出!!");
                    break;
                }
                //将读取到的整行字符串转成大写输出
                System.out.println("-->:" + s.toUpperCase());
                System.out.println("继续输入信息");
            }
        } catch (IOException e) {
            e.printStackTrace();
        } finally {
            try {
                if (null != br) {
                    br.close();   //关闭过滤流时，会自动关闭它包装的底层节点流
                }
            } catch (IOException e) {
                e.printStackTrace();
            }
        }
    }
}
```

在这个程序中，首先把"标准"输入流 System.in 这个字节流包装成字符流，为了进一步提高效率，又把它包装成了缓冲流。然后利用这个缓冲流来读取从键盘输入的数据并转成大写字符输出。

13.7 数 据 流

前面虽然了解了一些流的操作，但如何把 Double 类型、Boolean 类型的数据写入文本呢？这就需要用到数据流。数据流主要有两个类：DataInputStream 和 DataOutputStream，分别用来读取和写出基本数据类型的数据。

DataInputStream 类中提供的读取基本数据类型数据的方法如下。

- public final boolean readBoolean()：从输入流中读取一个布尔型的值。
- public final byte readByte()：从输入流中读取一个 8 位的字节。
- public final char readChar()：读取一个 16 位的 Unicode 字符。
- public final float readFloat()：读取一个 32 位的单精度浮点数。
- public final double readDouble()：读取一个 64 位的双精度浮点数。
- public final short readShort()：读取一个 16 位的短整数。
- public final int readInt()：读取一个 32 位的整数。
- public final long readLong()：读取一个 64 位的长整数。
- public final void readFully(byte[] b)：从当前数据输入流中读取 b.length 个字节到该数组。
- public final void readFully(byte[] b, int off, int len)：从当前数据输入流中读取 len 个字节到该字节数组。
- public final String readUTF()：读取一个由 UTF 格式字符组成的字符串。
- public int skipBypes(int n)：跳过 n 字节。

在 DataOutputStream 类中有与这些 read 方法对应的 writer 方法。读者可以在 Java SE API 帮助文档中查看详细信息。

【例 13.11】数据流在内存中的使用示例。代码如下：

```
package com.csdn.corejava13;
import java.io.ByteArrayInputStream;
import java.io.ByteArrayOutputStream;
import java.io.DataInputStream;
import java.io.DataOutputStream;
import java.io.IOException;
public class TestDataStream {
    public static void main(String[] args) {
        ByteArrayOutputStream baos = new ByteArrayOutputStream();
        DataOutputStream dos = new DataOutputStream(baos);
        try {
            dos.writeDouble(Math.random());
            dos.writeBoolean(true);
            dos.writeChars("xmh|zyj|zxx|zah|\t");
            dos.writeUTF("CSDN 软件人才实训基地");
            ByteArrayInputStream bais =
              new ByteArrayInputStream(baos.toByteArray());
            System.out.println(bais.available());
```

```
            DataInputStream dis = new DataInputStream(bais);
            System.out.println(dis.readDouble());
            System.out.println(dis.readBoolean());
            char[] temp = new char[200];
            //开辟空间 200
            int len = 0;
            char c = 0;
            while ((c=dis.readChar()) != '\t') {
                // 读取字符
                temp[len] = c;
                len++;
            }
            String name = new String(temp, 0, len);
            System.out.println(name);
            System.out.println(dis.readUTF());
            dos.close();
            dis.close();
        } catch (IOException e) {
            e.printStackTrace();
        }
    }
}
```

此例主要演示了数据流在内存中的使用，首先在内存中分配了一个字节数组，并提供了一个输出管道，用 DataOutputStream 对输出管道进行套接，然后把一些 Java 类型的数据写到字节数组中去。

完成输出的过程后，创建一个读入管道，用 DataInputStream 对输入管道进行套接，然后可以获取相关的数据内容。要注意，先进先读的方式才能获取正确的数据。

如果要把数据流输出到文件，再从文件读入，又该如何操作呢？

【例 13.12】数据流在文件中的使用示例。代码如下：

```
package com.csdn.corejava13;

import java.io.*;

/** 数据流使用示例 */
public class DataOutputStreamTest {
    public static void main(String[] args) {
        DataOutputStream dos = null;
        try {
            //创建连接到指定文件的数据输出流对象
            dos = new DataOutputStream(
                new FileOutputStream("d:\\IOTest\\destData.dat"));
            dos.writeUTF("ab 中国");    //写 UTF 字符串
            dos.writeBoolean(false);    //写入布尔值
            dos.writeLong(1234567890L); //写入长整数
            System.out.println("写文件成功!");
        } catch (IOException e) {
            e.printStackTrace();
        } finally {
```

```
            //关闭流对象
            try {
                if (null != dos) {
                    dos.close();    //关闭过滤流时，会自动关闭它包装的底层节点流
                }
            } catch (IOException e) {
                e.printStackTrace();
            }
        }
    }
}
```

运行这个程序后，在 D:\IOTest 目录下会产生一个 destData.dat 文件，用记事本打开这个文件，显示的内容如下：

```
 ab 涓   泳     I?
```

这是一堆我们看不懂的乱码，需要借助 DataInputStream 类才能正确读取出它的内容。读者可参照例 13.11 编写一段代码，实现读取 destData.dat 文件的功能。

13.8 打 印 流

PrintStream 和 PrintWriter 都属于打印流，提供了一系列的 print 和 println 方法，可以实现将基本数据类型的数据格式转化成字符串输出。PrintStream 和 PrintWriter 的输出操作可能不会抛出 IOException 异常。在前面章节的程序中，我们大量使用到 System.out.println 语句，其中的 System.out 就是 PrintStream 类的一个实例。

【例 13.13】演示打印流的使用。代码如下：

```
package com.csdn.corejava13;

import java.io.*;

/** 把标准的输出改成指定的文件输出 */
public class PrintStreamTest {
    public static void main(String[] args) {
        FileOutputStream fos = null;
        try {
            fos = new FileOutputStream(new File("D:\\IOTest\\text.txt"));
        } catch (FileNotFoundException e) {
            e.printStackTrace();
        }
        //创建打印输出流，设置为自动刷新模式(写入换行符或字节'\n'时都会刷新输出缓冲区)
        PrintStream ps = new PrintStream(fos, true);
        if (ps != null) {
            //把标准输出流(控制台输出)改成文件
            System.setOut(ps);
        }
        for (int i=0; i<=255; i++) {    //输出ASCII字符
```

```
        System.out.print((char)i);
        if (i%50 == 0) {    //每 50 个数据一行
            System.out.println(); //换行
        }
    }
    ps.close();
    }
}
```

运行这个程序后，会在 D:\IOTest 目录下产生一个 text.txt 文件，内容如图 13.9 所示。

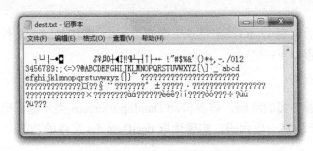

图 13.9 text.txt 文件中的内容

PrintStream 只能封装 OutputStream 类型的字节流，而 PrintWriter 既可以封装 OutputStream，还能够封装 Writer 类型字符输出流并增强其功能。并且它提供了 PrintStream 的所有打印方法，这些方法也从不抛出 IOException。读者可自行练习熟悉 PrintWriter 类的相关用法。

13.9 对 象 流

JDK 提供的 ObjectOutputStream 和 ObjectInputStream 类是用于存储和读取基本类型数据或对象的过滤流，它最强大之处就是可以把 Java 中的对象写到数据源中，也能把对象从数据源中还原回来。用 ObjectOutputStream 类保存基本类型数据或对象的机制叫作序列化；用 ObjectInputStream 类读取基本数据类型或对象的机制叫作反序列化。ObjectOutputStream 和 ObjectInputStream 不能序列化 static 或 transient 修饰的成员变量。

另外需要说明的是，能被序列化的对象所对应的类必须实现 java.io.Serializable 这个标识性接口。

13.9.1 序列化和反序列化操作

【例 13.14】定义一个可序列化的 Student 类。代码如下：

```
package com.csdn.corejava13;

/** 可序列化的 POJO */
public class Student implements java.io.Serializable {
```

```
    private int id;
    private String name;
    private transient int age;   //不需要序列化的属性
    public Student() {}
    public Student(int id, String name, int age) {
        this.id = id;
        this.name = name;
        this.age = age;
    }

    public int getId() { return id; }
    public String getName() { return name; }
    public int getAge() { return age; }
    public String toString() { return "id=" + id  + ", name=" + name
      + ", age=" + age; }
}
```

在 Student 类的实例被序列化时，它的成员变量 age 不会被保存和读取。

序列化的好处在于，它可以将任何实现了 Serializable 接口的对象转换为字节数据。这些数据可以保存在数据源中，以后仍可以还原为原来的对象状态，即使这些数据通过网络传输到别处也能还原回来。

【例 13.15】下面创建一个学生对象，并把它序列化到一个文件(objectSeri.dat)中：

```
package com.csdn.corejava13;

import java.io.*;

/** 序列化示例 */
public class SerializationTest {
    public static void main(String[] args) {
        ObjectOutputStream oos = null;
        try {
            //创建连接到指定文件的对象输出流实例
            oos = new ObjectOutputStream(
              new FileOutputStream("D:\\IOTest\\objectSeri.dat"));
            oos.writeObject(new Student(101, "张三", 22));
                //把 stu 对象序列化到文件中
            oos.flush();    //刷新输出流
            System.out.println("序列化成功!!!");
        } catch (IOException e) {
            e.printStackTrace();
        } finally {
            try {
                if (null != oos) {
                    oos.close();    //关闭输出流实例
                }
            } catch (IOException e) { e.printStackTrace(); }
        }
    }
}
```

【例 13.16】 把指定文件中的数据反序列化回来，打印输出它的信息。代码如下：

```java
package com.csdn.corejava13;

import java.io.*;

/** 反序列化示例 */
public class DeserializationTest {
    public static void main(String[] args) {
        ObjectInputStream ois = null;
        try {
            //创建连接到指定文件的对象输入流实例
            ois = new ObjectInputStream(
              new FileInputStream("D:\\IOTest\\objectSeri.dat"));
            Student stu = (Student)ois.readObject();    //读取对象
            System.out.println(stu); //输出读到的对象信息
        } catch (ClassNotFoundException e) {
            e.printStackTrace();
        } catch (IOException e) {
            e.printStackTrace();
        } finally {
            try {
                if (null != ois) {
                    ois.close();   //关闭对象流实例
                }
            } catch (IOException e) { e.printStackTrace(); }
        }
    }
}
```

程序的运行结果如下：

```
id=101, name=张三, age=0
```

从运行结果来看，读取出来的数据中 age 的值丢了，这是因为它是用 transient 修饰的，它的值根本没序列化到文件中。我们用记事本来查看 objectSeri.dat 文件的内容，如图 13.10 所示。

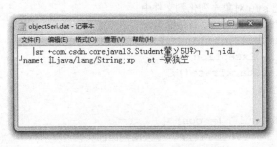

图 13.10　对象序列化后的数据

虽然看不太懂它的详细细节，但是只要能够通过相应的方式正确地读取它的数据就可以了。

> **提示**
>
> 在对象序列化过程中，其所属类的 static 属性和方法代码不会被序列化处理。
>
> 对于个别不希望被序列化的非 static 属性，可以在属性声明时使用 transient 关键字进行标明。

13.9.2 序列化的版本

凡是实现 Serializable 接口的类都有一个表示序列化版本标识符的静态变量：

```
private static final long serialVersionUID;
```

serialVersionUID 用来表明类的不同版本间的兼容性。默认情况下，如果类没有显式定义这个静态变量，它的值是 Java 运行时环境根据类的内部细节自动生成的。如果对类的源代码做了修改，再重新编译，新生成的类文件的 serialVersionUID 的取值有可能也会发生变化。如果这时仍用老版本的类来反序列化对象，就会因为老版本不兼容而失败。

类的 serialVersionUID 的默认值完全依赖于 Java 编译器的实现。对于同一个类，用不同的 Java 编译器编译，有可能会导致不同的 serialVersionUID，也有可能相同。

为了保持 serialVersionUID 的独立性和确定性，强烈建议在一个可序列化类中显式地定义 serialVersionUID，为它赋予明确的值。

Eclipse 工具可以根据类的信息帮助生成一个 serialVersionUID 的值，在没有给实现 Serializable 接口的类显式指定 serialVersionUID 时，Eclipse 会提供"警告"，只需要单击提示图标就会弹出建议操作的提示，选择 Add generated serial version ID 就可以自动为这个类添加一个 serialVersionUID，如图 13.11 所示。

图 13.11 Eclipse 为可序列化的类自动添加 serialVersionUID

显式地定义 serialVersionUID 有以下两种用途：

- 在某些场合，希望类的不同版本对序列化兼容，因此需要确保类的不同版本具有相同的 serialVersionUID。

- 在某些场合，不希望类的不同版本对序列化兼容，因此需要确保类的不同版本具有不同的 serialVersionUID。

13.10 随机存取文件流

RandomAccessFile 是一种特殊的流类，它可以在文件的任何地方读取或写入数据。打开一个随机存取文件后，要么对它进行只读操作，要么对它同时进行读写操作。具体的选择是在构造方法的第二个参数指定成一个"r"(只读)或者"rw"(同时读写)、"rws"、"rwd"来实现的：

```
RandomAccessFile in = new RandomAccessFile("d:\\IOTest\\bjhyn.wmv", "r");
RandomAccessFile inout =
  new RandomAccessFile("d:\\IOTest\\dest.wmv", "rwd");
```

随机存取文件的行为类似于存储在文件系统中的一个大型 byte 数组，它提供了一个指向该数组的光标或索引，称为文件指针，该文件指针用来标志将要进行读写操作的下一字节的位置，getFilePointer 方法可以返回文件指针的当前位置。而使用 seek 方法可以将文件指针移动到文件内部的任意字节位置。

随机存取文件流中提供了很多读取数据和写入数据的方法，具体可以参阅帮助文档的详细介绍。下面通过示例 13.17 来学习随机存取文件流的相关用法。

【例 13.17】把数据存入指定文件。代码如下：

```
package com.csdn.corejava13;
import java.io.File;
import java.io.RandomAccessFile;

public class RandomAccessFileDemoPut {
    //直接抛出异常，程序中可以不用再分别处理
    public static void main(String[] args) throws Exception {
        File f = new File("d:" + File.separator + "xumh.txt");
        //指定要操作的文件
        RandomAccessFile rdf = new RandomAccessFile(f, "rw");
        //声明一个 RandomAccessFile 类对象
        //以读写方式打开文件，会自动创建新文件
        String name = null;
        int age = 0;
        name = "zhangsan"; //字符串长度为8
        age = 30; //数字长度为4
        //写入操作
        rdf.writeBytes(name); //将姓名写入文件之中
        rdf.writeInt(age); //将年龄写入文件之中
        name = "zhyj    "; //字符串长度为8
        age = 31;
        //写入操作
        rdf.writeBytes(name);
        rdf.writeInt(age);
        name = "xiaozu  "; //字符串长度为8
```

```
        age = 32;  //数字长度为4
        rdf.writeBytes(name);
        //将姓名写入文件中
        rdf.writeInt(age);
        //将年龄写入文件中
        name = "csdncast";  //字符串长度为8
        age = 21;  //数字长度为4
        //写入操作
        rdf.writeBytes(name);
        rdf.writeInt(age);
        rdf.close();  //关闭文件
    }
}
```

运行 RandomAccessFileDemoPut 类，则将四位学员的姓名和年龄存入到文件中。查看 D:\xumh.txt 文件，因为年龄值是通过 writeInt()写入，所以用户不能直接通过记事本查看写入的值。

这里要求使用 RandomAccessFile 不按顺序读取文本中的内容，将如何操作呢？比如如何先获取学员"zhyj"的相关数据，再顺次读出其他学员的数据呢？读者可先想象一下数据在内存中的情况，如图 13.12 所示。

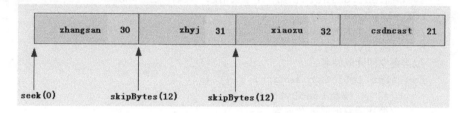

图 13.12　xumh.txt 文本内容加载到内存后的情况

获取 xumh.txt 文本内容的实现类 RandomAccessFileDemoGet 的代码如下所示：

```
package com.csdn.corejava13;
import java.io.File;
import java.io.RandomAccessFile;

public class RandomAccessFileDemoGet {
    // 直接抛出异常，程序中可以不用再分别处理
    public static void main(String[] args) throws Exception {
        File f = new File("d:" + File.separator + "xumh.txt");
        //指定要操作的文件
        RandomAccessFile rdf = null;
        //声明一个RandomAccessFile 类对象
        rdf = new RandomAccessFile(f, "r");
        //以读方式打开文件，会自动创建新文件
        String name = null;
        int age = 0;
        byte b[] = new byte[8];
        //准备空间读取姓名
        rdf.skipBytes(12);
```

```java
        for (int i=0; i<b.length; i++) {
            b[i] = rdf.readByte();
            //循环读取出前8个内容
        }
        name = new String(b);
        //将读取出来的byte数组变为String
        age = rdf.readInt();
        //读取数字
        System.out.println("第二个学员信息    姓名: " + name + " 年龄: " + age);
        rdf.seek(0);
        //指针回到文件的开头
        b = new byte[8];
        //准备空间读取姓名
        for (int i=0; i<b.length; i++) {
            b[i] = rdf.readByte();
        }
        //循环读取出前8个内容
        name = new String(b);
        //将读取出来的byte数组变为String
        age = rdf.readInt();
        //读取数字
        System.out.println("第一个学员信息    姓名: " + name + " 年龄: " + age);
        rdf.skipBytes(12);
        //跳过第2个人的信息
        b = new byte[8];
        //准备空间读取姓名
        for (int i=0; i<b.length; i++) {
            b[i] = rdf.readByte();
            //循环读取出前8个内容
        }
        name = new String(b);
        //将读取出来的byte数组变为String
        age = rdf.readInt() ;
        //读取数字
        System.out.println("第三个学员信息    姓名: " + name + " 年龄: " + age);
        b = new byte[8];
        //准备空间读取姓名
        for (int i=0; i<b.length; i++) {
            b[i] = rdf.readByte();
            //循环读取出前8个内容
        }
        name = new String(b);
        //将读取出来的byte数组变为String
        age = rdf.readInt();
        //读取数字
        System.out.println("第四个学员信息    姓名: " + name + " 年龄: " + age);
        rdf.close();  //关闭文件
    }
}
```

上面的示例虽然直观地展示了随机 RandomAccessFile 类 writeInt()、readInt()、seek()、 getFilePointer()等方法的使用，但实际工作中一般会是存入多条相同格式的数据，还需要这样一条一条地取出么？下面通过示例13.18来学习如何批量获取数据。

【例13.18】循环获取存入的数据。代码如下：

```java
package org.xmh.demo;
import java.io.File;
import java.io.IOException;
import java.io.RandomAccessFile;
public class TestRandomAccessFile {
    private File file;

    public static void main(String[] args) {
        TestRandomAccessFile traf = new TestRandomAccessFile();
        traf.init();
        traf.record("csdntj", 22);
        traf.record("billy", 67);
        traf.record("xmh", 38);
        traf.record("zah", 22);
        traf.listAllRecords();
    }

    public void record(String record_breaker, int times) {
        try {
            RandomAccessFile raf = new RandomAccessFile(file, "rw");
            boolean flag = false;
            //如果指针当前位置小于总长度，说明文件中有内容
            while (raf.getFilePointer() < raf.length()) {
                String name = raf.readUTF();
                //跳数字区，跳到下一个姓名开始处的位置
                raf.skipBytes(4);
            }
            //writeUTF时先写两个字节的长度信息，然后再跟具体的UTF-8编码的字节。
            //比如"睡觉了"是3×3=9个字节，用writeUTF后，共2+9=11个字节
            raf.writeUTF(record_breaker);
            raf.writeInt(times);
            System.out.println(record_breaker.length());
            raf.close();
        } catch (Exception e) {
            e.printStackTrace();
        }
    }
    public void init() {
        if (file == null) {
            file = new File("record.txt");
            try {
                file.createNewFile();
            } catch (IOException e) {
                e.printStackTrace();
            }
        }
    }
```

```java
    }
    public void listAllRecords() {
        try {
            RandomAccessFile raf = new RandomAccessFile(file, "r");
            while (raf.getFilePointer() < raf.length()) {
                String name = raf.readUTF();
                int times = raf.readInt();
                System.out.println("name:" + name + "\t record:" + times);
            }
            raf.close();
        } catch (Exception e) {
            e.printStackTrace();
        }
    }
}
```

读者理解本小节的示例后，可以尝试完成课后多线程下载的习题，这样可以加深对随机读写流的理解。不过并不建议在此章节投入太多的精力，因为随机读写流虽然可以实现对文件内容的操作，但是一般情况下操作文件内容往往会使用字节或字符流。所以读者要以字符流或字节流的学习为主。

13.11 ZIP 文件流

由于网络带宽有限，所以数据文件的压缩有利于数据在 Internet 上的快速传输，同时也节省服务器的外存空间。Java 实现了 I/O 数据流与网络数据流的单一接口，因此数据的压缩、网络传输和解压缩的实现比较容易。Java 支持 GZIP 和 ZIP 两种格式。这里以大家比较熟悉的 ZIP 格式来讲解。主要介绍 java.util.zip 包中 ZipEntry、ZipInputStream 和 ZipOutputStream 三个 Java 类实现 ZIP 数据压缩方式的编程方法。

(1) ZipEntry：代表 ZIP 文件条目。ZIP 文件中存放的是一个个条目。要压缩的文件都需要转换成条目。常用的构造方法为：

```
public ZipEntry(String name);    //参数 name 为指定的数据项名
```

(2) ZipInputStream：实现了 ZIP 压缩文件的读输入流，支持压缩和非压缩 entry。常用的构造方法为：

```
public ZipInputStream(InputStream in);    //利用输入流 in 构造一个 ZIP 输入流
```

它的常用方法如表 13.6 所示。

表 13.6 ZipInputStream 类的常用方法

方 法 名	说 明
getNextEntry()	读取下一个 ZIP 文件条目并将流定位到该条目数据的开始处
closeEntry()	关闭当前的 zip entry，并将数据流定位于下一个 entry 的起始位置

(3) ZipOutputStream：实现了 ZIP 压缩文件的写输出流，支持压缩和非压缩 entry。常

用的构造方法为：

```
public ZipOutputStream(OutputStream out);  //利用输出流 out 构造一个 ZIP 输出流
```

它的常用方法如表 13.7 所示。

表 13.7　ZipOutputStream 类的常用方法

方 法 名	说　　明
setMethod(int method)	设置 entry 压缩方法，默认值为 DEFLATED
putNextEntry(ZipEntry e)	如果当前的 entry 存在且处于激活状态时，关闭它，写入新的 ZIP 文件条目并将流定位到条目数据的开始处

为了使读者能快速理解 ZIP 文件流的用法，先通过操作一个单文件压缩的例子来掌握压缩文件的相关步骤，具体代码如例 13.19 所示。

【例 13.19】压缩 D:\test.txt 文件，压缩后的文件名为 xumh.zip。代码如下：

```java
package com.csdn.corejava13;
public class ZipOutDemo {
    public static void main(String[] args) {
        ZipOutputStream zos = null;
        FileInputStream in = null;
        ZipEntry ze = null; //条目
        //源文件
        String tarstr = "d:\\text.txt";
        //目标文件
        String deststr = "d:\\xumh.zip";
        try {
            //创建 ZIP 输出流
            zos = new ZipOutputStream(new FileOutputStream(deststr));
            //创建条目
            ze = new ZipEntry(tarstr);
            //写入条目
            zos.putNextEntry(ze);
            //创建文件输入流对象
            in = new FileInputStream(tarstr);
            int c;
            //边读边写
            while ((c=in.read()) != -1)
                zos.write(c);
            //关闭当前 ZIP 条目
            zos.closeEntry();
            System.out.println("ok");
        } catch (IOException e) {
            System.out.println("error");
            e.printStackTrace();
        } finally {
            try {
                in.close();
                zos.close();
```

```
            } catch (IOException e) {
                e.printStackTrace();
            }
        }
    }
}
```

运行例 13.19，将在 D 盘新生成一个 xumh.zip 文件，解压后，可以与原文件比较，没有差别。但工作中却很难有如此简单的需求，我们往往被要求对某一目录包括该目录下的所有文件和子目录进行压缩，这又如何实现呢？参看示例 13.20 的代码。

【例 13.20】如下示例是利用 ZipOutputStream 把指定目录下的所有文件都压缩到一个文件中。代码如下：

```
package com.csdn.corejava13;

import java.io.*;
import java.util.*;
import java.util.zip.*;

/** ZIP 压缩的示例 */
public class ZipTest {
    public static void main(String[] args) {
        zipFile("D:\\IOTest", "D:\\abc.zip");
    }
    /** ZIP 压缩功能。压缩 baseDir(文件夹目录)下的所有文件，包括子目录 */
    public static void zipFile(String baseDir, String fileName) {
        List<File> fileList = getSubFiles(new File(baseDir));
        ZipOutputStream zos = null;  //ZIP 输出流
        ZipEntry ze = null;  //条目
        byte[] buf = new byte[8192];  //缓冲区
        try {
            zos = new ZipOutputStream(new FileOutputStream(fileName));
            for (File f : fileList) {
                //条目的名只能使用相对于基目录的相对路径
                ze = new ZipEntry(getAbsFileName(baseDir, f));
                //文件要当作条目用
                ze.setSize(f.length());
                ze.setTime(f.lastModified());
                zos.putNextEntry(ze);  //开始一个新文件的写入
                //创建连接到指定文件的输入流
                InputStream is =
                    new BufferedInputStream(new FileInputStream(f));
                int readLen = -1;
                while ((readLen=is.read(buf)) != -1) {  //从指定文件中读数据
                    zos.write(buf, 0, readLen);  //往 ZIP 输出流中写
                }
                zos.closeEntry();  //关闭当前条目
                is.close();
            }
        } catch (IOException e) {
```

```
            e.printStackTrace();
        } finally {
            try {
                zos.close();
            } catch (IOException e) {
                e.printStackTrace();
            }
        }
    }

    /** 给定根目录，返回另一个文件名的相对路径，用于 ZIP 文件中的路径 */
    private static String getAbsFileName(String baseDir, File file)
        throws IOException {
        String result = file.getName(); //记住文件名
        File base = new File(baseDir);
        File temp = file;
        while(true) {
            temp = temp.getParentFile();
            if(temp == null || temp.equals(base)) {
                break;
            } else {
                result = temp.getName() + "/" + result;
            }
        }
        result = base.getName() + "/" + result;
        return result;
    }

    /** 递归获取指定目录下的所有子孙文件、目录列表 */
    private static List<File> getSubFiles(File baseDir) {
        List<File> list = new ArrayList<File>();
        File[] tmp = baseDir.listFiles();
        for (int i=0; i<tmp.length; i++) {
            if (tmp[i].isFile()) {
                list.add(tmp[i]);
            }
            if (tmp[i].isDirectory()) {
                list.addAll(getSubFiles(tmp[i])); //递归
            }
        }
        return list;
    }
}
```

运行这个程序后，就会把 D:\IOTest 目录下的所有文件和目录都压缩到 D:\abc.zip 文件中。由于篇幅有限，使用 ZIP 文件流把 ZIP 解压缩成普通文件的代码这里就不罗列出来了，详情可参见随书光盘中的源码。

使用 ZipOutputStream 和 ZipInputStream 流进行 ZIP 文件操作时，中文会出现乱码问题。这是因为 java.util.zip 下的格式转换有问题，目前无法解决。

如果要支持中文，需要使用 ant.jar 第三方开源包(在 http://ant.apache.org/bindownload.cgi 有下载)，它的 org.apache.tools.zip 包中提供了相同功能的类。

13.12　本章练习

1. 简答题

(1) 在读入流的操作中，是否有方法可以读取某段文字内容并返回 float 或 double 值？

(2) 阅读下面这段代码，如果代码执行完毕，将有多少个字节被写入目标文件中？

```java
public static void main(String[] args) {
    try {
        FileOutputStream fos = new FileOutputStream("dest");
        DataOutputStream dos = new DataOutputStream(fos);
        dos.writeInt(7);
        dos.writeDouble(5.17);
        dos.writeUTF("CSDN");
        dos.close();
        fos.close();
    } catch(Exception e) {
        e.printStackTrace();
    }
}
```

2. 上机练习

(1) 用 I/O 流编写一个复制音乐文件功能的程序。

(2) 用 I/O 流编写一个程序，统计并输出某个文本文件中"a"字符的个数。

(3) 在前面的章节中学习过 Properties 类的相关用法，如何把一个 Properties 类对象中的内容输出到文本中去呢(提示：参照 Properties 类的 API 文档)？

(4) 现在很盛行在手机或电脑上看小说，小张在网络上发现一篇文章很有意思，想把它分隔成多个小文件后放在手机上阅读；而小朱想把手机上一系列的小说整合成一个文件放在电脑上阅读，你能编写一个文件分隔/合并器来帮助他们吗？

(5) 用 RandomAccessFile 类编写一个程序，模拟多线程下载网络资源的程序(提示：获取网络资源的总长度，按线程数分成块，每一块数据由一个线程下载；利用线程下载时，先用 BufferedInputStream 流从网络中读取数据，然后用 RandomAccessFile 流写入指定文件的指定位置中去)。

第 14 章

图形用户界面设计

学前提示

很多读者可能一看到图形用户界面设计的标题就会想到 Windows 操作系统和 Office 办公软件,虽然 Java 作为一种网络技术,是为那些能在浏览器中运行的小应用程序而发布的,但是它从一开始就有运行独立的桌面应用程序的能力,并且像 JBuilder、NetBean、JProbe 等大型 Java 开发工具都是用 Java 语言编写的。本章将主要介绍 Java GUI(图形用户接口)工具 AWT 和 Swing 的相关用法,最后通过开发一个完整的 Java 桌面应用程序来加强对 Java GUI 的理解。

知识要点

- 抽象窗口工具集(AWT)
- 事件处理机制
- AWT 常用组件
- Swing 简介
- 声音的播放和处理
- 监听器的使用
- 内部类的使用

在前面章节的学习中，我们所编制的程序只能从键盘接受输入、然后在控制台屏幕上显示结果。大多数初学者都不太喜欢这种模式，在学习的过程中也体验不到像 VB 或 Winform 那样只需要拖几个控件到窗体上，为每个控件编写 event 就可以实现界面编程，并且可以让作品与它人共享。本章就可以让 Java 初学者走出这一困惑，通过学习编写带有图形界面的 Java 程序来体验编程的快乐。

学习这一章节的前提是：了解 Java 中的基本语法，并且熟悉 Java 的面向对象基础。用过 Winform 的人可能会被它简单的设计用户界面方法所吸引，强大的 Java 也不比 Winform 逊色，同样可以设计出精美的界面。

没有 Swing，Java 的图形界面就会不名一文。Swing 是 Java 的基础类，是 JFC 的一部分，完整的 JFC 是很巨大的，包括的组件也很多。下面就来详细学习 Java 的图形界面编程。

14.1　抽象窗口工具集(AWT)

以图形程序设计的与用户交互的界面叫图形用户界面 GUI(Graphics User Interface)。图形用户界面比基于命令行的界面更加直观友好。Java GUI 的基本类库位于 java.awt 包中，这个包称为抽象窗口工具箱(Abstract Window Tookit，AWT)。AWT 包中提供了很多基于图形化编程的类。例如，用来容纳其他组件的容器组件；用来进行界面组件布局的各种布局管理器；用来监听程序与用户进行交互的事件监听器；还提供了一套绘图机制，用来自动刷新或维护图形界面等。

AWT 组件的优点是简单、稳定、重量级(即依赖于本地平台)，AWT 所涉及的类一般在 java.awt 包及其子包中。AWT 主要类的继承关系如图 14.1 所示。

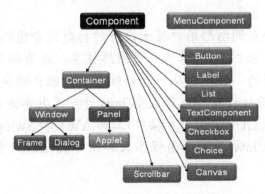

图 14.1　AWT 各个组件的关系

下面从 AWT 组件和容器、布局管理器两个方面来介绍 AWT 各个组件的使用。

14.1.1　AWT 组件和容器

1. Component 和 Container

Component(组件)和 Container(容器)是 AWT 中常用的顶层容器，也是 AWT 中的常用组件。Component 组件是 Java 图形用户界面最基本的组成部分。所有以图形化的方式显示在屏幕上并能与用户进行交互的对象，例如一个按钮、一个标签等都必须放置于某一个容器中才可以显示出来，否则将无法显示。

Container 实际上是 Component 的子类，Container 类对象具有组件的所有性质，还具有容纳其他组件和容器的功能，并且 Container 类对象可使用方法 add()添加组件。AWT 中主要有两种容器：Window(顶级窗口容器)和 Panel(可容纳其他组件的容器)。

2. Frame 类

Frame(窗体)类主要是用来制作窗体界面的类。Frame 类是抽象类 Window 的子类，Frame 类对象的显示效果是一个"窗体"，带有标题和最大化、最小化按钮。Frame 类的 API 文档界面如图 14.2 所示。

图 14.2　Frame 类的 API 文档界面

Frame 类的常用构造方法如表 14.1 所示。

表 14.1　Frame 类中的常用构造方法

方 法 名	方法介绍
Frame()	构造 Frame 的一个新实例(初始时不可见)
Frame(GraphicsConfiguration gc)	使用屏幕设备的指定 GraphicsConfiguration 创建一个 Frame
Frame(String title)	构造一个新的、初始不可见的、具有指定标题的 Frame 对象
Frame(String title, GraphicsConfiguration gc)	构造一个新的、初始不可见的、具有指定标题和 GraphicsConfiguration 的 Frame 对象

创建 Frame 对象，调用它的相关方法设置窗体是掌握图形用户界面设计最基础的知识。Frame 类中的常用方法如表 14.2 所示。

这里要特别说明一下 setBounds 方法，如果用在 Frame 对象上，它是相对于屏幕坐标系来定位的；Frame 内部的其他组件则是由容器内部坐标系来确定的。有关屏幕坐标系与 Frame 内部坐标系的示意如图 14.3 所示。

表 14.2　Frame 类中常用方法

方 法 名	方法介绍
setVisible(boolean b)	Frame 默认初始化为不可见的
setSize(int width, int height)	设置窗体的大小
setLocation(int x, int y)	设置窗体的位置，x、y 是左上角的坐标
setBounds(int x, int y, int width, int height)	设置位置、宽度和高度
setTitle(String name)	设置窗体的标题
setResizable(boolean b)	设置是否可以调整大小
setBackground(Color c)	设置背景颜色，参数为 Color 对象
setLayout(LayoutManager mgr)	设置容器的布局管理器，默认的布局管理器是 BorderLayout
add(Component comp)	将指定组件追加到此容器的尾部
dispose()	释放由此窗体及其拥有的所有子组件所使用的所有本机屏幕资源

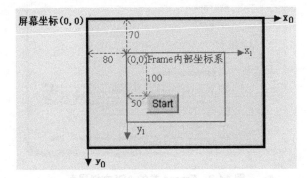

图 14.3　屏幕坐标系与 Frame 内部坐标系

下面通过示例 FrameTest1.java 来演示 Frame 类的相关用法。

【例 14.1】FrameTest1.java。代码如下：

```java
import java.awt.Color;
import java.awt.Frame;
public class FrameTest1 {
    public static void main(String[] args) {
        //创建一个顶层容器窗口
        Frame frame = new Frame();
        //设置的尺寸
        //frame.setSize(500, 500);
        //设置它的左上角的坐标，距屏幕左上角(0,0)水平 200 像素，垂直 130 像素
        //frame.setLocation(200, 130);
        //一次性设置尺寸和左上角的坐标
        frame.setBounds(200, 300, 200, 300);
        //设置标题
        frame.setTitle("第一个窗体");
        //设置不允许调整窗口的大小
```

```
        frame.setResizable(false);
        //设置背景颜色
        frame.setBackground(Color.ORANGE);
        //设置它的可见性
        frame.setVisible(true);
    }
}
```

运行此程序,输出结果如图 14.4 所示。

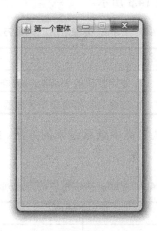

图 14.4　FrameTest1.java 文件的运行效果

3. Panel 类

通过 Panel(面板)类可以创建不同的面板,类似于界面底板。Panel 对象可看作是可以容纳其他组件的空间。Panel 不能独立存在,依赖于其他容器。Panel 对象可以拥有自己的布局管理器。Panel 类的 API 文档界面如图 14.5 所示。

图 14.5　Panel 类的 API 文档界面

> **提示**
>
> 很多初学 Java 的读者弄不清楚 Frame 类和 Panel 类之间的关系,其实 Frame 类类似于房间窗户的窗框,Panel 类似于窗框中镶嵌的玻璃,没有窗框,用户就没有办法安装玻璃,所以 Panel 类不能单独存在。再把其他组件如按钮、标签比作不同的修饰物,如果没有玻璃作为载体,这些修饰物也没法装点窗户,所以 Panel 类主要是用来容纳其他组件的。

Panel 类的常用构造方法如表 14.3 所示。

表 14.3 Panel 类中常用的构造方法

方 法 名	方法介绍
Panel()	使用默认的 FlowLayout 布局管理器创建新面板
Pane(LayoutManager layout)	创建具有指定布局管理器的新面板

Panel 类的常用方法还都是从父类中继承过来的方法。Panel 类中的常用方法如表 14.4 所示。

表 14.4 Panel 类中常用的方法列表

方 法 名	方法介绍
setSize(int width, int height)	设置面板大小
setLocation(int x, int y)	设置面板的位置,x、y 是左上角的坐标
setBounds(int x, int y, int width, int height)	设置面板的位置、宽度和高度
setBackground(Color c)	设置面板的背景颜色,参数为 Color 对象
setLayout(LayoutManager mgr)	设置面板的布局管理器

下面通过示例 TestPanel.java 来演示 Panel 类的相关用法。

【例 14.2】TestPanel.java。代码如下:

```
import java.awt.Color;
import java.awt.Frame;
import java.awt.Panel;
public class TestPanel {
    public static void main(String[] args) {
        Frame frame = new Frame();
        frame.setLayout(null); //自由布局
        frame.setBounds(300, 300, 500, 500); //设置边大小
        frame.setBackground(Color.BLUE); //设置背景颜色
        Panel panel = new Panel();
        panel.setBounds(100, 100, 300, 300); //设置面板大小
        panel.setBackground(new Color(204, 204, 255)); //设置面板颜色
        frame.add(panel); //将面板添加到窗体上
        frame.setVisible(true); //显示窗体
    }
}
```

运行此程序,输出结果如图 14.6 所示。

图 14.6 Panel 面板示例的效果

4. Toolkit 类

Toolkit 抽象类用于将各种组件绑定到本地系统的工具包中。常用的方法如表 14.5 所示。

表 14.5 Toolkit 类中常用的方法

方 法 名	方法介绍
getDefalutToolkit()	静态方法可以得到一个 Toolkit 的子类实例
Dimension getScreenSize()	把屏幕尺寸作为一个 Dimension 实例返回
Image getImage(URL url)	返回一幅图像,该图像从指定文件中获取像素数据,图像格式可以是 GIF、JPEG 或 PNG

下面通过示例 ToolkitDemo 类来演示它的相关用法:

```
public class ToolkitDemo extends Frame {
    public static final int DEFAULF_WIDTH = 300;
    public static final int DEFAULT_HEIGHT = 200;
    public CenteredFrame() {
        Toolkit kit = Toolkit.getDefaultToolkit();
        Dimension screensize = kit.getScreenSize();
        int screenHeight = screensize.height;
        int screenWidth = screensize.width;
        setBounds(screenWidth/4, screenHeight/4,
          screenHeight/2, screenWidth/4);
        //设置标题栏中的文字
        setTitle("good ideal");
        //设置窗口最小化时的图标
        Image img = kit.getImage("d:/123.jpg");
        setIconImage(img);
    }
    public static void main(String[] args) {
        CenteredFrame frame = new CenteredFrame();
        frame.setVisible(true);
    }
}
```

14.1.2 布局管理器

布局管理器就是通过布局管理类来摆放其他组件。摆放的好坏将直接影响到界面是否美观，为了使生成的图形用户界面具有良好的平台无关性，Java 语言提供了布局管理器这个工具来管理组件在容器中的布局，而不是直接设置组件的位置和大小。每个容器都有一个布局管理器，当容器需要对某个组件进行定位或判断其大小尺寸时，就会调用其对应的布局管理器。调用 Container 的 setLayout 方法可以设置容器的布局管理对象。AWT 提供了如下 5 种布局管理器类：FlowLayout、BorderLayout、GridLayout、CardLayout、GridBagLayout。

如果设计时未对一些组件指明布局对象，则使用默认布局管理器。默认布局管理器的层次关系如图 14.7 所示。

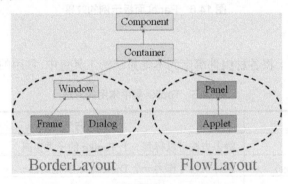

图 14.7 默认布局管理器的层次关系

下面分别介绍常用的几种布局管理器。

1. FlowLayout

Panel(面板)类的默认布局管理器是 FlowLayout。FlowLayout 布局默认的对齐方式为居中对齐，也可以在构造对象的时候指定对齐方式。FlowLayout 布局对组件逐行定位，就像写字一行行地写一样，排列顺序从左到右，当一行排满后换行。行高由组件大小限定，还可以通过构造方法设置不同的组件间距和行距。

FlowLayout 类中常用的构造方法如表 14.6 所示。

表 14.6 FlowLayout 类中常用的构造方法

方 法 名	方法介绍
new FlowLayout(FlowLayout.RIGHT, 20, 40)	右对齐，组件之间水平间距 20 个像素，竖直间距 40 个像素
new FlowLayout(FlowLayout.LEFT)	左对齐，水平和竖直间距为默认值(5 像素)
new FlowLayout()	使用默认的居中对齐方式,水平和竖直间距为默认值(5 像素)

下面通过示例 TestFlowLayout.java 来演示 FlowLayout 类的相关用法。

【例 14.3】TestFlowLayout.java。代码如下：

```
import java.awt.Button;
import java.awt.Color;
import java.awt.FlowLayout;
```

```java
import java.awt.Frame;
import java.awt.Panel;

public class TestFlowLayout {

    public static void main(String[] args) {
        Frame f = new Frame("FlowLayout 布局管理器");
        Panel p = new Panel(); //Panel 类
        p.setBackground(Color.ORANGE); //Panel 为橘黄色
        f.setBackground(Color.green); //窗体为绿色
        p.setLayout(new FlowLayout());
        f.setLayout(new FlowLayout()); //布局管理器设置
        p.add(new Button("按钮1")); //在面板上加入 5 个按钮
        p.add(new Button("按钮2"));
        p.add(new Button("按钮3"));
        p.add(new Button("按钮4"));
        p.add(new Button("按钮5"));
        p.setSize(300, 300); //设置大小
        p.setLocation(700, 800);
        f.setSize(300, 300);
        p.setLocation(800, 900);
        f.add(p); //将面板添加到窗体上
        f.setVisible(true); //显示窗体
    }
}
```

运行此程序，输出结果如图 14.8 所示。

图 14.8 FlowLayout 布局管理器的示例效果

2. BorderLayout

Frame(窗体)类的默认布局管理器是 BorderLayout，BorderLayout 把容器内的空间简单地划分为东(EAST)、西(WEST)、南(SOUTH)、北(NORTH)、中(CENTER)五个区域，每加入一个组件都应该指明把这个组件添加在哪个区域中。如果用户没有指定组件的加入部位，则默认加入到 CENTER 区域。每个区域只能加入一个组件，如果加入多个组件，则后面加入的组件会覆盖先前加入的组件。

另外 Window 和 Dialog 的默认布局管理器也是 BorderLayout。

用户要注意，使用 BorderLayout 布局容器时的尺寸缩放的原则如下：

- 南、北两个区域只能在水平方向缩放。
- 东、西两个区域只能在垂直方向缩放。
- 中部区域可在两个方向上缩放。

下面通过示例 BorderLayoutTest.java 来演示 BorderLayout 类的相关用法。

【例 14.4】BorderLayoutTest.java。代码如下：

```java
import java.awt.BorderLayout;
import java.awt.Button;
import java.awt.Color;
import java.awt.Frame;
import java.awt.Panel;

/**
 * BorderLayout 的示例
 */
public class BorderLayoutTest {

    public static void main(String[] args) {

        //创建一个顶层容器窗口
        Frame frame = new Frame();
        //一次性设置尺寸和左上角的坐标
        frame.setBounds(200, 130, 500, 500);
        //设置标题
        frame.setTitle("BorderLayout 的示例");
        //设置为 BorderLayout 布局管理器 (Frame 默认就是 BorderLayout 布局管理器)
        BorderLayout borderLayout = new BorderLayout(10, 10);
        frame.setLayout(borderLayout);
        //Panel 默认的布局管理器是 FlowLayout 布局管理器
        Panel cPanel = new Panel();
        cPanel.setBackground(Color.RED);
        cPanel.add(new Button("中间"));
        cPanel.add(new Button("中间 2"));
        cPanel.add(new Button("中间 3"));
        frame.add(cPanel, BorderLayout.CENTER);
        frame.add(new Button("北"), BorderLayout.NORTH);
        frame.add(new Button("南"), BorderLayout.SOUTH);
        frame.add(new Button("东"), BorderLayout.EAST);
        frame.add(new Button("西"), BorderLayout.WEST);
        //设置背景颜色
        frame.setBackground(Color.ORANGE);
        //设置它的可见性
        frame.setVisible(true);
    }
}
```

运行此程序，输出结果如图 14.9 所示。

第 14 章　图形用户界面设计

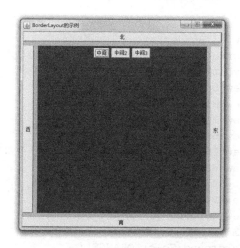

图 14.9　BorderLayout 布局管理器的示例效果

3. GridLayout

　　GridLayout 布局管理器将组件按网格型排列，分成规则的矩形网格，每个组件尽可能地占据网格的空间，每个网格也同样尽可能地占据空间，每个单元格区域大小相等。如果设计者改变组件的大小，那么 GridLayout 将相应地改变每个网格的大小。在 GridLayout 类的构造方法中可以指定分割的行数和列数。

　　GridLayout 类的常用构造方法如表 14.7 所示。

表 14.7　GridLayout 类中常用的构造方法

方　法　名	方法介绍
GridLayout()	创建具有默认值的网格布局，即每个组件占据一行一列
GridLayout(int rows, int cols)	创建具有指定行数和列数的网格布局
GridLayout(int rows, int cols, int hgap, int vgap)	创建具有指定行数和列数的网格布局，并指定水平间距和垂直间距

　　下面通过示例 GridLayoutTest.java 来演示 GridLayout 类的相关用法。

　　【例 14.5】GridLayoutTest.java。代码如下：

```java
import java.awt.Button;
import java.awt.Color;
import java.awt.Frame;
import java.awt.GridLayout;
/**
 * GridLayout 布局示例
 */
public class GridLayoutTest {
    public static void main(String[] args) {
        //创建一个顶层容器窗口
        Frame frame = new Frame();
        //一次性设置尺寸和左上角的坐标
        frame.setBounds(100, 30, 400, 400);
```

```
//设置标题
frame.setTitle("BorderLayout的示例");
GridLayout gridLayout = new GridLayout(3, 3, 10, 20);
frame.setLayout(gridLayout);
frame.add(new Button("北"));
frame.add(new Button("南"));
frame.add(new Button("东"));
frame.add(new Button("西"));
frame.add(new Button("北"));
frame.add(new Button("南"));
frame.add(new Button("东"));
frame.add(new Button("西"));
frame.add(new Button("北"));
//设置背景颜色
frame.setBackground(Color.ORANGE);
//设置它的可见性
frame.setVisible(true);
    }
}
```

运行此程序，输出结果如图14.10所示。

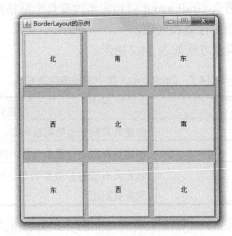

图 14.10　GridLayout 布局管理器的示例效果

4. 绝对定位组件位置

绝对定位方式也就是自定义摆放各个组件，通过 setLayout(null) 方法取消该容器的布局管理器，容器内的组件都采用 setBounds(x, y, width, height) 方法来绝对定位。下面通过示例 FrameAbstractLayoutToolkit.java 来演示绝对定位的用法。

【例 14.6】FrameAbstractLayoutToolkit.java。代码如下：

```
import java.awt.Button;
import java.awt.Color;
import java.awt.Dimension;
import java.awt.Frame;
import java.awt.Panel;
import java.awt.Toolkit;
```

第 14 章 图形用户界面设计

```java
public class FrameAbstractLayoutToolkit {
    public static void main(String[] args) {
        //创建一个顶层窗口，默认是不可见的
        Frame frame = new Frame();
        frame.setTitle("绝对定位方式的布局");
        //设置窗口的大小
        frame.setSize(500, 400);
        //通过 Toolkit 类来获取屏幕的参数
        Dimension dimension = Toolkit.getDefaultToolkit().getScreenSize();
        int w = (int)(dimension.getWidth() - frame.getWidth()) / 2;
        int h = (int)(dimension.getHeight() - frame.getHeight()) / 2;
        //设置窗口左上角的坐标
        frame.setLocation(w, h);
        //绝对定位
        //frame.setBounds(300, 200, 500, 400);
        //设置背景色
        frame.setBackground(Color.GREEN);
        //设置是否可以改变窗口的大小
        //frame.setResizable(false);
        //设置由程序自己来管理布局
        frame.setLayout(null);
        //创建一个面板，用来组织放置其他的多个组件
        Panel panel = new Panel();
        panel.setLayout(null);
        panel.setBounds(50, 50, 200, 200);
        panel.setBackground(Color.red);
        //把面板放入 Frame 中
        frame.add(panel);
        Button btn = new Button("电视");
        btn.setBounds(50, 10, 100, 30);
        //往面板中放 Button
        panel.add(btn);
        Button btn2 = new Button("沙发");
        btn2.setBounds(40, 150, 120, 50);
        panel.add(btn2);
        Panel panel2 = new Panel();
        panel2.setLayout(null);
        panel2.setBounds(250, 50, 200, 300);
        panel2.setBackground(Color.DARK_GRAY);
        frame.add(panel2);
        //设置可见性
        frame.setVisible(true);
        try {
            Thread.sleep(5000);
        } catch (InterruptedException e) {
            e.printStackTrace();
        }
        //销毁所占的资源
        //frame.dispose();
    }
}
```

运行此程序，输出结果如图 14.11 所示。

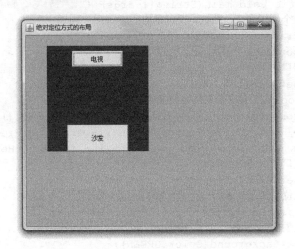

图 14.11　用坐标参数设置布局示例的效果

> **提示**
> 容器中的布局管理器负责设置各个组件的大小和位置，因此用户无法在这种情况下设置组件的这些属性。如果试图使用 Java 语言提供的 setLocation()、setSize()、setBounds() 等方法，则都会被布局管理器覆盖。如果用户确实需要亲自设置组件的大小或位置，则应取消该容器的布局管理器，添加语句"setLayout(null);"。

14.2　事件处理机制

单纯的界面设计是没有使用价值的，用户之所以对图形用户界面感兴趣，主要是因为图形界面所提供的与用户交互的超强功能。在 Java 中要实现这样的功能，就需要了解事件处理机制。

用户对组件的一个操作，称为一个事件(Event)；产生事件的组件叫作事件源(Event Source)；接收、解析和处理事件，实现与用户交互的方法，称为事件处理器(Event Handler)。事件源、事件、事件处理器之间的工作关系如图 14.12 所示。

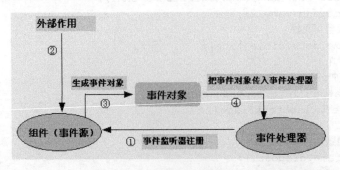

图 14.12　事件源、事件、事件处理器之间的工作关系

一般情况下，事件源可以产生多种不同类型的事件，因而可以注册(触发)多种不同类型的事件监听器。当某个事件源上发生了某种事件后，关联的事件监听器对象中的有关代码才会被执行，这个过程称为向事件源注册事件监听器。向组件(事件源)注册事件监听器后，事件监听器就与组件建立关联，当组件接受外部作用(事件)时，组件会产生一个相应的事件对象，并把这个对象传给与之关联的事件监听器，这样事件监听器就会被启动并执行相关的代码来处理该事件。

事件处理机制是 Java 初学者比较难理解的概念，下面通过一个生活案例来阐述其原理。

假设一个朋友开一家私人银行，为了保证银行的安全，他在银行的玻璃上安装报警器，并且将报警器向警署注册。当劫匪打碎玻璃时，就会引发报警器报警。把这个过程进行分析处理，整个过程如下。

(1) 在银行开业前，应该在玻璃上安装警报器→连接到警署→备案注册监听。
(2) 事件源(如玻璃)→产生事件(如将玻璃打破事件)。
(3) 监听器(报警器)监听到事件后通知警署→警署进行抓捕歹徒的处理。

可以把这个过程用事件处理机制描述如下。

- 事件源：类似于玻璃。
- 监视器：报警器，通过添加事件报警器联系起来。
- 事件触发：当敲破玻璃时，触发事件报警器，将监听到的事件传给事件相应的处理方法(如警署如何逮捕歹徒)来处理。一般事件的处理内容由程序员编写。

接下来将学习事件处理机制的相关内容。

14.2.1 事件监听器

事件监听器是一个类，用来处理在各个组件上触发的事件。不同的事件类型需要调用不同的事件监听器。下面通过示例 ActionEventTest 来简单了解一下事件监听器的功能。

【例 14.7】ActionEventTest.java。代码如下：

```java
import java.awt.Button;
import java.awt.Frame;
import java.awt.event.ActionEvent;
import java.awt.event.ActionListener;

/**
 * 事件处理的步骤
 * 1：先写一个事件监听器实现类(在事件处理方法中写相应的代码)
 * 2：给事件源注册这个事件监听器
 *
 */
public class ActionEventTest {
    public static void main(String[] args) {
        Frame frame = new Frame();
        frame.setTitle("单击事件处理");
        frame.setSize(300, 300);
        frame.setLayout(null);
        Button btn = new Button("点我看看!!");
```

```java
            btn.setBounds(110, 130, 80, 30);
            //注册动作监听器
            btn.addActionListener(new Monitor());
            Button btn2 = new Button("来来");
            btn2.setBounds(110, 230, 80, 30);
            //注册动作监听器
            btn2.addActionListener(new Monitor());
            frame.add(btn);
            frame.add(btn2);
            frame.setVisible(true);
        }
    }

//动作事件监听器实现类
class Monitor implements ActionListener {
    /**
     * 动作处理方法
     * event 动作事件实例
     */
    @Override
    public void actionPerformed(ActionEvent event) {
        //获取事件源
        Object obj = event.getSource();
        //向下转型
        Button btn = (Button)obj;
        System.out.println("你单击了: \"" + btn.getLabel() + "\"");
    }
}
```

运行此程序，输出结果如图 14.13 所示。

图 14.13 单击事件示例的界面

当我们单击"点我看看!!"按钮的时候，由于在该按钮上已经注册了事件监听器 btn.addActionListener(new Monitor())，所以会产生一个监听事件类对象，并且会调用对象的处理方法来处理请求。这个事件过程的分析如图 14.14 所示。

第 14 章　图形用户界面设计

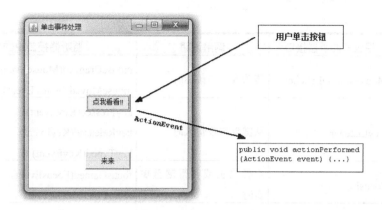

图 14.14　事件分析

单击"点我看看!!"按钮和"来来"按钮，并操作两次，在控制台输出语句的截图如图 14.15 所示。

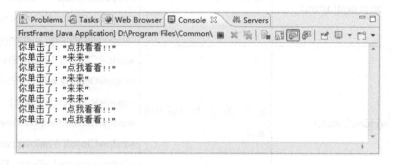

图 14.15　单击事件的效果

在 Java 中提供了众多的事件类型及监听器接口，GUI 事件及相应监听器接口列表如表 14.8 所示。

表 14.8　GUI 中常用的事件监听器

事件类型	相应监听器接口	调用说明	监听器接口中的方法
Action	ActionListener	单击按钮、双击列表项或选择菜单时	actionPerformed(ActionEvent)
Item	ItemListener	选择或取消选择菜单项时，或单击复选框或列表项时	itemStateChanged(ItemEvent)
Mouse	MouseListener	鼠标按下、释放、单击、进入或离开时	mousePressed(MouseEvent) mouseReleased(MouseEvent) mouseEntered(MouseEvent) mouseExited(MouseEvent) mouseClicked(MouseEvent)

续表

事件类型	相应的监听器接口	调用说明	监听器接口中的方法
Mouse Motion	MouseMotionListener	移动或拖动鼠标时	mouseDragged(MouseEvent) mouseMoved(MouseEvent)
Key	KeyListener	从键盘接收输入时	keyPressed(KeyEvent) keyReleased(KeyEvent) keyTyped(KeyEvent)
Focus	FocusListener	组件失去或获得键盘焦点时	focusGained(FocusEvent) focusLost(FocusEvent)
Adjustment	AdjustmentListener	使用滚动条	adjustmentValueChanged(AdjustmentEvent)
Component	ComponentListener	调整组件大小、移动、隐藏或显示组件时	componentMoved(ComponentEvent) componentHidden(ComponentEvent) componentResized(ComponentEvent) componentShown(ComponentEvent)
Window	WindowListener	激活、关闭、打开或退出窗口	windowClosing(WindowEvent) windowOpened(WindowEvent) windowIconified(WindowEvent) windowDeiconified(WindowEvent) windowClosed(WindowEvent) windowActivated(WindowEvent) windowDeactivated(WindowEvent)
Container	ContainerListener	容器的内容因为添加和移除组件而更改时	componentAdded(ContainerEvent) componentRemoved(ContainerEvent)
Text	TextListener	更改文本字段或文本区的值时	textValueChanged(TextEvent)

在前面的示例中，已经练习过如何创建窗体，下面为创建的窗体注册一个事件监听器，当用户单击了关闭按钮时，则窗体关闭。

【例 14.8】 TestCloseFrame.java。代码如下：

```java
import java.awt.Frame;
import java.awt.event.WindowEvent;
import java.awt.event.WindowListener;
public class TestCloseFrame {
    public static void main(String[] args) {
        Frame frame = new Frame("关闭窗体事件");
        frame.setSize(300, 300);
        frame.setVisible(true);
        frame.addWindowListener(new MyWindowLinstener());
        //注册窗体关闭监听器
    }
}
```

```
class MyWindowLinstener implements WindowListener {
    //窗体事件
    public void windowClosing(WindowEvent e) {
        ((Frame)e.getComponent()).dispose(); //窗体销毁
        System.exit(0); //退出程序
    }
    public void windowActivated(WindowEvent e) {}
    public void windowClosed(WindowEvent e) {}
    public void windowDeactivated(WindowEvent e) {}
    public void windowDeiconified(WindowEvent e) {}
    public void windowIconified(WindowEvent e) {}
    public void windowOpened(WindowEvent e) {}
}
```

运行此程序，输出结果如图 14.16 所示。

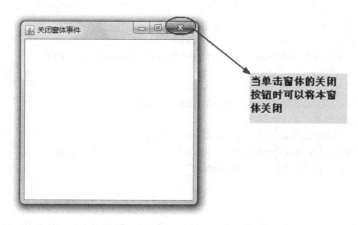

图 14.16　程序 TestCloseFrame.java 的运行效果

14.2.2　事件适配器

事件适配器(Event Adapter)类主要是为了适应事件监听器接口所规定的方法而使用的，因为接口中所有的方法都是抽象方法，所以接口的实现类必须实现接口中的所有方法。

如例 14.8 中为了实现关闭窗体的效果，在实现了 WindowListener 的接口中，用户只须用到 windowClosing 方法，但其他的方法也必须提供覆写功能。如果接口中的方法较少那还算幸运，否则要写众多的空方法，这样就显得很麻烦，并且代码的可读性差。要解决这个问题，就需要用到事件适配器类。

事件适配器类也是一个接口的实现类，贴切地说，是一个接口与普通类的中间类，事件适配器类一般都是充当具体业务类的基类。业务类只需要继承事件适配器类，找到匹配的方法并重写相应的方法就可以了，不必重写接口中所有的方法。为简化编程，GUI 针对大多数事件监听器接口定义了相应的实现类，即事件适配器类，这样再定义事件监听器类时就可以继承事件适配器类，并只重写所需要的方法。常用的事件适配器类如下。

- ComponentAdapter：组件适配器。
- ContainerAdapter：容器适配器。

- FocusAdapter：焦点适配器。
- KeyAdapter：键盘适配器。
- MouseAdapter：鼠标适配器。
- MouseMotionAdapter：鼠标运动适配器。
- WindowAdapter：窗口适配器。

下面用 WindowAdapter 来改写 TestCloseFrame.java 示例。

【例 14.9】TestCloseFrame2.java。代码如下：

```java
import java.awt.Frame;
import java.awt.event.*;
public class TestCloseFrame2 {
    public static void main(String[] args) {
        Frame frame = new Frame("关闭窗体事件适配器");
        frame.setSize(300, 300);
        frame.setVisible(true);
        frame.setLocation(300, 400);
        frame.addWindowListener(new MyWindowAdapter());
    }
}
class MyWindowAdapter extends WindowAdapter {
    //继承适配器类
    public void windowClosing(WindowEvent e) {
        ((Frame)e.getComponent()).dispose(); //关闭窗体
        System.exit(0); //退出系统
    }
}
```

比较 TestCloseFrame.java 和 TestCloseFrame2.java 两个程序，读者可以体验事件适配器类的优势。另外，读者在编写事件监听器类的时候，建议采用内部类的方式编写。这样不仅增强了封装性，而且可以让事件监听器类只为包装类服务。

使用成员内部类的形式改写事件监听器类的代码如下所示：

```java
...
public class MyFrame3 extends Frame {
    public MyFrame3(){
        this.setSize(300, 300);
        this.setVisible(true);
        this.setLocation(300, 400);
        this.addWindowListener(new MyWindowAdapter());
    }
    class MyWindowAdapter extends WindowAdapter {    //写在MyFrame3类的内部
        public void windowClosing(WindowEvent e) {
            ((Frame)e.getComponent()).dispose();
            System.exit(0);
        }
    }
}
```

使用匿名内部类的形式改写事件监听器类的代码如下所示：

```
...
public class MyFrame4 extends Frame {
    public MyFrame4() {
        this.setSize(300, 300);
        this.setVisible(true);
        this.setLocation(300, 400);
        this.addWindowListener(new WindowAdapter() {
            //匿名内部类监听器
            public void windowClosing(WindowEvent e) {
                ((Frame)e.getComponent()).dispose();
                System.exit(0);
            }
        });
    }
}
```

通过工具软件生成的事件监听器经常看到的是匿名内部类的事件监听器。如果读者对内部类的相关知识不太熟悉，可查阅前面的章节。

14.3 AWT 常用组件

通过查阅 Java 帮助文档，可以看出 AWT 有很多实用的组件类，为了便于读者学习，下面将组件分为界面组件、菜单组件和其他组件进行介绍。

14.3.1 界面组件

1. Label

Label 是标签组件，是可放置文本的组件。
(1) 构造方法如下。
- Label(String text)：使用指定的字符串构造一个标签，对齐方式为左对齐。
- public Label(String text, int alignment)：其中 alignment 表示对齐方式的值。可选值有 Label.LEFT、Label.RIGHT、Label.CENTER。

(2) 常用方法如下。
- public setAlignment(int alignment)：设置对齐方式。
- public void setText(String text)：设置标签的文本。

2. TextField

TextField 是单行文本框组件，是允许编辑单行文本的文本组件。
(1) 构造方法如下。
- public TextField()：构造新文本字段。
- public TextField(String text)：构造使用指定文本初始化的新文本字段。
- public TextField(int columns)：构造具有指定列数的新空文本字段。
(2) 常用方法如下。

- public void setEchoChar(char c)：设置此文本字段的回显字符。
- public String getText()，返回此文本组件表示的文本。
- public void setEditable(boolean b)：设置此文本组件是否可编辑。

3. Button

Button 是按钮组件，当按下按钮时，应用程序能执行某项动作。

(1) 构造方法如下。
- Button()：构造一个标签字符串为空的按钮。
- Button(String label)：构造一个指定标签的按钮。

(2) 常用方法如下。
- void setActionCommand(String command)：设置此按钮激发的动作事件的命令名称。在默认情况下，此动作命令设置为与按钮标签相匹配。
- public String getActionCommand()：返回此按钮激发的动作事件的命令名称。
- public void addActionListener(ActionListener l)：添加指定的动作监听器。

4. Checkbox

Checkbox 是复选框组件，用来创建单选按钮和多选按钮。

(1) 构造方法如下。
- Checkbox(String label, boolean state)：创建多选按钮，state 指定是否默认选中。
- Checkbox(String label, boolean state, CheckboxGroup group)：创建单选按钮，第三个参数指定这个按钮所属的组。

(2) 常用方法如下。
- public void addItemListener(ItemListener l)：添加指定的项监听器。
- void setState(boolean state)：将此复选框的状态设置为指定状态。
- boolean getState()：确定此复选框是处于"开"状态，还是处于"关"状态。

5. Choice

Choice 是单选的下拉式列表框组件，内容不可改变。

常用方法如下。
- public void add(String item)：将一个项添加到此 Choice 菜单中。
- public String getSelectedItem()：获取当前选择的字符串表示形式。
- public int getSelectedIndex()：返回当前选定项的索引。
- public void remove(int position)：从选择菜单的指定位置上移除一个项。
- public void removeAll()：从选择菜单中移除所有的项。
- public void addItemListener(ItemListener l)：添加指定的项监听器。

6. Dialog

Dialog 是对话框组件，为顶级窗口、带标题栏。

(1) 构造方法如下。
- public Dialog(Dialog owner)：构造一个最初不可见的、无模式的 Dialog，带有空标

题和指定的所有者框架。
- public Dialog(Dialog owner, String title)：构造一个初始时不可见、无模式的 Dialog，带有指定的所有者 dialog 和标题。
- public Dialog(Dialog owner, String title, boolean modal)：构造一个最初不可见的 Dialog，它带有指定的所有者 Dialog、标题和模式。

(2) 常用方法如下。
- public void setTitle(String title)：设置 Dialog 的标题。
- public void setVisible(boolean b)：根据参数 b 的值显示或隐藏此组件。
- public void setResizable(boolean resizable)：设置是否可以调整大小。

7. FileDialog

FileDialog 组件显示一个模式对话框窗口，用户可以从中选择文件。
(1) 构造方法如下。
- public FileDialog(Dialog parent)：创建一个文件对话框，用于加载文件。
- public FileDialog(Dialog parent, String title)：创建一个具有指定标题的文件对话框，用于加载文件。
- public FileDialog(Dialog parent, String title, int mode)：其中 mode 是对话框的模式。

(2) 常用方法如下。
- public void setFile(String file)：设置第一次显示时的默认文件。
- public String getFile()：获取此文件对话框的选定文件。
- public void setDirectory(String dir)：将此文件对话框窗口的目录设置为指定目录。
- public void setFilenameFilter(FilenameFilter filter)：将此文件对话框窗口的文件名过滤器设置为指定的过滤器。
- public void setMode(int mode)：设置文件对话框的模式。

8. List

List 是内容可变的列表框组件，可单项或多项选择。
(1) 构造方法如下。
- public List(int rows)：创建一个用指定可视行数初始化的新滚动列表，不允许进行多项选择。
- public List(int rows, boolean multipleMode)：创建一个用指定可视行数初始化的新滚动列表，其中 rows 是可视行数，multipleMode 是设置选择面是单项还是多项的。

(2) 常用方法如下。
- public void add(String item)：向滚动列表的末尾添加指定的项。
- public String getSelectedItem()：获取此滚动列表中选中的项。
- public String[] getSelectedItems()：获取此滚动列表中选中的项。

9. Scrollbar

Scrollbar 是滚动条组件，用于控制显示。
(1) 构造方法如下。

public Scrollbar(int orientation, int value, int visible, int minimum, int maximum)：构造一个新的滚动条。其中 orientation 代表方向；value 代表初始值；visible 代表可见与否；minimum 代表最小值；maximum 代表最大值。

(2) 常用方法如下。
- public int getValue()：获取此滚动条的当前值。
- public void addAdjustmentListener(AdjustmentListener l)：添加指定的调整监听器。

10. ScrollPane

ScrollPane 是带水平及垂直滚动条的容器组件。

(1) 构造方法如下。

public ScrollPane()：创建一个滚动窗格容器。

(2) 常用方法如下。
- public Component add(Component comp)：将指定组件追加到此容器的尾部。
- public final void setLayout(LayoutManager mgr)：设置此容器的布局管理器。

11. TextArea

TextArea 是多行文本域组件，能输入多行文本字符。

(1) 构造方法如下。
- public TextArea()：创建一个将空字符串作为文本的新文本区。
- public TextArea(int rows, int columns)：创建一个具有指定行数和列数的新文本区。
- public TextArea(String text, int rows, int columns, int scrollbars)：其中 scrollbars 是指滚动条类型。

(2) 常用方法如下。
- public void append(String str)：将给定文本追加到文本区的当前文本。
- public void replaceRange(String str, int start, int end)：用指定替换文本替换指定开始位置与结束位置之间的文本。
- public int getCaretPosition()：返回文本插入符的位置。
- public String getSelectedText()：返回此文本组件所表示文本的选定文本。
- public void setEditable(boolean b)：设置此文本组件是否可编辑。

下面通过综合示例 CommonComponentTest.java 来介绍以上组件的相关用法。

【例 14.10】CommonComponentTest.java。代码如下：

```
...
//省略相关的导入包命令
public class CommonComponentTest {
    /**
     * @param args
     */
    public static void main(String[] args) {
        Frame frame = new Frame();
        //一次性设置尺寸和左上角的坐标
        frame.setBounds(500, 500, 500, 500);
        //设置标题
```

```
frame.setTitle("AWT 常用组件使用示例");
frame.setLayout(null);
////////////////////////
Label label1 = new Label("AWT 各个组件");
frame.add(label1);
//多选按钮
Checkbox cbx = new Checkbox("睡觉", true);
cbx.setBounds(10, 30, 50, 30);
Checkbox cbx2 = new Checkbox("CS", false);
cbx2.setBounds(70, 30, 50, 30);
Checkbox cbx3 = new Checkbox("运动", false);
cbx3.setBounds(120, 30, 50, 30);
frame.add(cbx);
frame.add(cbx2);
frame.add(cbx3);
//单选按钮
CheckboxGroup cbxGroup = new CheckboxGroup();
Checkbox cbx4 = new Checkbox("男", true, cbxGroup);
cbx4.setBounds(10, 60, 50, 25);
Checkbox cbx5 = new Checkbox("女", false, cbxGroup);
cbx5.setBounds(60, 60, 50, 25);
Checkbox cbx6 = new Checkbox("保密", false, cbxGroup);
cbx6.setBounds(120, 60, 50, 25);
frame.add(cbx4);
frame.add(cbx5);
frame.add(cbx6);
//下拉列表框
Choice coe = new Choice();
coe.setBounds(10, 90, 120, 25);
coe.add("大专");
coe.add("本科");
coe.add("其他");
coe.select(2);
frame.add(coe);
//Button
Button btn = new Button("你点了我!");
btn.setBounds(10, 120, 60, 25);
frame.add(btn);
btn.addActionListener(new ActionListener() {
    public void actionPerformed(ActionEvent arg0) {
        //文件对话框，打开，保存
        FileDialog dialog =
          new FileDialog(new Frame(), "打开...", FileDialog.LOAD);
        dialog.setVisible(true);
        String dir = dialog.getDirectory();
        String str = dialog.getFile();
        System.out.println("选择的文件是:" + dir + str);
    }
});

// 标签
```

```java
        Label label = new Label("你的姓名");
        label.setBounds(10, 150, 50, 25);
        frame.add(label);
        final TextField txt = new TextField();
        txt.setBounds(70, 150, 100, 20);
        frame.add(txt);
        //列表框
        List list = new List(3, true);
        list.setBounds(10, 180, 80, 50);
        list.add("aaa");
        list.add("bbb");
        list.add("cccc");
        list.add("你好");
        list.add("北京");
        frame.add(list);
        //滚动条
        Scrollbar scrollbar =
          new Scrollbar(Scrollbar.HORIZONTAL, 10, 1, 0, 255);
        scrollbar.setBounds(10, 240, 255, 25);
        scrollbar.addAdjustmentListener(new AdjustmentListener() {
            public void adjustmentValueChanged(AdjustmentEvent arg0) {
                Scrollbar s = (Scrollbar)arg0.getSource();
                txt.setText(s.getValue() + "");
            }
        });
        frame.add(scrollbar);
        TextArea area = new TextArea("", 5, 50, TextArea.SCROLLBARS_BOTH);
        area.setBounds(10, 300, 200, 80);
        frame.add(area);
        frame.setResizable(false);
        frame.addWindowListener(new WindowAdapter() {
            @Override
            public void windowClosing(WindowEvent arg0) {
                ((Frame)arg0.getSource()).dispose();
            }
        });
        //设置它的可见性
        frame.setVisible(true);
    }
}

class MyFileNameChooser implements FilenameFilter {
    public boolean accept(File dir, String name) {
        boolean flag = name.endsWith(".java");
        System.out.println(flag);
        return flag;
    }
}
```

运行此程序，输出结果如图 14.17 所示。

图 14.17　组件示例的运行效果

14.3.2　菜单组件

用过 Office 软件的读者一定为它强大的菜单功能而惊叹过，AWT 中也提供了类似的功能。与菜单组件相关的类如下。

- MenuBar：菜单栏组件。
- Menu：菜单组件。
- MenuItem：菜单项(二级菜单)组件。
- CheckboxMenuItem：带复选框的菜单项组件。
- PopupMenu：弹出式菜单组件。

创建菜单按下面的步骤进行。

第 1 步　创建一个 MenuBar 对象，并将其置于一个可容纳菜单的容器(如 Frame 对象)中。 然后调用 Frame 类的 setMenuBar(MenuBar mb)方法。

第 2 步　创建一个或多个 Menu 对象，并将它们添加到先前创建的 MenuBar 对象中。

第 3 步　创建一个或多个 MenuItem 对象，再将其加入到各个 Menu 对象中，还可以设置快捷键，如 menuItem.setShortcut(new MenuShortcut(KeyEvent.VK_N))。

下面通过一个简单的记事本示例来演示菜单组件的使用。

【例 14.11】MyNotepad.java。代码如下：

```
...
//省略导入包命令
public class MyNotepad extends Frame {
    /** 主内容文本域 */
    private TextArea content;
    /** 当前打开的文件路径 */
    private String filePath;
```

```java
public MyNotepad() {
    this.init();
}
private void init() {
    this.setTitle("我的记事本");
    this.setBounds(200, 200, 450, 500);
    this.createMenu();
    this.createMainPanel();
    this.createState();
    this.addWindowListener(new WindowAdapter() {
        public void windowClosing(WindowEvent arg0) {
            System.exit(0);
        }
    });
    this.setVisible(true);
}
//创建菜单
private void createMenu() {
    //创建一个菜单栏
    MenuBar bar = new MenuBar();
    //把菜单栏添加到窗口上
    this.setMenuBar(bar);
    //创建各个菜单
    Menu fileMenu = new Menu("文件(F)");
    Menu editMenu = new Menu("编辑(E)");
    Menu formatMenu = new Menu("格式(O)");
    Menu viewMenu = new Menu("查看(V)");
    Menu helpMenu = new Menu("帮助(H)");
    bar.add(fileMenu);
    bar.add(editMenu);
    bar.add(formatMenu);
    bar.add(viewMenu);
    bar.add(helpMenu);
    //创建文件菜单上的各个菜单项
    MenuItem newItem = new MenuItem("新建(N)");
    newItem.setShortcut(new MenuShortcut(KeyEvent.VK_N, false));
    fileMenu.add(newItem);
    MenuItem openItem = new MenuItem("打开(O)");
    openItem.setShortcut(new MenuShortcut(KeyEvent.VK_O, false));
    //文件的读取操作
    openItem.addActionListener(new ActionListener() {
        public void actionPerformed(ActionEvent arg0) {
            FileDialog dialog =
                new FileDialog(new Frame(), "打开...", FileDialog.LOAD);
            dialog.setVisible(true);
            filePath = dialog.getDirectory() + dialog.getFile();
            //用输入流来读取指定文件的内容,再添加到内容文本域
            File file = new File(filePath);
            BufferedReader br = null;
            StringBuilder sb = new StringBuilder();
            try {
```

```
                    br = new BufferedReader(new FileReader(file));
                    String str = null;
                    while ((str = br.readLine()) != null) {
                        sb.append(str).append("\n");
                    }
                    //把从文件中读取到的内容添加到文本域中
                    content.setText(sb.toString());
                } catch (FileNotFoundException e) {
                    e.printStackTrace();
                } catch (IOException e) {
                    e.printStackTrace();
                } finally {
                    if (br != null) {
                        try {
                            br.close();
                        } catch (IOException e) {
                            e.printStackTrace();
                        }
                    }
                }
            }
        });
        fileMenu.add(openItem);
        MenuItem saveItem = new MenuItem("保存(S)");
        saveItem.setShortcut(new MenuShortcut(KeyEvent.VK_S, false));
        fileMenu.add(saveItem);
        MenuItem saveAsItem = new MenuItem("另存为(A)...");
        fileMenu.add(saveAsItem);
        //添加一个分隔符
        fileMenu.addSeparator();
        MenuItem exitItem = new MenuItem("退出(E)");
        exitItem.setShortcut(new MenuShortcut(KeyEvent.VK_E, false));
        fileMenu.add(exitItem);
        //格式菜单中的复选菜单项
        CheckboxMenuItem newLineItem =
          new CheckboxMenuItem("自动换行(W)", true);
        formatMenu.add(newLineItem);
    }
    //创建主内容面板
    private void createMainPanel() {
        content =
          new TextArea("", 100, 100, TextArea.SCROLLBARS_VERTICAL_ONLY);
        //给它添加右键弹出式菜单
        final PopupMenu popup = new PopupMenu();
        popup.add(new MenuItem("剪切"));
        popup.add(new MenuItem("复制"));
        popup.add(new MenuItem("粘贴"));
        content.add(popup);
        content.addMouseListener(new MouseAdapter() {
            public void mouseReleased(MouseEvent event) {
                //单击的是鼠标右键
```

```
                if (event.getButton() == MouseEvent.BUTTON3) {
                    popup.show(content, event.getX(), event.getY());
                }
            }
        });
        this.add(content);
    }
    //创建状态栏
    private void createState() {}
    public static void main(String[] args) {
        new MyNotepad();
    }
}
```

运行此程序，输出结果如图 14.18 所示。

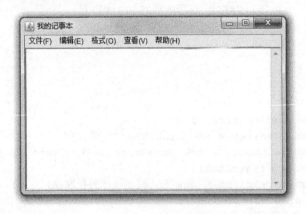

图 14.18　AWT 记事本

接下来通过示例 PopupMenuTest.java 来演示弹出式菜单的用法。

弹出式菜单也叫快捷菜单，是能够在组件中的指定位置上动态弹出的菜单。弹出式菜单的相关类为 PopupMenu。

【例 14.12】PopupMenuTest.java。代码如下：

```
package com.csdn.awt.menu;
import java.awt.Color;
import java.awt.Frame;
import java.awt.PopupMenu;
import java.awt.event.MouseAdapter;
import java.awt.event.MouseEvent;

public class PopupMenuTest {
    static PopupMenu popup = null;
    public static void main(String[] args) {
        //创建一个顶层容器窗口
        Frame frame = new Frame();
        //设置尺寸
        //frame.setSize(500, 500);
        //设置左上角的坐标
```

```
        //frame.setLocation(200, 130);
        //一次性设置尺寸和左上角的坐标
        frame.setBounds(200, 300, 200, 300);
        //设置标题
        frame.setTitle("我的第一个小板凳");
        //设置不允许调整窗口的大小
        frame.setResizable(false);
        //设置背景颜色
        frame.setBackground(Color.ORANGE);
        popup = new PopupMenu();
        popup.add("徐明华");
        popup.add("张燕君");
        popup.add("徐诗佳");
        popup.add("王子昊");
        popup.setName("右击菜单");
        frame.add(popup); //在窗体上加右击菜单
        frame.addMouseListener(new MouseAdapter() {
            public void mouseReleased(MouseEvent e) {
                if(e.getButton() == MouseEvent.BUTTON3) {
                    popup.show(e.getComponent(), e.getX(), e.getY());
                }
            }
        }); //添加事件监听器
        frame.setVisible(true); //显示窗体
    }
}
```

运行此程序，输出结果如图 14.19 所示。

图 14.19 弹出式菜单的效果

14.3.3 其他组件

Graphics 类是所有图形操作的抽象基类，提供了在组件上进行图形、文字绘制及显示图像等的操作方法。

常用方法介绍如下。

- drawLine(int x1, int y1, int x2, int y2)：画线。
- drawOval(int x, int y, int width, int height)：画椭圆。
- drawRect(int x, int y, int width, int height)：画矩形。
- drawString(String str, int x, int y)：画字符串。
- drawImage(Image img, int x, int y, ImageObserver observer)：画图像。
- fillOval(int x, int y, int width, int height)：填充椭圆。
- fillRect(int x, int y, int width, int height)：填充指定的矩形。

java.awt.Component 类中提供了一个 getGraphics 方法可以为组件创建一个图形上下文。Canvas 组件表示屏幕上一个空白矩形区域，应用程序可以在该区域内绘图。

下面通过示例 GraphicsTest.java 来演示 Graphics 类的相关使用。

【例 14.13】GraphicsTest.java。代码如下：

```java
package com.csdn.awt.canvas;
import java.awt.Canvas;
import java.awt.Color;
import java.awt.Frame;
import java.awt.Graphics;

public class GraphicsTest extends Canvas {
    public void paint(Graphics g) {
        g.setColor(Color.ORANGE);
        g.drawLine(50, 50, 200, 50); //画线
        g.setColor(Color.RED);
        g.drawString("Graphics 画图", 50, 70); //画字符串
        g.setColor(Color.BLUE);
        g.drawRect(50, 100, 200, 50); //画矩形
        g.setColor(Color.GREEN);
        g.drawOval(50, 160, 200, 50); //画椭圆
        g.setColor(Color.GRAY);
        g.drawRoundRect(50, 220, 200, 50, 20, 20); //画圆角矩形
    }

    public static void main(String[] args) {
        Frame f = new Frame("画图示例");
        GraphicsTest ct = new GraphicsTest();
        //创建一个画布区域
        f.add(ct);
        f.setSize(300, 400);
        f.setVisible(true);
        //要先让组件显示后，才会返回 Graphics 对象，否则会返回 null
        Graphics g = ct.getGraphics();
        ct.paint(g);
    }
}
```

运行此程序，输出结果如图 14.20 所示。

图 14.20　GraphicsTest.java 的运行结果

14.4　Swing 简介

前面学习了 AWT(Abstract Window Toolkit)的相关知识，读者在运行前面的示例时，可以发现窗口中的组件(按钮等)都是与操作系统对等组件的样式基本一致的，也就是说，前面的示例在不同的操作系统中运行的效果是不一致的。AWT 实现中对平台是有依赖性的，它的相关组件都是重量级组件，不够灵活。如果平台上没有与之相匹配的组件，则 AWT 的应用就没法使用。因此需要一种新的开发工具集——Swing。

14.4.1　Swing 体系

Swing 是基于 AWT 的，它除了顶级组件是重量级的，其他的组件(如按钮、输入框等)和布局都与操作系统无关，是轻量级的。Swing 是构筑在 AWT 上层的一组 GUI 组件的集合，为保证可移植性，完全用 Java 语言编写，与 AWT 相比，Swing 提供了更完整的组件，引入了许多新的特性和能力。Swing 增强了 AWT 中组件的功能，这些增强的组件命名通常是在 AWT 组件名前增加一个"J"字母。Swing 采用了 MVC 结构，性能更稳定。同时 Swing 也提供了更多的组件库，如 JTable、JTree、JComboBox 等。Swing 继承体系如图 14.21 所示。

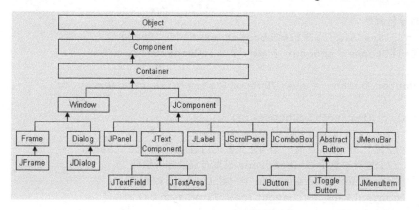

图 14.21　Swing 继承体系

接下来学习 Swing 包中常用组件的用法。

1. JFrame 类

javax.swing.JFrame 类继承自 java.awt.Frame 类，功能也相同。JFrame 上自带一个放置内容的面板 JContentPane，可以在这个面板上增加组件和设置布局管理器。调用 JFrame 的 getContentPane()方法可获得它的 JContentPane 对象。

从 JDK 5.0 之后，Java 重写了 add(Component comp)和 setLayout(LayoutManager l)方法，直接调用这两个方法也是在操作 JContentPane 对象。

当用户单击 JFrame 的关闭按钮时，JFrame 会自动隐藏，但没有关闭，可以在 windowClosing 事件中关闭。但更常用的方式是调用 JFrame 的方法来关闭，例如：

```
setDefaultCloseOperation(WindowConstants.EXIT_ON_CLOSE);
```

2. 基本图形组件类

Swing 很多图形组件与 AWT 组件类似，只是在后者的基础上加了一个字母 "J"，如 JFrame 窗体、JPanel 面板、JTablePane、JButton 按钮、JCheckBox 复选框、JRadioButton 单选按钮、JTextField、JTextArea、JPasswordField 密码框、JScrollBar 滚动条、JComboBox 下拉列表、JMenuBar 菜单栏、JMenu 菜单、JPopupMenu 弹出式菜单、JMenuItem 菜单项、JCheckBoxMenuItem 复选菜单项、JRadioButtonMenuItem 单选按钮菜单项、JFileChooser 文件选择器等。用法也类似，在此不再详细讲述。

14.4.2 Swing 组件应用

1. JOptionPane 组件

JOptionPane 组件是标准对话框，也是 Swing 常用的组件之一，它有如下方法：

- public static int showConfirmDialog(...)。
- public static int showOptionDialog(...)。

下面通过示例 SimpleJFileChooseer.java 来演示 JOptionPane 组件的相关用法。

【例 14.14】SimpleJFileChooseer.java。代码如下：

```
...
//省略导包命令
public class SimpleJFileChooseer extends JFrame {
    JFileChooser chooser = new JFileChooser();

    JButton button = new JButton("show file chooser ...");

    public SimpleJFileChooseer() {
        super("Simple File Chooser Application");
        //每个 JFrame 都有一个与之关联的内容面板 ContentPane,
        //只能针对这个 ContentPane 设置布局及加入组件
        Container contentPane = getContentPane();
        contentPane.setLayout(new FlowLayout());
        contentPane.add(button);
```

```
        button.addActionListener(new ActionListener() {
            public void actionPerformed(ActionEvent e) {
                //先打开对话框,才能获得选择的文件
                int state = chooser.showOpenDialog(null);
                File file = chooser.getSelectedFile();
                if (file!=null && state==JFileChooser.APPROVE_OPTION) {
                    JOptionPane.showMessageDialog(null, file.getPath());
                } else if (state == JFileChooser.CANCEL_OPTION) {
                    JOptionPane.showMessageDialog(null, "Canceled");
                } else if (state == JFileChooser.ERROR_OPTION) {
                    JOptionPane.showMessageDialog(null, "Error!");
                }
            }
        });
    }
    public static void main(String args[]) {
        JFrame f = new SimpleJFileChooseer();
        f.setBounds(300, 300, 350, 100);
        f.setVisible(true);
        f.setDefaultCloseOperation(WindowConstants.DISPOSE_ON_CLOSE);
    }
}
```

运行此程序,输出结果如图 14.22 所示。

图 14.22　文件选择器

2. JColorChooser 组件

JColorChooser 组件是颜色选择器,它提供一个用于允许用户操作和选择颜色的控制器窗格。

JColorChooser 类中常用的构造方法如表 14.9 所示。

表 14.9 JColorChooser 类中常用的构造方法

方 法 名	方法介绍
JColorChooser()	创建初始颜色为白色的颜色选取器窗格
JColorChooser(Color initialColor)	创建具有指定初始颜色的颜色选取器窗格
JColorChooser(ColorSelectionModel model)	创建具有指定 ColorSelectionModel 颜色的颜色选取器窗格

下面通过示例 JColorChooserDemo.java 来演示 JColorChooser 组件的相关用法。

【例 14.15】JColorChooserDemo.java。代码如下：

```
...
public class JColorChooserDemo {
    public static void main(String[] args) {
        JFrame frame = new JFrame("JColorChooserDemo");
        //Frame 窗体
        frame.setDefaultCloseOperation(JFrame.EXIT_ON_CLOSE);
        //设置默认关闭
        MyPanel panel = new MyPanel(); //Panel 面板对象
        frame.getContentPane().add(panel);
        //将面板的内容加到窗体上
        frame.pack(); //自动调整大小
        frame.setVisible(true); //窗体显示
    }
}
class MyPanel extends JPanel implements ActionListener {
    //面板对象
    private JButton button, rgb, red, green, blue; //Button
    private Color color = new Color(0, 0, 0); //颜色对象
    public MyPanel() {
        button = new JButton("Get Color");
        rgb = new JButton("RGB: ");
        red = new JButton("Red: ");
        green = new JButton("Green: ");
        blue = new JButton("Blue: "); //面板上有 5 个按钮
        button.addActionListener(this); //添加事件
        setPreferredSize(new Dimension(550, 250));
        setLayout(new FlowLayout(FlowLayout.CENTER, 5, 5));
        //布局到中央
        setBackground(color); //设置背景色
        add(button);
        add(rgb);
        add(red); //添加到面板上
        add(green);
        add(blue);
    }
    public void actionPerformed(ActionEvent e) {
        color = JColorChooser.showDialog(this, "Choose Color", color);
        //显示选择颜色对话框
        setBackground(color); //重新设置背景
        button.setText("Get again"); //重新设置 button 显示字
```

```
        rgb.setText("RGB: " + color.getRGB()); //设置得到 RGB
        red.setText("Red: " + color.getRed()); //设置得到的红色
        green.setText("Green: " + color.getGreen());
        blue.setText("Blue: " + color.getBlue());
    }
}
```

运行此程序，输出结果如图 14.23 所示。

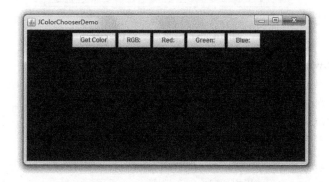

图 14.23　JColorChooserDemo 的运行效果

单击 Get Color 按钮，在弹出的 Choose Color 对话框中可以选择需要的颜色，如图 14.24 所示。

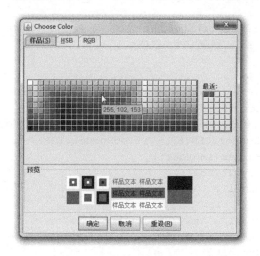

图 14.24　颜色选择器

选择颜色后，单击"确定"按钮，原界面的背景颜色将发生改变，改变后的界面效果如图 14.25 所示。

3．界面基本组件

JLabel、JTextField、JPasswordField、JTextArea、JButton、JCheckBox、JRadioButton、JComboBox、JProgressBar 组件与 AWT 中类似功能的组件用法类似。

在此通过示例 SwingRegister.java 来演示这些组件的相关用法。

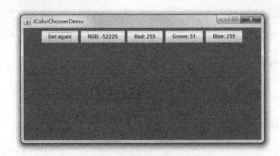

图 14.25 设置后的颜色效果

【例 14.16】SwingRegister.java。代码如下：

```
...
public class SwingRegister extends JFrame {
    public SwingRegister() {
        this.init();
    }
    public void init() {
        this.setTitle("用户注册");
        this.setBounds(100, 100, 340, 500);
        this.createUI();
        this.setVisible(true);
        this.setDefaultCloseOperation(EXIT_ON_CLOSE);
    }
    public void createUI() {
        JPanel panel = new JPanel();
        //添加边框
        Border border =
          BorderFactory.createEtchedBorder(EtchedBorder.LOWERED);
        TitledBorder tBorder =
          BorderFactory.createTitledBorder(border, "注册面板",
            TitledBorder.CENTER, TitledBorder.TOP);
        panel.setBorder(tBorder);
        panel.setLayout(null);
        this.add(panel);
        //姓名
        JLabel nameLbl = new JLabel("输入姓名:");
        nameLbl.setBounds(10, 50, 60, 25);
        panel.add(nameLbl);
        JTextField nameTxt = new JTextField();
        nameTxt.setBounds(80, 50, 120, 22);
        panel.add(nameTxt);
        //密码
        JLabel pwdLbl = new JLabel("输入密码:");
        pwdLbl.setBounds(10, 80, 60, 25);
        panel.add(pwdLbl);
        JPasswordField pwd = new JPasswordField();
        pwd.setBounds(80, 80, 120, 22);
        panel.add(pwd);
        //性别
```

```java
JLabel genderLbl = new JLabel("性别:");
genderLbl.setBounds(10, 110, 60, 25);
panel.add(genderLbl);
ButtonGroup group = new ButtonGroup();
JRadioButton fRdo = new JRadioButton("男", true);
fRdo.setBounds(80, 110, 50, 25);
group.add(fRdo);
JRadioButton mRdo = new JRadioButton("女", false);
mRdo.setBounds(140, 110, 50, 25);
group.add(mRdo);
panel.add(fRdo);
panel.add(mRdo);
//学历
JLabel ediLbl = new JLabel("学历:");
ediLbl.setBounds(10, 140, 60, 25);
panel.add(ediLbl);
//下拉列表
JComboBox edicbo = new JComboBox();
edicbo.addItem("高中");
edicbo.addItem("大专");
edicbo.addItem("本科");
edicbo.addItem("其他");
edicbo.setBounds(80, 140, 80, 22);
panel.add(edicbo);
//爱好
JLabel hobbyLbl = new JLabel("爱好:");
hobbyLbl.setBounds(10, 170, 60, 25);
panel.add(hobbyLbl);
//复选框
JCheckBox hobbyChk = new JCheckBox("睡觉");
hobbyChk.setBounds(80, 170, 60, 25);
panel.add(hobbyChk);
JCheckBox hobbyChk2 = new JCheckBox("运动", true);
hobbyChk2.setBounds(150, 170, 60, 25);
panel.add(hobbyChk2);
JCheckBox hobbyChk3 = new JCheckBox("爬山");
hobbyChk3.setBounds(220, 170, 60, 25);
panel.add(hobbyChk3);
//自我介绍
JLabel intrLbl = new JLabel("自我介绍:");
intrLbl.setBounds(10, 200, 60, 25);
panel.add(intrLbl);
//Swing 中，文本域默认是不带滚动条的，必须放置在 JScrollPane 中，才会有滚动条
JTextArea intrArea = new JTextArea();
JScrollPane scrollPane = new JScrollPane(intrArea,
        JScrollPane.VERTICAL_SCROLLBAR_AS_NEEDED,
        JScrollPane.HORIZONTAL_SCROLLBAR_AS_NEEDED);
scrollPane.setBounds(20, 230, 240, 110);
panel.add(scrollPane);
//放置图片
JLabel imgLbl = new JLabel();
```

```java
        imgLbl.setBounds(5, 350, 324, 47);
        panel.add(imgLbl);
        //如果未提供此图片，将会有异常抛出
        URL url = this.getClass().getResource("517.jpg");
        Icon icon = new ImageIcon(url);
        imgLbl.setIcon(icon);
        //按钮
        JButton btn = new JButton(" 提交 ");
        btn.setBounds(50, 420, 70, 22);
        btn.addActionListener(new ActionListener() {
            public void actionPerformed(ActionEvent arg0) {
                /*
                 * 参数1：父组件 参数2：提示信息 参数3：标题信息
                   参数4：指定按钮类型 参数5：指定图标类型
                   返回值：用户所选选项的整数
                 */
                int option = JOptionPane.showConfirmDialog(null,
                    "你确定提交吗?", "提交提示", JOptionPane.OK_CANCEL_OPTION,
                    JOptionPane.WARNING_MESSAGE);
                if (option == JOptionPane.OK_OPTION) {
                    System.out.println("ok,submit!!!!");
                } else {
                    System.out.println("no, cancel");
                }
            }
        });
        panel.add(btn);
        JButton btn2 = new JButton(" 重置 ");
        btn2.setBounds(150, 420, 70, 22);
        panel.add(btn2);
        btn2.addActionListener(new ActionListener() {
            public void actionPerformed(ActionEvent arg0) {
                JFileChooser chooser = new JFileChooser();
                FileNameExtensionFilter filter = new FileNameExtensionFilter(
                    "JPG & GIF Images", "jpg", "gif");
                chooser.setFileFilter(filter);
                int returnVal = chooser.showOpenDialog(null);
                if (returnVal == JFileChooser.APPROVE_OPTION) {
                    System.out.println("You chose to open this file: "
                        + chooser.getSelectedFile().getName());
                }
            }
        });
    }
    /**
     * @param args
     */
    public static void main(String[] args) {
        new SwingRegister();
    }
}
```

运行此程序，输出结果如图 14.26 所示。

图 14.26　Swing 组件注册图

在这个示例中要使用的图片需要放置于工程所在的目录之中。

4. JProgressBar 组件

JProgressBar 进度条组件是以可视化形式显示某些任务进度的组件。

下面通过示例 JProgressBarTest.java 来演示 JProgressBar 组件的相关用法。

【例 14.17】JProgressBarTest.java。代码如下：

```java
...
//省略相关语句
class BarThread extends Thread {
    private int DELAY = 100;
    private JProgressBar progressBar; //进度条类
    private JButton button;
    private boolean flag = true;
    public BarThread(JProgressBar bar, JButton button) {
        progressBar = bar;
        this.button = button; //初始化
    }
    public void run() { //线程体
        button.setEnabled(false);
        int maximum = progressBar.getMaximum(); //最大值
        while (flag) {
            try {
                Thread.sleep(DELAY); //休眠 100
            } catch (InterruptedException ignoredException) {
```

```java
            }
            progressBar.setValue(progressBar.getValue() + 1);
            if (progressBar.getValue() >= maximum {   //如果获取值 >= 最大值
                flag = false;
            }
        }
        button.setEnabled(true);
    }
}
public class JProgressBarTest {
    public static void main(String args[]) {
        final JProgressBar aJProgressBar = new JProgressBar(0, 100);
        aJProgressBar.setStringPainted(true);
        final JButton aJButton = new JButton("Start");   //按钮
        aJButton.addActionListener(new ActionListener() {
            public void actionPerformed(ActionEvent e) {
                if (aJProgressBar.getValue() >= aJProgressBar.getMaximum()) {
                    aJProgressBar.setValue(0);   //事件如果达到最大值
                }
                Thread stepper = new BarThread(aJProgressBar, aJButton);
                stepper.start();   //启动线程
            }
        });
        JFrame frame = new JFrame("Progress Bars");
        frame.setDefaultCloseOperation(JFrame.EXIT_ON_CLOSE);
        frame.add(aJProgressBar, BorderLayout.NORTH);
        frame.add(aJButton, BorderLayout.SOUTH);
        frame.setSize(300, 100);
        frame.setVisible(true);
    }
}
```

运行此程序，输出结果如图 14.27 所示。

图 14.27　进度条效果

5. JToolBar 组件

下面通过示例 JToolBarTest.java 来演示工具条的使用。

【例 14.18】JToolBarTest.java。代码如下：

```java
...
//省略相关语句
public class JToolBarTest {
    public static void main(String[] args) {
        JToolBar bar = new JToolBar();
```

```
        JButton button1, button2, button3;
        URL url = Thread.currentThread().getContextClassLoader()
          .getResource("left.jpg");
        URL url2 = Thread.currentThread().getContextClassLoader()
          .getResource("center.jpg");
        URL url3 = Thread.currentThread().getContextClassLoader()
          .getResource("right.jpg");
        button1 = new JButton(new ImageIcon(url));
        button1.setToolTipText("向前");
        button2 = new JButton(new ImageIcon(url2));
        button2.setToolTipText("向上");
        button3 = new JButton(new ImageIcon(url3));
        button3.setToolTipText("向后");
        bar.add(button1);
        bar.add(button2);
        bar.add(button3);
        //设置是否可以浮动
        bar.setFloatable(true);
        JFrame frame = new JFrame();
        frame.setTitle("JToolBar工具条");
        frame.add(bar, BorderLayout.NORTH);
        frame.add(new JTextArea(), BorderLayout.CENTER);
        frame.setSize(400, 400);
        frame.setDefaultCloseOperation(JFrame.EXIT_ON_CLOSE);
        frame.setVisible(true);
    }
}
```

运行此程序，输出结果如图 14.28 所示。

图 14.28　JToolBar 工具条

6. JTabbedPane 组件

下面通过示例 JTabbedPaneTest.java 来演示选项卡的使用。

【例 14.19】JTabbedPaneTest.java。代码如下：

```
...
//省略相关语句
public class JTabbedPaneTest extends JFrame {
```

```java
public JTabbedPaneTest() {
    JTabbedPane tabPane = new JTabbedPane();  //创建选项窗格
    tabPane.setTabPlacement(JTabbedPane.TOP);  //设定选项卡放在上部
    ClassLoader loader =
      Thread.currentThread().getContextClassLoader();
    //创建一个StockPanel面板并添加到选项窗格,这是指定图标的方法
    JPanel stockPanel = new JPanel();
    URL iconURL = loader.getResource("1.GIF");
    stockPanel.setBackground(Color.BLUE);
    tabPane.addTab("选项卡1", new ImageIcon(iconURL), stockPanel);
    JPanel importPanel = new JPanel();
    importPanel.setBackground(Color.RED);
    URL iconURL2 = loader.getResource("2.GIF");
    tabPane.addTab("选项卡2", new ImageIcon(iconURL2), importPanel);
    //创建一个不指定图标的选项卡
    JPanel saledPanel = new JPanel();
    saledPanel.setBackground(Color.ORANGE);
    URL iconURL3 = loader.getResource("3.GIF");
    tabPane.addTab("选项卡3", new ImageIcon(iconURL3), saledPanel);
    //选择第二个选项页为当前选择的选项页
    tabPane.setSelectedIndex(1);
    //将选项窗格放置在面板中
    this.add(tabPane);
    this.setBounds(200, 200, 400, 300);
    this.setVisible(true);
    this.setDefaultCloseOperation(EXIT_ON_CLOSE);
}

public static void main(String args[]) {
    JTabbedPaneTest jp = new JTabbedPaneTest();
    jp.setTitle("JTabbedPane 选项卡");
    jp.setVisible(true);
}
}
```

运行此程序,输出结果如图 14.29 所示。

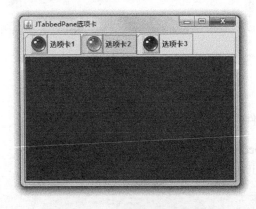

图 14.29　JTabbedPane 选项卡

7. JSplitPane 组件

下面通过示例 JSplitPaneTest.java 来演示分隔窗格的使用。

【例 14.20】JSplitPaneTest.java。代码如下：

```java
...
//省略相关语句
public class JSplitPaneTest {
    /**
     * @param JSplitPane 分割线
     */
    public static void main(String[] args) {
        //第一个参数指定了分隔的方向，另外两个参数是放置在该分隔窗格的组件
        JSplitPane splitPanel = new JSplitPane(JSplitPane.HORIZONTAL_SPLIT,
          new JPanel(), new JPanel());
        //设置分隔器的位置，可以用整数(像素)或百分比来指定
        splitPanel.setDividerLocation(200);
        //设置分隔器是否显示用来展开/折叠分隔器的控件
        splitPanel.setOneTouchExpandable(true);
        //设置分隔器的大小，单位为像素//splitPanel.setDividerSize(5);
        //将分隔窗口添加到容器中
        JFrame frame = new JFrame("分隔窗口示例");
        frame.setBounds(200, 300, 500, 300);
        frame.setDefaultCloseOperation(JFrame.EXIT_ON_CLOSE);
        frame.add(splitPanel, BorderLayout.CENTER);
        frame.setVisible(true);
    }
}
```

运行此程序，输出结果如图 14.30 所示。

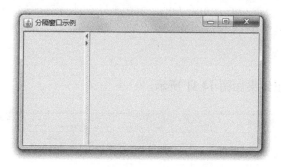

图 14.30　JSplitPane 分割窗格

8. JTable 组件

下面通过示例 JTableTest.java 来演示表格的使用。

【例 14.21】JTableTest.java。代码如下：

```java
...
//省略相关语句
public class JTableTest {
    /**
```

```java
 * @param JTable 示例
 */
public static void main(String[] args) {

    Object[][] datas = {
            {"张三", new Integer(66), "男"},
            {"李四", new Integer(82), "女"},
            {"王五", new Integer(82), "男"},
            {"赵六", new Integer(82), "女"},
            {"钱七", new Integer(82), "男"},
            {"孙八", new Integer(82), "女"},
            {"黄十", new Integer(82), "男"}};

    String[] titles = {"姓名", "年龄", "性别"};
    JTable table = new JTable(datas, titles);
    //设置列宽
    TableColumn column = null;
    for (int i=0; i<3; i++) {
        column = table.getColumnModel().getColumn(i);
        if ((i % 2) == 0) {
            column.setPreferredWidth(150);
        } else {
            column.setPreferredWidth(50);
        }
    }
    JScrollPane scrollPane = new JScrollPane(table);
    JFrame f = new JFrame();
    f.setDefaultCloseOperation(JFrame.EXIT_ON_CLOSE);
    f.getContentPane().add(scrollPane, BorderLayout.CENTER);
    f.setTitle("表格示例");
    f.setBounds(200, 200, 500, 200);
    f.setVisible(true);
}
}
```

运行此程序，输出结果如图 14.31 所示。

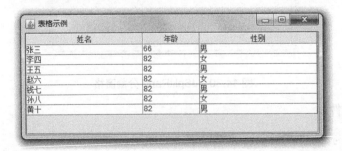

图 14.31 表格效果

9. JTree 组件

下面通过示例 JTreeTest.java 来演示树的使用。

【例 14.22】 JTreeTest.java。代码如下：

```java
...
//省略相关语句
public class JTreeTest {
    public static void main(String[] args) {
        JFrame frame = new JFrame();
        frame.setBounds(200, 200, 300, 500);
        DefaultMutableTreeNode root =
          new DefaultMutableTreeNode("Java");  //根节点
        DefaultMutableTreeNode j2seNode =
          new DefaultMutableTreeNode("JavaSE");  //支节点
        DefaultMutableTreeNode j2seNode1 =
          new DefaultMutableTreeNode("JavaSE1");
        DefaultMutableTreeNode swingNode =
          new DefaultMutableTreeNode("Swing");  //叶节点
        DefaultMutableTreeNode socketNode =
          new DefaultMutableTreeNode("Socket");
        DefaultMutableTreeNode threadNode =
          new DefaultMutableTreeNode("Thread");
        DefaultMutableTreeNode swingNode1 =
          new DefaultMutableTreeNode("Swing1");  //叶节点
        DefaultMutableTreeNode socketNode1 =
          new DefaultMutableTreeNode("Socket1");
        DefaultMutableTreeNode threadNode1 =
          new DefaultMutableTreeNode("Thread1");
        j2seNode.add(socketNode);  //将叶节点加到支节点
        j2seNode.add(threadNode);
        j2seNode.add(swingNode);
        j2seNode1.add(socketNode1);  //将叶节点加到支节点
        j2seNode1.add(threadNode1);
        j2seNode1.add(swingNode1);
        root.add(j2seNode);  //将支节点加到根节点
        root.add(j2seNode1);
        JTree tree = new JTree(root);  //将根节点加到树上
        JScrollPane panel = new JScrollPane(tree);  //把树添加到滚动面板中
        frame.add(panel);
        frame.setDefaultCloseOperation(JFrame.EXIT_ON_CLOSE);
        frame.setVisible(true);
        //给树控件添加监听
        tree.addTreeSelectionListener(new TreeSelectionListener() {
            public void valueChanged(TreeSelectionEvent evt) {
                JTree temp = (JTree)evt.getSource();
                DefaultMutableTreeNode node = (DefaultMutableTreeNode)temp
                  .getLastSelectedPathComponent();
                System.out.println(node.toString());
            }
        });
    }
}
```

运行此程序，输出结果如图 14.32 所示。

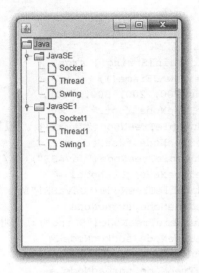

图 14.32　使用树组件

> **注意**
>
> 对于常用组件，应注意变量的命名风格，具体要求如下。
> - JLabel 标签命名举例：lblName
> - JTextField 文本框命名举例：txtPlace
> - JTextArea 多行文本命名举例：txaAddress
> - JButton 按钮命名举例：btnSave
> - JCheckBox 复选框命名举例：chkReading
> - JRadioButton 单选框命名举例：radMale
> - JComboBox 下拉框命名举例：cboPlace

14.5　可视化开发 Swing 组件

MyEclipse 7.5 版本新增了基于 GUI 可视化开发 Swing 组件的功能，对于这项功能相信是人们期待已久的，作者也曾因为 MyEclipse 对 Swing 支持不友好而用过 NetBeans 和 JBuilder。现在 MyEclipse 中的 GUI 可视化开发与 NetBeans 如出一辙，初学的人可以用它快速地完成前面的相关案例。

具体操作步骤如下所示。

（1）在项目名上单击鼠标右键，从快捷菜单中选择 New→Other 命令，在弹出的对话框中打开 MyEclipse 节点下的 Swing 节点，然后选择 Matisse Form 项，如图 14.33 所示。

（2）单击 Next 按钮，在弹出的对话框中设计要新建类的名字，及模板类型，具体设置如图 14.34 所示。

第 14 章 图形用户界面设计

图 14.33 打开可视化 Swing 组件

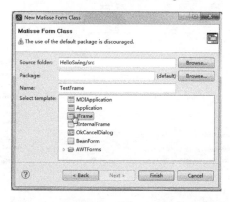

图 14.34 设置要创建的组件类名称和类型

(3) 在工作区或窗体的区域单击鼠标右键，从弹出的快捷菜单中选择 Add From Palette → SwingControls → Label 命令，便在当前的 JFrame 中添加了一个 Label 组件，如图 14.35 所示。

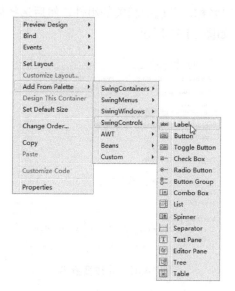

图 14.35 添加组件的操作

(4) 重复上一步的操作，读者在面板上添加相关的组件，是否会感觉可视操作带来的便利？这里添加了标签、文本、按钮、多选框等组件，读者可以选中某个组件，在右下方的属性区域对它的属性值进行修改，效果如图 14.36 所示。

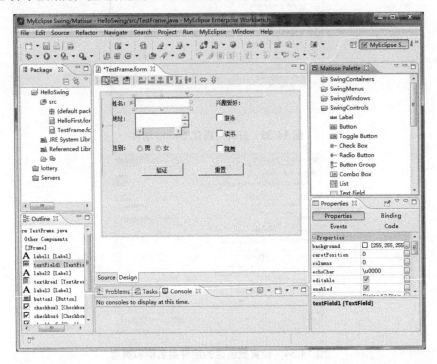

图 14.36　可视化操作界面

如果 Matisse Palette 区域未显示出来，可选择 Window→Show→Other 菜单命令，在弹出的对话框中选择 MyEclipse Swing → Matisse Palette 选项，然后单击"确定"按钮即可。

(5) 如果要更改变量的名称，可选中相关的组件，然后选择属性区域的 Code 项，修改 Variable Name 的值即可，如图 14.37 所示。

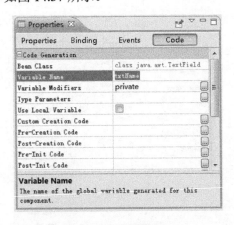

图 14.37　修改变量名

(6) 添加一个 ButtonGroup 组件，然后把它命名为 btnGroup，再分别选中代表性别的两个单选按钮，设置它们的 buttonGroup 属性值为 btnGroup，具体操作如图 14.38 所示。

第 14 章 图形用户界面设计

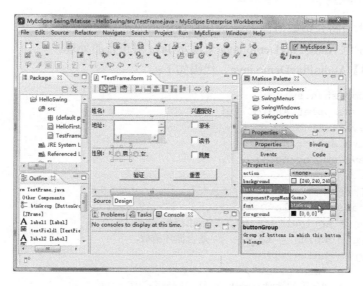

图 14.38 设置单选按钮的 btnGroup 属性值

（7）选中"验证"按钮，然后选择 Events，单击 Events 中 actionPerformed 行的按钮，在弹出的对话框中设置监听器类的名称，此处设置为"checkContext"。MyEclipse 会自动导航到代码模式。简单的操作方式是直接用鼠标左键双击相应的组件即可，只是这种做法 IDE 会自动为这个 Events 的处理方法命名。读者可将以下代码粘贴到对应的方法中：

```
private void checkContext(java.awt.event.ActionEvent evt) {
    JOptionPane.showMessageDialog(null, txtName.getText(),
     "验证提示", JOptionPane.OK_CANCEL_OPTION, null);
}
```

（8）通过可视化操作界面，读者可以很轻松地设计出 Swing 界面，运行当前操作的类，效果如图 14.39 所示。

图 14.39 TestFrame 的运行效果

本小节只是简单介绍了在 MyEclipse 下可视化开发 Swing 组件的使用，具体的很多使用技巧还需要读者细细摸索，在未来的 MyEclipse 版本中，Swing 组件的可视化开发操作的功能将更趋强大。

14.6 声音的播放和处理

在 Java Applet 中，Applet 类对声音的操作提供了相应的方法，但是在应用程序中缺少这样的支持。本节将介绍如何在 Java 应用程序中播放声音文件。

下面通过示例 AudioPlayDemo.java 来演示 Java 对声音的处理。

【例 14.23】AudioPlayDemo.java。代码如下：

```java
package com.shan.swing;
import java.applet.AudioClip;
import javax.swing.*;
import java.awt.*;
import java.awt.event.*;
import java.net.*;
//声音播放程序
public class AudioPlayDemo extends JFrame
  implements ActionListener, ItemListener {
    boolean looping = false; //是否循环播放
    String[] choics = {
            "start.wav",
            "乞丐的地盘.wav",
            "chimes.wav",
            "巅峰1007.wav",
            "自由飞翔.wav",
            "功夫搞笑铃声.wav",
            "革命的人必备的铃声.wav" }; //声音文件名数组

    URL file1 = getClass().getResource(choics[0]); //声音文件1
    URL file2 = getClass().getResource(choics[1]); //声音文件2
    URL file3 = getClass().getResource(choics[2]); //声音文件3
    URL file4 = getClass().getResource(choics[3]); //声音文件4
    URL file5 = getClass().getResource(choics[4]); //声音文件5
    URL file6 = getClass().getResource(choics[5]); //声音文件6
    AudioClip sound1 = java.applet.Applet.newAudioClip(file1);
    //声音剪辑对象1
    AudioClip sound2 = java.applet.Applet.newAudioClip(file2);
    //声音剪辑对象2
    AudioClip sound3 = java.applet.Applet.newAudioClip(file3);
    //声音剪辑对象3
    AudioClip sound4 = java.applet.Applet.newAudioClip(file4);
    //声音剪辑对象4
    AudioClip sound5 = java.applet.Applet.newAudioClip(file5);
    //声音剪辑对象5
    AudioClip sound6 = java.applet.Applet.newAudioClip(file6);
    //声音剪辑对象6
    AudioClip chosenClip = sound1; //选择的声音剪辑对象
    JComboBox jcbFiles = new JComboBox(choics); //文件选择组合框
    JButton playButton = new JButton("播放"); //播放按钮
    JButton loopButton = new JButton("循环播放"); //循环播放按钮
    JButton stopButton = new JButton("停止"); //停止播放按钮
    JLabel status = new JLabel("选择播放文件"); //状态栏标签
    JPanel controlPanel = new JPanel(); //控制面板用于包容按钮
    Container container = getContentPane(); //获得窗口内容窗格
    public AudioPlayDemo() { //构造器
```

```
        super("Winmap声音播放程序");  //调用父类构造器设置窗口标题栏
        jcbFiles.setSelectedIndex(0);  //设置组合框选择项
        jcbFiles.addItemListener(this);  //为播放按钮添加项目监听器
        //为播放按钮、循环播放按钮、停止播放按钮添加动作监听器
        playButton.addActionListener(this);
        loopButton.addActionListener(this);
        stopButton.addActionListener(this);
        stopButton.setEnabled(false);  //设置停止播放按钮不可用
        //把播放按钮、循环播放按钮、停止播放按钮加入控制面板
        controlPanel.add(playButton, BorderLayout.CENTER);
        controlPanel.add(loopButton, BorderLayout.CENTER);
        controlPanel.add(stopButton, BorderLayout.CENTER);
        //把文件选择组合框、控制面板、状态栏标签加入到窗口内容窗格
        container.add(jcbFiles, BorderLayout.NORTH);
        container.add(controlPanel, BorderLayout.CENTER);
        container.add(status, BorderLayout.SOUTH);
        setSize(250, 530);  //设置窗口大小
        setVisible(true);  //设置窗口可视
        setDefaultCloseOperation(JFrame.EXIT_ON_CLOSE);  //关闭窗口时退出程序
    }

    //文件选择组合框事件处理
    public void itemStateChanged(ItemEvent e) {
        switch(jcbFiles.getSelectedIndex()) {
            case 0:
                chosenClip = sound1;
                break;
            case 1:
                chosenClip = sound2;
                break;
            case 2:
                chosenClip = sound3;
                break;
            case 3:
                chosenClip = sound4;
                break;
            case 4:
                chosenClip = sound5;
                break;
            case 5:
                chosenClip = sound6;
                break;
            default:
                chosenClip = sound1;
                break;
        }
    }

    //按钮事件处理
    public void actionPerformed(ActionEvent event) {
        if (chosenClip == null) {
```

```java
            status.setText("声音未载入");
            return;  //如果AudioClip对象为空，则直接返回
        }
        Object source = event.getSource();  //获取用户激活的按钮
        // 播放按钮事件处理
        if (source == playButton) {
            stopButton.setEnabled(true);  //设置停止播放按钮可用
            loopButton.setEnabled(true);  //设置循环播放按钮可用
            chosenClip.play();  //播放选择的声音剪辑对象一次
            status.setText("正在播放");  //设置状态栏信息
        }
        //循环播放按钮事件处理
        if (source == loopButton) {
            looping = true;
            chosenClip.loop();  //循环播放选择的声音剪辑对象
            loopButton.setEnabled(false);  //设置循环播放按钮不可用
            stopButton.setEnabled(true);  //设置停止播放按钮可用
            status.setText("正在循环播放");  //设置状态栏信息
        }
        //停止播放按钮事件处理
        if (source == stopButton) {
            if (looping) {
                looping = false;
                chosenClip.stop();  //停止循环播放选择的声音剪辑对象
                loopButton.setEnabled(true);  //设置循环播放按钮可用
            } else {
                chosenClip.stop();  //停止播放选择的声音剪辑对象
            }
            stopButton.setEnabled(false);  //设置循环播放按钮可用
            status.setText("停止播放");  //设置状态栏信息
        }
    }

    public static void main(String s[]) {
        new AudioPlayDemo();  //创建AudioPlayDemo对象
    }
}
```

运行此程序，输出结果如图14.40所示。

图14.40　声音播放器

> **注意**
>
> 选择喜欢的音乐文件时，此音乐文件必须为.wav格式的文件，并且音乐文件与类文件在同一目录中。

14.7　2D图形的绘制

　　Java 2D提供了实现非常复杂图形的机制，这些机制与Java平台的GUI体系结构很好地集成在一起。读者可以打开JDK安装目录中Java\jdk1.6.0_06\demo\jfc\Java2D的示例，来查看2D图形的运行效果。

　　本节主要提供了基本图形的绘制，下面通过示例GraphicsShape2DDemo.java来演示2D图形的绘制。

　　【例14.24】GraphicsShape2DDemo.java。代码如下：

```
...
//省略相关语句
//常用图形的绘制与填充
public class GraphicsShape2DDemo extends JFrame { //主窗口类
    GraphicsShape2DDemo() {

        super("常用图形的绘制与填充"); //调用父类构造器设置窗口标题栏
        DrawPanel drawPanel =
          new DrawPanel(); //创建DrawPanel对象用于绘制图形
        Container content = getContentPane(); //获得窗口的内容窗格
        content.add(drawPanel, BorderLayout.CENTER);
          //把对象drawPanel加入到内容窗格
        setSize(400, 300); //设置窗口大小
        setVisible(true); //设置窗口可视
        setDefaultCloseOperation(JFrame.EXIT_ON_CLOSE); //关闭窗口时退出程序
    }

    public static void main(String[] args) {
      new GraphicsShape2DDemo(); //创建GraphicsShape2DDemo对象
    }

//显示图形的面板
class DrawPanel extends JPanel {
    //重载paintComponent()方法
    public void paintComponent(Graphics g) {
        super.paintComponent(g); //调用父类的绘制组件方法
        Graphics2D g2D = (Graphics2D)g;
        setBackground(Color.white);
        setForeground(Color.black);
        int charH = 16; //最大字符高度
        int gridW = getWidth()/5;     //绘图网格宽度
        int gridH = getHeight()/4;    //绘图网格高度
        int posX = 2; //各图形绘制位置的x坐标
```

```
                int posY = 2;  //各图形绘制位置的 y 坐标
                int strY = gridH - 7;  //字符串绘制位置的 y 坐标
                int w = gridW - 2*posX;  //图形的宽度
                int h = strY - charH - posY;  //图形的高度
                int cirlceD = Math.min(w, h);  //圆的直径
                Shape[][] shape = new Shape[2][5];
                shape[0][0] = new Line2D.Float(0, 0, w, h);  //直线
                shape[0][1] = new Rectangle2D.Double(0, 0, w, h);  //矩形
                shape[0][2] =
                  new RoundRectangle2D.Float(0, 0, w, h,20,20);  //圆角矩形
                shape[0][3] = new Ellipse2D.Float(0, 0, cirlceD, cirlceD);  //圆
                shape[0][4] = new Ellipse2D.Float(0, 0, w, h);  //椭圆
                shape[1][0] =
                  new Arc2D.Float(0,0, w, h, 45, 225, Arc2D.OPEN);  //开弧
                shape[1][1] =
                  new Arc2D.Float(0,0, w, h, 45, 225, Arc2D.CHORD);  //弓形
                shape[1][2] = new Arc2D.Float(0,0,w,h,45,225, Arc2D.PIE);  //饼形
                shape[1][3] = new QuadCurve2D.Double(0,0,w,h/6,w,h);  //二次曲线
                shape[1][4] =
                  new CubicCurve2D.Double(0,0,w/2,h,w, h/2,w,h);  //三次曲线
                //绘制几何图形的名称
                String[][] shapeName = {{"直线","矩形","圆角矩形","圆","椭圆"},
                                {"开弧","弓形","饼形","二次曲线","三次曲线"}};
                AffineTransform defaultAT = g2D.getTransform();
                for(int i=0; i<shapeName.length; i++) {
                    for(int j=0; j<shape[i].length; j++) {
                        g2D.setColor(Color.black);
                        g2D.translate(posX,posY);  //坐标平移
                        g2D.draw(shape[i][j]);
                        g2D.setColor(Color.blue);
                        g2D.drawString(shapeName[i][j], 2, strY);  //绘制说明文字
                        g2D.setTransform(defaultAT);
                        posY += gridH;
                        g2D.translate(posX,posY);
                        g2D.setColor(Color.pink);
                        g2D.fill(shape[i][j]);
                        g2D.setColor(Color.blue);
                        g2D.drawString("填充" + shapeName[i][j], 2, strY);  //文字
                        g2D.setTransform(defaultAT);
                        posX += gridW;
                        posY -= gridH;
                    }
                    posX = 2;
                    posY += 2*gridH;
                }
            }
        }
```

运行此程序，输出结果如图 14.41 所示。

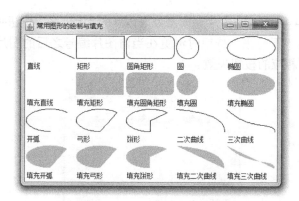

图 14.41　2D 图形的绘制

14.8　本章练习

（1）通过布局管理器创建一个计算器的界面，如图 14.42 所示。并要求实现加、减、乘、除等算法。

图 14.42　简易计算器

（2）用 Swing 组件实现第 13 章课后习题中的文件分隔/合并器。

（3）用 Swing 组件实现如图 14.43 所示的记事本效果并实现相关的功能。

图 14.43　简易记事本

(4) 实现如图 14.44 所示的图片阅读器效果。单击"上一张"按钮时浏览在当前图片编号之前的图片，单击"下一张"按钮时浏览在当前图片编号之后的图片，如浏览到第一张或最后一张图片，则相应的按钮失效。

图 14.44　图片阅读器

提示：此题可以用 AWT 中的 FileDialog 或 Swing 中的 JFileChooser 类来完成。

读者可以分三个步骤进行：先完成图片的显示；再实现图片的缩放功能；最后实现图片的翻页功能。

(5) 实现如图 14.45 所示的效果。

图 14.45　内容选择器的效果

第15章

反 射

学前提示

所谓反射,可以理解为在运行时获取对象类型信息的操作。传统的编程方法要求程序员在编译阶段就决定使用的类型,但是在反射机制的帮助下,编程人员可以在运行时动态地获取这些信息,从而编写更加具有可移植性的代码。了解反射机制对学习 Java 高级应用大有益处。

知识要点

- 什么是反射
- Java 反射 API
- 使用反射获取类信息
- 使用反射创建对象
- 使用反射调用方法和操作成员变量
- 代理模式

15.1 反射概述

反射(Reflection)的概念是由 Smith 在 1982 年首次提出的，主要是指程序可以访问、检测和修改它本身状态或行为的一种能力。这一概念的提出很快引发了计算机科学领域关于应用反射性的研究。它首先被程序语言的设计领域所采用。

在计算机科学领域，反射是指一类应用，它们能够自描述和自控制。也就是说，这类应用通过采用某种机制来实现对自己行为的描述(Self-representation)和监测(Examination)，并能根据自身行为的状态和结果，调整或修改应用所描述行为的状态和相关的语义。

15.1.1 Java 中的反射机制

反射是 Java 程序开发语言的特征之一。它允许动态地发现和绑定类、方法、字段，以及所有其他的由语言所产生的元素。反射可以做的不仅仅是简单地列举类、字段以及方法。通过反射，还能够在需要时完成创建实例、调用方法以及访问字段的工作。反射是 Java 被视为动态(或准动态)语言的关键。

归纳起来，Java 反射机制主要提供了以下功能。

- 在运行时判断任意一个对象所属的类。
- 在运行时构造任意一个类的对象。
- 在运行时判断任意一个类所具有的成员变量和方法。
- 在运行时调用任意一个对象的方法。通过反射甚至可以调用到 private 的方法。
- 生成动态代理。

15.1.2 Java 反射 API

Java 反射所需要的类并不多，主要有 java.lang.Class 类和 java.lang.reflect 包中的 Field、Constructor、Method、Array 类，下面对这些类做一个简单的说明。

- Class 类：Class 类的实例是表示正在运行的 Java 应用程序中的类和接口。
- Field 类：提供有关类或接口的属性的信息，以及对它的动态访问权限。反射的字段可能是一个类(静态)属性或实例属性，简单地理解，可以把它看成一个封装反射类的属性的类。
- Constructor 类：提供关于类的单个构造方法的信息以及对它的访问权限。这个类与 Field 类不同，Field 类封装了反射类的属性，而 Constructor 类则封装了反射类的构造方法。
- Method 类：提供关于类或接口上单独某个方法的信息。所反映的方法可能是类方法或实例方法(包括抽象方法)。这个类不难理解，它是用来封装反射类方法的一个类。
- Array 类：提供了动态创建数组和访问数组的静态方法。该类中的所有方法都是静态方法。

其中，Class 类是 Java 反射的起源，针对任何一个你想探勘的类，只有先为它产生一个

Class 类的对象，接下来才能通过 Class 对象获取其他想要的信息。接下来就重点介绍一下 Class 类。

15.1.3 Class 类

Java 程序在运行时，系统会对所有的对象进行所谓的运行时类型标识，用来保存这些类型信息的类就是 Class 类。Class 类封装一个对象和接口运行时的状态。

JVM 为每种类型管理着一个独一无二的 Class 对象。也就是说，每个类(型)都有一个 Class 对象。Java 程序运行过程中，当需要创建某个类的实例时，JVM 首先检查所要加载的类对应的 Class 对象是否已经存在。如果还不存在，JVM 就会根据类名查找对应的字节码文件并加载，接着创建对应的 Class 对象，最后才创建出这个类的实例。

> **提示**
> Java 基本数据类型(boolean、byte、char、short、int、long、float 和 double)和关键字 void 也都对应一个 Class 对象。每个数组属性也被映射为 Class 对象，所有具有相同类型和维数的数组都共享该 Class 对象。

也就是说，运行中的类或接口在 JVM 中都会有一个对应的 Class 对象存在，它保存了对应类和接口的类型信息。要想获取类和接口的相应信息，需要先获取这个 Class 对象。

1. 获得 Class 类

有以下 3 种方式可以获取 Class 对象。

（1）调用 Object 类的 getClass()方法来得到 Class 对象，这也是最常见的产生 Class 对象的方法。例如：

```
MyObject x;
Class c1 = x.getClass();
```

（2）使用 Class 类的 forName()静态方法获得与字符串对应的 Class 对象。例如：

```
Class c2 = Class.forName("java.lang.String");
```

> **注意**
> 参数字符串必须是类或接口的全限定名。

（3）使用类型名.class 获取该类型对应的 Class 对象。例如：

```
Class cl1 = Manager.class;
Class cl2 = int.class;
Class cl3 = double[].class;
```

2. 常用方法

Class 类中提供了大量的方法，用来获取所代表的实体(类、接口、数组、枚举、标注、基本类型或 void)的信息。

常用方法如下。

- public String getName()：获取此 Class 对象所表示的实体的全限定名。
- public Field[] getFields()：获取此 Class 对象所表示的实体的所有 public 字段。
- public Field[] getDeclaredFields()：获取此 Class 对象所表示的实体的所有字段。
- public Method[] getMethods()：获取此 Class 对象所表示的实体的所有 public 方法。
- public Method[] getDeclaredMethods()：获取此 Class 对象所表示的实体的所有方法。
- public Method getMethod(String name, Class<?>... parameterTypes)：获取此 Class 对象特定的方法。name 参数指定方法的名字，parameterTypes 为可变参数指定方法的参数数据类型。
- public Constructor<?>[] getConstructors()：获取此 Class 对象所表示的实体的所有 public 构造方法。
- public Constructor<?>[] getDeclaredConstructors()：获取此 Class 对象有所有的构造方法。
- public Constructor<T> getDeclaredConstructor(Class<?>... parameterTypes)：获取此 Class 对象有特定的构造方法。
- public class getSuperClass()：获取此 Class 对象所表示的实体的父类 Class。
- public class[] getInterfaces()：获取此 Class 对象所表示的实体实现的所有接口 Class 列表。
- public Annotation[] getAnnotations()：获取此元素上存在的所有标注。
- public Annotation[] getDeclaredAnnotations()：获取此元素上直接存在的所有标注。
- public T newInstance()：创建此 Class 对象所表示的类的一个新实例。使用的是不带参数的构造方法。

15.2 使用 Java 反射机制

了解了 Java 反射的详细细节之后，就可以使用反射机制来获取类的详细信息、创建类的对象、访问属性值、调用类的方法等。

15.2.1 获取类型信息

要在运行时获取某个类型的信息，需要先获取这个类型所对应的 Class 对象，然后调用 Class 类提供的相应方法来获取。下面通过一个示例来逐步介绍如何利用反射来获取指定类的详细信息。

1. 获取指定类对应的 Class 对象

这一步骤很简单，直接使用 Class 类的 forName()静态方法来获取：

```
Class clazz = Class.forName("java.util.ArrayList");
```

2. 获取类的包名

通过调用 Class 对象的 getPackage()方法，可以得到此 Class 对象所对应的实体所在的包

的信息描述类 java.lang.Package 的一个对象。

Package 类包含有关 Java 包的实现和规范的版本信息，通过 Package 提供的方法可以访问相关的信息。如下代码是获取该类所在包的全名：

```
String packageName = clazz.getPackage().getName();
```

3. 获取类的修饰符

通过 Class 对象的 getModifiers()方法可以获得此 Class 对象所对应的实体的用整数表示的类修饰符值：

```
int mod = clazz.getModifiers();
```

要想把这个整数值转换成对应的字符串，可以使用 java.lang.reflect.Modifier 类提供的 toString(int mod)静态方法：

```
String modifier = Modifier.toString(mod);
```

4. 获取类的全限定名

通过 Class 对象的 getName()方法可以获得此 Class 对象所对应的实体的全限定名：

```
String className = clazz.getName();
```

注意，由于历史原因，数组类型的 getName()方法会返回奇怪的名字。

5. 获取类的父类

通过 Class 对象的 getSuperClass()方法可以获得此 Class 对象所对应的实体的直接父类 Class 对象：

```
Class superClazz = clazz.getSuperclass();
```

6. 获取类实现的接口

通过 Class 对象的 getInterfaces()方法可以获取此 Class 对象所对应的实体所实现的所有接口 Class 对象数组：

```
Class[] interfaces = clazz.getInterfaces();
```

7. 获取类的成员变量

通过 Class 对象的 getFields()方法获取到的是此 Class 对象所对应的实体的所有 public 字段(成员变量)。如果要获取所有的字段，可以使用 getDeclareFields()方法：

```
Field[] fields = clazz.getDeclaredFields();
```

返回的是 java.lange.reflect.Field 类的对象数组。Field 类用来代表字段的详细信息。通过调用 Field 类提供的相应方法就可以获取字段的修饰符、数据类型、字段名等信息：

```
for (Field field : fields) {     //循环处理每个字段
    String modifier = Modifier.toString(field.getModifiers()); //访问修饰符
    Class type = field.getType();    //数据类型
```

```
    String name = field.getName();    //字段名
    if(type.isArray()) {   //如果是数组类型要特别处理一下
        String arrType = type.getComponentType().getName() + "[]";
        System.out.println("    " + modifier + " "
          + arrType + " " + name + ";");
    } else {
        System.out.println("    " + modifier + " " + type + " " + name + ";");
    }
}
```

8. 获取类的构造方法

通过 Class 对象的 getConstructors()方法获取到的是该 Class 对象所对应的实体的所有 public 的构造方法。如果要获取所有的构造方法，可以使用 getDeclaredConstructors()方法：

```
Constructor[] constrcutors = clazz.getDeclaredConstructors();
```

返回的是 java.lang.reflect.Constructor 类的对象数组。Constructor 类用来代表类的构造方法的相关信息。通过调用 Constructor 类提供的相应方法也可以获得该构造方法的修饰符、构造方法名、参数列表等信息：

```
for (Constructor constructor : constrcutors) {
    String name = constructor.getName();  //得到构造方法名
    String modifier = Modifier.toString(constructor.getModifiers());
    //得到访问修饰符
    System.out.print("    " + modifier + " " + name + "(");
    Class[] paramTypes = constructor.getParameterTypes();//得到方法的参数列表
    for (int i=0; i<paramTypes.length; i++) {
        if(i > 0) {
            System.out.print(", ");
        }
        if(paramTypes[i].isArray()) {   //处理参数类型为数组时的情况
            System.out.println(
              paramTypes[i].getComponentType().getName() + "[]");
        } else {
            System.out.print(paramTypes[i].getName());
        }
    }
    System.out.println(");");
}
```

9. 获取类的成员方法

通过 Class 对象的 getMethods()方法获取到的是该 Class 对象所对应的实体的所有 public 成员方法。如果要获取所有的成员方法，可以使用 getDeclaredMethods()方法：

```
Method[] methods = clazz.getDeclaredMethods();
```

返回的是 java.lang.reflect.Method 类的对象数组。Method 类用来代表类的成员方法的相关信息。通过调用 Method 类提供的相应方法也可以获得该成员方法的修改符、返回值类型、

方法名、参数列表等信息：

```
for (Method method : methods) {  //循环处理每个方法
    String modifier = Modifier.toString(method.getModifiers());//访问修饰符
    Class returnType = method.getReturnType();  //返回类型
    if(returnType.isArray()) { //如果是数组类型，要特别处理一下
        String arrType = returnType.getComponentType().getName() + "[]";
        System.out.print("    " + modifier + " " + arrType + " "
           + method.getName() + "(");
    } else {
        System.out.print("    " + modifier + " " + returnType.getName()
           + " " + method.getName() + "(");
    }
    Class[] paramTypes =
      method.getParameterTypes();  //得到方法的参数Class数组
    for (int i=0; i<paramTypes.length; i++) {
       if(i > 0) {
          System.out.print(", ");
       }
       if(paramTypes[i].isArray()) { //如果是数组类型，要特别处理一下
          System.out.print(
            paramTypes[i].getComponentType().getName() + "[]");
       } else {
          System.out.print(paramTypes[i].getName());
       }
    }
    System.out.println(");");
}
```

完整的源代码可以参阅随书光盘：Java 15\Src\com\csdn\corejava15\ReflectionTest.java。

15.2.2　创建对象

在前面所学的 Java 程序中，创建对象的方法通常都是通过 new 操作符调用该类的构造方法来创建的。例如：

```
java.util.Date currentDate = new java.util.Date();
```

大多数情况下，这种方式已足够满足需求。因为在编译期间，已经知道要创建的对象所对应的类名称。但是，如果现在编写一个开发工具软件，将可能直到运行时才知道要创建的对象所对应的类名称。比如，一个 GUI 开发工具可以让用户拖取各种开发组件到设计界面上。这种情况下，需要完成的功能伪代码如下所示：

```
public Object create(String className) {    //以类名作为参数传入
    根据类名来创建出它的对象；
    返回这个新创建的对象；
}
```

这时，可以通过 Java 反射 API，根据需要选择对应类的适当构造方法在运行时动态创建出对象。我们分两种情况来讨论利用反射创建对象的方式。

1. 使用无参构造方法

如果要使用无参数的构造方法创建对象，只需要调用这个类对应的 Class 对象的 newInstance()方法：

```
Class c = Class.forName("java.util.ArrayList");
List list = (List)c.newInstance();
```

需要注意的是：如果指定名称的类没有无参构造方法，在调用 newInstance()方法时会抛出一个 NoSuchMethodException 异常。

【例 15.1】如下为使用反射机制调用无参构造方法创建指定名称类的对象的示例：

```
package com.csdn.corejava15;

import java.util.Date;

/** 使用反射机制调用无参构造方法创建指定名称类的对象 */
public class NoArgsCreateInstanceTest {
   public static void main(String[] args) {
      Date currentDate = (Date)newInstance("java.util.Date");
      System.out.println(currentDate);
   }
   public static Object newInstance(String className) {
      Object obj = null;
      try {
         //加载指定名称的类，获取对应的Class对象，然后调用无参构造方法创建出一个对象
         obj = Class.forName(className).newInstance();
      } catch (InstantiationException e) {
         e.printStackTrace();
      } catch (IllegalAccessException e) {
         e.printStackTrace();
      } catch (ClassNotFoundException e) {
         e.printStackTrace();
      }
      return obj;
   }
}
```

2. 使用带参构造方法

要使用带参的构造方法来创建对象，首先需要获取指定名称的类对应的 Class 对象，然后通过反射获取满足指定参数类型要求的构造方法信息类(java.lang.reflect.Constructor)对象，调用它的 newInstance 方法来创建出对象。详细地说，可以分为如下 3 个步骤来完成。

第 1 步　获取指定类对应的 Class 对象。
第 2 步　通过 Class 对象获取满足指定参数类型要求的构造方法类对象。
第 3 步　调用指定 Constructor 对象的 newInstance 方法，传入对应的参数值，创建出对象。

我们知道 java.util.Date 类有一个带参数的构造方法，它需要一个 long 类型的参数。

【例 15.2】通过反射使用 java.util.Date 类的带参构造方法来创建出一个对象：

```java
package com.csdn.corejava15;

import java.lang.reflect.Constructor;
import java.lang.reflect.InvocationTargetException;
import java.util.Date;

/** 利用反射使用指定带参构造方法创建指定名称类的对象 */
public class ArgsCreateInstanceTest {
    @SuppressWarnings("unchecked")
    public static void main(String[] args) {
        try {
            //第1步：加载指定名称的类，获取对应的Class对象
            Class clazz = Class.forName("java.util.Date");
            //第2步：获取具有指定参数类型的构造方法
            Constructor constructor = clazz.getConstructor(long.class);
            //第3步：给指定的构造方法传入参数值，创建出一个对象
            Date date = (Date)constructor.newInstance(123456789000L);
            System.out.println(date);
        } catch (ClassNotFoundException e) {
            e.printStackTrace();
        } catch (SecurityException e) {
            e.printStackTrace();
        } catch (NoSuchMethodException e) {
            e.printStackTrace();
        } catch (IllegalArgumentException e) {
            e.printStackTrace();
        } catch (InstantiationException e) {
            e.printStackTrace();
        } catch (IllegalAccessException e) {
            e.printStackTrace();
        } catch (InvocationTargetException e) {
            e.printStackTrace();
        }
    }
}
```

15.2.3 调用方法

使用反射可以取得指定类的指定方法的对象代表，方法的对象代表就是前面介绍的 java.lang.reflect.Method 类的实例，通过 Method 类的 invoke 方法可以动态调用这个方法。Method 类的 invoke 方法的完整签名如下所示：

```
public Object invoke(Object obj, Object... args)
  throws IllegalAccessException, IllegalArgumentException,
  InvocationTargetException
```

这个方法的第一个参数是一个对象类型，表示要在指定的这个对象上调用这个方法；第二个参数是一个可变参数，用来给这个方法传递参数值；invoke 方法的返回值用来表示

动态调用指定方法后的实际返回值。

> **提示**
>
> 若要通过反射调用类的某个私有方法，可以在这个私有方法对应的 Method 对象上，先调用 setAccessible(true)来取消 Java 语言对本方法的访问检查，然后再调用 invoke 方法来真正执行这个私有方法。

【例 15.3】下面是一个通过反射来动态调用指定的方法的示例：

```java
package com.csdn.corejava15;

import java.lang.reflect.InvocationTargetException;
import java.lang.reflect.Method;

/** 利用反射来动态调用指定类的指定方法 */
@SuppressWarnings("unchecked")
public class ReflectInvokeMethodTest {
    public static void main(String[] args) {
        try {
            Class clazz = Class.forName("com.csdn.corejava15.Product");
            //利用无参构造方法创建一个 Product 的对象
            Product prod = (Product)clazz.newInstance();

            //获取名为 setName，带一个类型为 String 的成员方法所对应的对象代表
            Method method1 =
                clazz.getDeclaredMethod("setName", String.class);
            //在 prod 对象上调用 setName，并传值给它，返回值是空
            Object returnValue = method1.invoke(prod, "爪哇");
            System.out.println("返回值：" + returnValue);
            //获取名为 displayInfo，不带参数的成员方法所对应的对象代表
            Method method2 = clazz.getDeclaredMethod("displayInfo");
            method2.setAccessible(true);  //取消访问检查
            //在 prod 对象上调用私有的 displayInfo 方法
            method2.invoke(prod);
        } catch (ClassNotFoundException e) {
            e.printStackTrace();
        } catch (SecurityException e) {
            e.printStackTrace();
        } catch (NoSuchMethodException e) {
            e.printStackTrace();
        } catch (IllegalArgumentException e) {
            e.printStackTrace();
        } catch (IllegalAccessException e) {
            e.printStackTrace();
        } catch (InvocationTargetException e) {
            e.printStackTrace();
        } catch (InstantiationException e) {
            e.printStackTrace();
        }
    }
}
```

```
}
class Product {
    private static long count = 0;
    private long id;
    private String name = "无名氏";
    public Product() {
        System.out.println("默认的构造方法");
        id = ++count;
    }
    public long getId() { return id; }
    public void setId(long id) { this.id = id; }
    public String getName() { return name; }
    public void setName(String name) {
        System.out.println("调用 setName 方法");
        this.name = name;
    }
    private void displayInfo(){ //私有方法
        System.out.println(getClass().getName()
          + "[id=" + id + ",name=" + name + "]");
    }
}
```

运行后，在控制台的输出结果为：

```
默认的构造方法
调用 setName 方法
返回值：null
com.csdn.corejava15.Product[id=1,name=爪哇]
```

15.2.4　访问成员变量的值

使用反射可以取得类的成员变量的对象代表，成员变量的对象代表是 java.lang.reflect.Field 类的实例，可以使用它的 getXXX 方法来获取指定对象上的值，也可以调用它的 setXXX 方法来动态修改指定对象上的值，其中 XXX 表示成员变量的数据类型。

【例 15.4】通过反射来动态设置和获取指定对象指定成员变量的值。代码如下：

```
package com.csdn.corejava15;

import java.lang.reflect.Field;

/** 利用反射来动态获取或设置指定对象的指定成员变量的值 */
public class ReflectFieldTest {
    @SuppressWarnings("unchecked")
    public static void main(String[] args) {
        try {
            Class c = Class.forName("com.csdn.corejava15.Product");
            //使用无参构造方法创建对象
            Product prod = (Product)c.newInstance();
            //调用私有属性
            Field idField = c.getDeclaredField("id");
```

```java
            idField.setAccessible(true);  //取消对本字段的访问检查
            //设置prod对象的idField成员变量的值为100
            idField.setLong(prod, 100);
            //获取prod对象的idField成员变量的值
            System.out.println("id=" + idField.getLong(prod));
            Field nameField = c.getDeclaredField("name");
            nameField.setAccessible(true);
            nameField.set(prod, "张三");
            System.out.println("name=" + nameField.get(prod));
        } catch (ClassNotFoundException e) {
            e.printStackTrace();
        } catch (InstantiationException e) {
            e.printStackTrace();
        } catch (IllegalAccessException e) {
            e.printStackTrace();
        } catch (SecurityException e) {
            e.printStackTrace();
        } catch (NoSuchFieldException e) {
            e.printStackTrace();
        }
    }
}
```

15.2.5 操作数组

数组也是一个对象，可以通过反射来查看数组的各个属性信息。

【例 15.5】通过反射来获取数组信息。代码如下：

```java
package com.csdn.corejava15;

/** 反射获取数组信息 */
public class ReflectArrayTest {
    public static void main(String[] args) {
        short[] sArr = new short[5]; //创建数组
        int[] iArr = new int[5];
        long[] lArr = new long[5];
        float[] fArr = new float[5];
        double[] dArr = new double[5];
        byte[] bArr = new byte[5];
        boolean[] zArr = new boolean[5];
        String[] strArr = new String[5];
        System.out.println("short 数组类：" + sArr.getClass().getName());
        //直接获取数组的类型名
        System.out.println("int 数组类：" + iArr.getClass().getName());
        System.out.println("long 数组类：" + lArr.getClass().getName());
        System.out.println("float 数组类：" + fArr.getClass().getName());
        System.out.println("double 数组类：" + dArr.getClass().getName());
        System.out.println("byte 数组类：" + bArr.getClass().getName());
        System.out.println("boolean 数组类：" + zArr.getClass().getName());
        System.out.println("String 数组类：" + strArr.getClass().getName());
```

```
        }
}
```

运行此程序，在控制台的输出结果为：

```
short 数组类：[S
int 数组类：[I
long 数组类：[J
float 数组类：[F
double 数组类：[D
byte 数组类：[B
boolean 数组类：[Z
String 数组类：[Ljava.lang.String;
```

直接获取数组对应的 Class 对象的全限定名时，返回的是"[x"的形式。要想真正获取数组的类型名，可以使用 getComponentType()方法获取此数组类型的 Class 对象，然后再调用 getName()方法来获取全限定名：

```
package com.csdn.corejava15;

/** 反射获取数组信息 */
public class ReflectArrayTest {
    public static void main(String[] args) {
        short[] sArr = new short[5]; //创建数组
        int[] iArr = new int[5];
        long[] lArr = new long[5];
        float[] fArr = new float[5];
        double[] dArr = new double[5];
        byte[] bArr = new byte[5];
        boolean[] zArr = new boolean[5];
        String[] strArr = new String[5];
        //通过getComponentType()方法获取此数组类型的Class,再获取它的全限定名
        System.out.println("short 数组类："
            + sArr.getClass().getComponentType().getName());
        System.out.println("int 数组类："
            + iArr.getClass().getComponentType().getName());
        System.out.println("long 数组类："
            + lArr.getClass().getComponentType().getName());
        System.out.println("float 数组类："
            + fArr.getClass().getComponentType().getName());
        System.out.println("double 数组类："
            + dArr.getClass().getComponentType().getName());
        System.out.println("byte 数组类："
            + bArr.getClass().getComponentType().getName());
        System.out.println("boolean 数组类："
            + zArr.getClass().getComponentType().getName());
        System.out.println("String 数组类："
            + strArr.getClass().getComponentType().getName());
    }
}
```

这次运行的结果为：

```
short 数组类: short
int 数组类: int
long 数组类: long
float 数组类: float
double 数组类: double
byte 数组类: byte
boolean 数组类: boolean
String 数组类: java.lang.String
```

数组也可以使用反射动态创建，主要是利用 java.lang.reflect.Array 类来操作的。

【例 15.6】利用反射动态创建数组。代码如下：

```
package com.csdn.corejava15;

import java.lang.reflect.Array;

/** 利用反射动态创建数组的示例 */
public class ReflectCreateArrayTest {
    public static void main(String[] args) {
        Object obj = Array.newInstance(int.class, 5);
        //动态创建一个长度为 5 的 int 类型数组
        for(int i=0; i<5; i++) { //动态设置数组元素的值
            Array.setInt(obj, i, i*10);
        }
        for (int i=0; i<5; i++) { //动态获取数组元素的值
            System.out.println("第" + i + "号元素的值: " + Array.getInt(obj, i));
        }
    }
}
```

15.3 反射与动态代理

代理模式是 Java 中很常用的一种设计模式，在企业应用高级框架中大量用到。它的原理主要就是应用到反射。接下来就来详细介绍这种模式。

15.3.1 静态代理

在某些情况下，一个客户不想或者不能直接引用另一个对象，需要通过代理对象来间接操作目标对象，代理就在客户端和目标对象之间起到中介的作用。

举一个示例来说明这个问题：有一个客户想找一个厂家做一批衣服，但客户找不到合适的厂家，于是通过一个中介公司，由中介公司帮他找厂家做这些衣服，当然中介公司要从中收取一定的中介费，我们用 Java 程序来模拟完成这个任务。

首先，定义一个能完成生产一批衣服功能的接口：

```
package com.csdn.corejava15.proxy;
```

```java
/** 服装厂接口 */
public interface ClothingFactory {
    /** 有"生产一批衣服"的功能 */
    void productClothing();
}
```

LiNingCompany 公司是一家能真正生产这一批服装的公司：

```java
package com.csdn.corejava15.proxy;

/** LiNing 公司就是一家能生产服装的公司 */
public class LiNingCompany implements ClothingFactory {
    public void productClothing() {
        System.out.println("生产出一批 LiNing 服装");
    }
}
```

ProxCompany 是一家专门帮人介绍服装公司的中介公司，它需要收取一定的中介费：

```java
package com.csdn.corejava15.proxy;

/** 专门为别人找服装厂的中介公司 */
public class ProxyCompany implements ClothingFactory {
    private ClothingFactory cf;
    //中介公司自己不会生产服装，需要找一家真正能做服务的公司
    public ProxyCompany(ClothingFactory cf) {
        this.cf = cf;
    }
    public void productClothing() {
        System.out.println("收取 10000 元的中介费");
        cf.productClothing();   //委托真正的服务公司生产服装
    }
}
```

最后，客户通过中介公司生产了这一批服装：

```java
package com.csdn.corejava15.proxy;

/** 客户 */
public class Customer {
    public static void main(String[] args) {
        //通过中介公司生产一批服装
        ClothingFactory cf = new ProxyCompany(new LiNingCompany());
        cf.productClothing();
    }
}
```

运行这个程序，在控制台得到如下输出结果：

```
收取 10000 元的中介费
生产出一批 LiNing 服装
```

仔细分析这个应用程序，可以把代理模式用图 15.1 来表示。

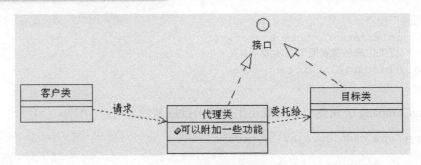

图 15.1 代理模式的原理

上面程序的做法，使用的代理模式是静态代理模式，它的特征是代理类和目标对象的类都是在编译期间就已经确定下来的，不利于程序的扩展。上面的示例中，如果客户还想找一个"生产一批鞋"的工厂，那么还需新增一个代理类和一个目标类。如果客户还需要很多其他的服务，就必须一一新增代理类和目标类。有没有办法来解决这个问题呢？答案是使用动态代理。

15.3.2 动态代理

动态代理的原理就是，在程序运行时根据需要动态创建目标类的代理对象。Java SE API 在 java.lang.reflect 包中提供了对动态代理支持的类和接口。

（1）InvocationHandler 接口：代理类的处理类都需要实现这个接口。

接口中只有一个方法：

```
public Object invoke(Object proxy, Method method, Object[] args)
    throws Throwable;
```

在实际使用时，第一个参数 proxy 指代理类；第二个参数 method 是被代理的方法的 Class 对象；第三个参数 args 为传给该方法的参数值数组。这个抽象方法在代理类中动态实现。

（2）Proxy 类：提供用于创建动态代理类和实例的静态方法。

【例 15.7】利用 JDK 对动态代理的支持来创建一个动态代理的处理类。代码如下：

```
package com.csdn.corejava15.proxy;

import java.lang.reflect.*;

/** 动态代理处理类 */
public class DynaProxyHandler implements InvocationHandler {
    /** 目标对象 */
    private Object target;
    /** 创建一个目标对象的代理对象 */
    public Object newProxyInstance(Object target) {
        this.target = target;
        /*
        第一个参数：定义代理类的类加载器
        第二个参数：代理类要实现的接口列表
        第三个参数：指派方法调用的调用处理程序
        */
```

```
            return Proxy.newProxyInstance(
                this.target.getClass().getClassLoader(),
                this.target.getClass().getInterfaces(), this);
        }
        public Object invoke(Object proxy, Method method, Object[] args)
            throws Throwable {
            Object result = null;
            try {
                //目标对象上的方法调用之前可以添加其他代码...
                result = method.invoke(this.target, args);
                //通过反射来调用目标对象上对应的方法
                //目标对象上的方法调用之后可以添加其他代码...
            } catch (Exception e) {
                throw e;
            }
            return result; //把方法的返回值返回给调用者
        }
    }
```

在客户端的调用代码改为如下方式：

```
public class Customer {
    public static void main(String[] args) {
        // 动态代理方式
        DynaProxyHandler handler = new DynaProxyHandler();
        ClothingFactory cf2 =
            (ClothingFactory) handler.newProxyInstance(new LiNingCompany());
        cf2.productClothing();
    }
}
```

这个动态代理处理类 DynaProxyHandler 没有与具体的目标类耦合，可能适用于任何的目标类，从而提高了代理的扩展性。

总之，动态代理的原理就是利用反射机制在运行时动态创建目标对象的代理对象。对于初学者来说，理解动态代理是比较困难的，建议读者对照 Java SE API 帮助文档多阅读几遍 DynaProxyHandler 的代码，看懂即可。

15.4 本章练习

（1）利用反射机制编写一个程序，这个程序能把类中所有的成员变量赋值，并把操作信息输出到控制台。

（2）利用反射机制编写一个程序，这个程序能指定调用类的某个方法，并把操作信息输出到控制台。

（3）利用反射机制编写一个程序，这个程序能指定调用类的构造方法，并把操作信息输出到控制台。

（4）某同学在面试时遇到这样一个题"试编写一段代码，提供获取某个对象属性的方

法"，他编写的代码如下所示，请补充完整：

```
Public Object get Property(Object owner, String fieldname)
  throws Excoption {
    Class oclass = Owerner.getClass();
    Field field = _____
    Object property = _____
    return property;
}
```

第16章

Java 标注

学前提示

Java SE 5.0以后的版本引入了一项新特性：Annotation，中文翻译成标注，是用来为程序元素(类、方法、成员变量等)设置说明和解释的一种元数据，Java开发和部署工具可以读取这些标注，并以某种形式处理这些标注。本章将从什么是标注、Java SE 5.0中内置的标注、如何自定义标注、如何对标注进行标注以及如何在程序中读取标注信息等几个方面进行讨论。

知识要点

- 标注是什么
- Java SE 5.0 内置的基本标注类型
- 自定义标注类型
- 对标注进行标注
- 使用反射获取标注信息

16.1 标注概述

标注(Annotation)是 Java SE 5.0 以上版本新增加的功能。它可以添加到程序的任何元素上(包声明、类型声明、构造方法、方法、成员变量、参数)，用来设置一些说明和解释，Java 开发和部署工具可以读取这些注释，并以某种形式处理这些注释，可生成其他 Java 编程语言源文件、XML 文档或要与包含注释的程序一起使用的其他构件。

在理解标注前，得先提一提什么是元数据(Metadata)。元数据是用来描述数据的一种数据。从 Java SE 5.0 开始，增加了元数据对 Java 源代码的描述，也就是标注。标注是代码里做的特殊标记，这些标记可以在编译、类加载、运行时被读取，并执行相应的处理。通过使用标注，程序员可以在不改变原有逻辑的情况下，在源文件中嵌入一些补充的描述源代码的信息(这些信息被存储在标注的"name=value"键值对中)。代码分析工具、开发工具和部署工具可以通过这些补充的描述源代码信息进行验证或者进行部署。标注类似于修饰符一样被使用，可以用于包、类、构造方法、方法、成员变量、参数、局部变量的声明。

需要注意的是，标注被用来为程序元素(类、方法、成员变量等)设置元数据，它不影响程序代码的执行，无论增加、删除标注，程序的执行都不受任何影响。如果希望让程序中的标注起一定作用，只有通过配套的工具对标注中的元数据信息进行提取、访问，根据这些元数据增加额外功能和处理等。访问和处理标注的工具统称 APT(Annotation Processing Tool)。

16.2 JDK 内置的基本标注类型

Java 的标注采用 "@" 标记形式，后面跟上标注类型名称，如果标注需要数据，通过 "name=value" 向标注提供数据。例如，@SuppressWarnings(value={"unchecked"}) 就是 SuppressWarnings 标注类型使用的一个示例。

> **注意**
>
> 标注类型和标注的区别：标注类型是某一类型标注的定义，类似于类。标注是某一标注类型的一个具体实例，类似于该类的实例。

在 Java SE 5.0 的 java.lang 包中预定义了三个标注，分别是 Override、Deprecated 和 SuppressWarnings。下面分别讲解它们的含义。

16.2.1 重写 Override

Override 是一个限定重写方法的标注类型，用来指明被标注的方法必须是重写超类中的方法，这个标注只能用于方法上。编译器在编译源代码时会检查用@Override 标注的方法是否有重写父类的方法。

先让我们来看看如果不用 Override 标识会发生什么事情。假设有两个类 Parent 和 Sub，

在子类 Sub 中想重写父类 Parent 中的 myMethod 方法，但不小心把 Sub 类中的 myMethod 方法名写成了 mymethod：

```
class Parent {     //父类
    public void myMethod() {
        System.out.println("Parent.myMethod()");
    }
}
class Sub extends Parent {      //子类继承父类
    public void mymethod() {
        System.out.println("Sub.myMethod()");
    }
}
```

下面创建 Sub 的实例，并且调用 myMethod()方法：

```
/** Java SE 5.0 内置标注类型：Override 的使用测试 */
public class OverrideTest {
    public static void main(String[] args) {
        Parent clazz = new Sub();
        clazz.myMethod();
    }
}
```

以上的代码可以正常编译通过和运行，但是输出的结果却不是我们想要的。因为在多态调用时，myMethod()方法并未被覆盖。当调用子类实例的 myMethod()方法时，实际调用到的还是父类 Perent 中的 myMethod()方法。更遗憾的是，程序员并未意识到这一点。这就可能会产生 bug。

如果使用 Override 来修饰子类 Sub 中的 mymethod()方法，并描述此方法是要重写父类的 myMethod()方法的。此时，编译器就会报错。因此，就可以避免这类错误。

代码如下：

```
class Sub extends Parent {      //子类继承父类
    @Override
    public void mymethod() {
        System.out.println("Sub.myMethod()");
    }
}
```

以上代码编译不能通过，被 Override 标注的方法必须在父类中存在同样的方法，程序才能编译通过。

也就是说，只有下面的代码才能正确编译：

```
class Sub extends Parent {      //子类继承父类
    @Override
    public void myMethod() {
        System.out.println("Sub.myMethod()");
    }
}
```

16.2.2 警告 Deprecated

Deprecated 是用来标记已过时的成员的标注类型,用来指明被标注的方法是一个过时的方法,不建议使用了。当编译调用到被标注为 Deprecated 的方法的类时,编译器就会产生警告。

在使用 Eclipse 等 IDE 编写 Java 程序时,经常会在属性或方法的提示中看到这个词。如果某个类成员的提示中出现这个词,就表示此处并不建议使用这个类成员。因为这个类成员在未来的 JDK 版本中可能被删除。之所以现在还保留,是为了给那些已经使用了这些类成员的程序一个缓冲期。如果现在就删除了,那么这些程序就无法在新的编译器中编译了。

说到这,读者可能已经猜出来了,Deprecated 标注一定与这些类成员有关。说得对!使用 Deprecated 标注一个类成员后,这个类成员在显示上就会有一些变化。在 Eclipse 工具中就可以明显看到这个变化。让我们看看图 16.1 有哪些变化。

图 16.1　加上@Deprecated 后的类成员在 Eclipse 中的变化

从图 16.1 中可以看出,红色框里面的就是变化了的部分。发生这些变化并不会影响编译,只是提醒一下程序员,这个方法以后是要被删除的,最好别用。

Deprecated 标注还有一个作用,就是如果一个类从另外一个类继承,并且重写了被继承类的 Deprecated 方法,在编译时将会出现一个警告。如 Class2.java 的内容如下:

```
class Class1 {
    @Deprecated
    public void myMethod() {}
}
public class Class2 extends Class1 {
    public void myMethod() {}
}
```

在命令行运行 "javac Test.java" 命令时,会出现如下警告:

注意:Class2.java 使用或覆盖了已过时的 API。
注意:要了解详细信息,请使用-Xlint:deprecation 重新编译。

使用-Xlint:deprecation 可显示更详细的警告信息，如下所示：

```
test.java:4: 警告: [deprecation] Class1 中的 myMethod() 已过时
        public void myMethod()
                    ^
```

这些警告并不会影响编译，只是提醒一下尽量不要使用 myMethod()方法。

16.2.3 抑制警告 SuppressWarnings

SuppressWarnings 是抑制编译器警告的标注类型，用来指明被标注的方法、变量或类在编译时如果有警告信息，就阻止警告。先看一看如下的代码片段：

```
public class SuppressWarningsTest {
    public static void main(String[] args) {
        List list = new ArrayList();
        list.add("xxx");
    }
}
```

这是一个类中的方法。编译它，将会得到如下的警告：

```
注意：SuppressWarningsTest.java 使用了未经检查或不安全的操作。
注意：要了解详细信息，请使用-Xlint:unchecked 重新编译。
```

这两行警告信息表示 List 类必须使用泛型才是安全的，才可以进行类型检查。如果想不显示这个警告信息，有两种方法。一种是将这个方法进行如下改写：

```
public static void main(String[] args) {
    List<String> list = new ArrayList<String>();  //通过泛型定义
    list.add("xxx");
}
```

另外一种做法就是使用@SuppressWarnings 抑制警告信息：

```
/** Java SE 5.0 内置标注类型：SuppressWarnings 的使用 */
public class SuppressWarningsTest {
    @SuppressWarnings("unchecked")
    public static void main(String[] args) {
        List list = new ArrayList();
        list.add("xxx");
    }
}
```

> **注意**
>
> SuppressWarnings 和前两个标注不一样。这个标注有一个 value 属性，可以通过这个 value 属性来指定所有要抑制的警告类型名。

如@SuppressWarnings(value={"unchecked", "deprecation"})，表示要抑制"未检查"警告和"已过时"警告。

16.3 自定义标注类型

标注的强大之处是它不仅可以使 Java 程序变成自描述的,而且允许程序员自定义标注类型。标注类型的定义和接口类型的定义差不多,只是在 interface 前面多了一个"@"。
例如:

```
/** 自定义标注类型 */
public @interface MyAnnotation {}
```

上面的代码定义了一个最简单的标注类型,这个标注类型没有定义属性,也可以理解为是一个标记标注。就像 Serializable 接口一样是一个标记接口,里面未定义任何方法。

当然,也可以定义带有属性的标注类型,例如:

```
public @interface MyAnnotation {
    String value();   //定义一个属性
}
```

标注类型定义好之后,就可以按如下格式来使用了:

```
/** 使用自定义标注类型:MyAnnotation */
class UserMyAnnotation{
    @MyAnnotation("abc")
    public void myMethod(){
        System.out.println("使用自定义的标注");
    }
}
```

看了上面的代码,大家可能有一个疑问,怎么没有使用 value,而直接就写"abc"了。那么"abc"到底传给谁了? 其实这里有一个约定,如果使用标注时没有显式指定属性名,却指定了属性值,而这个标注类型又有名为 value 的属性,就将这个值赋给 value 属性。如果没有在标注类型中定义名为 value 的属性,就会出现编译错误。

在定义标注类型时,还可以给它的属性指定默认值:

```
//定义自己的一个枚举类型
enum Status {ACTIVE, INACTIVE};
public @interface MyAnnotation {
    Status status() default Status.ACTIVE;   //给 status 属性指定默认值
}
```

那么,在使用时,就可以不需要给 status 属性显式指定值了,它就会使用默认值:

```
/** 使用自定义标注类型: MyAnnotation */
class UserMyAnnotation {
    //value 属性的值为"abc"; status 属性使用默认值 Status.ACTIVE
    @MyAnnotation(value="abc")
    public void myMethod() {
        System.out.println("使用自定义的标注");
    }
}
```

当然，你还是可以给有默认值的属性显式指定值的：

```
class UserMyAnnotation {
    @MyAnnotation(value="xxx", status=Status.INACTIVE)
    public void myMethod2() {
        System.out.println("使用自定义的标注");
    }
}
```

这里使用这个自定义标注类型时，给它的多个属性赋了值，多个属性之间用逗号","分隔。

这一节讨论了如何自定义标注类型。那么定义标注类型有什么用呢？有什么方法对标注类型的使用进行限制呢？能从程序中得到标注的信息吗？这些疑问都可以从下面的内容中找到答案。

16.4 对标注进行标注

这一节的标题读起来虽然有些绕口，但它所蕴涵的知识却对设计更强大的 Java 程序有很大的帮助。

在上一节讨论了自定义标注类型，由此可知，标注在 Java SE 5.0 中也和类、接口一样，是程序的一个基本的组成部分。既然可以对类、接口进行标注，那么当然也可以对标注进行标注。Java SE 5.0 中提供了 4 种专门用在标注上的标注类型，分别是 Target、Retention、Documented 和 Inherited。下面就分别介绍这 4 种特殊的标注类型。

16.4.1 目标 Target

Target 这个标注类型理解起来非常简单。Target 的中文意思是"目标"，因此，读者可能已经猜到这个标注类型与某一些目标相关。那么这些目标是指什么呢？

在了解如何使用 Target 之前，需要先认识另一个枚举 ElementType，这个枚举定义了标注类型可应用于 Java 程序的哪些元素。下面是 ElementType 的源代码：

```
package java.lang.annotation;
public enum ElementType {
    TYPE,                    //适用于类、接口、枚举
    FIELD,                   //适用于成员字段
    METHOD,                  //适用于方法
    PARAMETER,               //适用于方法的参数
    CONSTRUCTOR,             //适用于构造方法
    LOCAL_VARIABLE,          //适用于局部变量
    ANNOTATION_TYPE,         //适用于标注类型
    PACKAGE                  //适用于包
}
```

使用 Target 时，至少要提供这些枚举值中的一个，以指定这个标注类型可以应用于程序的哪些元素上。例如：

```
package com.csdn.corejava16;

import java.lang.annotation.ElementType;
import java.lang.annotation.Target;

//表示自定义的这个标注类型只能作用在构造方法和成员方法上
@Target({ElementType.CONSTRUCTOR, ElementType.METHOD})
@interface MethodAnnotation {}
/** 元标注 Target 的使用 */
@MethodAnnotation   //作用在类上-->编译出错
public class TargetTest {
    @MethodAnnotation   //作用在方法上-->正确
    public void myMethod() {}
}
```

以上代码定义了一个标注 MyAnnotation 和一个类 TargetTest，并且使用 MyAnnotation 分别对类 Target 和方法 myMethod 进行标注。如果编译这段代码是无法通过的。也许有些人感到惊讶，没错啊！但问题就出在 Target 上，由于 Target 使用了一个枚举类型属性，它的值是{ElementType.CONSTRUCTOR, ElementType.METHOD}，这就表明 MyAnnotation 只能为方法标注，而不能为其他的程序元素进行标注。因此，MyAnnotation 自然也不能为类 Target 进行标注了。

说到这，读者可能已经基本明白了。原来 Target 所指的目标就是 Java 的程序元素，如类、接口、成员方法、构造方法等。

16.4.2 类型 Retention

既然可以自定义标注类型，当然也可以读取程序中的标注信息。但是标注只有被保存在 class 文件中才可以被读出来。Java 编译器中处理类中出现的标注时，有以下 3 种方式：

- 编译器处理完后，不保留标注到编译后的类文件中。
- 将标注保留在编译后的类文件中，但是在运行时忽略它。
- 将标注保留在编译后的类文件中，并在第一次加载类时读取它。

这 3 种方式对应于 java.lang.annotation.RetentionPolicy 枚举的 3 个值，分别如下：

```
package java.lang.annotation;
public enum RetentionPolicy {
    SOURCE,       //编译器处理完后，并不将它保留到编译后的类文件中
    CLASS,        //编译器将标注保留在编译后的类文件中，但是在运行时忽略它
    RUNTIME       //编译器将标注保留在编译后的类文件中，并在第一次加载类时读取它
}
```

而 Retention 就是用来设置标注是否保存在 class 文件中的。下面的代码是 Retention 的详细用法：

```
@Retention(RetentionPolicy.SOURCE)
@interface MyAnnotation1 {}
@interface MyAnnotation2 {}
@Retention(RetentionPolicy.RUNTIME)
@interface MyAnnotation3 {}
```

其中 MyAnnotation1 被标注为不保存在 class 文件中，它就像 Java 代码中的"//"注释一样，在编译成字节码时会被过滤掉；MyAnnotation2 没有使用 Retention，其他是使用了它的默认值 RetentionPolicy.CLASS，它将被保存在 class 文件中，但在运行时会被忽略，也就是说在运行时使用反射是读取不到它的信息的；MyAnnotation3 被标注为需要保存在 class 文件中，而且在运行时也可以通过反射来读取它的信息。

> **提示**
> Java SE 5.0 内置的标注类型中的 Override、SuppressWarnings 的 RetentionPolicy 为 SOURCE，而 Deprecated 为 RUNTIME。

16.4.3 文档 Documented

顾名思义，Documented 这个标注类型与文档有关。默认的情况下，在使用 javadoc 自动生成文档时，标注将被忽略掉。如果想在文档中也包含标注，必须使用 Documented 定义。

另外，定义为 Documented 的标注必须设置 Retention 的值为 RetentionPolicy.RUNTIME。例如：

```
@Documented
@Retention(RetentionPolicy.RUNTIME)
@interface DocAnnotation {}
```

16.4.4 继承 Inherited

继承是 Java 主要的特性之一。在类中的 protected 和 public 成员都将会被子类继承，但是父类上的标注会不会也被子类继承呢？很遗憾地告诉大家，在默认的情况下，父类上的标注并不会被子类继承。如果要让这个标注可以被子类继承，就必须给这个标注类型定义上添加 Inherited 标注。例如：

```
package com.csdn.corejava16;

import java.lang.annotation.Documented;
import java.lang.annotation.Inherited;
import java.lang.annotation.Retention;
import java.lang.annotation.RetentionPolicy;

@Inherited
@Retention(RetentionPolicy.RUNTIME)
@Documented
public @interface InheritedAnnotation {
    String name();
    String value();
}
@InheritedAnnotation(name="abc", value="bcd")
class Perent {}
class SubClass extends Parent {}
```

这里定义的 InheritedAnnotation 标注类型是 Inherited 的，当把这个标注作用于 Parent 类上时，它的子类 SubClass 也就相当于继承了这个标注。

注意，在实际应用中，很少把标注定义成这种行为，因为这样做会带来很多麻烦。

16.5　利用反射获取标注信息

前面讨论了如何自定义标注类型，但是自定义了标注类型又有什么用呢？也就是说，如何来获取这些标注中的信息，并用这些信息来完成一定功能？解决这个问题就需要使用第 15 章介绍的反射(Reflect)机制。

前面介绍过，利用 Java 反射机制，可以在运行时动态地获取类的相关信息，例如，类中的所有方法、所有属性、所有构造方法；还可以创建对象、调用方法等。同样利用反射也可以获取标注的相关信息。

首先要确认一点，反射是在运行时获取信息的。因此，要用反射获取标注的相关信息，这个标注必须是用@Retention(RetentionPolicy.RUNTIME)声明的。

Java SE 5.0 API 中的 java.lang.reflect.AnnotatedElement 接口中定义了 4 种反射性读取标注信息的方法。

- public Annotation getAnnotation(Class annotationType)：如果存在该元素的指定类型的标注，则返回这些标注，否则返回 null。
- public Annotation[] getAnnotations()：返回此元素上存在的所有标注。
- public Annotation[] getDeclaredAnnotations()：返回直接存在于此元素上的所有标注。
- public boolean isAnnotationPresent(Class annotationType)：如果指定类型的标注存在于此元素上，则返回 true，否则返回 false。

java.lang.Class 类和 java.lang.reflect 包中的 Constructor、Field、Method、Package 类都实现了 AnnotationElement 接口，可以从这些类的实例上分别取得标注于其上的标注及相关的信息。

通过反射来获取标注的信息基本类似于一个类中调用另一个类的操作，可以把获取标注信息的过程用示意图来描述，如图 16.2 所示。

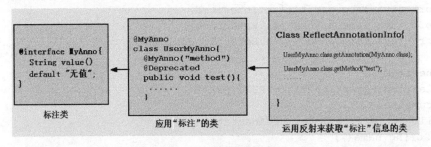

图 16.2　标注应用的结构

从图 16.2 中可以看出，在编写获取标注信息的类之前，必须要先编写标注类和应用"标注"的类。下面通过示例 ReflectAnnotationInfo 来演示通过反射来获取自定义标注信息的相关操作。

完成这个示例需要按以下步骤操作。

第 1 步 定义一个名为"MyAnno"的标注类型。因为这个标注需要在运行时反射获取信息,所以指定为 RetentionPolicy.RUNTIME 的:

```java
package com.csdn.corejava16;
import java.lang.annotation.*;

//这个标注可以用于类、接口、枚举、方法之上且可以在运行时用反射来获取它的信息
@Target({ElementType.TYPE,ElementType.METHOD})
@Retention(RetentionPolicy.RUNTIME)
@interface MyAnno {
    String value() default "无值";  //给 value 属性指定默认值
}
```

第 2 步 定义一个 UserMyAnno 类来使用这个标注。这里把 MyAnno 标注应用在类上和方法中:

```java
package com.csdn.corejava16;

@MyAnno
class UserMyAnno {  //在 UserMyAnno 类上使用 MyAnno 标注
    @MyAnno("method")
    @Deprecated
    public void test() {  //在 test 方法上使用 MyAnno 标注和 Deprecated 标注
        System.out.println("test");
    }
}
```

第 3 步 通过反射来获取这两处使用 MyAnno 标注的信息:

```java
package com.csdn.corejava16;

import java.lang.annotation.*;
import java.lang.reflect.Method;

/** 利用反射动态获取标注的信息 */
public class ReflectAnnotationInfo {
    public static void main(String[] args)
        throws SecurityException, NoSuchMethodException {
        //获取类上的指定标注的 Annotation 实例
        Annotation anno1 = UserMyAnno.class.getAnnotation(MyAnno.class);
        if(anno1 != null) {
            MyAnno myAnno = (MyAnno)anno1;
            System.out.println("类上的 MyAnno 标注:value=" + myAnno.value());
        }
        //取得 test()方法的对应的 Method 实例
        Method method = UserMyAnno.class.getMethod("test");
        //取得 test()方法上所有的 Annotation
        Annotation[] annotations = method.getAnnotations();
        for(Annotation anno : annotations) {
            System.out.println(
```

```
                "标注类型名:" + anno.annotationType().getName());
        }
    }
}
```

运行这个程序,在控制台的输出结果为:

类上的 MyAnno 标注:value=无值
标注类型名:com.csdn.corejava16.MyAnno
标注类型名:java.lang.Deprecated

结果说明,使用反射已经正确获取了标注的相关信息。

16.6 本章练习

(1) 编写一个 Person 类,使用 Override 标注它的 toString 方法。

(2) 自定义一个名为"MyTiger"的标注类型,它只可以使用在方法上,带一个 String 类型的 value 属性,然后在上题中的 Person 类上正确使用。再编写一个测试类反射读取这个标注的属性值。

(3) 重写 Override、警告 Deprecated、抑制警告 SuppressWarnings 这三个标注的属性值分别是什么?

第 17 章

项目实战 1——单机版五子棋游戏

学前提示

在本章实例中,提供了单机版五子棋游戏。通过代码实现,读者可以将理论知识与具体实践相结合,巩固对 Java 相关方法和概念的理解。读者通过学习单机版五子棋游戏,可以开拓思路,理顺编程思想,并在游戏设计中享受编程的快乐,增强学习 Java 的兴趣,为更深入学习 Java 打下良好的基础。

知识要点

- Swing 应用
- 算法的应用
- 游戏悔棋功能的实现
- 监听器的应用
- Java 程序打包

17.1 功能描述

五子棋是一种深受大众喜爱的棋牌类小游戏，其规则简单，变化多端，非常富有趣味性。这里设计和实现了双人对下的五子棋程序。根据当前最后一个落子的情况来判断胜负，实际上需要从四个位置来判断以该棋子为出发点的水平、竖直及两条分别为45度角和135度角的线，目地是看在这四个方向是否最后落子的一方构成了连续五个棋子，如果是的话，就表示该盘棋局已经分出胜负。该游戏还提供了悔棋的功能。

17.2 总体设计

单机版五子棋游戏的程序由 ChessBoard.java、Point.java 和 StartChessJFrame.java 这几个文件组成。

1. ChessBoard.java

ChessBoard.java 文件包含名为 ChessBoard 的 public 类，主要功能是绘制棋盘、棋子，并提供判断输赢的方法。

2. Point.java

Point.java 文件包含名为 Point 的 public 类，主要功能是定义棋子的颜色，获取棋子的索引值。

3. StartChessJFrame.java

StartChessJFrame.java 文件包含名为 StartChessJFrame 的 public 类，主要用来显示主窗体界面。包括工具条面板，"重新开始"、"悔棋"、"退出"按钮，菜单栏，"系统"菜单，"重新开始"、"悔棋"和"退出"菜单项。设置界面关闭事件。

17.3 代码实现

单机版五子棋虽然规则比较简单，但对初学者来说，实现起来还是有点难度，特别是对弈算法的设计。

一个单机版五子棋的主要设计点有以下三个：
- 五子棋主窗体设计。
- 五子棋的棋子设计。
- 对弈算法相关问题设计。

小知识

博弈也叫竞技，是诸如下棋、打牌、对战等一类的竞争性、智能性活动的简称。在博弈过程中，任何一方都希望自己能取得胜利，一般某一方有多个方案可选择时，它总是选择对自己最有利而对方不利的行动方案。这些行动方案都是"或"的关系。如有A、B两方对战，A或者选择这个行动方案，或者选择那个行动方案，完全由A自己决定。当A选取某一行动方案后，B也有若干行动方案供选择，这些行动方案对A来说是"与"的关系。由"与"的特点可以知道，只有所有方案都"真"，整个方案才"真"，也就是行得通，因而主动权在B方，这些可供选择的行动方案中任何一个都有可能被A方选中，因而B必须应付每一种情况的发生。如果站在某一方，将上述博弈过程用图来表示，得到的是一棵树，叫"与或树"，在此处也叫博弈树。

一般在二人博弈过程中，在众多可供选择的行动方案中选出一个对自己最为有利的方案，会产生十分庞大的博弈树。如果试图从与或树中搜索到直接将对手击败的最好行动方案，可能要花很长的时间。最常用的分析方法是最小最大树分析法。它的基本思想是：①将两方分别标为A方和B方，然后其中一方寻找最优行动方案；②要想找到当前最优的行动方案，必须对所有可选的方案进行对比，计算出各种方案得分；③根据问题的特性进行信息价值估算，找出博弈树端节点的得分，这样得出来的分称为静态估算；④端节点估值计算出来后，通过倒推，如果是"或"节点，可以选择最大的一个子节点作为父节点的得分；如果是"与"节点，可以选择最小的一个得分作为父节点得分，倒推出父节点的得分；⑤如果某个行动方案获得最大的倒推值，则它就是当前最好的行动方案，但实际情况并非如此，可能因时间原因没法达到预期效果。

本章所要介绍的单机版五子棋游戏的主要设计步骤如下。

(1) 编写一个StartCheesJFrame类，主要用来显示主窗体界面，包括工具条面板、"重新开始"按钮、"悔棋"按钮、"退出"按钮等。还提供了一个菜单栏项，菜单项中包括"重新开始"、"悔棋"和"退出"等菜单项。设置界面关闭事件。并编写一个内部类MyItemListener来监听按钮和菜单项单击事件。

(2) 编写Point类，包括棋子的x/y索引、颜色。定义构造函数和相应的get方法。

(3) 编写ChessBoard类，设置棋盘背景颜色为橘黄色。然后在主框架类中创建ChessBoard对象，并添加到主框架中。编写paintComponent方法来绘制棋盘和棋子。

(4) 在ChessBoard中创建Point[]，然后在paintComponent方法中绘制棋子数组(注意将索引转换成坐标)。

(5) 为ChessBoard实现监听器MouseListener，覆盖相应的抽象方法。在构造方法中增加监听器(addMouseListener)。

(6) 编写mousePressed方法的内容，预先定义isBlack，表示下的是黑棋还是白棋，chessCount表示当前棋子的个数。

(7) 将在mousePressed中获得的坐标,转换成索引,再创建Point对象,添加到ChessList中。再重新绘制。

(8) 添加相应的判断：不能画到棋盘外，下过的地方不能再下(需要辅助方法findChess)。

(9) 添加胜利的判断isWin，添加标记变量gameOver。在mousePressed方法的最前面调用加入gameOver的判断，在mousePressed方法的最后调用isWin，返回true则给出消息提示，gameOver设置为true。

(10) isWin方法具体的编写。判断水平、竖直及两条分别为45度角和135度角的线上

是否有连续的同色五子。

读者先理解以上设计步骤后，就可进行如下编码。

1. 五子棋主窗体设计

先编写 StartChessJFrame.java 类，将各个菜单栏、菜单项、菜单按钮等窗体组件添加到窗体上，然后编写相应的注册监听事件，代码如下。

代码 StartChessJFrame.java：

```java
/*
五子棋 - 主框架类，程序启动类
*/
public class StartChessJFrame extends JFrame {
    private JPanel toolbar;
    private JButton btnStart;
    private JButton btnBack;
    private JButton btnExit;
    private JMenuBar menuBar;
    private JMenu sysMenu;
    private JMenuItem startMenuItem;
    private JMenuItem exitMenuItem;
    private JMenuItem backMenuItem;

    public StartChessJFrame() {
        //设置标题
        setTitle("单机版五子棋");
        //创建和添加菜单
        menuBar = new JMenuBar();
        //初始化菜单栏
        sysMenu = new JMenu("系统");
        //初始化菜单
        startMenuItem = new JMenuItem("重新开始");
        exitMenuItem = new JMenuItem("退出");
        backMenuItem = new JMenuItem("悔棋");
        //初始化菜单项
        sysMenu.add(startMenuItem);
        //将三个菜单项添加到菜单上
        sysMenu.add(backMenuItem);
        sysMenu.add(exitMenuItem);
        //MyItemListener lis = new MyItemListener();
        //初始化按钮事件监听器内部类
        this.startMenuItem.addActionListener(null);
        //将三个菜单项注册到事件监听器上
        backMenuItem.addActionListener(null);
        exitMenuItem.addActionListener(null);
        menuBar.add(sysMenu);
        //将"系统"菜单添加到菜单栏上
        setJMenuBar(menuBar);
        //将 menuBar 设置为菜单栏
        toolbar = new JPanel();
```

```java
    //工具面板栏实例化
    btnStart = new JButton("重新开始");
    //三个按钮初始化
    btnBack = new JButton("悔棋");
    btnExit = new JButton("退出");
    toolbar.setLayout(new FlowLayout(FlowLayout.LEFT));
    //将工具面板按钮用FlowLayout布局
    toolbar.add(btnStart);
    //将三个按钮添加到工具面板上
    toolbar.add(btnBack);
    toolbar.add(btnExit);
    btnStart.addActionListener(null);
    //对三个按钮注册监听事件
    btnBack.addActionListener(null);
    btnExit.addActionListener(null);
    add(toolbar, BorderLayout.SOUTH);
    //将工具面板布局到界面"南"方,也就是下面
    setDefaultCloseOperation(JFrame.EXIT_ON_CLOSE);
    //设置界面关闭事件
    setSize(600, 650);
    pack();
    //自适应大小
}

public static void main(String[] args) {
    StartChessJFrame f = new StartChessJFrame();
    //创建主框架
    f.setVisible(true);
    //显示主框架
}
}
```

程序的运行效果如图 17.1 所示。

图 17.1　单机版五子棋界面

当用户选择菜单栏中的菜单项或单击窗体上的按钮时，将产生相应的交互，要实现此效果，需要使用监听处理机制。编写实现 ActionListener 接口的监听器类 MyItemListener，具体代码如下所示：

```java
//事件监听器内部类
private class MyItemListener implements ActionListener {
    public void actionPerformed(ActionEvent e) {
        Object obj = e.getSource();
        //取得事件源
        if (obj == StartChessJFrame.this.startMenuItem || obj == btnStart) {
            //重新开始
            //JFiveFrame.this 内部类引用外部类
            System.out.println("重新开始...");
            //chessBoard.restartGame();
        } else if (obj==exitMenuItem || obj==btnExit) {
            System.exit(0);
            //结束应用程序
        } else if (obj==backMenuItem || obj==btnBack) {
            //悔棋
            System.out.println("悔棋...");
            //chessBoard.goback();
        }
    }
}
```

此代码作为内部类放置于 StartChessJFrame 类中，然后在 StartChessJFrame 类中新增一行代码 "MyItemListener lis = new MyItemListener();"，然后将涉及到 addActionListener() 方法中的参数 null 全改为 "lis"。

提示

在"系统"菜单中提供的三个菜单项"重新开始"、"悔棋"和"退出"与面板上的三个按钮功能相一致，所以这两个部分可以合并处理。先分别将菜单项和按钮都注册同一监听器 MyItemListener，然后在监听器中判断事件源，给出相应的处理动作。这样处理代码简洁，思路明晰，也易于理解。

2. 五子棋的棋子设计

一个棋子要在棋盘上标识出来，必须有它相应的横坐标和纵坐标，可以通过二维数组的两个下标来标识。根据设计步骤第 2 步，应定义一个 Point 类，通过它的两个属性 x、y 来表示棋子在棋盘上的索引，其代码如下。

代码 Point.java：

```java
/*五子棋的棋子设计*/
public class Point {
    private int x;
    //棋盘中的 x 索引
    private int y;
    //棋盘中的 y 索引
```

```java
    private Color color; //颜色
    public static final int DIAMETER = 30;
    //直径
    public Point(int x, int y, Color color) {
        this.x = x;
        this.y = y;
        this.color = color;
    }
    //拿到棋盘中的x索引
    public int getX() {
        return x;
    }
    //拿到棋盘中的Y索引
    public int getY() {
        return y;
    }
    //得到颜色
    public Color getColor() {
        return color;
    }
}
```

3. 绘制棋盘

绘制一个 10 行 10 列的棋盘，并将棋盘设置为橘黄色。新建一个 ChessBoard 类，代码清单如下所示。

代码 ChessBoard.java：

```java
/*五子棋的棋盘设计*/
public class ChessBoard extends JPanel {
    public static final int MARGIN = 30; //边距
    public static final int GRID_SPAN = 35; //网格间距
    public static final int ROWS = 10; //棋盘行数
    public static final int COLS = 10; //棋盘列数
    public ChessBoard() {
        //设置背景颜色为橘黄色
        setBackground(Color.ORANGE);
    }

    public void paintComponent(Graphics g) {
        //画棋盘
        for (int i=0; i<=ROWS; i++) { //画横线
            g.drawLine(MARGIN, MARGIN + i*GRID_SPAN, MARGIN
                + COLS*GRID_SPAN, MARGIN + i*GRID_SPAN);
        }
        for (int i=0; i<=COLS; i++) { //画直线
            g.drawLine(MARGIN + i*GRID_SPAN, MARGIN, MARGIN + i*GRID_SPAN,
                MARGIN + ROWS*GRID_SPAN);
        }
    }
}
```

修改前面的布局文件，将棋盘对象加至窗体的中间区域，代码为：

```
add(chessBoard, BorderLayout.CENTER);
```

再次启动程序，运行效果如图 17.2 所示。

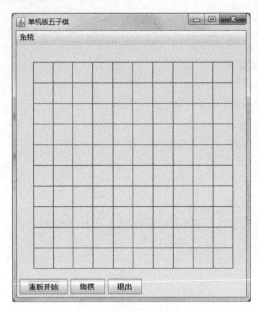

图 17.2　五子棋的棋盘样式

读者可能纳闷，背景色为何没有显示出来？这里与读者探讨一下 paintComponent()方法的应用。

paintComponent()方法定义在 JComponent 类中，这个类是所有非窗口 Swing 组件的超类，只要窗口需要重新绘图，事件处理器就会通告组件，从而引发执行所有组件的 paintComponent 方法。一定不要自己调用 paintComponent 方法(摘自《Java 核心技术》)。所以，一旦实例化了 ChessBoard 类以后，该类的方法 paintComponent 就会自动执行。

我们对 JPanel 设置的背景色等属性没有被展现的原因就是因为没有调用父类的 paintComponent 方法。即遗漏了"super.paintComponent(g);"。它的作用是用来清除以前绘制的内容，实际上就是使用背景色填充整个区域。如果此方法没有最先被调用，在此方法前所做的绘图动作都会被画出来的背景覆盖。

4. 设置窗体尺寸

在运行前面的示例时，初始化窗口总是以最小化样式显示，如何设置它的尺寸大小呢？可能首先想到的是在窗体类中设置大小。但测试后却不起作用。读者应注意：需要在 ChessBoard 类中加入 getPreferredSize 方法，其代码片段如下：

```
public Dimension getPreferredSize() {
    return new Dimension(MARGIN*2 + GRID_SPAN*COLS,
        MARGIN*2 + GRID_SPAN*ROWS);
}
```

getPreferredSize 方法是用来设置面板的首选尺寸，如果 UI 委托的 getPreferredSize 方法返回非 null 值，则返回该值；否则服从该组件的布局管理器。也就是说，此方法是设置组件的首选大小设置值的，如果未重写此方法，则按布局管理器中的设置尺寸显示。

5. 绘制棋子

棋盘绘制好了，怎样在上面落下棋子呢？亦即当鼠标在某位置单击时，需要实现显示棋子的功能。

因为绘制棋子时，需要记下棋子的索引值、颜色及当前棋盘中棋子的个数等信息，所以首先在 ChessBoard 类中加入以下成员变量：

```java
//加入以下成员变量
int chessCount; //当前棋盘的棋子个数
Point[] chessList = new Point[(ROWS + 1) * (COLS + 1)];
int xIndex, yIndex; //当前刚下的棋子的索引
boolean isBlack = true; //默认开始是黑棋先下
```

绘制棋子的具体方法应在 paintComponent 中实现，所以在 paintComponent 方法中添加如下代码：

```java
//画棋子，把索引值转换为坐标值
for (int i=0; i<chessCount; i++) {
    int xPos = chessList[i].getX() * GRID_SPAN + MARGIN;
    //网格交叉点的 x 坐标
    int yPos = chessList[i].getY() * GRID_SPAN + MARGIN;
    //网格交叉点的 y 坐标
    g.setColor(chessList[i].getColor());
    //设置颜色
    g.fillOval(xPos - Point.DIAMETER / 2, yPos - Point.DIAMETER / 2,
      Point.DIAMETER, Point.DIAMETER);
    //标记最后一个棋子的红矩形框
    if (i == chessCount-1) {
       //最后一个棋子
       g.setColor(Color.red);
       g.drawRect(xPos - Point.DIAMETER/2, yPos - Point.DIAMETER/2,
         Point.DIAMETER, Point.DIAMETER);
    }
}
```

绘制棋子的位置与鼠标的单击坐标相关，所以还需要实现 MouseListener 接口，要重写 mousePressed 方法：

```java
@Override
public void mousePressed(MouseEvent e) {
    String colorName = isBlack ? "黑棋" : "白棋";
    xIndex = (e.getX() - MARGIN + GRID_SPAN/2) / GRID_SPAN;
    //将鼠标单击的坐标位置转换成网格索引
    yIndex = (e.getY() - MARGIN + GRID_SPAN/2) / GRID_SPAN;
    //落在棋盘外，不能下
    if (xIndex<0 || xIndex>ROWS || yIndex<0 || yIndex>COLS)
       return;
    Point ch = new Point(xIndex, yIndex, isBlack ? Color.black:Color.white);
```

```
    chessList[chessCount++] = ch;
    repaint(); //通知系统重新绘制
    isBlack = !isBlack;
}
```

最后在构造方法中要注册监听器，亦即添加"addMouseListener(this);"。

运行程序，当单击棋盘某位置时，将在此位置落下一颗棋子。效果如图17.3所示。

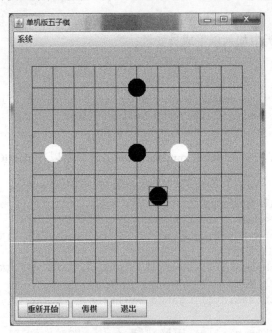

图 17.3　五子棋落棋子的效果

在落棋子时，需要添加相应的判断：不能画到棋盘外，下过的地方不能再下(需要辅助方法 findPoint...)。然后在方法中获得棋子的坐标，转换成索引，再创建 Point 对象，添加到 PointList 中。然后重新绘制。

注意 repaint 方法是触发重绘动作，当调用 repaint 后，会通知 repaintManager 增加一个重绘区域，repaintManager 在一定条件下会合并一些重绘区域，然后派发一个绘制动作到事件派发线程(EventQueue)。事件派发线程执行到这个绘制事件时，就会调用组件的 paint，在 paint 方法里会先调用 update 来将重绘区域清空(默认情况下是填充白色)，然后再调用 paintComponent 来绘制自身，最后调用 paintChildren 来绘制所有的子组件。读者可以查阅 API 文档中 JComponent 类中的 paint 方法。

落棋子时，鼠标的式样最好变成手形。该如何做呢？在构造方法中添加如下语句：

```
addMouseMotionListener(new MouseMotionListener() { //匿名内部类
    public void mouseDragged(MouseEvent e) {
        //鼠标按键在组件上按下并拖动时需要实现此方法,此处用不上,所以采用空实现
    }
    //监听鼠标移动的区域从而决定它显示的形状
    public void mouseMoved(MouseEvent e) {
        int x1 = (e.getX() - MARGIN + GRID_SPAN/2) / GRID_SPAN;
        //将鼠标单击的坐标位置转换成网格索引
```

```
            int y1 = (e.getY() - MARGIN + GRID_SPAN/2) / GRID_SPAN;
            //游戏已经结束，不能下
            //落在棋盘外，不能下
            setCursor(new Cursor(Cursor.HAND_CURSOR));    //设置成手型
        }
});
```

读者应注意 mouseMoved 方法中的代码。它的表面功能是决定鼠标指针的显示样式，实质功能是完成了坐标到索引值的转换。为了便于读者理解 MARGIN 值和 GRID_SPAN 的作用，在此绘制了坐标转索引的示意图，如图 17.4 所示。

图 17.4 坐标转索引值的示意图

通过计算可以确定 x1 和 y1 的值，也就确定了棋子可以落点在棋盘上的位置。一般棋盘可以通过二维数组来实现，每一个数组元素代表一个棋盘上的坐标。棋手下一步棋，也就是为二维数组的一个数组元素赋一个值。

6．对弈算法设计

绘制棋盘与棋子，并且根据用户的走棋判断输赢，当棋子按如图 17.5 所示样式布局时，都表示为赢棋。

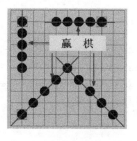

图 17.5 五子棋赢棋样式

此类的设计是该五子棋游戏功能实现的核心类。读者可根据功能需要，把下述代码分别加至 ChessBoard 类中：

```java
//鼠标按键在组件上按下时调用
public void mousePressed(MouseEvent e) {
    //具体代码参见详情分析部分
    ...
}
//在棋子数组中查找是否有索引为 x、y 的棋子存在
private boolean findChess(int x, int y) {
    for (Point c : chessList) {
        if (c!=null && c.getX()==x && c.getY()==y)
            return true;
    }
    return false;
}
//判断哪方赢
private boolean isWin() {
    //连续棋子的个数
    int continueCount = 1;
    //横向向西寻找
    ...
    //横向向东寻找
    ...
    //判断记录数大于等于5，即表示此方取胜
    if (continueCount >= 5) {
        return true;
    } else
        continueCount = 1;
    //继续另一种情况的搜索：纵向
    //纵向向上寻找
    //纵向向下寻找
    ...

    //继续另一种情况的搜索：斜向
    //东北寻找
    //西南寻找
    ...
    //继续另一种情况的搜索：斜向
    //西北寻找
    //西南寻找
    ...
}
private Point getChess(int xIndex, int yIndex, Color color) {
    for (Point c : chessList) {
        if (c!=null && c.getX()==xIndex && c.getY()==yIndex
          && c.getColor()==color)
            return c;
    }
    return null;
}
```

要判断哪方胜出，须在当前下棋的横向、纵向及两个斜向上分别判断是否有连续的同色五子，如图 17.6 所示。

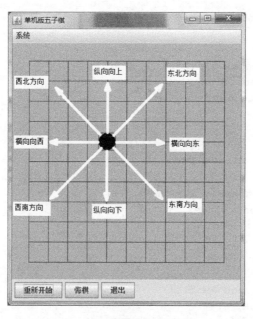

图 17.6　判断赢棋的各个方向

新建方法 isWin，并添加标记变量 gameOver。在 mousePressed 方法的最前面调用加入 gameOver 的判断，在 mousePressed 方法的最后调用 isWin，返回 true 则给出消息提示，gameOver 设置为 true。isWin 方法的实现代码如下：

```java
private boolean isWin() {    //判断哪方赢

    int continueCount = 1;   //连续棋子的个数
    Color c = isBlack ? Color.black : Color.white;

    //横向向西寻找
    for (int x=xIndex-1; x>=0; x--) {
       if (getChess(x, yIndex, c) != null) {
          continueCount++;
       } else
          break;
    }

    //横向向东寻找
    for (int x=xIndex+1; x <= ROWS; x++) {
       if (getChess(x, yIndex, c) != null) {
          continueCount++;
       } else
          break;
    }
    if (continueCount >= 5) {
       return true;
```

```java
    } else
        continueCount = 1;

//继续另一种情况的搜索:纵向

//纵向向上寻找
for (int y=yIndex-1; y>=0; y--) {
    if (getChess(xIndex, y, c) != null) {
        continueCount++;
    } else
        break;
}

//纵向向下寻找
for (int y=yIndex+1; y<=ROWS; y++) {
    if (getChess(xIndex, y, c) != null) {
        continueCount++;
    } else
        break;
}
if (continueCount >= 5) {
    return true;
} else
        continueCount = 1;

//继续另一种情况的搜索:斜向

//东北寻找
for (int x=xIndex+1, y=yIndex-1; y>=0&&x<=COLS; x++,y--) {
    if (getChess(x, y, c) != null) {
        continueCount++;
    } else
        break;
}

//西南寻找
for (int x=xIndex-1, y=yIndex+1; y<=ROWS&&x>=0; x--,y++) {
    if (getChess(x, y, c) != null) {
        continueCount++;
    } else
        break;
}
if (continueCount >= 5) {
    return true;
} else
        continueCount = 1;

//继续另一种情况的搜索:斜向

//西北寻找
for (int x=xIndex-1, y=yIndex-1; y>=0&&x>=0; x--,y--) {
```

```
        if (getChess(x, y, c) != null) {
            continueCount++;
        } else
            break;
    }
    
    //西南寻找
    for (int x=xIndex+1, y=yIndex+1; y<=ROWS&&x<=COLS; x++,y++) {
        if (getChess(x, y, c) != null) {
            continueCount++;
        } else
            break;
    }
    if (continueCount >= 5) {
        return true;
    } else
        continueCount = 1;
    
    return false;
}
```

有关其他方法的调整,可查看源码。

17.4　程序的运行与发布

编写此例的 IDE 是 MyEclipse,所以运行过程较简单,只须在项目中的 StartChessJFrame 类上右击,在弹出的快捷菜单中选择 Run As → Java Application 命令即可,如图 17.7 所示。

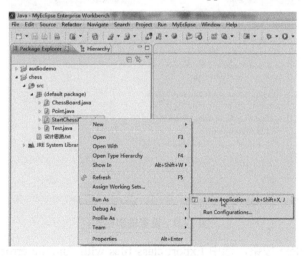

图 17.7　运行五子棋程序

为了便于在互联网上传播,一般建议将整个程序打包。制作 JAR 的步骤如下。

第 1 步　在项目名上右击,从弹出的快捷菜单中选择 Exports 命令,在弹出的 Export 对话框中选择 JAR file 选项。相关设置如图 17.8 所示。

第 2 步 单击 Next 按钮，选中要打包的资源，对于本例而言就是选择 chess 项目，并设置生成 JAR 文件要放置的位置。相关设置如图 17.9 所示。

图 17.8 设置输出格式

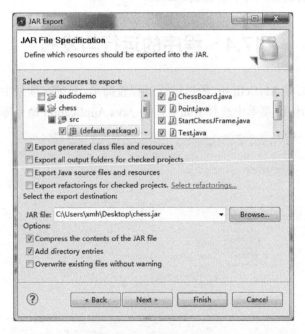

图 17.9 设置输出格式

第 3 步 单击 Next 按钮，选中 Export class files with compile errors 复选框。相关设置如图 17.10 所示。

第 4 步 单击 Next 按钮，设置 Main Class 所对应的运行类，如果不设置，则 JAR 包执行后将找不到主运行类。相关设置如图 17.11 所示。

第 17 章　项目实战 1——单机版五子棋游戏

图 17.10　设置输出异常

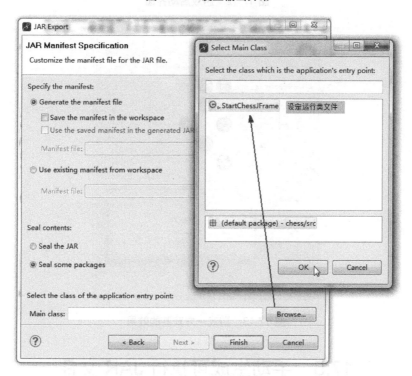

图 17.11　设置主运行类

第 5 步　单击 Finish 按钮完成打包，双击生成的 JAR 文件便可以运行五子棋游戏。游戏启动界面如图 17.12 所示。游戏运行一方获胜的效果如图 17.13 所示。

可以单击"重新开始"按钮清空棋盘棋子，在对战的过程中也可以单击"悔棋"按钮来消除刚才下过的棋子。

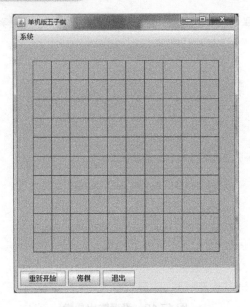

图 17.12　游戏启动界面

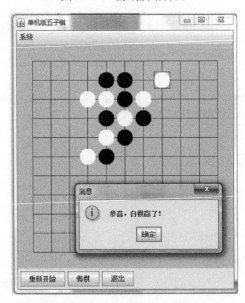

图 17.13　游戏一方获胜的效果

17.5　手动生成可执行 JAR 文件

如果开发者能够制作一个可执行的 JAR 文件包交给用户，那么用户使用起来就方便了。在 Windows 下安装 JRE(Java Runtime Environment)的时候，安装文件会将.jar 文件映射给 javaw.exe 打开。那么，对于一个可执行的 JAR 文件包，用户只须双击它就可以运行程序了。

其实 JAR 就是 Java Archive。这种文件是 pkzip 格式的文件，能把一组类文件包装起来，这样提交给客户的就只需要一个简单的 JAR 文件，既方便又安全。前面讲解了使用

第 17 章 项目实战 1——单机版五子棋游戏

MyEclipse 工具生成可执行 JAR 文件的过程，如果读者没有安装 MyEclipse 或未采用 MyEclipse 来开发 Java 的项目，又该如何将我们编写的类文件打成可执行的 JAR 包呢？本节将与读者探讨手动生成可执行 JAR 文件的过程。

第 1 步 编译 Java 文件。

编译需要打包的文件，并找到 classes 目录所在的文件夹。本章的五子棋项目编译后的文件位于"D:\eclipseworkspace\chess\bin\"中。

第 2 步 创建 manifest.txt 文件。

在 classes 目录所在的文件夹创建名为 manifest.txt 的文件，在里面写一行确定主运行类的代码。五子棋项目 manifest.txt 文件的内容如下：

```
Main-Class: StartChessJFrame
```

读者应注意它的格式：Main-Class: 空格+类名，并且在此行之后要有换行，否则有可能出错。

第 3 步 执行 jar 命令来创建 JAR 文件。

执行 DOS 命令进入 classes 目录所在的文件夹，然后输入 jar 命令完成 JAR 文件的制作。执行的命令如下所示：

```
D:\eclipseworkspace\chess>cd bin
D:\eclipseworkspace\chess\bin>jar -cvmf manifest.txt chess.jar *.class
```

如果读者不清楚"参数 cvmf"的含义，可执行"jar help"命令查看 JAR 的帮助文档，jar 命令的参数释义如图 17.14 所示。

图 17.14 jar 命令的参数释义

通过参数说明，读者可以执行"jar -tf chess.jar"来查看 JAR 文件中的内容，或者执行"jar -xf chess.jar"解压 JAR 文件。当然另一种更便捷的解压方式就是使用常见的一些解压

ZIP 文件的工具来解压 JAR 文件，如 Windows 下的 WinZip、WinRAR 等和 Linux 下的 unzip 等。

第 4 步 运行 JAR 文件。

可以在命令行中输入 java -jar 命令来运行 JAR 文件。代码如下：

```
D:\eclipseworkspace\chess\bin>java -jar chess.jar
```

当然，一般正确设置 Java 的环境变量后，用鼠标双击 JAR 文件即可运行。

本节只是简要介绍与 JAR 文件相关的内容，在第 20 章中还将介绍如何将可执行的 JAR 文件转成 EXE 格式的文件，读者可以关注。

17.6 本章练习

（1）编写一个在控制台输出"HelloWord"的 Java 程序，然后把它打成可运行 JAR 包。

（2）修改第 14 章的习题 1，根据本章所学，从外观及代码上对示例进行修改，并打包成可运行的 JAR 包。

（3）实现如图 17.15 所示的效果图。绿色小球在白色区域内自由运动，遇到边线将做自由碰撞运行。

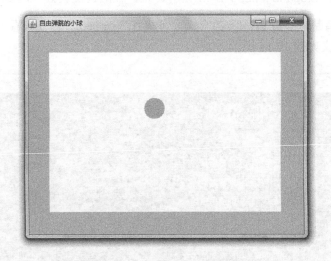

图 17.15 小球自由碰撞的效果

第 18 章

Java 数据库编程

学前提示

JDBC 的英文全称为 Java Database Connectivity，亦即 Java 数据库连接之意。JDBC 是 Java 语言用于访问数据库的应用编程接口(API)，通过它可访问各类关系数据库。Java 是 Java 核心类库的一部分。本章将从 JDBC 概述、JDBC 类和接口、JDBC 调用存储过程、JDBC 事务、批处理等方面进行详细介绍。

知识要点

- JDBC 简介
- JDBC 类和接口
- JDBC 调用存储过程
- LOB 的读写
- JDBC 事务

18.1 JDBC 简介

1996 年夏，JDBC 1.0 发布，1998 年底发布 JDBC 2.0，2003 年发布 JDBC 3.0，2006 年底发布 JDBC 4.0。JDBC 类库是 Java 平台的一部分，所有类库分布于 java.sql 和 javax.sql 之中。JDBC 由两层组成：上面一层是 JDBC API，该 API 负责与 JDBC 驱动程序管理器 API 进行通信，将各个不同的 SQL 语句发送给它；下面一层是驱动程序管理器 API，它与实际连接到数据库的、由供应商提供的数据库驱动程序进行通信，并且返回查询的信息，或者执行由查询规定的操作。

通过使用 JDBC，开发人员可以很方便地将 SQL 语句传送给几乎任何一种数据库。也就是说，开发人员可以不必写一个程序访问 Oracle，然后写另一个程序访问 MySQL，再写一个程序访问 SQL Server。用 JDBC 写的程序能够自动地将 SQL 语句传送给相应的数据库管理系统(DBMS)。不但如此，使用 Java 编写的应用程序可以在任何支持 Java 的平台上运行，而不必在不同的平台上编写不同的应用。Java 和 JDBC 的结合可以让开发人员在开发数据库应用时真正实现"一次编写，处处运行"。

开发人员使用 JDBC 统一的 API 接口，并专注于标准 SQL 语句，就可以避免直接处理底层数据库驱动程序与相关操作接口的差异性。

JDBC 提供连接各种常用数据库的能力，如图 18.1 所示。

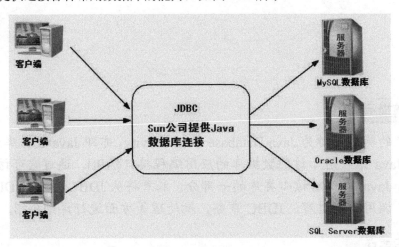

图 18.1 JDBC 数据库连接技术的应用

18.2 JDBC 类和接口

在 Java 语言中，提供了丰富的类和接口，用于数据库编程，利用它们可以方便地进行数据的访问和处理。下面主要介绍 Java.sql 包中提供的常用类和接口。Java.sql 包中提供了 JDBC 中核心的常用类、接口和异常，其常用类如表 18.1 所示，接口如表 18.2 所示，异常如表 18.3 所示。

第 18 章 Java 数据库编程

表 18.1 JDBC 的常用类

JDBC 常用类	说 明
Date	此类包含将 SQL 日期格式转换成 Java 日期格式的各种方法
DriverManager	注册、连接以及注销等管理数据库驱动程序任务
DriverPropertyInfo	管理数据库驱动程序的属性
Time	接收数据库的 Time 对象时间
Timestamp	此类通过添加纳秒字段为时间提供更高的精确度
Types	提供预定义的整数列表与各种数据类型的一一对应

表 18.2 JDBC 的常用接口

JDBC 常用接口	说 明
Array	Java 语言与 SQL 语言中的 ARRAY 类型的映射
Blob	Java 语言与 SQL 语言中的 BLOB 类型的映射
CallableStatemet	执行 SQL 存储过程
Clob	Java 语言与 SQL 语言中的 CLOB 类型的映射
Connection	应用程序与特定数据库的连接
DatabaseMetaData	数据库的有关信息
Driver	驱动程序必须实现的接口
ParameterMetaData	PreparedStatement 对象中变量的类型和属性
PreparedStatement	代表预编译的 SQL 语句
Ref	Java 语言与 SQL 语言中的 REF 类型的映射
ResultSet	接收 SQL 语句并返回结果集
ResultSetMetaData	获取关于 ResultSet 对象中列的类型和属性信息的对象
SQLData	Java 语言与 SQL 语言中用户自定义类型的映射
Statement	执行 SQL 语句并返回结果
Struct	Java 语言与 SQL 语言中的 Structured 类型的映射

表 18.3 JDBC 的异常

JDBC 异常	说 明
BatchUpdatedExceptions	批处理的作业中至少有一条指令失败
DataTruncation	数据被意外截断
SQLException	数据存取中的错误信息
SQLWarning	数据存取中的警告

用户使用 JDBC 的主要操作有与数据库建立连接、执行 SQL 语句、处理结果等，主要涉及 DriverManager 类、Connection 接口、Statement 接口、PreparedStatement 接口和 ResultSet 接口的使用。它们之间的关系如图 18.2 所示。

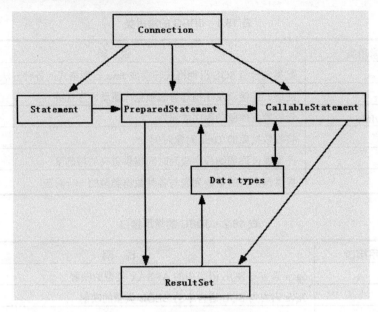

图 18.2　JDBC 接口和类之间的关系

下面将详细讲解这些接口和类的使用。

18.2.1　DriverManager 类

DriverManager 类是 JDBC 的管理层，作用于用户和驱动程序之间。它跟踪可用的驱动程序，并在数据库和相应驱动程序之间建立连接。另外，DriverManager 类也处理诸如驱动程序登录时间限制及登录和跟踪消息的显示等事务。本书只涉及它的简单应用，即通过 DriverManager.getConnection 建立与数据库的连接。

要通过 JDBC 来存取某一特定的数据库，必须有相应的 JDBC 驱动程序，它往往是由生产数据库的厂家提供，是连接 JDBC API 与具体数据库之间的桥梁。通常，Java 程序首先使用 JDBC API 来与 JDBC Driver Manager 交互，由 JDBC Driver Manager 载入指定的 JDBC 驱动程序，以后就可以通过 JDBC API 来存取数据库。数据库驱动调用过程如图 18.3 所示。

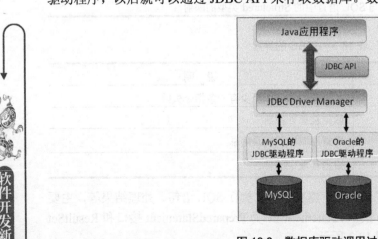

图 18.3　数据库驱动调用过程

JDBC 驱动程序是用于特定数据库的一套实施了 JDBC 接口的类集。共有以下 4 种类型的 JDBC 驱动程序。

1. JDBC-ODBC 桥驱动程序

这种方式要求用户的计算机上必须安装有 ODBC 驱动程序，JDBC-ODBC 桥驱动程序利用桥接(Bridge)方式，将 JDBC 的调用方式转换为 ODBC 驱动程序的调用方式，Microsoft Access 数据库存取就是使用这种类型。这种存取方式如图 18.4 所示。

这种连接能访问所有 ODBC 可以访问的数据库，但它的执行效率低、功能不够强大。

2. 本地 API 部分 Java 驱动程序

这种方式是将 JDBC 调用转换为特定的数据库调用。驱动程序上层封装 Java 程序以与 Java 应用程序进行沟通，将 JDBC 调用转为本地程序代码的调用，下层为本地语言来与数据库进行沟通，下层的函数库是针对特定数据库设计的。这种存取方式如图 18.5 所示。

图 18.4　JDBC-ODBC 桥驱动

图 18.5　本地 API 部分 Java 驱动

3. JDBC 网络纯 Java 驱动程序

这种方式将 JDBC 的调用转换为独立于数据库的网络协议。通过中间件(Middleware)来存取数据库，用户不必安装特定的驱动程序，由中间件来完成所有的数据库存取动作，然后将结果返回给应用程序。这种存取方式如图 18.6 所示。

4. 本地协议纯 Java 驱动程序

这种方式能将 JDBC 调用转换为数据库直接使用的网络协议。它不需要安装客户端软件，它是 100%的 Java 程序，使用 Java Sockets 来连接数据库，所以它特别适合于通过网络使用后台数据库的各种应用程序。本节也主要使用这种类型的驱动程序。这种存取方式如图 18.7 所示。

图 18.6　JDBC 网络纯 Java 驱动

图 18.7　本地协议纯 Java 驱动

> **提示**
> 本书所使用的数据库为 MySQL 数据库,读者可以在本书所附的光盘中获取 MySQL 的 JDBC 驱动程序,也可以从 http://www.mysql.com/products/connector/j/index.html 下载此驱动程序,本书所用的 JAR 包名称为 mysql-connector-java-5.1.0-bin.jar。

18.2.2 Connection 接口

Connection 对象代表特定数据库的连接(会话)。通过 DriverManager 类的静态方法 getConnection()方法可以获取 Connection 接口的实现类对象。DriverManager 类提供获取 Connection 实现类对象的方法如表 18.4 所示。

表 18.4 获取 Connection 实现类对象的方法

方 法 名	说 明
static Connection getConnection(String url)	试图建立到给定数据库 URL 的连接
static Connection getConnection(String url, Properties info)	试图建立到给定数据库 URL 的连接
static Connection getConnection(String url, String user, String password)	试图建立到给定数据库 URL 的连接

18.2.3 Statement 接口

Statement 对象用于将 SQL 语句发送到数据库中,执行对数据库的数据的检索或者更新。它有两个子接口:CallableStatement 和 PreparedStatement。可以通过 Connection 的相关方法获取 Statement 对象。具体方法如表 18.5 所示。

表 18.5 获取 Statement 实现类对象的方法列表

方 法 名	说 明
Statement createStatement()	创建 Statement 对象来将 SQL 语句发送到数据库
Statement createStatement(int resultSetType, int resultSetConcurrency)	创建 Statement 对象,该对象将生成具有给定类型和并发性的 ResultSet 对象
Statement createStatement(int resultSetType, int resultSetConcurrency, int resultSetHoldability)	创建 Statement 对象,该对象将生成具有给定类型、并发性和可保存性的 ResultSet 对象

18.2.4 PreparedStatement 接口

Statement 主要用于执行静态的 SQL 语句。如果有些操作只是与 SQL 语句中某些参数有所不同,其余的 SQL 子句皆相同,则可以使用 PreparedStatement 来提高执行效率。可以使用 Connection 的 PreparedStatement()方法建立好一个预先编译(Precompile)的 SQL 语句,其中的参数会变动的部分先用"?"作为占位符,等到需要真正指定参数执行时,再使用相对应的 setXXX(int parameterIndex, 值)方法，指定"?"处真正应该有的参数值。可以通过 Connection 的相关方法获取 Statement 对象。

具体方法如表 18.6 所示。

表 18.6　获取 Statement 实现类对象的方法

方 法 名	说　明
PreparedStatement prepareStatement(String sql)	创建 PreparedStatement 对象来将参数化的 SQL 语句发送到数据库
PreparedStatement prepareStatement(String sql, int autoGeneratedKeys)	创建默认 PreparedStatement 对象，该对象能检索自动生成的键
PreparedStatement prepareStatement(String sql, int[] columnIndexes)	创建能够返回由给定数组指定的自动生成键的默认 PreparedStatement 对象
PreparedStatement prepareStatement(String sql, int resultSetType, int resultSetConcurrency)	创建 PreparedStatement 对象，该对象将生成具有给定类型和并发性的 ResultSet 对象
PreparedStatement prepareStatement(String sql, int resultSetType, int resultSetConcurrency, int resultSetHoldability)	创建 PreparedStatement 对象，该对象将生成具有给定类型、并发性和可保存性的 ResultSet 对象
PreparedStatement prepareStatement(String sql, String[] columnNames)	创建能够返回由给定数组指定的自动生成键的默认 PreparedStatement 对象

18.2.5　ResultSet 接口

ResultSet 包含符合 SQL 语句中条件的所有行，并且它通过一套 get()方法提供了对这些行中数据的访问，这些 get()方法可以访问当前行中的不同列。ResultSet.next()方法用于移动到 ResultSet 中的下一行，使下一行成为当前行。

可以通过 Statement 的相关方法获取 ResultSet 对象。具体方法如表 18.7 所示。

表 18.7　获取 ResultSet 实现类对象的常用方法列表

方 法 名	说　明
execute(String sql)	执行给定的 SQL 语句，该语句可能返回多个结果
boolean execute(String sql, String[] columnNames)	执行给定的 SQL 语句(该语句可能返回多个结果)，并通知驱动程序在给定数组中指示的自动生成的键应该可用于检索
int[] executeBatch()	将一批命令提交给数据库来执行，如果全部命令执行成功，则返回更新计数组成的数组
ResultSet executeQuery(String sql)	执行给定的 SQL 语句，该语句返回单个 ResultSet 对象
int executeUpdate(String sql)	执行给定的 SQL 语句，该语句可能为 INSERT、UPDATE 或 DELETE 语句，或者不返回任何内容的 SQL 语句(如 SQL DDL 语句)

在建立 Statement 对象时可指定结果集类型，可指定的类型如下。
- ResultSet.TYPE_FORWARD_ONLY：只前进的，默认值。
- ResultSet.TYPE_SCROLL_INSENSITIVE：可滚动的，但是不受其他用户对数据库更改的影响。
- ResultSet.TYPE_SCROLL_SENSITIVE：可滚动的，当其他用户更改数据库时这个记录也会改变。

指定结果集类型的同时还必须指定并发类型。
- ResultSet.CONCUR_READ_ONLY：表示只读 ResultSet。
- ResultSet.CONCUR_UPDATABLE：表示可修改的 ResultSet。

ResultSet 对象常用的方法如下：

```
...
while (crs.next()) {
    System.out.print(crs.getInt(1) + "\t");
    System.out.print(crs.getString(2) + "\t");
    System.out.print(crs.getString(3) + "\t");
    System.out.println();
}
...
```

Statement 对象中提供了相应的方法获取对应 Java 类型的数据。

在 JDBC 规范中也提供了数据库类型与 Java 类型关系对应表，这里收集了常用字段的对应关系表，如表 18.8 所示。

表 18.8　JDBC 与 Java 语言类型的对应关系

JDBC 类型	Java 类型	JDBC 类型	Java 类型
CHAR	String	BINARY	byte[]
VARCHAR	String	VARBINARY	byte[]
LONGVARCHAR	String	LONGVARBINARY	byte[]
NUMERIC	java.math.BigDecimal	DATE	java.sql.Date
DECIMAL	java.math.BigDecimal	TIME	java.sql.Time
BIT	boolean	TIMESTAMP	java.sql.Timestamp
BOOLEAN	boolean	GLOB	Clob
TINYINT	byte	BLOB	Blob
SMALLINT	short	ARRAY	Array
INTEGER	int	DISTINCT	Mapping of underlying type
BIGINT	long	STRUCT	Struct
REAL	float	REF	Ref
FLOAT	double	DATALINK	java.net.URL
DOUBLE	double	JAVA_OBJECT	Underlying Java class

18.3 JDBC 操作 SQL

前面介绍了与 JDBC 相关的接口和类，本节将介绍 JDBC 的基本使用。JDBC API 连接数据库的过程如图 18.8 所示。

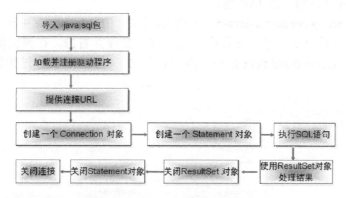

图 18.8 JDBC API 连接数据库的过程

完成与数据库的相关操作，需要执行以下步骤。

第 1 步 导入与 SQL 相关的包。

导入 java.sql.*或 javax.sql.*包。在进行数据库连接的时候，必须先导入相关的包，具体语法如下所示：

```
import java.sql.Connection;
import java.sql.DriverManager;
import java.sql.ResultSet;
import java.sql.SQLException;
import java.sql.Statement;
import java.sql.PreparedStatement;
```

第 2 步 加载 JDBC 驱动程序。

根据不同的数据库加载对应厂商提供的驱动程序。把厂商提供的驱动程序 JAR 包添加到 classpath，在 Java 代码中显式加载数据库驱动程序类。加载完数据库驱动程序类后，驱动程序会自动通过 DriverManager.registerDriver()方法注册，这样 DriverManager 就可以与厂商的驱动程序通信了。

不同数据库厂商的驱动类名不同，常用的驱动器全名如下。

- com.mysql.jdbc.Driver：MySQL 使用的驱动器。
- com.microsoft.sqlserver.jdbc.SQLServerDriver：SQL Server 使用的驱动器。
- oracle.jdbc.driver.OracleDriver：Oracle 使用的驱动器。

```
try {
   //step1
   Class.forName("com.mysql.jdbc.Driver");
} catch (ClassNotFoundException cnfe) {
   System.out.println("Error loading driver: " + cnfe);
}
```

在操作这一步的时候，还需要将数据库驱动 JAR 包加载到类路径中去。有两种方式添加 JAR 包：

- 将下载的 JAR 包放置于 JDK 中 tools.jar 所在的目录中，然后在环境变量 CLASSPATH 值"%JAVA_HOME%\lib\tools.jar;"后加"%JAVA_HOME%\lib\mysql-connector-java-5.1.7-bin.jar;"。
- 在工程中引入第三方 JAR 包。

选中下载的 mysql-connector-java-5.1.7-bin.jar 文件，在 MyEclipse 中选中项目名，执行粘贴命令，将此文件复制到项目文件中。选中这个文件并右击，在弹出的快捷菜单中选择 Build Path → Add to Build Path 命令，将 JAR 包与工程关联。操作过程如图 18.9 所示。

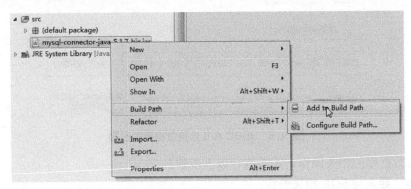

图 18.9 将 JAR 包与工程关联

第 3 步 提供连接 URL。

连接 URL 定义了连接数据库时的协议、子协议、数据源标识，形式为：

协议:子协议:数据源标识

这里"协议"在 JDBC 中总是以"jdbc"开始；"子协议"是桥接的驱动程序或是数据库管理系统名称，如果使用 MySQL 的话，是"mysql"；"数据源标识"标出数据库来源的地址和连接端口。

MySQL 的连接 URL 编写格式为：

jdbc:mysql://主机名称:连接端口/数据库名称?参数=值&参数=值

例如：

jdbc:mysql://localhost:3306/test

或者：

jdbc:mysql://localhost/test?user=root&password=123&useUnicode=true
&characterEncoding=GBK

说明

后面带的参数主要是设置编码用。

① Oracle 的连接 URL 编写格式为：

jdbc:oracle:thin:@localhost:1521:sid

② SQL Server 2000 的连接 URL 编写格式为：

```
jdbc:sqlserver://localhost:1433:DatabaseName=数据库文件
```

③ Access 2000 的连接 URL 编写格式为：

```
url="jdbc:odbc:Driver={Microsoft Access Driver (*.mdb)};DBQ=数据库文件路径";
```

第 4 步　建立一个数据库的连接。

要连接数据库，可以向 java.sql.DriverManager 要求并获得 java.sql.Connection 对象。Connection 是数据库连接的具体代表对象，一个 Connection 对象就代表一个数据库连接，可以使用 DriverManager 的 getConneciton()方法传入指定的连接 URL、用户名和密码来获得；java.sql.SQLException 是在处理 JDBC 时经常遇到的一个受检异常对象。例如：

```
String url = "jdbc:mysql://localhost:3306/test";
try {
    Connection conn = DriverManager.getConnection(url, "root", "root");
    ...
} catch (SQLException se) {
    ...
}
```

第 5 步　创建一个 Statement 对象。

要执行 SQL 语句，必须获得 java.sql.Statement 对象，它是 Java 中一个 SQL 语句的具体代表对象。例如：

```
Statement stmt = conn.createStatement();
```

第 6 步　执行 SQL 语句。

获得 Statement 对象之后，可以使用 Statement 对象的以下方法来执行 SQL。

(1) int executeUpdate(String sql)：执行改变数据库内容的 SQL，如 INSERT、DELETE、UPDATE、CREATE TABLE、DROP TABLE 等语句，返回本操作影响到的记录数。

(2) java.sql.ResultSet executeQuery(String sql)：执行查询数据库的 SQL，如 SELECT 语句，返回查询到的结果集 ResultSet 对象。例如：

```
int rows = stmt.executeUpdate("INSERT INTO ...");
//ResultSet rs  = stmt.executeQuery("SELECT * FROM ...");
```

第 7 步　处理结果。

执行更新返回的结果是本次操作影响到的记录数。执行查询返回的结果是一个 ResultSet 对象。ResultSet 是数据库结果集的数据表。ResultSet 对象具有指向其当前数据行的光标。最初，光标被置于第一行之前。可以使用 ResultSet 的 next()方法来移动光标到下一行，它会返回 true 或 false，表示是否有下一行记录。ResultSet 对象上有两种方式可以从当前行获取指定列的值。

- getXXX(int columnIndex)：使用列索引获取值。列从 1 开始编号，较为高效。
- getXXX(String columnLabel)：使用列的名称获取值。

第 8 步　关闭 JDBC 对象。

操作完成后需要把所使用的 JDBC 对象全都显式关闭，以释放 JDBC 资源：

- 调用 ResultSet 的 close()方法。
- 调用 Statement 的 close()方法。
- 调用 Connection 的 close()方法。

下面通过示例 TestJDBC 来演示以上步骤的综合使用。在示例中使用的数据库名为 studb，用户名为 root，密码为 root，数据库类型为 MySQL。Studb 数据库中有 stuinfo 表，它包含 4 个字段：id、name、classes 和 score。表结构内容如图 18.10 所示。

图 18.10 studb 表的结构

为了测试的方便，这里向 stuinfo 表插入了数条记录，读者如果不熟悉 SQL 语句，也可以通过一些控制界面向数据库添加数条记录，这里添加的数据内容如图 18.11 所示。

图 18.11 studb 表中的测试数据

创建工程 jdbcdemo，并将连接 MySQL 数据库的 JAR 包与工程关联。编写 TestJDBC.java 类来实现与数据库的交互。具体代码清单如下所示。

代码 TestJDBC.java：

```java
public class TestJDBC {
  public static void main(String[] args)
    throws SQLException, ClassNotFoundException {
    String user = "root";
    String pwd = "root";
    //设定 url
    String myjdbc = "jdbc:mysql://localhost:3306/studb";
    //加载 MySQL 驱动
    Class.forName("com.mysql.jdbc.Driver");
    //创建连接会话
    Connection myConnection =
      DriverManager.getConnection(myjdbc, user, pwd);
    //创建语句块对象
    Statement Myoperation = myConnection.createStatement();
    //获取结果集对象
    ResultSet record =
      Myoperation.executeQuery("SELECT * FROM stuinfo");
    while (record.next()) {
```

```
            //输出结果集对象
            System.out.println(record.getInt("id") + ","
                + record.getString("name") + "," + record.getInt("score"));
        }
        //关闭结果集
        try {
            if (record != null)
                //关闭结果集时需要处理异常
                record.close();
        } catch (Exception e) {
            e.printStackTrace();
        } finally {
            try {
                if (myConnection != null)
                    myConnection.close();
            } catch (Exception e) {
                e.printStackTrace();
            }
        }
    }
}
```

运行此程序，输出结果如图 18.12 所示。

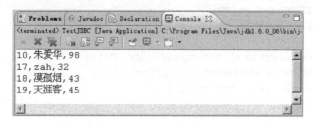

图 18.12 TestJDBC 的运行结果

18.4 JDBC 基本示例

　　Java 连接数据并进行相关的操作也是初学者必须掌握的重点之一，为了更好地促使读者掌握 JDBC 的相关内容，接下来通过 studentDemo 示例对 student 表的增、删、改、查功能的实现，加强对 JDBC 的理解。创建 studentDemo 示例的过程主要分为以下几个步骤。

第1步 设置数据库表结构。

本小节仍然基于 studb 数据库中的 stuinfo 表进行相关操作，studb 的 SQL 语句如下：

```
create database if not exists studb;
USE studb;
DROP TABLE IF EXISTS stuinfo;
CREATE TABLE stuinfo (
    id int(11) NOT NULL auto_increment,
    name varchar(20) default NULL,
    classes varchar(10) default NULL,
```

```
    score varchar(10) default NULL,
    PRIMARY KEY (id)
) ENGINE=InnoDB DEFAULT CHARSET=utf8;
insert  into stuinfo(id,name,classes,score)
values(10,'朱爱华','34','98'),
(17,'zah','12','32'),
(18,'漠孤烟','54','43'),
(19,'天涯客','777','45');
```

studb 数据库的用户名和密码与前一致。

第 2 步 创建连接工厂类。

在增、删、改、查的操作中，都需要获取与数据库的连接对象。从软件的可重复性考虑，需要把这一部分封装成一个单独的类，ConnectionFactory 类即用来产生 Connection 对象。它的代码清单如下所示。

代码 ConnectionFactory.java：

```java
import java.sql.Connection;
import java.sql.DriverManager;
import java.sql.SQLException;

public class ConnectionFactory {
    public Connection getConnection() {
        Connection con = null;
        String url = "";
        try {
            Class.forName("com.mysql.jdbc.Driver");
        } catch (ClassNotFoundException ce) {
            System.out.println(ce);
        }
        try {
            url = "jdbc:mysql://localhost:3306/studb";
            con = DriverManager.getConnection(url);
            //注意捕获异常信息
        } catch (SQLException ce) {
            System.out.println(ce);
        }
        return con;
    }
}
```

第 3 步 创建关闭连接工具类。

每一步操作完毕后都需要关掉所占资源，在关闭时还需要判断要关闭的对象是否存在，并且在调用关闭方法时还需要处理异常。在前一示例中只是进行了查询操作。关闭的代码如下所示：

```java
...
try {
    if (record != null)
        //关闭结果集时需要处理异常
        record.close();
```

```
} catch (Exception e) {
    e.printStackTrace();
} finally {
    try {
        if (myConnection != null)
            myConnection.close();
    } catch (Exception e) {
        e.printStackTrace();
    }
}
...
```

如果业务复杂，则每一个与数据库交互的操作中都需要编写这些代码，这样，代码的冗余问题就不得不考虑了。为了减少冗余，需要专门编写一个关闭相关连接的工具类。

JDBCUtils 类即用来解决释放资源问题的工具类。它的代码清单如下所示。

代码 JDBCUtils.java：

```java
import java.sql.Connection;
import java.sql.Statement;
import java.sql.ResultSet;
public class JDBCUtils {
    //关闭结果集、语句块与连接
    public static void close(ResultSet rs, Statement stmt,
      Connection conn) {
        close(rs);
        close(stmt);
        close(conn);
    }
    //关闭语句块与连接
    public static void close(Statement stmt, Connection conn) {
        close(stmt);
        close(conn);
    }
    //关闭连接
    public static void close(Connection conn) {
        try {
            if (conn != null) {
                conn.close();
            }
        } catch (Exception e) {
            e.printStackTrace();
        }
    }
    //关闭语句块
    public static void close(Statement stmt) {
        try {
            if (stmt != null) {
                stmt.close();
            }
        } catch (Exception e) {
            e.printStackTrace();
```

```java
        }
    }
    //关闭结果集
    public static void close(ResultSet rs) {
        try {
            if (rs != null) {
                rs.close();
            }
        } catch (Exception e) {
            e.printStackTrace();
        }
    }
}
```

第 4 步 创建操作方法类。

把与数据库进行增、删、改、查的操作都封装于 StudentBiz 中，读者可以认真分析此类，有助于加深对 JDBC 的理解。它的代码清单如下所示。

代码 StudentBiz.java：

```java
import java.sql.Connection;
import java.sql.SQLException;
import java.sql.Statement;
import java.sql.ResultSet;
import java.sql.PreparedStatement;
public class StudentBiz {
    /**
     * 查询所有数据
     *
     * @throws Exception
     */
    public void readDate() throws Exception {
        ConnectionFactory factory = new ConnectionFactory();
        //得到数据连接
        Connection conn = factory.getConnection();
        //得到语句块
        Statement stmt = conn.createStatement();
        String sqlstr = "select * from stuinfo";
        //得到结果集
        ResultSet rs = stmt.executeQuery(sqlstr);
        //遍历结果集，显示结果
        while (rs.next()) {
            System.out.print(rs.getString(1) + "\t");
            System.out.print(rs.getString(2) + "\t");
            System.out.print(rs.getString(3) + "\t");
            System.out.print(rs.getString(4) + "\t");
            System.out.println(" ");
        }
        JDBCUtils.close(rs, stmt, conn);
    }
    public void readDateByName(String name) throws Exception {
        ConnectionFactory factory = new ConnectionFactory();
```

第18章 Java 数据库编程

```java
        //得到数据连接
        Connection conn = factory.getConnection();
        //得到语句块
        Statement stmt = conn.createStatement();
        String sqlstr = "select * from stuinfo where name='" + name + "'";
        //得到结果集
        ResultSet rs = stmt.executeQuery(sqlstr);
        //遍历结果集,显示结果
        while (rs.next()) {
            System.out.print(rs.getString(1) + "\t");
            System.out.print(rs.getString(2) + "\t");
            System.out.print(rs.getString(3) + "\t");
            System.out.print(rs.getString(4) + "\t");
            System.out.println(" ");
        }
        JDBCUtils.close(rs, stmt, conn);
    }
    public void insertDateByName(String name, String classes, int score)
        throws Exception {
        ConnectionFactory factory = new ConnectionFactory();
        //得到数据连接
        Connection conn = factory.getConnection();
        //拼写 SQL 语句
        String sqlstr = "insert stuinfo(name,classes,score) values(?,?,?)";
        PreparedStatement psmt = conn.prepareStatement(sqlstr);
        psmt.setString(1, name);
        psmt.setString(2, classes);
        psmt.setInt(3, score);
        psmt.executeUpdate();
        JDBCUtils.close(psmt, conn);
        this.readDate();
    }
    public void updateDateByName(String name) throws Exception {
        ConnectionFactory factory = new ConnectionFactory();
        //得到数据连接
        Connection conn = factory.getConnection();
        //得到语句块
        Statement stmt = conn.createStatement();
        String sqlstr = "update stuinfo set score=86 where name='"
            + name + "'";
        stmt.executeUpdate(sqlstr);
        JDBCUtils.close(stmt, conn);
        this.readDateByName(name);
    }
    public void deleDateByName(String name) throws Exception {
        ConnectionFactory factory = new ConnectionFactory();
        //得到数据连接
        Connection conn = factory.getConnection();
        //得到语句块
        Statement stmt = conn.createStatement();
```

```
        String sqlstr = "delete from stuinfo where name='" + name + "'";
        stmt.executeUpdate(sqlstr);
        JDBCUtils.close(stmt, conn);
        this.readDate();
    }
    public static void main(String[] args) {
        TestDB td = new TestDB();
        try {
            //td.insertDateByName("张燕君", "02", 87);
            td.updateDateByName("zah");
            td.readDate();
        } catch (Exception e) {
            //TODO Auto-generated catch block
            e.printStackTrace();
        }
    }
}
```

第5步 创建测试类。

为了验证上述方法是否正确，编写测试类 TestStudentBiz.java 进行测试。测试类的代码清单如下所示。

代码 TestStudentBiz.java：

```
public class TestStudentBiz {
    public static void main(String[] args) {
        StudentBiz td = new StudentBiz();
        try {
            //这里用测试语句代替
        } catch (Exception e) {
            e.printStackTrace();
        }
    }
}
```

这里为了减少篇幅，在编写的测试类中，并未指明具体要进行什么操作，相关的操作如下所示。

(1) 将代码中的注释语句替换为 td.readDate();，可以测试查询方法是否正确。执行 TestStudentBiz，运行结果如图 18.13 所示。

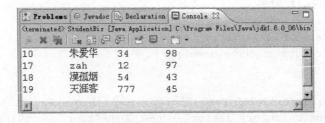

图 18.13　测试查询所有数据的结果

(2) 将注释语句替换为 td.insertDateByName("张燕君", "02", 87);，可以测试插入方法是否正确。执行 TestStudentBiz，运行结果如图 18.14 所示。

(3) 将注释语句替换为 td.updateDateByName("zah");，可以测试修改方法是否正确，执行 TestStudentBiz，运行结果如图 18.15 所示。

(4) 将注释语句替换为 td.deleDateByName("zah");，可以测试删除方法是否正确，执行 TestStudentBiz，运行结果如图 18.16 所示。

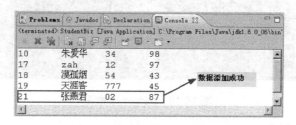

图 18.14　测试插入一条数据的结果

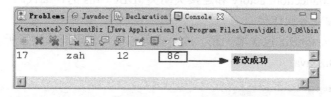

图 18.15　测试修改一条数据的结果

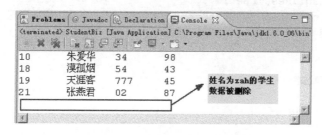

图 18.16　测试删除一条数据的结果

18.5　JDBC 应用示例

JDBC 的常用功能已经基本讲述完毕，本着学以致用的目的，本节将结合 Swing 来开发一个简单的用户操作的桌面应用程序，有助于增强读者开发桌面应用程序的水平。通过界面执行对用户表的添加、删除、修改和查询的操作，应用程序的结构如图 18.17 所示。

图 18.17　用户操作应用程序的结构

要完成此应用程序，需要按以下步骤来操作。

第 1 步　设置库表结构。

本例操作数据库表比较简单，在studb库中添加person表，表中有3个字段：Name、Address和id。其中Name和Address是varchar类型，id是int类型。往表中添加几条测试数据，如图18.18所示。

图18.18　person表截图

第2步　设置公用类。
连接工厂类ConnectionFactory和连接关闭类JDBCUtils的详细代码见第17章的内容。

第3步　创建业务操作类。
业务操作类PersonBiz包含增、删、改、查等方法，代码清单如下所示。

代码PersonBiz.java：

```java
import java.sql.Connection;
import java.sql.Statement;
import java.sql.ResultSet;
import java.sql.PreparedStatement;
public class PersonBiz {

    /**
     * 查询所有数据
     *
     * @throws Exception
     */
    public void readDate() throws Exception {
        ConnectionFactory factory = new ConnectionFactory();
        //得到数据连接
        Connection conn = factory.getConnection();
        //得到语句块
        Statement stmt = conn.createStatement();
        //拼写SQL语句，查询所有的Person
        String sqlstr = "select * from person";
        //得到结果集
        ResultSet rs = stmt.executeQuery(sqlstr);
        //遍历结果集，显示结果
        while (rs.next()) {
            System.out.print(rs.getInt(1) + "\t");
            System.out.print(rs.getString(2) + "\t");
            System.out.print(rs.getInt(3) + "\t");
            System.out.print(rs.getString(4) + "\t");
            System.out.print(rs.getString(5) + "\t");
        }
        //关闭结果集、语句块与连接
        JDBCUtils.close(rs, stmt, conn);
```

```java
}
/**
 * 插入一条数据
 * @name String 名字
 * @id int 唯一标识
 * @address String 地址
 * @throws Exception
 */
public void insertDate(String Name, int id, String Address)
  throws Exception {
    ConnectionFactory factory = new ConnectionFactory();
    //得到数据连接
    Connection conn = factory.getConnection();
    //得到语句块
    Statement stmt = conn.createStatement();
    //拼写一个插入 SQL 语句
    String sqlstr = "insert into person values(?,?,?)";
    //得到预编译对象
    PreparedStatement psmt = conn.prepareStatement(sqlstr);
    //设置相关的参数值
    psmt.setString(1, name);
    psmt.setInt(2, id);
    psmt.setString(3, address);
    //执行操作 SQL 的语句
    psmt.executeUpdate();
    //关闭结果集、语句块与连接
    JDBCUtils.close(stmt, conn);
    //this.readDate();
}

/**
 * 删除一条数据
 * @name String 名字
 * @throws Exception
 */
public void deleteDate(String name) throws Exception {
    ConnectionFactory factory = new ConnectionFactory();
    //得到数据连接
    Connection conn = factory.getConnection();
    //得到语句块
    Statement stmt = conn.createStatement();
    //拼写通过 name 删除一条记录
    String sqlstr = "delete from person where name='" + name + "' ";
    //执行所操作的 SQL 语句
    stmt.executeUpdate(sqlstr);
    //关闭结果集、语句块与连接
    JDBCUtils.close(stmt, conn);
    //this.readDate();
}
```

```java
/**
 * 通过姓名更新数据，并将需更新的id、address以参数形式传入
 * @name String 名字
 * @id int 唯一标识
 * @add String 地址
 * @throws Exception
 */
public void updateDate(String name, int id, String add)
  throws Exception {
    ConnectionFactory factory = new ConnectionFactory();
    //得到数据连接
    Connection conn = factory.getConnection();
    //拼写更新 Person 表的 SQL 语句
    String sqlstr = "update person set id=?,Address=? where name='"
       + name + "'";
    //得到预编译对象
    PreparedStatement psmt = conn.prepareStatement(sqlstr);
    //设置相关的参数值
    psmt.setInt(1, id);
    psmt.setString(2, add);
    //执行所操作的 SQL 语句
    psmt.executeUpdate();
    //关闭结果集、语句块与连接
    JDBCUtils.close(psmt, conn);
    //this.readDate();
}
/**
 * 通过 ID 查询一条 person 记录
 * @id int 唯一标识
 * @throws Exception
 */
public void selectDate(int id) throws Exception {
    ConnectionFactory factory = new ConnectionFactory();
    //得到数据连接
    Connection conn = factory.getConnection();
    //得到语句块
    Statement stmt = conn.createStatement();
    //拼写根据 id 查询 person 的 SQL 语句
    String sqlstr = "select * from person where id=" + id + "";
    //得到结果集
    ResultSet rs = stmt.executeQuery(sqlstr);
    //遍历结果集，显示结果
    while (rs.next()) {
        System.out.print(rs.getString(1) + "\t");
        System.out.print(rs.getInt(2) + "\t");
        System.out.print(rs.getString(3) + "\t");
    }
    //关闭结果集，语句块与连接
    JDBCUtils.close(rs, stmt, conn);
}
```

```java
/**
*通过姓名查找，将结果保存在数组中
* @name String 姓名
* @throws Exception
*/
public String[] selectDate(String name) throws Exception {
    ConnectionFactory factory = new ConnectionFactory();
    //得到数据连接
    Connection conn = factory.getConnection();
    //得到语句块
    Statement stmt = conn.createStatement();
    String sqlstr = "select * from student where name='" + name + "'";
    //得到结果集
    ResultSet rs = stmt.executeQuery(sqlstr);
    String[] data = new String[3];
    //遍历结果集，将结果保存在数组中
    while (rs.next()) {
        data[0] = rs.getString(1);
        data[1] = rs.getString(2);
        data[2] = rs.getString(3);
    }
    //关闭结果集，语句块和连接
    JDBCUtils.close(rs, stmt, conn);
    return data;
}
```

第 4 步 编写添加数据的界面。

添加界面的效果如图 18.19 所示。

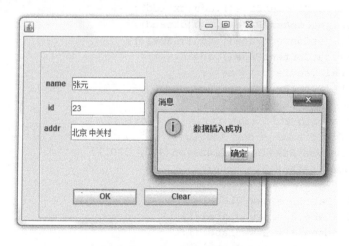

图 18.19 添加功能的界面

编写添加数据功能的界面类 AddStu，代码清单如下所示。

代码 AddStu.java：

//省略导包命令

```java
public class AddStu extends JFrame {
    public AddStu() {
        try {
            init();
        } catch (Exception exception) {
            exception.printStackTrace();
        }
    }
    private void init() throws Exception {
        getContentPane().setLayout(null);
        jLabel1.setBorder(BorderFactory.createEtchedBorder());
        jLabel1.setBounds(new Rectangle(27, 23, 339, 257));
        jLabel4.setText("addr");
        jLabel4.setBounds(new Rectangle(34, 129, 35, 24));
        jLabel3.setText("id");
        jLabel3.setBounds(new Rectangle(40, 100, 35, 18));
        txtname.setBounds(new Rectangle(78, 62, 118, 21));
        btnadd.addActionListener(new AddStuActionAdapter());
        this.getContentPane().add(jLabel3);
        clear.setBounds(new Rectangle(196, 232, 118, 26));
        clear.setText("Clear");
        btnadd.setBounds(new Rectangle(81, 233, 103, 25));
        btnadd.setText("OK");
        txtadd.setBounds(new Rectangle(77, 134, 272, 26));
        txtid.setBounds(new Rectangle(77, 98, 119, 24));
        this.getContentPane().add(jLabel2);
        this.getContentPane().add(jLabel4);
        this.getContentPane().add(txtname);
        this.getContentPane().add(txtid);
        this.getContentPane().add(txtadd);
        this.getContentPane().add(btnadd);
        this.getContentPane().add(jLabel1);
        this.getContentPane().add(clear);
        jLabel2.setText("name");
        jLabel2.setBounds(new Rectangle(36, 57, 50, 30));
    }
    public static void main(String[] args) {
        AddStu frame1 = new AddStu();
        frame1.setSize(new Dimension(400, 320));
        frame1.setVisible(true);
    }
    JLabel jLabel1 = new JLabel();
    JLabel jLabel2 = new JLabel();
    JLabel jLabel3 = new JLabel();
    JLabel jLabel4 = new JLabel();
    JTextField txtname = new JTextField();
    JTextField txtid = new JTextField();
    JTextField txtadd = new JTextField();
    JButton btnadd = new JButton();
    JButton clear = new JButton();
    //当用户单击Add按钮的时候,执行如下事件
```

```java
class AddStuActionAdapter implements ActionListener {
    public void actionPerformed(ActionEvent e) {
        //获得界面上用户输入的名称、ID、地址
        String tid = txtid.getText();
        String name = txtname.getText();
        String addr = txtadd.getText();

        //创建前面我们写好的业务 PersonBiz 对象
        PersonBiz personBiz = new PersonBiz ();
        int id = Integer.parseInt(tid);
        boolean flag = false;
        try {
            //调用业务方法，传入数据，插入数据库
            personBiz.insertDate(name, id, addr);
            flag = true;
        } catch (Exception ex) {}
        if (flag) {
            JOptionPane.showMessageDialog(null, "数据插入成功");
        } else {
            JOptionPane.showMessageDialog(null, "数据插入失败", "错误",
              JOptionPane.ERROR_MESSAGE);
        }
        //清空界面文本域的内容
        txtid.setText("");
        txtadd.setText("");
        txtname.setText("");
    }
}
```

第 5 步 编写删除数据的界面。

添加界面的效果如图 18.20 所示。

图 18.20 删除功能界面

编写删除数据功能的界面类 DelStu，代码清单如下。

代码 DelStu.java：

```java
//省略导包命令

public class DelStu extends JFrame {
    public DelStu() {
        try {
            init();
        } catch (Exception exception) {
            exception.printStackTrace();
        }
    }

    private void init() throws Exception {
        getContentPane().setLayout(null);
        jLabel1.setBorder(BorderFactory.createEtchedBorder());
        jLabel1.setBounds(new Rectangle(22, 23, 357, 262));
        txtname.setBounds(new Rectangle(150, 45, 174, 28));
        btndel.addActionListener(new DelStuActionAdapter());
        this.getContentPane().add(jLabel2);
        btndel.setBounds(new Rectangle(96, 114, 176, 34));
        btndel.setText("确定");
        this.getContentPane().add(jLabel1);
        this.getContentPane().add(txtname);
        this.getContentPane().add(btndel);
        jLabel2.setText("请输入要删除的姓名");
        jLabel2.setBounds(new Rectangle(37, 44, 113, 29));
    }

    public static void main(String[] args) {
        DelStu delstu = new DelStu();
        delstu.setSize(new Dimension(400, 320));
        delstu.setVisible(true);
    }

    JLabel jLabel1 = new JLabel();
    JLabel jLabel2 = new JLabel();
    JTextField txtname = new JTextField();
    JButton btndel = new JButton();

    //当用户单击"确定"按钮的时候，执行如下事件
    class DelStuActionAdapter implements ActionListener {
        public void actionPerformed(ActionEvent e) {
            //获得文本域用户输入的内容
            String name = txtname.getText();
            //创建前面我们写好的业务 PersonBiz 对象
            PersonBiz personBiz = new PersonBiz();
            boolean flag = false; //起开关的作用，用来操控显示哪种对话框
            try {
                //调用业务方法，传入要删除的用户姓名
                personBiz.deleteDate(name);
```

```
                flag = true;
            } catch (Exception ex) {}
            if (flag) {
                JOptionPane.showMessageDialog(null, "删除数据成功");
            } else {
                JOptionPane.showMessageDialog(null, "删除数据失败", "错误",
                JOptionPane.ERROR_MESSAGE);
            }
            // 清空文本域的内容
            txtname.setText("");
        }
    }
}
```

第 6 步 编写查询数据的界面。

查询界面的效果如图 18.21 所示。

图 18.21 查询功能的界面

编写查询数据功能的界面类 SeleStu，代码清单如下所示。

代码 SeleStu.java：

```
//省略导包命令

public class SeleStu extends JFrame {
    public SeleStu() {
        try {
            init();
        } catch (Exception ex) {
            ex.printStackTrace();
        }
    }

    public static void main(String[] args) {
        SeleStu selestu = new SeleStu();
        selestu.setSize(new Dimension(400, 320));
        selestu.setVisible(true);
```

```java
}

private void init() throws Exception {
    this.getContentPane().setLayout(null);
    jLabel1.setBorder(BorderFactory.createEtchedBorder());
    jLabel1.setText("请输入查询的姓名");
    jLabel1.setBounds(new Rectangle(6, 4, 390, 47));
    OK.setBounds(new Rectangle(288, 17, 59, 25));
    OK.setText("OK");
    OK.addActionListener(new SelectStuActionAdapter());
    jLabel3.setText("此学生ID为:");
    jLabel3.setBounds(new Rectangle(13, 77, 91, 26));
    jLabel4.setText("此学生地址为:");
    jLabel4.setBounds(new Rectangle(13, 110, 83, 21));
    txtid.setEditable(false);
    txtid.setBounds(new Rectangle(110, 82, 144, 25));
    txtaddr.setEditable(false);
    txtaddr.setBounds(new Rectangle(110, 114, 145, 25));
    this.getContentPane().add(jLabel1);
    txtname.setBounds(new Rectangle(105, 16, 146, 26));
    this.getContentPane().add(jLabel2);
    this.getContentPane().add(txtname);
    this.getContentPane().add(OK);
    this.getContentPane().add(jLabel3);
    this.getContentPane().add(jLabel4);
    this.getContentPane().add(txtid);
    this.getContentPane().add(txtaddr);
    jLabel2.setBorder(BorderFactory.createEtchedBorder());
    jLabel2.setBounds(new Rectangle(6, 58, 388, 235));
}

JLabel jLabel1 = new JLabel();
JLabel jLabel2 = new JLabel();
JTextField txtname = new JTextField();
JButton OK = new JButton();
JLabel jLabel3 = new JLabel();
JLabel jLabel4 = new JLabel();
JTextField txtid = new JTextField();
JTextField txtaddr = new JTextField();

//当用户单击"确定"按钮的时候，执行如下事件
class SelectStuActionAdapter implements ActionListener {
    public void actionPerformed(ActionEvent e) {
        // 得到要查询的person姓名
        String name = txtname.getText();
        // 创建前面我们写好的业务PersonBiz对象
        PersonBiz personBiz = new PersonBiz();
        boolean flag = false;
        String[] datatmp = null;
        try {
            //调用业务方法，返回数据
```

```
                    datatmp = personBiz.selectDate(name);
                    flag = true;
                } catch (Exception ex) {}
                if (flag) {
                    //以返回的数据填充文本域
                    txtid.setText(datatmp[1]);
                    txtaddr.setText(datatmp[2]);
                }
            }
        }
    }
}
```

第 7 步 编写更新数据的界面。

更新界面的效果如图 18.22 所示。

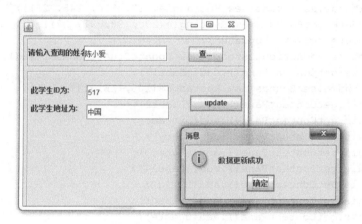

图 18.22 更新功能的界面

编写更新数据功能的界面类 UpdateStu，代码清单如下所示。

代码 UpdateStu.java：

```
//导包命令
public class UpdateStu extends JFrame {
    public UpdateStu() {
        try {
            init();
        } catch (Exception ex) {
            ex.printStackTrace();
        }
    }

    public static void main(String[] args) {
        UpdateStu updateStu = new UpdateStu();
        updateStu.setSize(new Dimension(400, 320));
        updateStu.setVisible(true);
    }

    private void init() throws Exception {
```

```java
        this.getContentPane().setLayout(null);
        jLabel1.setBorder(BorderFactory.createEtchedBorder());
        jLabel1.setText("请输入查询的姓名");
        jLabel1.setBounds(new Rectangle(6, 4, 390, 47));
        query.setBounds(new Rectangle(288, 17, 59, 25));
        query.setText("查询");
        query.addActionListener(new PreUpdateStuActionAdapter());
        jLabel3.setText("此学生ID为:");
        jLabel3.setBounds(new Rectangle(13, 77, 91, 26));
        jLabel4.setText("此学生地址为:");
        jLabel4.setBounds(new Rectangle(13, 110, 83, 21));
        txtid.setEditable(true);
        txtid.setBounds(new Rectangle(110, 82, 144, 25));
        txtaddr.setEditable(true);
        txtaddr.setBounds(new Rectangle(110, 114, 145, 25));
        update.setBounds(new Rectangle(290, 98, 91, 27));
        update.setText("update");
        update.addActionListener(new UpdateStuActionAdapter());
        this.getContentPane().add(jLabel1);
        txtname.setBounds(new Rectangle(105, 16, 146, 26));
        this.getContentPane().add(jLabel2);
        this.getContentPane().add(txtname);
        this.getContentPane().add(query);
        this.getContentPane().add(jLabel3);
        this.getContentPane().add(jLabel4);
        this.getContentPane().add(txtid);
        this.getContentPane().add(txtaddr);
        this.getContentPane().add(update);
        jLabel2.setBorder(BorderFactory.createEtchedBorder());
        jLabel2.setBounds(new Rectangle(6, 58, 388, 235));
    }

    JLabel jLabel1 = new JLabel();
    JLabel jLabel2 = new JLabel();
    JTextField txtname = new JTextField();
    JButton query = new JButton();
    JLabel jLabel3 = new JLabel();
    JLabel jLabel4 = new JLabel();
    JTextField txtid = new JTextField();
    JTextField txtaddr = new JTextField();
    JButton update = new JButton();

    //查出要更新的用户资料
    class UpdateStuActionAdapter implements ActionListener {
        public void actionPerformed(ActionEvent e) {
            //获得文本框Person的姓名
            String name = txtname.getText();
            String tid = txtid.getText();
            String addr = txtaddr.getText();
            int id = 0;
            if (tid != null) {
```

```
            id = Integer.parseInt(tid);
        }
        //创建前面我们写好的业务 PersonBiz 对象
        PersonBiz personBiz = new PersonBiz();
        boolean flag = false;
        try {
            //调用业务方法，返回数据
            personBiz.updateDate(name, id, addr);
            flag = true;
        } catch (Exception ex) {}
        if (flag) {
            JOptionPane.showMessageDialog(null, "数据更新成功");
        }
    }
}
//当用户单击"确定"按钮的时候，执行如下事件
class PreUpdateStuActionAdapter implements ActionListener {
    public void actionPerformed(ActionEvent e) {
        //获得文本框 Person 的姓名
        String name = txtname.getText();
        //创建前面我们写好的业务 PersonBiz 对象
        PersonBiz personBiz = new PersonBiz();
        boolean flag = false;
        String[] datatmp = null;
        try {
            //调用业务方法，返回数据
            datatmp = personBiz.selectDate(name);
            flag = true;
        } catch (Exception ex) {}
        if (flag) {
            //显示查询出来的 person 信息
            txtid.setText(datatmp[1]);
            txtaddr.setText(datatmp[2]);
        } else {
            JOptionPane.showMessageDialog(null, "此用户不存在！",
              "错误", JOptionPane.ERROR_MESSAGE);
        }
    }
}
}
```

初学者一定要多练习此例，通过此例理解应用程序编程的架构及常用的技巧。

18.6 本章练习

1. 简答题

(1) 简述 Class.forName() 的作用。

(2) 写出几个在 JDBC 中常用的接口。

(3) 简述你对 Statement、PreparedStatement 和 CallableStatement 的理解。

(4) 在 JDBC 编程时为什么要养成经常释放连接的习惯？

(5) 简单写一下编写 JDBC 程序的一般过程。

2. 上机练习

(1) 有一张学生表(student)：试用 JDBC 对 Student 对象进行增、删(根据 ID 删)、改、查(根据 ID 查、根据姓名模糊查、查询全部)方法的封装。

表的结构和数据 SQL 脚本如下，连接的是 MySQL 的 test 数据库。

```
DROP TABLE IF EXISTS 'student';
CREATE TABLE 'student' (
    'id' int(11) NOT NULL AUTO_INCREMENT,
    'name' varchar(40) DEFAULT NULL,
    'sex' varchar(20) DEFAULT NULL,
    'address' varchar(40) DEFAULT NULL,
    'score' int(11) DEFAULT NULL,
    'age' int(11) DEFAULT NULL,
    PRIMARY KEY ('id')
) ENGINE=InnoDB AUTO_INCREMENT=13 DEFAULT CHARSET=gbk;
```

(2) 为了提高代码的重用性，回忆 JDBC 操作数据库的代码，封装一个 JDBC 操作数据库的工具类：DbUtils.java，把一些公用的代码抽取成方法以便使用。实际开发中为了提高 JDBC 程序连接不同数据库的能力，经常把连接数据库的 URL、用户名、密码等信息编写在一个属性文件(dbconfig.properties)中，试按照这个思路，对 DbUtils.java 进行封装。

Jdbc.properties 属性文件的内容如下：

```
driverName=com.mysql.jdbc.Driver
url=jdbc:mysql://localhost:3306/test
username=root
password=root
```

第 19 章

Java 网络编程

学前提示

有了网络，这个世界变得更精彩。因为 Java 语言最初是作为一种网络编程语言出现的，所以它提供了丰富的 API，可以很方便地访问互联网上的 HTTP 服务、FTP 服务等，并可以直接取得互联网上的资源，还可以发送各种请求等。本章简要介绍网络分层、TCP/IP 协议等内容，最后通过 QQ 聊天的示例，来帮助读者理解 Java 在网络应用程序开发方面所具备的强大功能。

知识要点

- 网络概念
- 通信协议分层思想
- TCP/IP 协议
- Java 对网络编程的支持
- TCP、UDP 通信协议的 Java 实现
- QQ 聊天室模块简介

19.1 网络编程的基本概念

在学习使用 Java 语言编写网络开发应用程序之前，需要读者先了解网络编程的基本概念。本节将从网络基础知识、网络基本概念、网络传输协议三个方面来进行介绍。

19.1.1 网络基础知识

谈到网络，不能不谈 OSI 参考模型，OSI 参考模型的全称是开放系统互连参考模型(Open System Interconnection Reference Model，OSI RM)，它是由国际标准化组织 ISO 提出的一个网络系统互连模型。ISO 组织把网络通信工作分为七层。一至四层被认为是低层，这些层与数据移动密切相关。五至七层是高层，包含应用程序级的数据。每一层负责一项具体的工作，然后把数据传送到下一层。OSI 参考模型如图 19.1 所示。

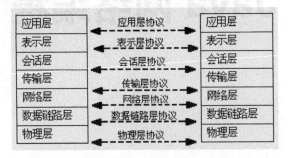

图 19.1 OSI 参考模型

把用户应用程序作为最高层，把物理通信线路作为最低层，将其间的协议处理分为若干层，规定每层处理的任务，也规定每层的接口标准。但 OSI 模型目前主要只用于教学理解，在实际使用中，网络硬件设备基本都是参考 TCP/IP 模型。可以把 TCP/IP 模型想象为 OSI 模型的简化版本。这两种模型的关系如图 19.2 所示。

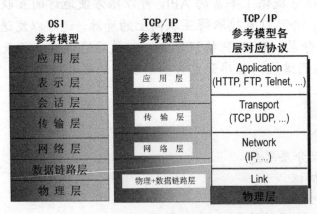

图 19.2 网络分层模型

上面讲述的全是理论，下面介绍数据究竟是如何传输的。数据通过 OSI 模型的上三层，进行必要的转换后，数据流传到第四层(传输层)，整段的数据流不适合网络传输，所以传输层对数据流进行分段，继续往下传，网络层在数据段的前面加上网络层报头，变成数据包，再往下传，到数据链路层，在数据包的前面加上帧头和帧尾，变成了数据帧，最后传到物理层，转换成可以在介质里传输的比特流，接收计算机通过相反的方向解包。

19.1.2 网络基本概念

下面介绍在网络术语中经常会使用的几个名词。

(1) IP 地址：IP 地址用来标识计算机等网络设备的网络地址，由四个 8 位的二进制数组成，中间以小数点分隔。如 192.168.1.3、192.168.1.9 等。

(2) 主机名(Host Name)：网络地址的助记名，按域名进行分级管理。如 www.csdn.net、www.csdn.com 等。

> **提示**
> 在 Internet 上，IP 地址和主机名是一一对应的，通过域名解析可以由主机名得到机器的 IP，由于机器名更接近自然语言，容易记忆，所以使用比 IP 地址广泛，但是对机器而言，只有 IP 地址才是有效的标识符。

(3) 端口号(Port Number)：网络通信时，同一机器上的不同进程的标识，称为端口号。如 80、21、23、25 等，其中 0~1023 是公认端口号，即已经公认定义或为将要公认定义的软件保留的。1024~65535 是并没有公共定义的端口号，用户可以自己定义这些端口的作用。端口号就是为了在一台主机上提供更多的网络资源而采取的一种手段，也是 TCP 层提供的一种机制。

(4) 服务类型(Service)：网络的各种服务，如 HTTP、Telnet、FTP、SMTP。服务类型是在 TCP 层上面的应用层的概念。基于 TCP/IP 协议可以构建出各种复杂的应用，服务类型是那些已经被标准化了的应用，一般都是网络服务器(软件)。读者可以编写自己的基于网络的服务器，但都不能被称作标准的服务类型。

客户端与服务器的交互如图 19.3 所示。

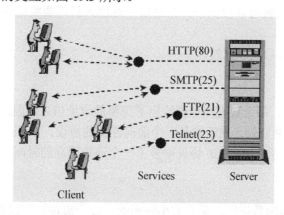

图 19.3 客户端与服务器的交互

客户访问服务器实现是在享受服务器提供的各种服务，不同的客户可能需要的服务不同。图 19.3 中的 Server 是主机的意思，严格来说，提供网络服务的对象不是主机，而应该是主机中运行的进程。只有通过主机名或 IP 地址和端口号的组合才能确定是哪个进程。当然读者可以把 Server 想象成邮局，不同的端口号想象为不同的服务窗口，例如：汇款或兑款在 80 号窗口，寄收邮件在 25 号窗口，交水电费、电话费在 23 号窗口等。

19.1.3 网络传输协议

尽管 TCP/IP 协议的名称中只有 TCP 这个协议名，但是在 TCP/IP 的传输层同时存在 TCP 和 UDP 两个协议。在 Internet 中，TCP/IP 协议是使用最为广泛的通信协议。TCP/IP 是英文 Transmission Control Protocol / Internet Protocol 的缩写，意思是"传输控制协议/网际协议"。

TCP/IP 实际上是一组协议，它包括上百个各种功能的协议，如远程登录、文件传输和电子邮件等，而 TCP 协议和 IP 协议是保证数据完整传输的两个基本的重要协议。通常说 TCP/IP 是 Internet 协议族，而不单单只是指 TCP 协议和 IP 协议。

提示

协议可以理解为规定，两台机器必定要约定统一的规则才能通信。

通过 TCP 协议传输，得到的是一个顺序的无差错的数据流。在发送方和接收方成对的两个 Socket 之间必须建立连接，以便在 TCP 协议的基础上进行通信，当一个 Socket(通常都是 Server Socket)等待建立连接时，另一个 Socket 可以要求进行连接，一旦这两个 Socket 连接起来，它们就可以进行双向数据传输，双方都可以进行发送或接收操作。可以将 TCP 协议传输想象为打电话，两个人如果要通话，首先要建立连接——打电话时的拨号，等待响应后——接听电话后，才能相互传递信息，最后还要断开连接——挂断电话。

UDP 是 User Datagram Protocol 的简称，即用户数据报协议，是一种无连接的协议。UDP 和 TCP 位于同一个传输层，但它对于数据包的顺序错误或重发没有 TCP 可靠。每个数据报都是一个独立的信息，包括完整的源地址或目的地址，它在网络上以任何可能的路径传往目的地，因此能否到达目的地，到达目的地的时间以及内容的正确性都是不能被保证的。可以将 UDP 用户数据报协议想象为写信，写完信时填写好收信人的地址并贴邮票后将信投入邮筒，收信人就可以收到了。在这里，寄信人只需要将信寄出去，而不保证收信人一定可以收到。

下面对这两种协议做简单比较。

1. 传输效率

使用 UDP 协议时，每个数据报中都给出了完整的地址信息，因此无须建立发送方和接收方的连接。对于 TCP 协议，由于它是一个面向连接的协议，在 Socket 之间进行数据传输之前必然要建立连接，所以在 TCP 协议中多了一个连接建立的时间。

2. 传输大小

使用 UDP 协议传输数据时，是有大小限制的，每个被传输的数据报必须限定在 64KB 之内。而 TCP 协议没有这方面的限制，一旦连接建立起来，双方的 Socket 就可以按统一的格式传输大量的数据。

3. 可靠性

UDP 协议是一个不可靠的协议，发送方所发送的数据报并不一定以相同的次序到达接收方。而 TCP 协议是一个可靠的协议，它确保接收方完全正确地获取发送方所发送的全部数据。

在这里，读者可能有疑惑了，既然有了保证可靠传输的 TCP 协议，为什么还要非可靠传输的 UDP 协议呢？主要的原因有以下两个：

- 可靠的传输是要付出代价的，对数据内容正确性的检验必然占用计算机的处理时间和网络的带宽，因此 TCP 协议传输的效率不如 UDP 协议高。
- 在许多应用中并不需要保证严格的传输可靠性，比如视频会议系统，并不要求音频和视频数据绝对的正确，只要保证连贯性就可以了，这种情况下显然使用 UDP 协议会更合理一些。

腾讯 QQ 在访问服务器时使用两种协议，即 UDP 协议和 TCP 协议，读者可以试着在登录 QQ 的时候将路由器或 ADSL 关掉，在提示登录失败的时候，单击"详细信息"按钮，会弹出如图 19.4 所示的对话框。

图 19.4 QQ 客户端登录失败的信息

19.2 Java 网络类和接口

Java 中，有关网络方面的功能都定义在 java.net 包中。Java 所提供的网络功能可分为以下三大类。

1. URL 和 URLConnection

抽象类 URLConnection 是所有类的超类，它代表应用程序和 URL 之间的通信链接。此类的实例可用于读取和写入此 URL 引用的资源。

2. Socket

Socket 接口是 TCP/IP 网络的 API，Socket 接口定义了许多函数或例程，程序员可以用它们来开发 TCP/IP 网络上的应用程序。

3. Datagram

Datagram(数据包)是一种尽力而为的传送数据的方式，它只是把数据的目的地记录在数据包中，然后就直接放在网络上，系统不保证数据能不能安全送到，或者什么时候可以送到，也就是说，它并不保证传送质量。

19.3 InetAddress 类

InetAddress 类是 Java 的 IP 地址封装类，它不需要用户了解如何实现地址的细节。此类的 API 文档说明如图 19.5 所示。

图 19.5 InetAddress 类的 API 文档

InetAddress 类没有构造方法，可以通过该类的静态方法创建该类的实例对象，这些静态方法如表 19.1 所示。

表 19.1 InetAddress 类的静态方法

方法名	说 明
static InetAddress[] getAllByName(String host)	在给定主机名的情况下，根据系统上配置的名称服务返回其 IP 地址所组成的数组
static InetAddress getByAddress(byte[] addr)	在给定原始 IP 地址的情况下，返回 InetAddress 对象
static InetAddress getByAddress(String host, byte[] addr)	根据提供的主机名和 IP 地址创建 InetAddress

续表

方 法 名	说 明
static InetAddress getByName(String host)	在给定主机名的情况下确定主机的 IP 地址
static InetAddress getLocalHost()	返回本地主机

下面通过示例 InternetDemo.java 来介绍此类的相关用法。

【例 19.1】InternetDemo.java。代码如下：

```java
public class InternetDemo {
    /**
     * @param args
     */
    public static void main(String[] args) {
        try {
            InetAddress inetadd = InetAddress.getLocalHost();
            //将此 IP 地址转换为 String
            System.out.println(inetadd.toString());
            //获取此 IP 地址的主机名。
            System.out.println(inetadd.getHostName());
            //获取 IP
            System.out.println(inetadd.getHostAddress());
        } catch (Exception e) {
            e.printStackTrace();
        }
    }
}
```

运行此程序，输出结果如图 19.6 所示。

图 19.6　InetAddress 类示例的运行结果

19.4　URL 和 URLConnection 类

19.4.1　URL 类

URL 是 Uniform Resource Location 的缩写，即"统一资源定位符"。通俗地说，URL 是在 Internet 上用来描述信息资源的字符串，主要用在各种 WWW 客户程序和服务器程序上。采用 URL，可以用一种统一的格式来描述各种信息资源，包括文件、服务器的地址和目录等，这种格式已经成为描述数据资源位置的标准方式。

URL 类的 API 文档说明如图 19.7 所示。

图 19.7 URL 类的 API 文档

可以通过 URL 类提供的构造方法，来获取 URL 实例对象，URL 类的常用构造方法如表 19.2 所示。

表 19.2 URL 类的常用构造方法

方 法 名	说 明
URL(String spec)	根据 String 表示形式创建 URL 对象
URL(String protocol, String host, int port, String file)	根据指定的 protocol、host、port 和 file 创建 URL 对象
URL(String protocol, String host, String file)	根据指定的 protocol、host 和 file 创建 URL
URL(URL context, String spec)	通过在指定的上下文中对给定的 spec 进行解析，创建 URL

URL 类中一些很基本的方法如下。
- public String getProtocol()：获取该 URL 的协议名。
- public String getHost()：获取该 URL 的主机名。
- public String getPort()：获取该 URL 的端口号。
- public String getPath()：获取该 URL 的文件路径。
- public String getFile()：获取该 URL 的文件名。
- public String getRef()：获取该 URL 在文件中的相对位置。
- public String getQuery()：获取该 URL 的查询名。
- public final Object getContent()：获取传输协议。
- public final InputStream openStream()：打开到此 URL 的连接并返回一个用于从该连接读入的 InputStream。

下面通过示例 URLReader.java 来介绍 URL 类的相关用法。

【例 19.2】URLReader.java。代码如下：

```java
import java.io.BufferedReader;
import java.io.InputStreamReader;
import java.net.URL;
public class URLReader {
    public static void main(String args[]) {
        try {
            URL gis = new URL("http://www.tjitcast.net");
            //获取协议
            System.out.println("Protocol: " + gis.getProtocol());
            //获取主机名
            System.out.println("hostname: " + gis.getHost());
            //获取端口号
            System.out.println("port    : " + gis.getPort());
            //获取文件
            System.out.println("file    : " + gis.getFile());
            //把 URL 转化为字符串
            System.out.println("toString: " + gis.toString());
            System.out.println("==========================");
            BufferedReader in = new BufferedReader(
              new InputStreamReader(gis.openStream(), "utf-8"));
            //读取传智播客网站信息
            String line;
            while ((line=in.readLine()) != null) {
                System.out.println(line);
            }
            in.close();
        } catch (Exception e) {
            System.out.println(e);
        }
    }
}
```

运行此程序，输出结果如图 19.8 所示。

图 19.8　程序 URLReader.java 的运行结果

> **提示**
> 在程序中必须选择 public InputStreamReader(InputStream in, String charsetName) 构造器来读取数据，否则，在获取的数据中，中文将显示为乱码。

通过 URL 类的 toString() 方法，可以很清晰地看出 URL 的格式由三部分组成：协议(或称为服务方式)、存有该资源的主机 IP 地址(有时也包括端口号)和主机资源的具体地址，如目录和文件名等。前两者之间用"://"符号隔开，后两者用"/"符号隔开。其中前两者是不可缺少的。本例中的 URL 为 http://www.csdn.cn/abc/test.html。

19.4.2 URLConnection 类

URLConnection 类是一个抽象类，它代表应用程序与 URL 之间的通信链接。

URLConnection 类的实例可用于读取和写入此 URL 引用的资源。URLConnection 允许用 POST、PUT 和其他的 HTTP 请求方法将数据送回服务器。使用 URLConnection 对象的一般步骤如下。

第 1 步　创建一个 URL 对象。
第 2 步　通过 URL 对象的 openConnection 方法创建 URLConnection 对象。
第 3 步　配置参数和一般请求属性。
第 4 步　读首部字段。
第 5 步　获取输入流并读数据。
第 6 步　获取输出流并写数据。
第 7 步　关闭连接。

> **提示**
> 使用 URLConnection 对象并不是必须要按以上步骤完成的，用户如果使用 URL 类的默认设置，就可以省略第 3 步，有时候仅需要从服务器读取数据，并不需要向服务器发送数据，这种情况下也可以省略第 6 步。

下面通过两个示例来演示 URLConnection 类的相关用法。
(1) 用 URLConnection 类来获取 www.csdn.cn 首页的相关内容。
【例 19.3】TestURL.java。代码如下：

```
public class TestURL {
    public static void main(String[] args) {
        String strUrl = "http://www.tjitcast.cn";
        BufferedReader br = null;
        try {
            URL url = new URL(strUrl);
            URLConnection uc = url.openConnection(); //打开资源
            //uc.connect();
            //getInputStream 会隐含进行 connect
            br = new BufferedReader(
              new InputStreamReader(uc.getInputStream()));
            String str = "";
```

```
            while((str=br.readLine()) != null) {
                System.out.println(str);
            }
        } catch (MalformedURLException e) {
            e.printStackTrace();
        } catch (IOException e) {
            e.printStackTrace();
        } finally {
            if(null != br) {
                try {
                    br.close();
                } catch (IOException e) {
                    e.printStackTrace();
                }
            }
        }
    }
}
```

运行此程序，在控制台显示的结果与例 19.2 相同。其实在 IE 中查看源代码文件就是如此实现的。

> **提示**
> URL 类提供的 OpenStream()方法是打开链接到此 URL 的连接并返回一个用于从该连接读入的 InputStream。OpenStream()方法实际上是 openConnection().getInputStream()方法的缩写。

（2）用 HTTPURLConnection 类提交请求到百度搜索并获取搜索后的结果。

首先打开 www.baidu.com，在查询框中输入"java"，单击"百度一下"按钮，提交请求信息，在查询结果页可以看到，请求被提供到"www.baidu.com/s?wd=java"，搜索出与 Java 相关的信息约有 58800000 篇，查询结果如图 19.9 所示。

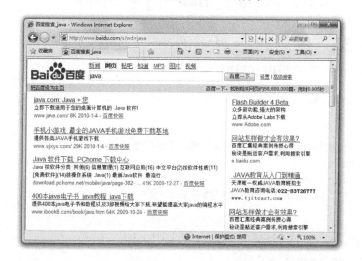

图 19.9　百度中搜索"java"关键字的效果

下面通过示例 TestParamURL.java 来演示 URLConnection 类的相关用法。

【例 19.4】TestParamURL.java。代码如下：

```java
import java.io.BufferedReader;
import java.io.InputStreamReader;
import java.io.PrintWriter;
import java.net.HttpURLConnection;
import java.net.URL;
import java.net.URLConnection;
public class TestParamURL {
    public static void main(String[] args) {
        String strUrl = "http://www.baidu.com/s";
        String param = "wd=java";
        System.out.println(sendGet(strUrl, param));
    }
    /**
     * 以 GET 方式提交 HTTP 请求到服务器，并返回结果
     * @param url
     * @param param
     * @return
     */
    public static String sendGet(String url, String param) {
        String result = "";
        try {
            String urlName = url + "?" + param;
            URL u = new URL(urlName);
            URLConnection connection = u.openConnection();
            connection.connect();
            BufferedReader in = new BufferedReader(
                new InputStreamReader(connection.getInputStream()));
            String line;
            while ((line=in.readLine()) != null) {
                result += "\n" + line;
            }
            in.close();
        } catch (Exception e) {
            System.out.println("没有结果！" + e);
        }
        return result;
    }
    /**
     * 以 POST 方式提交 HTTP 请求到服务器，并返回结果
     * @param url
     * @param param
     *          参数形式为"参数名=值&参数名=值"
     * @return
     */
    public static String sendPost(String url, String param) {
        String result = "";
        try {
            URL httpurl = new URL(url);
```

```java
            HttpURLConnection httpConn =
                (HttpURLConnection)httpurl.openConnection();
            //设置是否向 httpUrlConnection 输出,因为这个是 post 请求,
            //参数要放在 HTTP 正文内,因此需要设为 true,
            //默认情况下是 false
            httpConn.setDoOutput(true);
            //设置是否从 httpUrlConnection 读入,默认情况下是 true
            httpConn.setDoInput(true);
            //Post 请求不能使用缓存
            httpConn.setUseCaches(false);
            //设定传送的内容类型是可序列化的 Java 对象
            //(如果不设此项,在传送序列化对象时,当 Web 服务默认的不是这种类型时,
            //可能抛出 java.io.EOFException 异常
            httpConn.setRequestProperty("Content-type",
                "application/x-java-serialized-object");
            //设定请求的方法为 POST,默认是 GET
            httpConn.setRequestMethod("POST");
            //利用输出流向服务器传送参数,参数形式为"参数名=值&参数名=值"
            PrintWriter out = new PrintWriter(httpConn.getOutputStream());
            out.print(param);
            out.flush();
            out.close();
            BufferedReader in = new BufferedReader(
                new InputStreamReader(httpConn.getInputStream()));
            String line;
            while ((line=in.readLine()) != null) {
                result += "\n" + line;
            }
            in.close();
        } catch (Exception e) {
            System.out.println("没有结果!" + e);
        }
        return result;
    }
}
```

运行此程序,输出结果如图 19.10 所示。

图 19.10　程序 TestParamURL.java 的运行结果

19.5　Socket 套接字

　　套接字(Socket)是由伯克利大学首创的，它允许程序把网络连接当成一个流，可以通过流的方式实现数据的交换。Java 中有专门的 Socket 类处理用户的请求和响应，利用 Socket 类可以轻松实现两台计算机间的通信。Socket 类的 API 说明如图 19.11 所示。

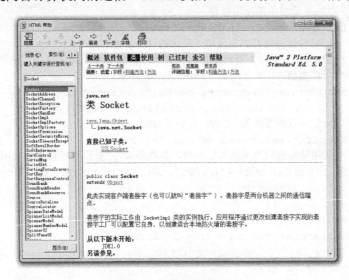

图 19.11　Socket 类的 API

　　Socket 类是 Java 的基础类，用于执行客户端的 TCP 操作。套接字有两种：一种套接字是在服务器端创建的，叫作服务器套接字(Server Socket)；还有一种是在客户端创建的，就是客户端套接字。对于一个网络连接来说，套接字是平等的，不因为在服务器端或在客户端而产生不同级别。套接字的具体用法如下所述。

1．客户端套接字

　　可以通过构造方法来获取客户端 Socket 实例对象，常用构造方法如表 19.3 所示。

表 19.3　获取客户端 Socket 实例对象的常用构造方法

方 法 名	说 明
Socket(String host, int port)	创建一个流套接字，并将其连接到指定主机上的指定端口号
Socket(InetAddress address, int port)	创建一个流套接字，并将其连接到指定 IP 地址的指定端口号

　　常用方法如下所示。

　　(1) public InetAddress getInetAddress()：返回此套接字连接到的远程 IP 地址。如果套接字是未连接的，则返回 null。

　　(2) public int getPort()：返回此套接字连接到的远程端口。如果尚未连接套接字，则返回 0。

　　(3) public int getLocalPort()：返回此套接字绑定到的本地端口。如果尚未绑定套接字，则返回-1。

(4) public InetAddress getLocalAddress()：获取套接字绑定的本地地址。如果尚未绑定套接字，则返回 InetAddress.anyLocalAddress()。

(5) public InputStream getInputStream() throws IOException：返回此套接字的输入流。如果此套接字具有关联的通道，则得到的输入流会将其所有操作委托给通道。如果通道为非阻塞模式，则输入流的 read 操作将抛出 IllegalBlockingModeException 异常。

(6) public OutputStream getOutputStream() throws IOException：返回此套接字的输出流。如果此套接字具有关联的通道，则得到的输出流会将其所有操作委托给通道。如果通道为非阻塞模式，则输出流的 write 操作将抛出 IllegalBlockingModeException 异常。

(7) public void close() throws IOException：关闭此套接字。所有当前阻塞于此套接字上的 I/O 操作中的线程都将抛出 SocketException 异常。套接字被关闭后，便不可以在以后的网络连接中使用(即无法重新连接或重新绑定)，需要创建新的套接字。如果此套接字有一个与之关联的通道，则关闭该通道。

2. 服务器端套接字

每个服务器端套接字运行在服务器上特定的端口，监听在这个端口的 TCP 连接。当远程客户端的 Socket 试图与服务器指定端口建立连接时，服务器被激活，判定客户程序的连接，并打开两个主机之间固有的连接。一旦客户端与服务器建立了连接，则两者之间就可以传送数据。

可以通过构造方法来获取服务器端 Socket 实例对象，常用构造方法如表 19.4 所示。

表 19.4　获取服务器端 Socket 实例对象的常用构造方法

方 法 名	说 明
ServerSocket()	创建非绑定服务器套接字
ServerSocket(int port)	创建绑定到特定端口的服务器套接字
ServerSocket(int port, int backlog)	利用指定的 backlog 创建服务器套接字，并将其绑定到指定的本地端口号
ServerSocket(int port, int backlog, InetAddress bindAddr)	使用指定的端口、监听 backlog 和要绑定到的本地 IP 地址创建服务器

常用方法如下所示。

- Socket accept()：监听并接受到此套接字的连接。当用户未连接上来时，此方法一直是闲置状态。此方法会返回一个 Socket(它使用的端口与 ServerSocket 不同)，这样 ServerSocket 可以空出来等待其他用户的连接。
- void close()：关闭此套接字。

不管一个 Socket 通信程序的功能多么齐全、程序多么复杂，其基本结构都是一样的，都包括以下 4 个基本步骤。

第 1 步　在客户端和服务器端创建 Socket/ServerSocket 实例。

第 2 步　打开连接到 Socket 的输入/输出流。

第 3 步　利用输入/输出流，按照一定的协议对 Socket 进行读/写操作。

第 4 步 关闭输入/输出流和 Socket。

Socket 通信过程如图 19.12 所示。

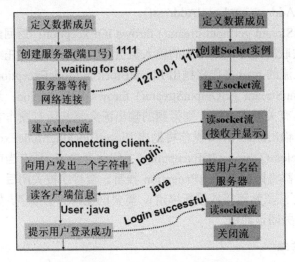

图 19.12　Socket 通信过程

下面通过示例来演示 Socket 的使用方法。

服务器端 TCPServer.java 的代码如下所示：

```java
import java.io.*;
import java.net.*;

public class TCPServer { //TCP Server
    public static void main(String[] args) {
        try { //1.建立 Socket
            ServerSocket s = new ServerSocket(3434);
            while (true) {
                Socket s1 = s.accept();
                //2.在客户端和服务器端同时打开输入/输出流
                //BufferedWriter bw = new BufferedWriter(
                // new OutputStreamWriter(s1.getOutputStream()));
                // bw.write("你好, " +s1.getInetAddress()+ ":" + s1.getPort());
                // bw.close();
                //服务器端读信息
                BufferedReader br = new BufferedReader(
                  new InputStreamReader(s1.getInputStream()));
                String str = br.readLine();
                System.out.println("客户端说:" + str);
                s1.close();
            }
        } catch (IOException e) {
            e.printStackTrace();
            System.out.println("程序运行出错:" + e);
        }
    }
}
```

> **提示**
> 端口可以随意指定(由于 1024 以下的端口通常属于保留端口,在一些操作系统中不可以随意使用,所以建议使用大于 1024 的端口)。

客户端 TCPClient.java 的代码如下所示:

```java
import java.io.*;
import java.net.*;
public class TCPClient { //TCP Client
    public static void main(String[] args) {
        try { //1.建立 Socket
            Socket s = new Socket("127.0.0.1", 3434);
            //2.在客户端和服务器端同时打开输入/输出流
            //BufferedReader br = new BufferedReader(new InputStreamReader(s
            //   .getInputStream()));
            // String str = br.readLine();
            // System.out.println("服务器说:" + str);

            //向服务器端写
            BufferedWriter bw = new BufferedWriter(
              new OutputStreamWriter(s.getOutputStream()));
            bw.write("你好, " + s.getInetAddress() + ":" + s.getPort());
            bw.close();
        } catch (UnknownHostException e) {
            System.err.println("服务器连接失败!");
            e.printStackTrace(); //先关闭流再关闭 Socket
        } catch (IOException e) {
            e.printStackTrace();
        }
    }
}
```

打开两个命令行窗口,切换到源代码放置目录下,通过 javac 编译两个类,格式为:

D:\JEBworkspace\jdbcdemo\src> javac TCP*.java

然后先运行服务器端,再运行客户端,将看到如图 19.13 所示的聊天通信情况。

图 19.13 客户端向服务器端发信息通信

前面只是实现了一个服务器端和一个客户端通信的功能。如何实现服务器端与多个客户端程序通信呢？这就需要用多线程，其中主线程有一个 Socket 绑定在一个固定端口上，负责监听客户端的 Socket 信息。每当启动一个客户端程序，客户端发送来一个 Socket 连接请求，服务器端就新开启一个线程，并在其中创建一个 Socket 与该客户端的 Socket 通信，直到客户端程序关闭，结束该线程。主线程中的 Socket 在应用程序退出时关闭。

客户端代码清单如下所示：

```java
import java.io.BufferedReader;
import java.io.BufferedWriter;
import java.io.IOException;
import java.io.InputStreamReader;
import java.io.OutputStreamWriter;
import java.io.PrintWriter;
import java.net.Socket;
import java.util.Scanner;

public class TCPClient { //TCP Client
    public static void main(String[] args) {
        Socket s = null;
        try { //1.建立 Socket
            s = new Socket("127.0.0.1", 6578);
            //2.在客户端和服务器端同时打开输入/输出流
            BufferedReader in = new BufferedReader(
                new InputStreamReader(s.getInputStream()));
            //向服务器端写
            PrintWriter out = new PrintWriter(new BufferedWriter(
                new OutputStreamWriter(s.getOutputStream())), true);
            Scanner input = new Scanner(System.in);
            System.out.println("现在开始对话！！！！");
            String temp = input.next();
            while (true) {
                if (!temp.equals("end")) {
                    out.println("client :" + temp);
                    String line = in.readLine();
                    System.out.println(line);
                    temp = input.next();
                } else {
                    out.println("end");
                    break;
                }
            }
        } catch (Exception e) {
            e.printStackTrace();
        } finally {
            try {
                s.close();
            } catch (IOException e) {
                e.printStackTrace();
```

```
            }
        }
    }
}
```

服务器端的代码清单如下所示:

```java
import java.io.BufferedReader;
import java.io.IOException;
import java.io.InputStreamReader;
import java.io.PrintWriter;
import java.net.ServerSocket;
import java.net.Socket;

public class TCPServer {
    private static final int SERVER_PORT = 6578;
    public TCPServer() throws Exception {
        ServerSocket s = new ServerSocket(SERVER_PORT);
        System.out.println("Server started...");
        while (true) {
            //侦听并接收到此套接字的连接
            Socket s1 = s.accept();
            new ServerThread(s1);
        }
    }

    public static void main(String[] args) throws Exception {
        new TCPServer();
    }
}

class ServerThread extends Thread {
    private Socket socket;

    private BufferedReader in;
    private PrintWriter out;

    public ServerThread(Socket s) throws IOException {
        socket = s;
        in = new BufferedReader(
          new InputStreamReader(socket.getInputStream(), "GB2312"));
        out = new PrintWriter(socket.getOutputStream(), true);
        start();
    }

    public void run() {
        try {
            while (true) {
                String str = in.readLine();
                if(str.equalsIgnoreCase("end"))
                    break;
```

```
                System.out.println("来自客户端的信息: " + str);
                out.println(str);
            }
        } catch (IOException e) {
            //...
        } finally {
            try {
                socket.close();
            } catch (IOException e) {
                e.printStackTrace();
            }
        }
    }
}
```

打开两个命令行窗口，切换到源代码放置目录下，通过 javac 编译两个类，格式为：

```
D:\> javac TCP*.java
```

然后先运行服务器端，再运行客户端，看到如图 19.14 所示的聊天通信效果。

图 19.14　多客户端与服务器端交互的通信

本节只是简单讲述了 Socket 套接字的应用，在本章的综合示例中，较深入地探讨 Socket 套接字在聊天交互类程序中的运用。

19.6　Datagram 套接字

Datagram 套接字是利用 UDP 协议传输数据包的。UDP 协议是面向无连接的数据传输，是不可靠的，但效率高。如日常的音频、视频，损失一些数据不会影响听和看的效果。

在 Java 中，有两个类——DatagramPacket 和 DatagramSocket，为应用程序中采用数据报通信方式进行网络通信。

DatagramPacket 类是用来创建数据包的，它的 API 文档说明如图 19.15 所示。

图 19.15　DatagramPacket 类的 API 文档

可以通过构造方法来获取 DatagramPacket 实例对象，常用的构造方法如表 19.5 所示。

表 19.5　获取 DatagramPacket 实例对象的常用构造方法

方 法 名	说 明
DatagramPacket(byte[] buf, int length)	构造数据报包，用来接收长度为 length 的数据包
DatagramPacket(byte[] buf, int offset, int length)	构造数据报包，用来接收长度为 length 的包，在缓冲区中指定了偏移量
DatagramPacket(byte[] buf, int length, InetAddress address, int port)	构造数据报包，用来将长度为 length 的包发送到指定主机上的指定端口号
DatagramPacket(byte[] buf, int offset, int length, InetAddress address, int port)	构造数据报包，用来将长度为 length、偏移量为 offset 的包发送到指定主机上的指定端口号

可以通过构造方法来获取 DatagramSocket 实例对象，常用构造方法如表 19.6 所示。

表 19.6　获取 DatagramSocket 实例对象的常用构造方法

方 法 名	说 明
DatagramSocket()	构造数据报套接字并将其绑定到本地主机上任何可用的端口
DatagramSocket(int port)	构造数据报套接字并将其绑定到本地主机上的指定端口

DatagramSocket 类是创建数据报通信的 Socket，它的 API 文档说明如图 19.16 所示。

使用数据包方式首先将数据打包，用 DatagramPacket 类创建两种数据包，一种用来传递数据包，该数据包有要传递到的目的地址；另一种数据包用来接收传递过来的数据包中的数据，数据报通信流程如图 19.17 所示。

图 19.16　DatagramSocket 类的 API 文档

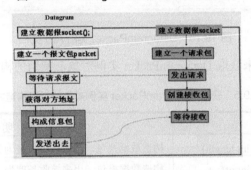

图 19.17　数据报通信流程

下面通过示例来演示 UDP 的使用方法。

UDP 发送数据 UDPSender.java 的代码如下：

```java
import java.io.IOException;
import java.net.*;
//发送端
public class UDPSender {
    public static void main(String[] args) {
        String str = "这是通过 UDP 发来的数据，大漠请接收！";
        byte[] b = str.getBytes();
        //创建要发送的数据报包实例
        DatagramPacket packet = null;
        try {
            //数据报包需要指定：要发送的数据,数据的长度,目的地 IP 和端口号
            packet = new DatagramPacket(b, b.length,
                new InetSocketAddress("127.0.0.1", 6666));
            //创建发送数据报包的 Socket，指定通过 5555 端口来发送
            DatagramSocket socket = new DatagramSocket(5555);
            //发送数据报包
            socket.send(packet);
```

```
      } catch (UnknownHostException e) {
        e.printStackTrace();
      } catch (SocketException e) {
        e.printStackTrace();
      } catch (IOException e) {
        e.printStackTrace();
      }
   }
}
```

UDP 接收数据 UDPReceiver.java 的代码如下：

```
import java.io.IOException;
import java.net.*;
//接收端
public class UDPReceiver {
   public static void main(String[] args) {
      byte[] b = new byte[16];
      //创建一个用来接收长度为 length 的数据包
      DatagramPacket packet = new DatagramPacket(b, b.length);
      //创建一个在 6666 端口上接收数据报包的 Socket
      try {
         DatagramSocket socket = new DatagramSocket(6666);
         socket.receive(packet);
         String str = new String(b);
         System.out.println("收到信息:" + str);
      } catch (SocketException e) {
         e.printStackTrace();
      } catch (IOException e) {
         e.printStackTrace();
      }
   }
}
```

编译两个源文件，先运行接收端，然后再运行发送端，可以得到如图 19.18 所示的结果。

图 19.18 UDP 通信的效果

19.7 综合示例

通过 Swing 编程结合 Socket 网络编程，可以设计一个多人聊天程序，此程序模拟 QQ 界面，用户登录后，可以发表言论，自由聊天。聊天室登录界面如图 19.19 所示。

图 19.19 聊天室登录界面

多次运行登录程序，可实现多人聊天的效果，本例模拟了三个用户登录，聊天的截图如图 19.20 所示。

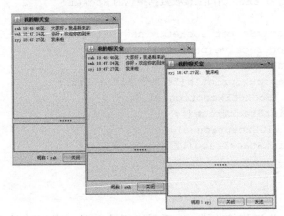

图 19.20 Swing 多人聊天窗口

这个多人聊天案例其实就是对前面学习 Socket 程序的深入挖掘。此案例支持多个客户端。用户先启动服务端，然后再启动登录端，登录端会创建 Socket 对象并与服务端连接，连接成功，将初始化客户端，并且关闭登录端。这样服务端与客户端就可以进行交互了。再有用户启动客户端，则执行相同的操作。多人聊天程序的运行情况如图 19.21 所示。

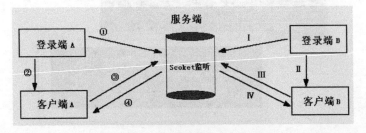

图 19.21 多人聊天程序的运行情况

第 19 章 Java 网络编程

> **提示**
> 服务端需要记载前来连接的客户端 Socket 对象，并且服务器端要通过线程把某客户端发送的信息向所有客户端转发，从而完成多人聊天的功能。

Swing 允许选择程序的图形界面风格，常用的有 Java 风格，Windows 风格等，默认情况下是选用了 Java 风格。为了友好地显示窗体，本例使用 Windows 中的皮肤。本书所附光盘中已提供换肤工具 substance (路径为 Java 源代码\ch19\substance)，读者也可以通过官方网站 https://substance.dev.java.net 进行下载。

下面从用户登录、客户端界面设计、服务端设计三个方面来对本例进行讲解。

用户登录的时候，需要创建一个 Socket 对象，与服务端进行连接，如果连接成功，将显示客户端聊天界面，并把用户昵称传入客户端界面。

用户登录 ClientLogin.java 代码如下：

```java
//省略了相关导包命令
/**
 * 聊天室的客户端登录界面
 */
public class ClientLogin extends JFrame {
    private JTextField nameTxt;
    private JPasswordField pwdFld;
    public ClientLogin() {
        this.init();
        this.setDefaultCloseOperation(EXIT_ON_CLOSE);
        this.setVisible(true);
    }
    public void init() {
        this.setTitle("聊天室登录界面");
        this.setSize(330, 230);
        int x =
            (int)Toolkit.getDefaultToolkit().getScreenSize().getWidth();
        int y =
            (int)Toolkit.getDefaultToolkit().getScreenSize().getHeight();
        this.setLocation((x - this.getWidth()) / 2, (y-this.getHeight())/ 2);
        this.setResizable(false);
        //把 Logo 放置到 JFrame 的北边
        URL url = this.getClass().getResource("/loginlogo.png");
        Icon icon = new ImageIcon(url);
        JLabel label = new JLabel(icon);
        this.add(label, BorderLayout.NORTH);
        //登录信息面板
        JPanel mainPanel = new JPanel();
        Border border =
            BorderFactory.createEtchedBorder(EtchedBorder.LOWERED);
        mainPanel.setBorder(BorderFactory.createTitledBorder(border,
            "输入登录信息", TitledBorder.CENTER, TitledBorder.TOP));
        this.add(mainPanel, BorderLayout.CENTER);
        mainPanel.setLayout(null);
        JLabel nameLbl = new JLabel("请输入昵称：");
```

```java
        nameLbl.setBounds(30, 30, 80, 22);
        mainPanel.add(nameLbl);
        nameTxt = new JTextField();
        nameTxt.setBounds(115, 30, 120, 22);
        mainPanel.add(nameTxt);
        JLabel pwdLbl = new JLabel("请输入密码: ");
        pwdLbl.setBounds(30, 60, 80, 22);
        mainPanel.add(pwdLbl);
        pwdFld = new JPasswordField();
        pwdFld.setBounds(115, 60, 120, 22);
        mainPanel.add(pwdFld);
        //按钮面板放置在JFrame的南边
        JPanel btnPanel = new JPanel();
        btnPanel.setLayout(new FlowLayout(FlowLayout.RIGHT));
        this.add(btnPanel, BorderLayout.SOUTH);
        JButton resetBtn = new JButton("重置");
        resetBtn.addActionListener(new ActionListener() {
            public void actionPerformed(ActionEvent e) {
                nameTxt.setText("");
                pwdFld.setText("");
            }
        });
        btnPanel.add(resetBtn);
        JButton submitBtn = new JButton("登录");
        //注意这里传入的this
        submitBtn.addActionListener(new LoginAction(this));
        btnPanel.add(submitBtn);
    }
}
//"登录"事件处理类
class LoginAction implements ActionListener {
    private JFrame self;
    public LoginAction(JFrame self) {
        this.self = self;
    }
    public void actionPerformed(ActionEvent e) {
        System.out.println("用户名是" + nameTxt.getText()
            + ",密码是" + new String(pwdFld.getPassword()));
        try {
            //连接到服务器...
            Socket socket = new Socket("127.0.0.1", 8888);
            
            //连接上之后，显示聊天窗口
            new ChatClient(socket, nameTxt.getText());
            //打开聊天面板时，关闭登录窗体。所以调用dispose方法
            self.dispose();
        } catch (UnknownHostException e1) {
            e1.printStackTrace();
            JOptionPane.showConfirmDialog(self, "找不到指定的服务器！",
                "连接失败", JOptionPane.OK_OPTION,
                JOptionPane.ERROR_MESSAGE);
        } catch (IOException e1) {
```

```
                    e1.printStackTrace();
                    JOptionPane.showConfirmDialog(self, "连接服务器出错,请重试!",
                        "连接失败", JOptionPane.OK_OPTION,
                        JOptionPane.ERROR_MESSAGE);
                }
            }
        }
    }
    public static void main(String[] args) {
        try {
            //使用提供的皮肤工具
            UIManager.setLookAndFeel(new SubstanceBusinessLookAndFeel());
        } catch (UnsupportedLookAndFeelException e) {
            e.printStackTrace();
        }
        JFrame.setDefaultLookAndFeelDecorated(true);
        JDialog.setDefaultLookAndFeelDecorated(true);
        new ClientLogin();
    }
}
```

客户聊天端发送完信息,所有的客户端均要收到此信息,包括自己。在聊天端还要显示用户的昵称,查看聊天信息的区域,收到的每条信息均由"昵称+发送时间+发送内容"组成。聊天端的效果如图 19.22 所示。

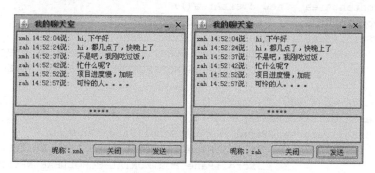

图 19.22 多人聊天程序的运行效果

客户端 ChatClient.java 代码如下:

```
//省略了相关导包命令
/**
 * 聊天室的客户端
 */
public class ChatClient extends JFrame {

    /** 负责跟服务器通信的 Socket */
    private Socket socket;
    /** 要发送的内容区域 */
    private JTextArea sendArea;
    /** 聊天记录区域 */
    private JTextArea contentArea;
    /** 当前用户的昵称 */
```

```java
    private String name;

    public ChatClient(Socket socket, String name) {
        this.socket = socket;
        this.name = name;
        this.init();
        this.setDefaultCloseOperation(EXIT_ON_CLOSE);
        this.setVisible(true);
        //启动一个单独的线程,专门从服务器中读取数据
        ClientThread thread = new ClientThread(socket, contentArea);
        thread.start();
    }

    public void init() {
        this.setTitle("我的聊天室");
        this.setSize(300, 400);
        int x =
            (int)Toolkit.getDefaultToolkit().getScreenSize().getWidth();
        int y =
            (int)Toolkit.getDefaultToolkit().getScreenSize().getHeight();
        this.setLocation((x-this.getWidth())/2, (y-this.getHeight())/2);
        this.setResizable(false);

        contentArea = new JTextArea();
        contentArea.setLineWrap(true);
        JScrollPane logPanel = new JScrollPane(contentArea,
                    JScrollPane.VERTICAL_SCROLLBAR_AS_NEEDED,
                    JScrollPane.HORIZONTAL_SCROLLBAR_NEVER);

        sendArea = new JTextArea();
        sendArea.setLineWrap(true);
        JScrollPane sendPanel = new JScrollPane(sendArea,
                    JScrollPane.VERTICAL_SCROLLBAR_AS_NEEDED,
                    JScrollPane.HORIZONTAL_SCROLLBAR_NEVER);

        //创建一个分隔窗格
        JSplitPane splitPane =
            new JSplitPane(JSplitPane.VERTICAL_SPLIT, logPanel, sendPanel);

        splitPane.setDividerLocation(250);
        this.add(splitPane, BorderLayout.CENTER);

        // 按钮面板
        JPanel btnPanel = new JPanel();
        btnPanel.setLayout(new FlowLayout(FlowLayout.RIGHT));
        this.add(btnPanel, BorderLayout.SOUTH);

        JLabel nameLbl = new JLabel("昵称:" + this.name + "  ");
        btnPanel.add(nameLbl);

        JButton resetBtn = new JButton("关闭");
```

```java
            resetBtn.addActionListener(new ActionListener() {
                public void actionPerformed(ActionEvent e) {}
            });
            btnPanel.add(resetBtn);
            JButton submitBtn = new JButton("发送");

            //发送数据到服务器
            submitBtn.addActionListener(new ActionListener() {
                public void actionPerformed(ActionEvent e) {
                    //获取要发送的内容
                    String str = sendArea.getText();
                    SimpleDateFormat formater = new SimpleDateFormat("HH:mm:ss");
                    String time = formater.format(new Date());
                    String sendStr = name + " " + time + "说: " + str;
                    //往服务器发
                    PrintWriter out = null;
                    try {
                        out = new PrintWriter(
                          new OutputStreamWriter(socket.getOutputStream()));
                        out.println(sendStr);
                        out.flush();
                    } catch (IOException e1) {
                        e1.printStackTrace();
                    }
                    //发送完毕，置空发送区域内容
                    sendArea.setText("");
                }
            });
            btnPanel.add(submitBtn);
    }
}
//客户端跟服务器通信的线程类
class ClientThread extends Thread {
    /** 客户端跟服务器连接上的Socket */
    private Socket socket;
    /** 聊天记录区域 */
    private JTextArea contentArea;

    public ClientThread(Socket socket, JTextArea contentArea) {
        this.socket = socket;
        this.contentArea = contentArea;
    }

    public void run() {
        BufferedReader br = null;
        try {
            br = new BufferedReader(
              new InputStreamReader(socket.getInputStream()));
            //从输入流中读取数据，添加到聊天记录区域中
            String str = null;
            while((str=br.readLine()) != null) {
```

```
                System.out.println(str);
                contentArea.append(str);
                contentArea.append("\n");
            }
        } catch (IOException e) {
            e.printStackTrace();
        } finally {
            if(br != null) {
                try {
                    br.close();
                } catch (IOException e) {
                    e.printStackTrace();
                }
            }
        }
    }
}
```

服务端需要记住每一个 Socket 对象，并且启动相应的线程与 Socket 对象进行通信。获取客户端发来的信息，然后向所有的客户端转发此信息。服务端的效果如图 19.23 所示。

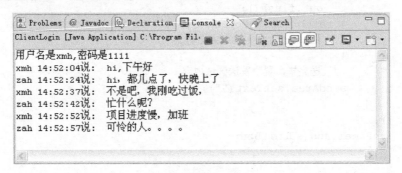

图 19.23　服务端的内容

服务器端 ChatServer.java 的代码如下：

```
//省略了相关导包命令
/**
 * 聊天室的服务器端
 */
public class ChatServer {
    /** 用来保存所有客户端的 Socket */
    private List<Socket> sockets = new ArrayList<Socket>();
    public ChatServer() throws IOException {
        this.init();
    }
    //启动监听
    public void init() throws IOException {
        ServerSocket ss = new ServerSocket(8888);

        System.out.println("服务器已经监听在 8888 端口了....");
        //监听并接收客户端
```

```java
            while(true) {
                Socket socket = ss.accept();
                sockets.add(socket);
                String ip = socket.getInetAddress().getHostAddress();
                System.out.println("有一个客户端来了..它的 IP 是:" + ip);
                //针对每个客户端都启动一个线程单独跟它通信
                Thread thread = new Thread(new ServerRunner(sockets, socket));
                thread.start();
            }
        }
        /**
         * @param args
         */
        public static void main(String[] args) {
            try {
                new ChatServer();
            } catch (IOException e) {
                e.printStackTrace();
            }
        }
}
//服务器端跟客户端通信的线程类
//把某个客户端发过来的数据转发给所有的客户端
class ServerRunner implements Runnable {
    private List<Socket> sockets;
    private Socket currentSocket;

    public ServerRunner(List<Socket> sockets, Socket currentSocket) {
        this.sockets = sockets;
        this.currentSocket = currentSocket;
    }
    public void run() {
        String ip = currentSocket.getInetAddress().getHostAddress();
        BufferedReader br = null;
        try {
            br = new BufferedReader(
              new InputStreamReader(currentSocket.getInputStream()));

            String str = null;
            while((str=br.readLine()) != null) {
                System.out.println(ip + "说:" + str);
                //往所有的客户端 Socket 写信息
                for(Socket temp : sockets) {
                    PrintWriter pw = new PrintWriter(
                      new OutputStreamWriter(temp.getOutputStream()));
                    pw.println(str);
                    pw.flush();
                }
            }
        } catch(IOException e) {
            e.printStackTrace();
```

```
        }
    }
}
```

编写以上代码之后,读者在运行时应先运行服务器端,然后再运行用户登录端。

> **提示**
>
> 本例使用了换肤工具 substance,它提供了一个流行的外观(look & feel)。这个外观联合了 Windows XP 和 MacOS 10.4 最好的特性,并且需要版本在 JDK 5.0 以上。将 JAR 文件复制到用户程序的 classpath 中,然后将下列代码段加入到 main 函数中:
>
> UIManager.setLookAndFeel("org.jvnet.substance.skin.SubstanceBusinessLookAndFeel");
>
> 注意 substance 里面包含了很多种外观,这只是其中的一种,还有其他的外观,可以通过 WinRar 打开 substance.jar,然后到达 org.jvnet.substance.skin 这一层,可以看到很多名称以 LookAndFeel 结尾的 class 文件,用户把传入的 string 改一下就可以了。它里面有 20 多种外观,都比较漂亮,读者可以一一领略。

19.8 本章练习

1. 简答题

(1) 什么是 TCP/IP 协议?什么是 UDP 协议?

(2) Socket 套接字和 Datagram 套接字有什么异同?

2. 上机练习

(1) 用 Java Socket 编程,实现读服务器的几个字符,再写入本地计算机显示的功能。

(2) 使用 DatagramSocket 编写一个程序,判断本地机器端口的占用情况(提示:如果抛出 SocketException,则说明套接字不能被打开,或不能将其绑定到指定的本地端口,亦即可视为此端口被占用)。

(3) 编写一个程序,将网络上的一张图片下载到本地计算机。

第 20 章

项目实战 2——网络五子棋与网络版 JQ 的开发

学前提示

　　一个大型的项目需要使用到多方面的基础知识。网络五子棋是由两人分别在类似围棋棋盘样式的棋盘上轮流下子，哪方先有五枚棋子连续连成一线(不论横线连接、竖线连接、斜线连接都可以)就获胜。而 QQ 则是大众最喜欢的聊天工具软件。两者的使用方法都比较简单，尤其适合男女老少在闲暇时进行娱乐。本章将介绍日常应用比较广泛的这两个项目——网络五子棋和类似于 QQ 的网络版 JQ 的开发。

知识要点

- 面向对象编程
- 异常处理
- 集合框架
- I/O 流
- 多线程
- Socket 网络编程
- Swing 编程

20.1 网络五子棋

在第 17 章详细讲解了单机版的五子棋的实现,本章对它进行扩展,升级成由两个人对战的网络版的。将具体介绍网络五子棋的分析与设计,直到具体的代码实现。

20.1.1 功能分析

本项目是一个真实的网络五子棋程序。从设计思想,游戏框架,算法等方面都进行了详细的说明。程序由两个部分组成:一部分为服务器端;另一部分为客户端。

其中服务器端以消息方式完成客户端的管理,客户端支持对弈和聊天等。实例源代码由 org.csdn.chesspanel、org.csdn.client、org.csdn.server 三个包组成。网络五子棋源代码列表如图 20.1 所示。

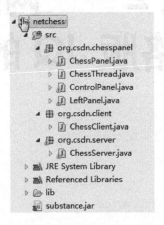

图 20.1 网络五子棋源代码列表

网络五子棋整体设计思路如图 20.2 所示。

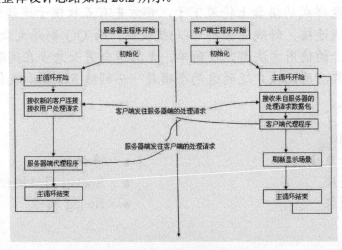

图 20.2 客户端和服务器端通信的原理

第20章　项目实战2——网络五子棋与网络版JQ的开发

首先开启服务器程序为客户端提供服务，初始化。然后等待已注册好的客户端程序的连接；客户端主程序开始运行，初始化。通过客户端代理程序向服务器端发送连接处理请求；服务器端监听到客户端发送过来的请求后，进行相应的处理，并将处理结果打包，由服务器代理程序将处理好的结果包发送到客户端；客户端这时就可以接收到来自服务器端处理好的数据并做相应的处理，如客户端界面数据刷新显示等。接着不断重复以上操作。从而实现网络对战通信的目的。

在第17章重点讨论了五子棋的设计过程和流程，在此就不再阐述，读者可以查阅第17章的相关介绍。网络版的五子棋只不过多了网络通信的过程。下面将从以下几个方面来分析网络五子棋的整个开发过程：

- 网络五子棋界面设计。
- 网络五子棋客户端相关设计。
- 网络五子棋服务器端相关设计。
- 核心算法相关设计。

本系统使用Socket和Java多线程机制来处理客户端与服务端之间信息的交互。为了更好地理解本应用程序，在此将服务端与客户端接收或发送的信息整理如下。

(1) 服务端接收的信息包括

① 客户端连接信息，一个客户包含两个Socket连接，一个为chatSocket；另一个为chessSocket。

② 客户端创建游戏信息。

③ 客户端加入游戏信息。

④ 下棋信息。

⑤ 放弃游戏信息。

⑥ 公聊和私聊信息。

⑦ 用户列表信息。

(2) 服务端发送的信息

① 所有用户列表信息。

② 服务端为该客户生成的客户名称。

③ 用户游戏创建成功信息。

④ 加入游戏成功后，分别向游戏双方发送对手信息。

⑤ 加入游戏拒绝信息。

⑥ 游戏进行信息。

⑦ 游戏胜利信息。

⑧ 公聊和私聊信息。

(3) 客户端接收的信息

① 用户列表信息。

② 游戏加入拒绝信息。

③ 对手信息。

④ 胜利信息。

⑤ 创建成功信息。

⑥ 错误信息。
⑦ 聊天信息。
(4) 客户端发送的信息
① 连接服务器。
② 创建游戏信息。
③ 加入游戏信息。
④ 放弃游戏。
⑤ 公聊信息或私聊信息。

以上分析可能并不完善，具体细节可见如下的代码实现部分。

20.1.2 网络五子棋界面设计

网络五子棋界面的设计比较简单。下面进行相关的界面设计介绍。

1. org.csdn.chesspanel 包

位置为：Java 源代码\ch20\源代码\五子棋\netchess\src\csdb\chesspanel。

org.csdn.chesspanel 包中主要包含网络五子棋客户端的一些界面类的设计。如 LeftPanel、ControlPanel、ChessPanel 等。下面对主要类进行分析。

(1) LeftPanel 类

对战还需要知道是与网络另一端的谁进行对战，因此需要显示用户列表。在程序中可以通过一个集合将用户装入列表框中，用 Panel 来维护一个服务器的当前用户列表数目，可以在主界面左上角添加一个用户列表。其实现代码如下。

代码 LeftPanel.java：

```java
package org.csdn.chesspanel;
import java.awt.*;
import javax.swing.*;

/** 用户列表 Panel。维护一个服务器的当前用户列表，所有的用户名都将显示在列表中 */
public class LeftPanel extends JPanel {
    public List userList = new List();   //可滚动的文本项列表
    public JTextArea chatLineArea = new JTextArea("hi, CSDN 欢迎您", 15, 10);

    public LeftPanel() {
        this.setLayout(new BorderLayout());

        for (int i=0; i<10; i++) {
            userList.add(i + "." + "当前暂无用户");
        }

        this.add(userList, BorderLayout.NORTH);   //添加到面板的上部区域
        this.add(chatLineArea, BorderLayout.CENTER);   //添加到面板的中间区域
    }
}
```

效果如图 20.3 所示。

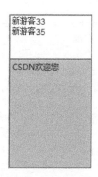

图 20.3 用户列表的效果

(2) ControlPanel 类

要在客户端面板上添加输入服务器 IP、输入昵称的文本框，以及连接主机、新建游戏、进入游戏、退出游戏、关闭程序等按钮，还需要在主界面上加一个控制面板 Panel。此 Panel 面板上的按钮功能如其名字，可以将此控制面板放到主界面的下方，效果如图 20.4 所示。

图 20.4 控制面板的效果

其实现代码如下。

代码 ControlPanel.java：

```java
package org.csdn.chesspanel;
//省略导包命令

/**
 *
 * 控制 Panel。此 Panel 上的按钮如其名，完成相应的功能
 */
public class ControlPanel extends JPanel {
    JPanel jPanel1 = new JPanel(new FlowLayout(FlowLayout.LEFT));
    JPanel jPanel2 = new JPanel(new FlowLayout(FlowLayout.LEFT));
    public JLabel IPlabel = new JLabel("服务器 IP:", Label.LEFT);
    public JTextField uname = new JTextField("", 12);

    public JLabel nameLabel = new JLabel("输入昵称:");

    public JTextField inputIP = new JTextField("localhost", 10);

    public JButton connectButton = new JButton("连接主机");

    public JButton creatGameButton = new JButton("新建游戏");

    public JButton joinGameButton = new JButton("进入游戏");

    public JButton cancelGameButton = new JButton("退出游戏");
```

```java
    public JButton exitGameButton = new JButton("关闭程序");
    //构造函数, 负责Panel的初始布局
    public ControlPanel() {
      setLayout(new BorderLayout());
      //setBackground(new Color(204, 204, 204));

      jPanel1.add(IPlabel);
      jPanel1.add(inputIP);
      jPanel1.add(nameLabel);
      jPanel1.add(uname);
      jPanel1.add(connectButton);
      this.add(jPanel1,BorderLayout.NORTH);
      jPanel2.add(creatGameButton);
      jPanel2.add(joinGameButton);
      jPanel2.add(cancelGameButton);
      jPanel2.add(exitGameButton);
      this.add(jPanel2, BorderLayout.SOUTH);
    }
}
```

(3) ChessPanel.java 类

这个面板是本应用程序的主要面板，它提供了提示信息栏、棋盘区域等内容。除了绘制棋盘的方法外，还提供了绘制棋子的方法及判断输赢的相关方法。其效果如图 20.5 所示。

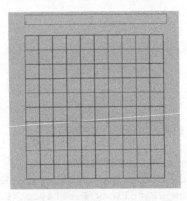

图 20.5　网络五子棋棋盘界面

其实现代码如下。

代码 ChessPanel.java：

```java
package org.csdn.chesspanel;
//显示棋盘的Panel。此Panel实现了鼠标监听器
public class ChessPanel extends Panel implements MouseListener {
    public int chessPoint_x=-1, chessPoint_y=-1, chessColor=1;

    int chessBlack_x[] = new int[100]; //黑子的x坐标

    int chessBlack_y[] = new int[100]; //黑子的y坐标

    int chessWhite_x[] = new int[100]; //白子的x坐标
```

```java
    int chessWhite_y[] = new int[100];    //白子的y坐标

//边距
public static final int MARGIN = 40;
//网格间距
public static final int GRID_SPAN = 35;
//棋盘行数
public static final int ROWS = 10;
//棋盘列数
public static final int COLS = 10;
//直径
public static final int DIAMETER = 30;
//距提示框的间距，包括提示框的纵坐标值和提示框的高度
public static final int BOX = 29;
//距提示框的间距
public static final int TOP_PITCH = 15;

...省略相关内容

//棋盘Panel的构造函数
public ChessPanel() {
    ...省略相关内容
}

//与服务器通信的函数
public boolean connectServer(String ServerIP, int ServerPort)
  throws Exception {
    ...省略相关内容
}

//一方获胜时的对棋局的处理
public void chessVictory(int chessColorWin) {
    //清除所有的棋子
    ...省略相关内容
}

//将各个棋子的坐标保存在数组里
public void getLocation(int a, int b, int color) {
    ...省略相关内容
}

//依据五子棋的行棋规则判断某方获胜
public boolean checkWin(int a, int b, int checkColor) {
    int step=1, chessLink=1, chessLinkTest=1, chessCompare=0;
    ...省略相关内容
    return (false);
}

//绘制棋盘，将棋盘绘制成ROWS*ROWS的个子
public void paint(Graphics g) {
```

```java
    //画棋盘
        ...省略相关内容
    }

    //落子的时候绘制棋子
    public void chessPaint(int chessPoint_a, int chessPoint_b, int color) {
        ...省略相关内容
    }

    //落子时在对方客户端绘制棋子。对方接受到发送来的落子信息,调用此函数绘制棋子,
    //显示落子状态等
    public void netChessPaint(int chessPoint_a, int chessPoint_b,
      int color) {
        ...省略相关内容
    }

    //当鼠标按下时响应的动作。记下当前鼠标点击的位置,即当前落子的位置
    public void mousePressed(MouseEvent e) {
        ...省略相关内容
    }
    ...
}

//表示黑子的类
class ChessPoint_black extends Canvas {
    ...省略相关内容
}

//表示白子的类
class ChessPoint_white extends Canvas {
    ...省略相关内容
}
```

最复杂的界面要数棋盘和棋子 Panel 面板,在这个面板中要完成棋盘线的绘制、棋盘基点的绘制功能。棋盘线的绘制可以通过 Graphics 对象的 drawLine 方法来绘制,同样,基点的绘制也是通过 Graphics 对象的 fillOval 方法来绘制的。其核心代码片段如下所示:

```java
/**
 * 绘制棋盘,将棋盘绘制成 ROWS*ROWS 的个子
 */
public void paint(Graphics g) {
    //画棋盘
    //最上部棋子离提示框太近,所以加 15 像素高度
    int initHeigh = MARGIN + TOP_PITCH;
    for (int i=0; i<=ROWS; i++) {  //画横线
        g.drawLine(MARGIN, initHeigh + i*GRID_SPAN,
          MARGIN + COLS*GRID_SPAN, initHeigh + i*GRID_SPAN);
    }
    for (int i=0; i<=COLS; i++) {  //画直线
        g.drawLine(MARGIN + i*GRID_SPAN, initHeigh, MARGIN + i*GRID_SPAN,
          initHeigh + ROWS*GRID_SPAN);
```

        }
}

当客户端落子的时候,需要在对应的棋盘点绘制棋子。思路是:首先定义 getLocation 方法,将落下的棋子的位置记录下来保存到数组中;其次,定义 checkWin 方法,来判断是否获胜;然后定义 chessPoint_black 方法,将黑棋对象添加到棋盘上,白棋也如此。
具体实现代码如下:

```java
/**
 * 落子的时候绘制棋子
 */
public void chessPaint(int chessPoint_a, int chessPoint_b, int color) {
    ChessPoint_black chesspoint_black = new ChessPoint_black(this);
    ChessPoint_white chesspoint_white = new ChessPoint_white(this);
    int a_pox = GRID_SPAN*(chessPoint_a+1) - 1/2*DIAMETER - 8;
    int b_pox = GRID_SPAN*(chessPoint_b+1) + TOP_PITCH - 1/2*DIAMETER - 8;
    if (color==1 && isMouseEnabled) {
        //当黑子落子时,记下此子的位置
        getLocation(chessPoint_a, chessPoint_b, color);
        //判断是否获胜
        isWin = checkWin(chessPoint_a, chessPoint_b, color);
        if (isWin == false) {
            //如果没有获胜,向对方发送落子信息,并绘制棋子
            chessthread.sendMessage("/" + chessPeerName + " /chess "
                + chessPoint_a + " " + chessPoint_b + " " + color);
            this.add(chesspoint_black);
            //设置黑色棋子的位置
            chesspoint_black.setBounds(a_pox, b_pox, DIAMETER, DIAMETER);
            //在状态文本框显示行棋信息
            statusText.setText("黑(第" + chessBlackCount + "步)"
                + chessPoint_a + " " + chessPoint_b + ",请白棋下子");
            isMouseEnabled = false;
        } else {
            //如果获胜,直接调用 chessVictory 完成后续工作
            chessthread.sendMessage("/" + chessPeerName + " /chess "
                + chessPoint_a + " " + chessPoint_b + " " + color);
            this.add(chesspoint_black);
            chesspoint_black.setBounds(a_pox, b_pox, DIAMETER, DIAMETER);
            //给出胜利信息,不能再继续下棋
            String msg = String.format("恭喜,%s 赢了!", "黑棋");
            JOptionPane.showMessageDialog(this, msg);
            chessVictory(1);
            statusText.setText("");
            isMouseEnabled = false;
        }
    }
    //白棋落子,同黑棋类似处理
    else if (color==-1 && isMouseEnabled) {
        getLocation(chessPoint_a, chessPoint_b, color);
        isWin = checkWin(chessPoint_a, chessPoint_b, color);
        if (isWin == false) {
```

```java
            chessthread.sendMessage("/" + chessPeerName + " /chess "
                + chessPoint_a + " " + chessPoint_b + " " + color);
            this.add(chesspoint_white);
            //设置白色棋子的位置
            chesspoint_white.setBounds(a_pox,b_pox, DIAMETER, DIAMETER);
            statusText.setText("白(第" + chessWhiteCount + "步)"
                + chessPoint_a + " " + chessPoint_b + ",请黑棋下子");
            isMouseEnabled = false;
        } else {
            chessthread.sendMessage("/" + chessPeerName + " /chess "
                + chessPoint_a + " " + chessPoint_b + " " + color);
            this.add(chesspoint_white);
            chesspoint_white.setBounds(a_pox, b_pox, DIAMETER, DIAMETER);
            //给出胜利信息,不能再继续下棋
            String msg = String.format("恭喜,%s 赢了!", "白棋");
            JOptionPane.showMessageDialog(this, msg);
            chessVictory(-1);
            statusText.setText("");
            isMouseEnabled = false;
        }
    }
}
```

怎样记录下棋的位置呢？那就是当鼠标单击时需要响应这个动作，通过动作监听器可以记下当前鼠标单击的位置，即当前落子的位置。其代码实现如下：

```java
/**
 * 当鼠标按下时响应的动作。记下当前鼠标点击的位置,即当前落子的位置
 */
public void mousePressed(MouseEvent e) {

    if (e.getModifiers() == InputEvent.BUTTON1_MASK) {
        chessPoint_x = (int)e.getX();
        chessPoint_y = (int)e.getY();
        //int a=(chessPoint_x + 10)/20, b=(chessPoint_y + 10)/20;
        int a = (chessPoint_x + GRID_SPAN/2)/GRID_SPAN - 1;
        //将鼠标单击的坐标位置转换成网格索引
        int b = (chessPoint_y + GRID_SPAN/2 - TOP_PITCH)/GRID_SPAN - 1;
         //注意+1 代表的是最大值

        if (a<0 || a>ROWS || b<0 || b>COLS)
        {}
        else {
            System.out.println(a + "    " + b);
            chessPaint(a, b, chessColor);
        }
    }
}
```

判断胜负可以参考第 17 章的相关算法。

完整代码可以参考第 20 章的光盘代码 ChessPanel 类。

(4) ChessThread 类

对弈双方要相互通信，一方将棋子落下的信息发送给对方，使对方的棋盘上也能看所下的棋，可以通过多线程的环境接收和发送信息，接收和发送信息的读取要用到 Socket 和 I/O 等相关知识。其实现代码如下。

代码 ChessThread.java：

```java
package org.csdn.chesspanel;

import java.io.IOException;
import java.util.StringTokenizer;

public class ChessThread extends Thread {
    ChessPanel chesspad;

    public ChessThread(ChessPanel chesspad) {
        this.chesspad = chesspad;
    }

    /**
     * 发送消息
     */
    public void sendMessage(String sndMessage) {
        try {
            chesspad.outData.writeUTF(sndMessage);
        } catch (Exception ea) {
            System.out.println("chessThread.sendMessage:" + ea);
        }
    }

    /**
     * 接收消息
     */
    public void acceptMessage(String recMessage) {
        //如果收到的消息以"/chess"开头，将其中的坐标信息和颜色信息提取出来
        if (recMessage.startsWith("/chess ")) {
            StringTokenizer userToken = new StringTokenizer(recMessage, " ");
            String chessToken;
            String[] chessOpt = { "-1", "-1", "0" };
            int chessOptNum = 0;
            //使用 Tokenizer 将空格分隔的字符串分成三段
            while (userToken.hasMoreTokens()) {
                chessToken = (String)userToken.nextToken(" ");
                if (chessOptNum>=1 && chessOptNum<=3) {
                    chessOpt[chessOptNum - 1] = chessToken;
                }
                chessOptNum++;
            }
            //将己方的走棋信息如棋子摆放的位置、棋子的颜色为参数，
            //使用 netChessPaint 函数使对方客户端也看到己方的落子位置
            chesspad.netChessPaint(Integer.parseInt(chessOpt[0]), Integer
```

```
            .parseInt(chessOpt[1]), Integer.parseInt(chessOpt[2]));
    } else if (recMessage.startsWith("/yourname ")) {
        chesspad.chessSelfName = recMessage.substring(10);
    } else if (recMessage.equals("/error")) {
        chesspad.statusText.setText(
            "错误:没有这个用户,请退出程序,重新加入");
    }
}
public void run() {
    String message = "";
    try {
        while (true) {
            message = chesspad.inData.readUTF();
            acceptMessage(message);
        }
    } catch (IOException es) {}
}
```

类 ChessThreadr 的方法 sendMessage(String sndMessage)主要功能是实现客户端与客户端发送信息。

acceptMessage(String recMessage)方法的主要功能是实现客户端与客户端接收信息。接收到对方的信息后,如果接收的是棋子位置信息,将调用 netChessPaint()方法自动显示对方棋子位置,来保持与对方棋子信息的一致。如果接收的信息是聊天信息,将利用字符串分析器分析出字符,显示聊天信息。

2. org.csdn.client 包

org.csdn.client 包中的类主要用来实现客户端的对战功能。包括 ChessClientJFrame 和 ChessThread 这两个类。

(1) ChessClientJFrame 类

在前面界面设计部分设计了很多 Panel 面板。这些面板还需要整合,以组成一个完整的客户端,此客户端能响应控制面板上的各种事件。关键是动作响应监听事件以及和服务器连接并进行通信的相关方法。

客户端连接到服务器时,一般通过 Socket 类的端口来判断。然后通过多线程及 I/O 流来读取处理好的信息,实现代码如下:

```
/** 和服务器建立连接并通信的方法 */
public boolean connectServer(String serverIP, int serverPort)
    throws Exception {
    try {
        chatSocket = new Socket(serverIP, serverPort); //创建套接字
        in = new DataInputStream(chatSocket.getInputStream()); //读入信息
        out = new DataOutputStream(chatSocket.getOutputStream()); //写出信息
        clientThread clientthread = new clientThread(this); //加入多线程环境
        clientthread.start(); //启动线程
        isOnChat = true;
        return true;
    } catch (IOException ex) {
```

```
            chatpad.chatLineArea.setText(
              "chessClient:connectServer: 无法连接，建议重新启动程序 \n");
        }
        return false;
    }
```

当用户单击某个控制面板上的按钮时，如单击"连接主机"按钮时，会产生一个鼠标单击事件，应该有对应的事件处理方法，其他按钮类似。其实现代码如下：

```
public void actionPerformed(ActionEvent e) {
    //如果单击的是"连接主机"按钮，则用获取的服务器主机名连接服务器
    if (e.getSource() == controlpad.connectButton) { //判断单击的按钮
        host = chesspad.host = controlpad.inputIP.getText();
        //获得文本框信息
        try {
            if (connectServer(host, port)) { //如果连接服务器成功
                chatpad.chatLineArea.setText(""); //将文本框置为空
                controlpad.connectButton.setEnabled(false);
                  //将此按钮设置为不可用
                controlpad.creatGameButton.setEnabled(true); //将创建游戏
                controlpad.joinGameButton.setEnabled(true);
                  //将加入游戏按钮设置为可用
                chesspad.statusText.setText("连接成功，请创建游戏或加入游戏");
            }
        } catch (Exception ei) {
            chatpad.chatLineArea.setText(
              "controlpad.connectButton: 无法连接，建议重新启动程序 \n");
        }
    }
    //其他按钮事件处理只要在此方法加入类似的代码即可
}
```

(2) ChessThread 类

ChessThread 类在上一节已有讲述，在此不再占用篇幅重复讲述。

3. org.csdn.server 包

org.csdn.server 包主要包含服务器端提供服务的类，有 ChessServer、MessageServerPanel 和 ServerThread 这 3 个类。

(1) ChessServer 类

客户连接到服务端时，在服务器端要将连接上的信息与客户端的控制面板界面组合，此外还需建立服务器与客户间的通信机制，可以通过 ServerSocket 套接字来完成。通信机制代码的片段如下：

```
/** 初始化消息服务器的类 */
public void makeMessageServer(int port, MessageServerPanel server)
  throws IOException {
    Socket clientSocket;
    long clientAccessNumber = 1;
    this.server = server;
```

```java
try {
    //输出服务器的启动信息
    serverSocket = new ServerSocket(port);
    server.messageBoard.setText("服务器开始于:"
      + serverSocket.getInetAddress().getLocalHost() + ":"
      + serverSocket.getLocalPort() + "\n");
    while (true) {
        clientSocket = serverSocket.accept();
        server.messageBoard.append("用户连接:" + clientSocket + "\n");
        DataOutputStream outData =
          new DataOutputStream(clientSocket.getOutputStream());
        clientDataHash.put(clientSocket, outData);
        clientNameHash.put(
          clientSocket, ("新游客" + clientAccessNumber++));
        ServerThread thread = new ServerThread(clientSocket,
          clientDataHash, clientNameHash, chessPeerHash, server);
        thread.start();
    }
} catch (IOException ex) {
    System.out.println("已经有服务器在运行.\n");
}
```

在 while 循环中不断接受客户端的信息，并启动了线程 ServerThread 的对象，为每一个客户端启动一个线程，减轻了服务器端的承受能力。

(2) MessageServerPanel 类

MessageServerPanel 类继承 Panel，是面板类的子类，主要用来实现服务器端的界面布局，在面板类的子类里添加了一个标签 statusLabel 和一个文本区 messageBoard。还定义了两个面板类 boardPanel、statusPanel。

MessageServerPanel 类的布局设为 BorderLayout，将 boardPanel 的布局设为 FlowLayout，将 statusPanel 的布局设为 BorderLayout。它主要用来显示服务器运行的相关信息，如服务器启动信息、用户断开与否、连接数量等。其代码清单如下：

```java
/** 显示服务器及用户信息的 Panel 类 */
class MessageServerPanel extends Panel {
  TextArea messageBoard =
    new TextArea("", 22, 50, TextArea.SCROLLBARS_VERTICAL_ONLY);
  Label statusLabel = new Label("当前连接数:", Label.LEFT);
  Panel boardPanel = new Panel();  //主显示区 Panel
  Panel statusPanel = new Panel(); //连接状态 Panel
  MessageServerPanel() {
     setSize(350, 300);
     setBackground(new Color(204, 204, 204));
     setLayout(new BorderLayout());
     boardPanel.setLayout(new FlowLayout());
     boardPanel.setSize(210, 210);
     statusPanel.setLayout(new BorderLayout());
     statusPanel.setSize(210, 50);
     boardPanel.add(messageBoard);
```

```
        statusPanel.add(statusLabel, BorderLayout.WEST);
        add(boardPanel, BorderLayout.CENTER);
        add(statusPanel, BorderLayout.NORTH);
    }
}
```

(3) ServerThread 类

为了让服务器端更好地与对战客户端双方通信，可以将对战双方都加入到多线程的环境中。ServerThread 类继承了 Thread，它集成了服务器端的所有功能，包括与各客户端之间的相互通信，转发信息。ServerThread 类接收客户端发的消息，并根据消息类型，处理后重新发给客户。

ServerThread 类使用 3 个 HashTable 保存客户端信息：clientDataHash 保存发送数据流的信息；clientNameHash 保存客户名字；chessPeerHash 保存对战双方的用户名。其构造方法如下：

```
/** 服务器端线程的构造函数，用于初始化一些对象 */
ServerThread(Socket clientSocket, Hashtable clientDataHash,
 Hashtable clientNameHash, Hashtable chessPeerHash,
 MessageServerPanel server) {
    this.clientSocket = clientSocket;
    this.clientDataHash = clientDataHash;     //保存数据流信息
    this.clientNameHash = clientNameHash;     //保存客户名字
    this.chessPeerHash = chessPeerHash;       //保存对战名字
    this.server = server;
}
```

客户端发给服务器端的信息有很多种情况，选取其中一种来实现，其他的类似。其代码片段如下：

```
/** 对客户端发来的消息处理的函数，处理后转发回客户端。
处理消息的过程比较复杂，要针对很多种情况分别处理 */
public void messageTransfer(String message) {
    String clientName, peerName;
    //如果消息以"/"开头，表明是命令消息
    if (message.startsWith("/")) {
        //消息以"/changename"开头的几种情况
        if (message.startsWith("/changename ")) {
            //获取修改后的用户名
            clientName = message.substring(12);
            if (clientName.length()<=0 || clientName.length()>20
                || clientName.startsWith("/")
                || clientNameHash.containsValue(clientName)
                || clientName.startsWith("list")
                || clientName.startsWith("[inchess]")
                || clientName.startsWith("creatgame")
                || clientName.startsWith("joingame")
                || clientName.startsWith("userlist")
                || clientName.startsWith("chess")
                || clientName.startsWith("OK")
                || clientName.startsWith("reject")
```

```
            || clientName.startsWith("peer")
            || clientName.startsWith("peername")
            || clientName.startsWith("giveup")
            || clientName.startsWith("youwin")
            || clientName.startsWith("所有人")) {
            //如果名字不合规则，则向客户端发送信息"无效命令"
            message = "无效命令";
            Feedback(message);
        }
    } //其他情况类似，详情查看本章代码
}
```

由于代码量比较大，详细源代码及注释见随书光盘：Java 20\五子棋。读者阅读源代码时，可以将 Chap20 作为一个现有项目导入到工作空间中直接使用；也可以在自己的新建项目中创建这 3 个包，然后将光盘里相应包下的 Java 文件复制过来使用。

20.1.3 网络五子棋运行效果

网络版的五子棋运行需要按如下步骤进行。

第 1 步 运行服务器端 ChessServer 类。得到如图 20.6 所示的效果，表示服务器已经正常启动。

图 20.6 服务器启动

第 2 步 接着运行客户端 ChessClient 类。启动客户端界面后，首先需要输入服务器 IP 地址，然后单击"连接主机"按钮连上服务器。接着单击"新建游戏"或"进入游戏"按钮，才能开始游戏，效果如图 20.7 和图 20.8 所示。

只要黑棋方或白棋方有五颗棋连在一起，那一方就算赢了本局，图 20.9 描述的是白棋方赢棋时的效果。

当单击"确定"按钮后，将清空提示信息，然后初始化棋盘，自动开始下一局。除非客户端单击了"关闭程序"按钮。

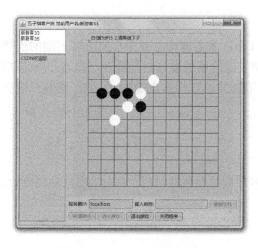

图 20.7　用户 xmh 对战界面

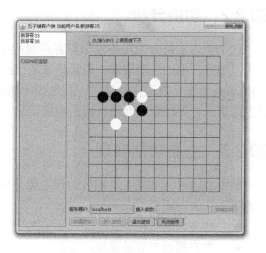

图 20.8　用户 zxx 对战界面

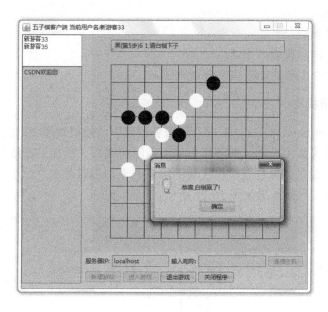

图 20.9　白棋赢棋的效果

20.2　网络版 JQ

本节主要介绍使用 Swing 组件并综合 Java 基础知识开发一个模拟在线网络聊天的程序。

20.2.1　需求描述

娱乐聊天作为一个长期的话题，早已经深入人心。为了满足学习 Java 的爱好者对网络聊天程序开发的愿望，因此开发出类似 QQ 聊天的系统——JQ。

20.2.2 功能分析

这个聊天系统分为服务器端和客户端两个部分：服务器端主要负责监听客户端的连接请求，把客户端的注册请求、登录请求通过网络发送给服务器端进行处理，把客户端(请求方)的聊天请求、发送文件请求、发送振动请求等转发给目标客户端(接收方)；而客户端负责发送请求并处理服务器端返回的响应消息。

20.2.3 主要功能实现

从图 20.9 中可以看出，项目的包主要分成客户端和服务器端两个部分。根据功能分析，分为以下几大功能模块：

- 服务器监听模块。
- 客户端用户登录模块。
- 用户注册模块。
- 聊天模块。
- 发送文件模块。
- 发送振动消息模块。

下面就从这 6 个主要功能模块来分别介绍。

1. 服务器监听模块

首先运行 server.ServerMain.java 来启动服务器监听，效果如图 20.10 所示。

在服务器监听窗体中显示了服务器当前所监听的端口、当前的在线用户列表、当前已注册的用户列表。如果要想看当前已注册的用户列表，可以单击"已注册用户列表"标签切换到这个选项卡，显示结果如图 20.11 所示。

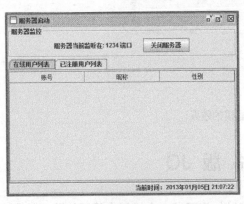

图 20.10　服务器端监听启动

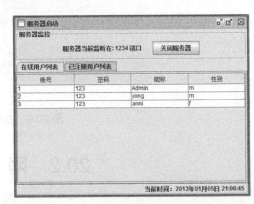

图 20.11　已注册用户列表的显示结果

图 20.11 中，为了方便用户的测试，把密码显示出来了，如果有必要的话，可以修改代码，将密码设置为不可见。

如果想关闭并退出服务器，可以单击如图 20.11 所示的界面中的"关闭服务器"按钮或关闭窗体按钮，此时会弹出确定是否关闭的提示对话框，如图 20.12 所示。

图 20.12　服务器关闭提示对话框

如果确实想要关闭服务器，可以单击"是"按钮，否则单击"否"按钮，可以取消这步操作。

以上这些功能的实现，需要了解以下几个类。

(1) server.ServerMain 类

它首先在配置文件 serverconfig.properties 中指定的端口上启动监听，当接收到一个客户端连接时，就创建一个线程，专门处理这个客户端的请求，最后启动服务器监听窗体。详细代码如下所示：

```java
package server;
import java.io.IOException;
import java.net.*;
import javax.swing.*;
import server.controller.RequestProcessor;
import server.ui.ServerInfoFrame;
/** 服务器入口程序 */
public class ServerMain {
    public static void main(String[] args) {
        int port =
          Integer.parseInt(DataBuffer.configProp.getProperty("port"));
        //初始化服务器套接字
        try {
            DataBuffer.serverSocket = new ServerSocket(port);
        } catch (IOException e) { e.printStackTrace(); }
            new Thread(new Runnable() { //启动新线程进行客户端连接监听
                public void run() {
                    try {
                        while (true) {
                            //监听客户端的连接
                            Socket socket = DataBuffer.serverSocket.accept();
                            System.out.println("客户来了: "
                              + socket.getInetAddress().getHostAddress()
                              + ":" + socket.getPort());
                            //针对每个客户端启动一个线程,
                            //在线程中调用请求处理器来处理每个客户端的请求
                            new Thread(new RequestProcessor(socket)).start();
                        }
                    } catch (IOException e) {
                        e.printStackTrace();
                    }
                }
            }).start();
            //设置外观感觉
```

```
        JFrame.setDefaultLookAndFeelDecorated(true);
        JDialog.setDefaultLookAndFeelDecorated(true);
        try {
            UIManager.setLookAndFeel(UIManager
              .getCrossPlatformLookAndFeelClassName());
        } catch (Exception e) { e.printStackTrace(); }
        new ServerInfoFrame();    //启动服务器监控窗体
    }
}
```

(2) server.controller.RequestProcessor 类

这个类专门用来处理客户端的所有请求,每个客户的请求都会在一个独立的线程中创建 RequestProcessor 类的实例来处理。每个客户的不同请求会调用不同的方法来进行处理,详细代码如下所示:

```
package server.controller;
import java.io.*;
import java.net.Socket;
import java.text.*;
import java.util.concurrent.CopyOnWriteArrayList;
import server.*;
import server.model.service.UserService;
import common.model.entity.*;
/** 服务器端请求处理器 */
public class RequestProcessor implements Runnable {
    private Socket currentClientSocket;   //当前正在请求服务器的客户端Socket
    public RequestProcessor(Socket currentClientSocket) {
        this.currentClientSocket = currentClientSocket;
    }
    public void run() {
        boolean flag = true;   //是否不间断地监听
        try {
            OnlineClientIOCache currentClientIOCache =
              new OnlineClientIOCache(
              new ObjectInputStream(currentClientSocket.getInputStream()),
              new ObjectOutputStream(
              currentClientSocket.getOutputStream()));
            while(flag) {   //不停地读取客户端发送过来的请求对象
                //从请求输入流中读取到客户端提交的请求对象
                Request request =
                  (Request)currentClientIOCache.getOis().readObject();
                System.out.println("Server 读取了客户端的请求:"
                  + request.getAction());
                String actionName = request.getAction();   //获取请求中的动作
                if(actionName.equals("userRegiste")) {    //用户注册
                    registe(currentClientIOCache, request);
                } else if(actionName.equals("userLogin")) {    //用户登录
                    login(currentClientIOCache, request);
                } else if("exit".equals(actionName)) {    //请求断开连接
                    flag = logout(currentClientIOCache, request);
                } else if("chat".equals(actionName)) {    //聊天
```

```
                            chat(request);
                    } else if("shake".equals(actionName)) {      //振动
                        shake(request);
                    } else if("toSendFile".equals(actionName)) { //准备发送文件
                        toSendFile(request);
                    } else if("agreeReceiveFile"
                      .equals(actionName)) { //同意接收文件
                        agreeReceiveFile(request);
                    } else if("refuseReceiveFile".equals(actionName)) {
                      //拒绝接收文件
                        refuseReceiveFile(request);
                    }
                }
            } catch(Exception e) {
              e.printStackTrace();
            }
        }
        //省略了部分代码...
}
```

从以上代码中可以看出，客户端发送的请求是 common.model.entity.Request 类的实例，服务器获取到 Request 实例后，根据它的 action 属性来判断具体是何类型的请求，针对不同的请求，调用相应的处理方法进行处理。

(3) server.ui.ServerInfoFrame 类

服务器信息显示窗体，它会显示当前在线用户列表和所有已经注册的用户列表，并且用一个定时任务在状态栏动态显示当前时间。代码如下所示：

```
package server.ui;
import java.awt.BorderLayout;
import java.awt.event.*;
import java.text.*;
import java.util.*;
import javax.swing.*;
import javax.swing.border.*;
import common.model.entity.User;
import server.DataBuffer;
import server.model.service.UserService;
/** 服务器信息窗体 */
public class ServerInfoFrame extends JFrame {
  private static final long serialVersionUID = 6274443611957724780L;
  public ServerInfoFrame() {
     init();
     loadData();
     setVisible(true);
  }
  public void init() {  //初始化窗体
     this.setTitle("服务器启动");  //设置服务器启动标题
     this.setBounds((DataBuffer.screenSize.width - 500)/2,
       (DataBuffer.screenSize.height - 375)/2, 500, 375);
     this.setLayout(new BorderLayout());
```

```java
JPanel panel = new JPanel();
Border border =
  BorderFactory.createEtchedBorder(EtchedBorder.LOWERED);
panel.setBorder(BorderFactory.createTitledBorder(border,
  "服务器监控", TitledBorder.LEFT, TitledBorder.TOP));
this.add(panel, BorderLayout.NORTH);
JLabel label = new JLabel("服务器当前监听在: "
  + DataBuffer.serverSocket.getLocalPort() + " 端口      ");
panel.add(label);
JButton exitBtn = new JButton("关闭服务器");  //关闭服务器按钮
panel.add(exitBtn);
//使用服务器缓存中的 TableModel 创建表格
JTable onlineUserTable =
  new JTable(DataBuffer.onlineUserTableModel);
JTable registedUserTable =
  new JTable(DataBuffer.registedUserTableModel);
//选项卡
JTabbedPane tabbedPane = new JTabbedPane();
tabbedPane.addTab("在线用户列表", new JScrollPane(onlineUserTable));
tabbedPane.addTab("已注册用户列表",
  new JScrollPane(registedUserTable));
tabbedPane.setTabComponentAt(0, new JLabel("在线用户列表"));
this.add(tabbedPane, BorderLayout.CENTER);
//状态栏
final JLabel stateBar = new JLabel("", SwingConstants.RIGHT);
stateBar.setBorder(
  BorderFactory.createEtchedBorder(EtchedBorder.LOWERED));
//用定时任务来显示当前时间
new java.util.Timer().scheduleAtFixedRate(
    new TimerTask() {
        DateFormat df =
          new SimpleDateFormat("yyyy年MM月dd日 HH:mm:ss");
        public void run() {
            stateBar.setText("当前时间: "
              + df.format(new Date()) + "  ");
        }
    }, 0, 1000);
this.add(stateBar, BorderLayout.SOUTH);  //把状态栏添加到窗体的南边
//关闭窗口
this.addWindowListener(new WindowAdapter() {
    public void windowClosing(WindowEvent e) { logout(); }
});
/* 添加关闭服务器按钮事件的处理方法 */
exitBtn.addActionListener(new ActionListener() {
    public void actionPerformed(final ActionEvent event) {
        logout();
    }
});
}
/** 把所有已注册的用户信息加载到 RegistedUserTableModel 中 */
private void loadData() {
```

```
        List<User> users = new UserService().loadAllUser();
        for (User user : users) {
            DataBuffer.registedUserTableModel.add(new String[] {
                String.valueOf(user.getId()), user.getPassword(),
                    user.getNickname(), String.valueOf(user.getSex())
            });
        }
    }
    /** 关闭服务器 */
    private void logout() {
        int select = JOptionPane.showConfirmDialog(ServerInfoFrame.this,
            "确定关闭吗？\n\n关闭服务器将中断与所有客户端的连接!",
            "关闭服务器", JOptionPane.YES_NO_OPTION);
        //如果用户单击的是关闭服务器按钮时，会提示是否确认关闭
        if (select == JOptionPane.YES_OPTION) {
            System.exit(0);   //退出系统
        } else {
            setDefaultCloseOperation(JFrame.DO_NOTHING_ON_CLOSE);
                //覆盖默认的窗口关闭事件
        }
    }
}
```

这里的两个 JTable 使用到了 server.model.entity 包中的两个自定义表格数据模型类：OnlineUserTableModel、RegistedUserTableModel。由于篇幅有限，这两个类的源代码就不在这里显示了。

(4) server.model.service.UserService 类

这个类主要完成对用户实体的增加、删除、修改、查询等功能。它通过 I/O 流操作文件来完成这些功能。具体代码如下：

```
package server.model.service;
import java.io.*;
import java.util.List;
import java.util.concurrent.CopyOnWriteArrayList;
import server.DataBuffer;
import common.model.entity.User;
import common.util.IOUtil;
/** 用户操作相关的业务逻辑类 */
public class UserService {
    private static int idCount = 3;   //id
    /** 新增用户 */
    public void addUser(User user) {
        user.setId(++idCount);
        List<User> users = loadAllUser();
        users.add(user);
        saveAllUser(users);
    }
    /** 用户登录 */
    public User login(long id, String password) {
        User result = null;
```

```java
      List<User> users = loadAllUser();
      for (User user : users) {
         if(id == user.getId() && password.equals(user.getPassword())) {
            result = user;
            break;
         }
      }
      return result;
}
/** 根据ID加载用户 */
public User loadUser(long id) {
   User result = null;
   List<User> users = loadAllUser();
   for (User user : users) {
      if(id == user.getId()) {
         result = user;
         break;
      }
   }
   return result;
}
/** 加载所有用户 */
@SuppressWarnings("unchecked")
public List<User> loadAllUser() {
   List<User> list = null;
   ObjectInputStream ois = null;
   try {
      ois = new ObjectInputStream(
        new FileInputStream(
          DataBuffer.configProp.getProperty("dbpath")));
      list = (List<User>)ois.readObject();
   } catch (Exception e) {
      e.printStackTrace();
   } finally {
      IOUtil.close(ois);
   }
   return list;
}
/** 保存所有的用户 */
private void saveAllUser(List<User> users) {
   ObjectOutputStream oos = null;
   try {
      oos = new ObjectOutputStream(new FileOutputStream(
        DataBuffer.configProp.getProperty("dbpath")));
      oos.writeObject(users);
      oos.flush();
   } catch (Exception e) {
      e.printStackTrace();
   } finally {
      IOUtil.close(oos);
   }
```

```
}
/** 初始化几个测试用户 */
public void initUser() {
    User user = new User("123", "Admin", 'm', 0);
    user.setId(1);
    User user2 = new User("123", "yong", 'm', 1);
    user2.setId(2);
    User user3 = new User("123", "anni", 'f', 2);
    user3.setId(3);
    List<User> users = new CopyOnWriteArrayList<User>();
    users.add(user);
    users.add(user2);
    users.add(user3);
    this.saveAllUser(users);
}
public static void main(String[] args) {
    new UserService().initUser();
    List<User> users = new UserService().loadAllUser();
    for (User user : users) {
        System.out.println(user);
    }
}
}
```

2. 客户端用户登录模块

当服务器端监听程序启动后，就可以运行客户端 client.ClientMain 类来登录到服务器。用户登录的窗体如图 20.13 所示。

图 20.13　用户登录窗体

用户可以在如图 20.13 所示的输入框中填入账号和密码进行登录。如果账号或密码不正确，会弹出如图 20.14 所示的提示对话框。如果填入的账号和密码正确，但此账号已经登录了，就会弹出如图 20.15 所示的对话框。

图 20.14　账号或密码不正确的提示

图 20.15　账号已登录的提示

如果账号和密码正确，并且是首次登录，则将正常进入聊天窗体。以下是登录功能所涉及的主要类。

（1）client.ClientMain 类，其实现代码如下：

```java
package client;
import java.io.*;
import java.net.Socket;
import javax.swing.*;
import org.jvnet.substance.skin.*;
import client.ui.LoginFrame;
/** 客户端入口类 */
public class ClientMain {
    public static void main(String[] args) {
        connection();  //连接到服务器
        JFrame.setDefaultLookAndFeelDecorated(true);
        JDialog.setDefaultLookAndFeelDecorated(true);
        try {   //设置外观感觉，使用开源的 Substance 组件
            UIManager.setLookAndFeel(new SubstanceBusinessLookAndFeel());
        } catch (Exception e) {
            e.printStackTrace();
        }
        new LoginFrame();   //启动登录窗体
    }
    /** 连接到服务器 */
    public static void connection() {
        String ip = DataBuffer.configProp.getProperty("ip");
        int port =
            Integer.parseInt(DataBuffer.configProp.getProperty("port"));
        try {
            DataBuffer.clientSeocket = new Socket(ip, port);
            //缓存当前客户端连接到服务器的 I/O 流
            DataBuffer.oos = new ObjectOutputStream(
                DataBuffer.clientSeocket.getOutputStream());
            DataBuffer.ois = new ObjectInputStream(
                DataBuffer.clientSeocket.getInputStream());
        } catch (Exception e) {
            JOptionPane.showMessageDialog(new JFrame(),
                "连接服务器失败，请检查!", "服务器未连上",
                JOptionPane.ERROR_MESSAGE);
            System.exit(0);
        }
    }
}
```

（2）client.ui.LoginFrame 类，显示如图 20.13 所示的账号登录窗体。其实现代码如下：

```java
package client.ui;
import java.awt.*;
import java.awt.event.*;
import java.io.IOException;
import java.util.List;
```

```java
import javax.swing.*;
import javax.swing.border.*;
import client.DataBuffer;
import client.util.ClientUtil;
import common.model.entity.*;
/** 登录窗体 */
public class LoginFrame extends JFrame {
    private static final long serialVersionUID = -3426717670093483287L;
    private JTextField idTxt;
    private JPasswordField pwdFld;
    public LoginFrame() {
        this.init();
        setVisible(true);
    }
    public void init() {
        this.setTitle("JQ 登录");
        this.setSize(330, 230);
        //设置默认窗体在屏幕中央
        int x =
          (int)Toolkit.getDefaultToolkit().getScreenSize().getWidth();
        int y =
          (int)Toolkit.getDefaultToolkit().getScreenSize().getHeight();
        this.setLocation((x - this.getWidth()) / 2, (y-this.getHeight())/ 2);
        this.setResizable(false);
        //把 Logo 放置到 JFrame 的北边
        Icon icon = new ImageIcon("images/logo.png");
        JLabel label = new JLabel(icon);
        this.add(label, BorderLayout.NORTH);
        JPanel mainPanel = new JPanel();   //登录信息面板
        Border border =
          BorderFactory.createEtchedBorder(EtchedBorder.LOWERED);
        mainPanel.setBorder(BorderFactory.createTitledBorder(border,
          "输入登录信息", TitledBorder.CENTER, TitledBorder.TOP));
        this.add(mainPanel, BorderLayout.CENTER);
        mainPanel.setLayout(null);
        JLabel nameLbl = new JLabel("账号:");
        nameLbl.setBounds(50, 30, 40, 22);
        mainPanel.add(nameLbl);
        idTxt = new JTextField();
        idTxt.setBounds(95, 30, 150, 22);
        idTxt.requestFocusInWindow();    //账号输入框获得焦点
        mainPanel.add(idTxt);
        JLabel pwdLbl = new JLabel("密码:");
        pwdLbl.setBounds(50, 60, 40, 22);
        mainPanel.add(pwdLbl);
        pwdFld = new JPasswordField();
        pwdFld.setBounds(95, 60, 150, 22);
        mainPanel.add(pwdFld);
        //按钮面板放置在 JFrame 的南边
        JPanel btnPanel = new JPanel();
        this.add(btnPanel, BorderLayout.SOUTH);
```

```java
btnPanel.setLayout(new BorderLayout());
btnPanel.setBorder(new EmptyBorder(2, 8, 4, 8));
JButton registeBtn = new JButton("注册");
btnPanel.add(registeBtn, BorderLayout.WEST);
JButton submitBtn = new JButton("登录");
btnPanel.add(submitBtn, BorderLayout.EAST);
this.addWindowListener(new WindowAdapter() { //注册关闭窗口事件
    public void windowClosing(WindowEvent e) {
        Request req = new Request();
        req.setAction("exit");
        try {
            ClientUtil.sendTextRequest(req);
        } catch (IOException ex) {
            ex.printStackTrace();
        } finally {
            System.exit(0);
        }
    }
});
registeBtn.addActionListener(new ActionListener() {   //注册
    public void actionPerformed(ActionEvent e) {
        new RegisterFrame();   //打开注册窗体
    }
});
submitBtn.addActionListener(new ActionListener() {   //"登录"
    public void actionPerformed(ActionEvent e) {
        login();
    }
});
}
//以下省略部分代码...
}
```

3. 用户注册模块

在本聊天系统中，为了便于测试，系统预设了一个账号，它的账号和密码分别为：账号1，密码123；账号2，密码123；账号3，密码123。

如果想注册一个新的账号，可以在如图20.13所示的登录窗体中单击"注册"按钮，此时会弹出注册功能窗体，如图20.16所示。

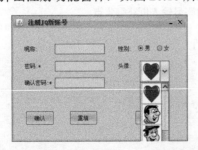

图20.16　注册新账号的窗体

第 20 章　项目实战 2——网络五子棋与网络版 JQ 的开发

按照窗体提示，填入账号相关信息并单击"确认"按钮，就会弹出如图 20.17 所示的注册成功对话框。

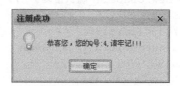

图 20.17　注册成功的提示对话框

这个对话框中会显示刚注册成功的账号是多少，需要记住。因为在登录时，是使用账号和密码进行登录的。

用户注册的功能是通过 client.ui.RegisterFrame 类来实现的，它的源代码如下所示：

```java
package client.ui;
import java.awt.event.*;
import java.io.IOException;
import javax.swing.*;
import client.DataBuffer;
import client.util.ClientUtil;
import common.model.entity.*;
/* 注册窗体 */
public class RegisterFrame extends JFrame {
    private static final long serialVersionUID = -768631070458723803L;
    private JPasswordField pwdFld;
    private JPasswordField pwd2Fld;
    private JTextField nickname;
    private JComboBox head;
    private JRadioButton sex0;
    private JRadioButton sex1;
    private JButton ok;
    private JButton reset;
    private JButton cancel;
    public RegisterFrame() {
        this.init();
        this.setVisible(true);
    }
    public void init() {
        this.setTitle("注册JQ新账号");  //设置标题
        this.setBounds((DataBuffer.screenSize.width - 387)/2,
         (DataBuffer.screenSize.height - 267)/2, 387, 267);
        this.setLayout(null);
        this.setResizable(false);
        JLabel label = new JLabel("昵称:");  //label 显示
        label.setBounds(24, 36, 59, 17);
        getContentPane().add(label);
        nickname = new JTextField();  //昵称
        nickname.setBounds(90, 34, 110, 22);
        getContentPane().add(nickname);
        JLabel label5 = new JLabel("密码:*");
```

```java
label5.setBounds(24, 72, 50, 17);
getContentPane().add(label5);
JLabel label3 = new JLabel("确认密码:*");
label3.setBounds(24, 107, 65, 17);
getContentPane().add(label3);
pwdFld = new JPasswordField();   //密码框
pwdFld.setBounds(90, 70, 110, 22);
getContentPane().add(pwdFld);
pwd2Fld = new JPasswordField();
pwd2Fld.setBounds(90, 105, 110, 22);
getContentPane().add(pwd2Fld);
JLabel label4 = new JLabel("性别:");
label4.setBounds(230, 36, 31, 17);
getContentPane().add(label4);
sex1 = new JRadioButton("男", true);
sex1.setBounds (268, 31,44, 25);
getContentPane().add(sex1);
sex0 = new JRadioButton("女");
sex0.setBounds(310, 31, 44, 25);
getContentPane().add(sex0);
ButtonGroup buttonGroup = new ButtonGroup();  //单选按钮组
buttonGroup.add(sex0);
buttonGroup.add(sex1);
JLabel label6 = new JLabel("头像:");
label6.setBounds(230, 72, 31, 17);
getContentPane().add(label6);
head = new JComboBox();  //下拉列表图标
head.setBounds(278, 70, 65, 45);
head.setMaximumRowCount(5);
for (int i=0; i<11; i++) {
    head.addItem(new ImageIcon("images/" + i + ".png"));
        //通过循环添加图片,注意图片名字要取成1,2,3,4,5等
}
head.setSelectedIndex(0);
getContentPane().add(head);
ok = new JButton("确认");    //按钮
ok.setBounds(27, 176, 60, 28);
getContentPane().add(ok);
reset = new JButton("重填");
reset.setBounds(123, 176, 60, 28);
getContentPane().add(reset);
cancel = new JButton("取消");
cancel.setBounds(268, 176, 60, 28);
getContentPane().add(cancel);
///////////////////////注册事件监听器//////////////////////////
//取消按钮监听事件处理
cancel.addActionListener(new ActionListener() {
    public void actionPerformed(final ActionEvent event) {
        RegisterFrame.this.dispose();
    }
});
```

```java
        //关闭窗口
        this.addWindowListener(new WindowAdapter() {
            public void windowClosing(WindowEvent e) {
                RegisterFrame.this.dispose();
            }
        });

        // 重置按钮监听事件处理
        reset.addActionListener(new ActionListener() {
            public void actionPerformed(final ActionEvent e) {
                nickname.setText("");
                pwdFld.setText("");
                pwd2Fld.setText("");
                nickname.requestFocusInWindow(); //用户名获得焦点
            }
        });
        //确认按钮的监听事件处理
        ok.addActionListener(new ActionListener() {
            public void actionPerformed(final ActionEvent e) {
                if (pwdFld.getPassword().length==0
                   || pwd2Fld.getPassword().length==0) {
                    JOptionPane.showMessageDialog(
                        RegisterFrame.this, "带 " * " 为必填内容!");
                    //判断用户名和密码是否为空
                } else if (!new String(pwdFld.getPassword())
                   .equals(new String(pwd2Fld.getPassword()))) {
                    JOptionPane.showMessageDialog(
                        RegisterFrame.this, "两次输入密码不一致!");
                    pwdFld.setText("");
                    pwd2Fld.setText("");
                    pwdFld.requestFocusInWindow();
                    //判断两次密码是否一致
                } else {
                    User user = new User(new String(pwdFld.getPassword()),
                       nickname.getText(),
                       sex0.isSelected() ? 'm' : 'f', head.getSelectedIndex());
                    try {
                        RegisterFrame.this.registe(user);
                    } catch (Exception ex) {
                        ex.printStackTrace();
                    }
                }
            }
        });
    }
    //省略部分代码……
}
```

4. 聊天模块

当有两个以上的用户登录聊天室后，就可以进行聊天了，如图 20.18 所示。

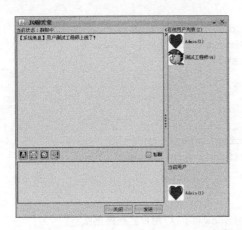 

图 20.18 聊天室窗体

在聊天室主窗体中会显示所有的在线用户、当前的用户、当前状态、聊天记录、事件通知等。先登录的用户会接收到后登录的用户的上线事件通知。

聊天又分为群聊和私聊。群聊是指与所有在线用户进行会话，一个用户的发言会发送给所有的在线用户；私聊是指与指定(选中)的某一个用户进行会话，一个用户的发言只会发送给指定的那个用户，而在线的其他用户不能收到。

与聊天相关的类主要有以下几个。

(1) client.ui.ChatFrame 类：这是聊天功能的主要实现类，它的代码比较多，大概有 400多行，需要读者仔细查看：

```java
package client.ui;
import java.awt.*;
import java.awt.event.*;
import java.io.*;
import java.text.*;
import java.util.Date;
import javax.swing.*;
import client.*;
import client.model.entity.MyCellRenderer;
import client.model.entity.OnlineUserListModel;
import client.util.*;
import common.model.entity.*;
/** 聊天窗体 */
public class ChatFrame extends JFrame {
    private static final long serialVersionUID = -2310785591507878535L;
    /**聊天对方的信息 Label*/
    private JLabel otherInfoLbl;
    /** 当前用户信息 Lbl */
    private JLabel currentUserLbl;
    /**聊天信息列表区域*/
    public static JTextArea msgListArea;
    /**要发送的信息区域*/
    public static JTextArea sendArea;
    /** 在线用户列表 */
```

```java
public static JList onlineList;
/** 在线用户数统计Lbl */
public static JLabel onlineCountLbl;
/** 准备发送的文件 */
public static FileInfo sendFile;
/** 私聊复选框 */
public JCheckBox rybqBtn;
public ChatFrame() {
    this.init();
    this.setDefaultCloseOperation(DISPOSE_ON_CLOSE);
    this.setVisible(true);
}
public void init() {
    this.setTitle("JQ聊天室");
    this.setSize(550, 500);
    this.setResizable(false);
    //设置默认窗体在屏幕中央
    int x =
        (int)Toolkit.getDefaultToolkit().getScreenSize().getWidth();
    int y =
        (int)Toolkit.getDefaultToolkit().getScreenSize().getHeight();
    this.setLocation((x - this.getWidth())/2, (y-this.getHeight())/2);
    //左边主面板
    JPanel mainPanel = new JPanel();
    mainPanel.setLayout(new BorderLayout());
    //右边用户面板
    JPanel userPanel = new JPanel();
    userPanel.setLayout(new BorderLayout());
    //创建一个分隔窗格
    JSplitPane splitPane = new JSplitPane(
        JSplitPane.HORIZONTAL_SPLIT, mainPanel, userPanel);
    splitPane.setDividerLocation(380);
    splitPane.setDividerSize(10);
    splitPane.setOneTouchExpandable(true);
    this.add(splitPane, BorderLayout.CENTER);
    //左上边信息显示面板
    JPanel infoPanel = new JPanel();
    infoPanel.setLayout(new BorderLayout());
    //右下连发送消息面板
    JPanel sendPanel = new JPanel();
    sendPanel.setLayout(new BorderLayout());
    //创建一个分隔窗格
    JSplitPane splitPane2 = new JSplitPane(
        JSplitPane.VERTICAL_SPLIT, infoPanel, sendPanel);
    splitPane2.setDividerLocation(300);
    splitPane2.setDividerSize(1);
    mainPanel.add(splitPane2, BorderLayout.CENTER);
    otherInfoLbl = new JLabel("当前状态：群聊中...");
    infoPanel.add(otherInfoLbl, BorderLayout.NORTH);
    msgListArea = new JTextArea();
    msgListArea.setLineWrap(true);
```

```java
infoPanel.add(new JScrollPane(msgListArea,
    JScrollPane.VERTICAL_SCROLLBAR_AS_NEEDED,
    JScrollPane.HORIZONTAL_SCROLLBAR_NEVER));
JPanel tempPanel = new JPanel();
tempPanel.setLayout(new BorderLayout());
sendPanel.add(tempPanel, BorderLayout.NORTH);
//聊天按钮面板
JPanel btnPanel = new JPanel();
btnPanel.setLayout(new FlowLayout(FlowLayout.LEFT));
tempPanel.add(btnPanel, BorderLayout.CENTER);
//字体按钮
JButton fontBtn = new JButton(new ImageIcon("images/font.png"));
fontBtn.setMargin(new Insets(0,0,0,0));
fontBtn.setToolTipText("设置字体和格式");
btnPanel.add(fontBtn);
//表情按钮
JButton faceBtn = new JButton(new ImageIcon("images/sendFace.png"));
faceBtn.setMargin(new Insets(0, 0, 0, 0));
faceBtn.setToolTipText("选择表情");
btnPanel.add(faceBtn);
//发送窗口振动按钮
JButton shakeBtn = new JButton(new ImageIcon("images/shake.png"));
shakeBtn.setMargin(new Insets(0, 0, 0, 0));
shakeBtn.setToolTipText("向对方发送窗口振动");
btnPanel.add(shakeBtn);
//发送文件按钮
JButton sendFileBtn = new JButton(
    new ImageIcon("images/sendPic.png"));
sendFileBtn.setMargin(new Insets(0, 0, 0, 0));
sendFileBtn.setToolTipText("向对方发送文件");
btnPanel.add(sendFileBtn);
//私聊按钮
rybqBtn = new JCheckBox("私聊");
tempPanel.add(rybqBtn, BorderLayout.EAST);
//要发送的信息的区域
sendArea = new JTextArea();
sendArea.setLineWrap(true);
sendPanel.add(new JScrollPane(sendArea,
    JScrollPane.VERTICAL_SCROLLBAR_AS_NEEDED,
    JScrollPane.HORIZONTAL_SCROLLBAR_NEVER));
//聊天按钮面板
JPanel btn2Panel = new JPanel();
btn2Panel.setLayout(new FlowLayout(FlowLayout.RIGHT));
this.add(btn2Panel, BorderLayout.SOUTH);
JButton closeBtn = new JButton("关闭");
closeBtn.setToolTipText("退出整个程序");
btn2Panel.add(closeBtn);
JButton submitBtn = new JButton("发送");
submitBtn.setToolTipText("按 Enter 键发送消息");
btn2Panel.add(submitBtn);
sendPanel.add(btn2Panel, BorderLayout.SOUTH);
```

```java
//在线用户列表面板
JPanel onlineListPane = new JPanel();
onlineListPane.setLayout(new BorderLayout());
onlineCountLbl = new JLabel("在线用户列表(1)");
onlineListPane.add(onlineCountLbl, BorderLayout.NORTH);
//当前用户面板
JPanel currentUserPane = new JPanel();
currentUserPane.setLayout(new BorderLayout());
currentUserPane.add(new JLabel("当前用户"), BorderLayout.NORTH);
//右边用户列表创建一个分隔窗格
JSplitPane splitPane3 = new JSplitPane(
  JSplitPane.VERTICAL_SPLIT, onlineListPane, currentUserPane);
splitPane3.setDividerLocation(340);
splitPane3.setDividerSize(1);
userPanel.add(splitPane3, BorderLayout.CENTER);
//获取在线用户并缓存
DataBuffer.onlineUserListModel =
  new OnlineUserListModel(DataBuffer.onlineUsers);
//在线用户列表
onlineList = new JList(DataBuffer.onlineUserListModel);
onlineList.setCellRenderer(new MyCellRenderer());
//设置为单选模式
onlineList.setSelectionMode(ListSelectionModel.SINGLE_SELECTION);
onlineListPane.add(new JScrollPane(onlineList,
  JScrollPane.VERTICAL_SCROLLBAR_AS_NEEDED,
  JScrollPane.HORIZONTAL_SCROLLBAR_NEVER));

//当前用户信息Label
currentUserLbl = new JLabel();
currentUserPane.add(currentUserLbl);
//////////////////////////注册事件监听器////////////////////////////
this.addWindowListener(new WindowAdapter(){     //关闭窗口
    public void windowClosing(WindowEvent e) { logout(); }
});
closeBtn.addActionListener(new ActionListener() { //关闭按钮的事件
    public void actionPerformed(ActionEvent event) { logout(); }
});
rybqBtn.addActionListener(new ActionListener() { //选择某个用户私聊
    public void actionPerformed(ActionEvent e) {
        if(rybqBtn.isSelected()) {
            User selectedUser = (User)onlineList.getSelectedValue();
            if(null == selectedUser) {
                otherInfoLbl.setText(
                    "当前状态：私聊(选中在线用户列表中某个用户进行私聊)...");
            } else if(DataBuffer.currentUser.getId()
              == selectedUser.getId()) {
                otherInfoLbl.setText(
                    "当前状态：想自言自语？...系统不允许");
            } else {
                otherInfoLbl.setText("当前状态：与 "
                  + selectedUser.getNickname()
```

```java
                    + "(" + selectedUser.getId() + ") 私聊中...");
            }
        } else { otherInfoLbl.setText("当前状态：群聊..."); }
    }
});
onlineList.addMouseListener(new MouseAdapter() {   //选择某个用户
    public void mouseClicked(MouseEvent e) {
        User selectedUser = (User)onlineList.getSelectedValue();
        if(rybqBtn.isSelected()) {
            if(DataBuffer.currentUser.getId()
              == selectedUser.getId()) {
                otherInfoLbl.setText(
                    "当前状态：想自言自语?...系统不允许");
            } else {
                otherInfoLbl.setText(
                    "当前状态：与 " + selectedUser.getNickname()
                    + "(" + selectedUser.getId() + ") 私聊中...");
            }
        }
    }
});
sendArea.addKeyListener(new KeyAdapter() {
  //在文本域中按 Enter 键来发送文本消息
    public void keyPressed(KeyEvent e) {
        if(e.getKeyCode() == Event.ENTER) { sendTxtMsg(); }
    }
});
submitBtn.addActionListener(new ActionListener() {
  //用按钮发送文本消息
    public void actionPerformed(ActionEvent event) {
        sendTxtMsg();
    }
});
shakeBtn.addActionListener(new ActionListener() {   //发送振动
    public void actionPerformed(ActionEvent event) {
        sendShakeMsg();
    }
});
sendFileBtn.addActionListener(new ActionListener() {   //发送文件
    public void actionPerformed(ActionEvent event) {
        sendFile();
    }
});
this.loadData();    //加载初始数据
}
/** 加载数据 */
public void loadData() {
    //加载当前用户数据
    if(null != DataBuffer.currentUser) {
        currentUserLbl.setIcon(
        new ImageIcon("images/"
```

```
            + DataBuffer.currentUser.getHead() + ".png"));
        currentUserLbl.setText(DataBuffer.currentUser.getNickname()
            + "(" + DataBuffer.currentUser.getId() + ")");
    }
    //设置在线用户列表
    onlineCountLbl.setText("在线用户列表("
      + DataBuffer.onlineUserListModel.getSize() + ")");
    //启动监听服务器消息的线程
    new ClientThread(this).start();
}
//省略事件处理中的业务方法...
}
```

(2) client.model.entity.OnlineUserListModel 类: 这是聊天窗体中在线用户列表的数据模型实现类。

(3) client.model.entity.MyCellRenderer 类: 这是聊天窗体中在线用户列表的单元格渲染器实现类。

(4) client.ClientThread 类: 这是客户端后台线程类, 专门用来接收和处理服务器返回的响应。当客户端聊天窗体启动时, 就会启动这个线程。其实现代码如下:

```
package client;
import java.io.*;
import java.net.*;
import javax.swing.*;
import client.ui.ChatFrame;
import client.util.*;
import common.model.entity.*;
import common.util.*;
/** 客户端线程，不断监听服务器发送过来的信息 */
public class ClientThread extends Thread {
    private JFrame currentFrame;   //当前窗体
    public ClientThread(JFrame frame) { currentFrame = frame; }
    public void run() {
        try {
            while (DataBuffer.clientSeocket.isConnected()) {
                Response response = (Response) DataBuffer.ois.readObject();
                ResponseType type = response.getType();
                System.out.println("获取了响应内容: " + type);
                if (type == ResponseType.LOGIN) {
                    User newUser = (User)response.getData("loginUser");
                    DataBuffer.onlineUserListModel.addElement(newUser);
                    ChatFrame.onlineCountLbl.setText("在线用户列表("
                      + DataBuffer.onlineUserListModel.getSize() +")");
                    ClientUtil.appendTxt2MsgListArea("【系统消息】用户"
                      + newUser.getNickname() + "上线了! \n");
                } else if(type == ResponseType.LOGOUT) {
                    User newUser = (User)response.getData("logoutUser");
                    DataBuffer.onlineUserListModel.removeElement(newUser);
                    ChatFrame.onlineCountLbl.setText("在线用户列表("
                      + DataBuffer.onlineUserListModel.getSize() + ")");
```

```java
            ClientUtil.appendTxt2MsgListArea("【系统消息】用户"
                + newUser.getNickname() + "下线了！\n");
        } else if(type == ResponseType.CHAT) {   //聊天
            Message msg = (Message)response.getData("txtMsg");
            ClientUtil.appendTxt2MsgListArea(msg.getMessage());
        } else if(type == ResponseType.SHAKE) {   //振动
            Message msg = (Message)response.getData("ShakeMsg");
            ClientUtil.appendTxt2MsgListArea(msg.getMessage());
            new JFrameShaker(this.currentFrame).startShake();
        } else if(type == ResponseType.TOSENDFILE){   //准备发送文件
            toSendFile(response);
        } else if(type == ResponseType.AGREERECEIVEFILE) {
            //对方同意接收文件
            sendFile(response);
        } else if(type == ResponseType.REFUSERECEIVEFILE) {
            //对方拒绝接收文件
            ClientUtil.appendTxt2MsgListArea(
                "【文件消息】对方拒绝接收，文件发送失败！\n");
        } else if(type == ResponseType.RECEIVEFILE) {   //开始接收文件
            receiveFile(response);
        }
    }
    } catch (IOException e) {
        //e.printStackTrace();
    } catch (ClassNotFoundException e) {
        e.printStackTrace();
    }
}
//省略响应处理方法的代码...
}
```

5. 发送文件模块

在聊天的过程中，还可以给指定(选中)的某一个用户发送文件，只需单击聊天窗体中的"向对方发送文件"按钮，如图20.19中框内部分所示。注意，发送文件前，一定要选中在线用户列表中的某一个用户。单击"向对方发送文件"按钮后，将弹出一个"打开"对话框进行文件选择，如图20.20所示。

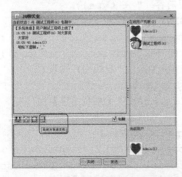
图 20.19　单击"向对方发送文件"按钮

图 20.20　"打开"对话框

选中要发送的文件后，单击"打开"按钮，就会向接收方发出请求，接收方的聊天窗体上会弹出一个提示对话框，询问是否同意接收对方发来的文件，如图 20.21 所示。

如果接收方单击"否"按钮，会拒绝发送方发送文件的请求。如果接收方单击"是"按钮，就表示同意接收文件，此时将弹出一个"保存"对话框进行文件路径选择，来指定文件的保存路径，如图 20.22 所示。

图 20.21　文件接收方的提示对话框　　图 20.22　接收方选择文件的存放路径并指定文件名

在选择文件存放路径、修改文件名后，可单击"保存"按钮，这时文件就开始传输了。当传输完毕后，发送方和接收方都会有提示消息显示在聊天信息列表中，如图 20.23 所示，其中已用色框标出。

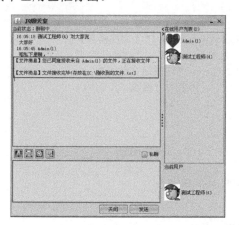 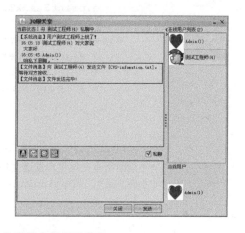

图 20.23　文件接收方和发送方的提示信息

传送成功后，通过查看聊天窗体上的"文件消息"，可以在指定的路径下找到接收的文件。

发送方发送文件请求时的代码是 client.ui.ChatFrame 类中的 sendFile()方法：

```
public ChatFrame extends JFrame {
    //省略其他代码...
    /** 发送文件 */
    private void sendFile() {
```

```java
            User selectedUser = (User)onlineList.getSelectedValue();
        if(null != selectedUser) {
            if(DataBuffer.currentUser.getId() == selectedUser.getId()) {
                JOptionPane.showMessageDialog(ChatFrame.this,
                    "不能给自己发送文件!",
                    "不能发送", JOptionPane.ERROR_MESSAGE);
            } else {
                JFileChooser jfc = new JFileChooser();
                if (jfc.showOpenDialog(ChatFrame.this)
                    == JFileChooser.APPROVE_OPTION) {
                    File file = jfc.getSelectedFile();
                    sendFile = new FileInfo();
                    sendFile.setFromUser(DataBuffer.currentUser);
                    sendFile.setToUser(selectedUser);
                    try {
                        sendFile.setSrcName(file.getCanonicalPath());
                    } catch (IOException e1) {
                        e1.printStackTrace();
                    }
                    sendFile.setSendTime(new Date());
                    Request request = new Request();
                    request.setAction("toSendFile");
                    request.setAttribute("file", sendFile);
                    try {
                        ClientUtil.sendTextRequest2(request);
                    } catch (IOException e) {
                        e.printStackTrace();
                    }
                    ClientUtil.appendTxt2MsgListArea("【文件消息】向 "
                        + selectedUser.getNickname() + "("
                        + selectedUser.getId() + ") 发送文件 ["
                        + file.getName() + "], 等待对方接收...\n");
                }
            }
        } else {
            JOptionPane.showMessageDialog(ChatFrame.this,
                "不能给所有在线用户发送文件!",
                "不能发送", JOptionPane.ERROR_MESSAGE);
        }
    }
}
```

服务器端接收到这个请求后，处理这个请求的代码是 server.controller.RequestProcessor 类的 refuseReceiveFile()和 agreeReceiveFile()方法：

```java
public class RequestProcessor extends implements Runnable {
    //省略其他代码...
    /** 拒绝接收文件 */
    private void refuseReceiveFile(Request request) throws IOException {
        FileInfo sendFile = (FileInfo)request.getAttribute("sendFile");
        Response response = new Response();    //创建一个响应对象
```

```java
            response.setType(ResponseType.REFUSERECEIVEFILE);
            response.setData("sendFile", sendFile);
            response.setStatus(ResponseStatus.OK);
            //向请求方的输出流输出响应
            OnlineClientIOCache ocic = DataBuffer.onlineUserIOCacheMap.get(
                sendFile.getFromUser().getId());
            this.sendResponse(ocic, response);
        }
        /** 同意接收文件 */
        private void agreeReceiveFile(Request request) throws IOException {
            FileInfo sendFile = (FileInfo)request.getAttribute("sendFile");
            //向请求方(发送方)的输出流输出响应
            Response response = new Response();    //创建一个响应对象
            response.setType(ResponseType.AGREERECEIVEFILE);
            response.setData("sendFile", sendFile);
            response.setStatus(ResponseStatus.OK);
            OnlineClientIOCache sendIO = DataBuffer.onlineUserIOCacheMap.get(
                sendFile.getFromUser().getId());
            this.sendResponse(sendIO, response);
            //向接收方发出接收文件的响应
            Response response2 = new Response();    //创建一个响应对象
            response2.setType(ResponseType.RECEIVEFILE);
            response2.setData("sendFile", sendFile);
            response2.setStatus(ResponseStatus.OK);
            OnlineClientIOCache receiveIO = DataBuffer
                .onlineUserIOCacheMap.get(sendFile.getToUser().getId());
            this.sendResponse(receiveIO, response2);
        }
}
```

服务器端只是起到请求转发的功能，它把发送方发送来的请求转到接收方。接收方处理这个请求的代码是 client.ClientThread 类的 toSendFile()、sendFile()、receiveFile()方法：

```java
public class ClientThread extends Thread {
    //省略其他代码...
    /** 准备发送文件 */
    private void toSendFile(Response response) {
        FileInfo sendFile = (FileInfo)response.getData("sendFile");
        String fromName = sendFile.getFromUser().getNickname()
            + "(" + sendFile.getFromUser().getId() + ")";
        String fileName = sendFile.getSrcName().substring(
            sendFile.getSrcName().lastIndexOf(File.separator) + 1);
        int select = JOptionPane.showConfirmDialog(this.currentFrame,
            fromName + " 向您发送文件 [" + fileName+ "]!\n 同意接收吗?",
            "接收文件", JOptionPane.YES_NO_OPTION);
        try {
            Request request = new Request();
            request.setAttribute("sendFile", sendFile);
            if (select == JOptionPane.YES_OPTION) {
                JFileChooser jfc = new JFileChooser();
                jfc.setSelectedFile(new File(fileName));
```

```java
                int result = jfc.showSaveDialog(this.currentFrame);
                if (result == JFileChooser.APPROVE_OPTION) {
                    //设置目的地文件名
                    sendFile.setDestName(
                        jfc.getSelectedFile().getCanonicalPath());
                    //设置目标地的IP和接收文件的端口
                    sendFile.setDestIp(DataBuffer.ip);
                    sendFile.setDestPort(DataBuffer.RECEIVE_FILE_PORT);
                    request.setAction("agreeReceiveFile");
                    ClientUtil.appendTxt2MsgListArea(
                        "【文件消息】您已同意接收来自 "
                        + fromName + " 的文件，正在接收文件 ...\n");
                } else {
                    request.setAction("refuseReceiveFile");
                    ClientUtil.appendTxt2MsgListArea(
                        "【文件消息】您已拒绝接收来自 " + fromName + " 的文件!\n");
                }
            } else {
                request.setAction("refuseReceiveFile");
                ClientUtil.appendTxt2MsgListArea(
                    "【文件消息】您已拒绝接收来自 " + fromName + " 的文件!\n");
            }
            ClientUtil.sendTextRequest2(request);
        } catch (IOException e) {
            e.printStackTrace();
        }
    }

    /** 发送文件 */
    private void sendFile(Response response) {
        final FileInfo sendFile = (FileInfo)response.getData("sendFile");
        BufferedInputStream bis = null;
        BufferedOutputStream bos = null;
        Socket socket = null;

        try {
            socket = new Socket(
                sendFile.getDestIp(), sendFile.getDestPort()); //套接字连接
            bis = new BufferedInputStream(
                new FileInputStream(sendFile.getSrcName())); //文件读入
            bos = new BufferedOutputStream(
                socket.getOutputStream()); //文件写出
            byte[] buffer = new byte[1024];
            int n = -1;
            while ((n=bis.read(buffer)) != -1) {
                bos.write(buffer, 0, n);
            }
            bos.flush();
            synchronized (this) {
                ClientUtil.appendTxt2MsgListArea("【文件消息】文件发送完毕!\n");
            }
```

```
        } catch (IOException e) {
          e.printStackTrace();
        } finally {
          IOUtil.close(bis,bos);
          SocketUtil.close(socket);
        }
    }

    /** 接收文件 */
    private void receiveFile(Response response) {
        final FileInfo sendFile = (FileInfo)response.getData("sendFile");
        BufferedInputStream bis = null;
        BufferedOutputStream bos = null;
        ServerSocket serverSocket = null;
        Socket socket = null;

        try {
            serverSocket = new ServerSocket(sendFile.getDestPort());
            socket = serverSocket.accept(); //接收
            bis = new BufferedInputStream(socket.getInputStream());//缓冲读
            bos = new BufferedOutputStream(
              new FileOutputStream(sendFile.getDestName())); //缓冲写出
            byte[] buffer = new byte[1024];
            int n = -1;
            while ((n=bis.read(buffer)) != -1) {
                bos.write(buffer, 0, n);
            }
            bos.flush();
            synchronized (this) {
                ClientUtil.appendTxt2MsgListArea(
                  "【文件消息】文件接收完毕!存放在["
                  + sendFile.getDestName() + "]\n");
            }
        } catch (IOException e) {
          e.printStackTrace();
        } finally {
          IOUtil.close(bis, bos);
          SocketUtil.close(socket);
          SocketUtil.close(serverSocket);
        }
    }
}
```

6. 发送振动消息模块

用户在聊天的过程中,可以给指定(选中)的某一个用户发送一个振动消息,要发送振动消息,可以在聊天窗体中单击"向对方发送窗口振动"按钮,如图20.24所示的色框部分。

单击"向对方发送窗口振动"按钮后,当振动接收方收到这个消息后,接收方和发送方的窗体就会振动一会,如图20.25所示。

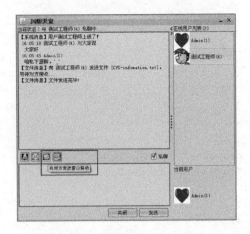 

图 20.24 单击"向对方发送窗口振动"按钮   图 20.25 接收到振动消息后窗体会振动

发送振动消息的是 Chient.ui 包中的 ChatFrame 类中的 sendShake 方法：

```java
public class ChatFrameodu extends JFrame {
    //省略其他代码...
    /** 发送振动 */
    public void sendShakeMsg() {
        User selectedUser = (User)onlineList.getSelectedValue();
        if(null != selectedUser) {
            if(DataBuffer.currentUser.getId() == selectedUser.getId()) {
                JOptionPane.showMessageDialog(ChatFrame.this,
                    "不能给自己发送振动!", "不能发送", JOptionPane.ERROR_MESSAGE);
            } else {
                Message msg = new Message();
                msg.setFromUser(DataBuffer.currentUser);
                msg.setToUser(selectedUser);
                msg.setSendTime(new Date());

                DateFormat df = new SimpleDateFormat("HH:mm:ss");
                StringBuffer sb = new StringBuffer();
                sb.append(" ").append(msg.getFromUser().getNickname())
                    .append("(").append(msg.getFromUser().getId())
                    .append(")").append(df.format(msg.getSendTime()))
                    .append("\n 给").append(msg.getToUser().getNickname())
                    .append("(").append(msg.getToUser().getId())
                    .append(")").append("发送了一个窗口抖动\n");
                msg.setMessage(sb.toString());

                Request request = new Request();
                request.setAction("shake");
                request.setAttribute("msg", msg);
                try {
                    ClientUtil.sendTextRequest2(request);
                } catch (IOException e) {
                    e.printStackTrace();
                }
```

```
                    ClientUtil.appendTxt2MsgListArea(msg.getMessage());
                    new JFrameShaker(ChatFrame.this).startShake();
                }
            } else {
                JOptionPane.showMessageDialog(ChatFrame.this, "不能群发送振动!",
                    "不能发送", JOptionPane.ERROR_MESSAGE);
            }
        }
    }
}
```

客户端接收振动消息的代码是 ClientThread 类的 run()方法，代码片段如下：

```
public class ClientThread extends Thread {
    //省略其他代码...
    public void run() {
        //省略其他代码...
        if(type == ResponseType.SHAKE){ //振动
            Message msg = (Message)response.getData("ShakeMsg");
            ClientUtil.appendTxt2MsgListArea(msg.getMessage());
            new JFrameShaker(this.currentFrame).startShake();
        }
    }
}
```

而实现窗体振动功能的是 client.util.JFrameShaker 类，具体代码如下：

```
package client.util;
import java.awt.Point;
import java.awt.event.*;
import javax.swing.*;
/** 窗口振动器 */
public class JFrameShaker {
    /** 窗口距离中心左右晃动的最大距离(像素) */
    public static final int SHAKE_DISTANCE = 4;
    /** 窗口晃动一个周期(中间,右,中间,左,中间)所用的时间(ms)。
    这个值越小，晃动的就越快 */
    public static final double SHAKE_CYCLE = 10;
    /** 晃动的时长(ms) */
    public static final int SHAKE_DURATION = 600;
    private JFrame frame;
    private Point oldLocation;
    private long startTime;
    private Timer shakeTimer;
    public JFrameShaker(JFrame frame) {
        this.frame = frame;
    }
    public void startShake() {
        oldLocation = frame.getLocation(); //获取窗口的原始位置
        startTime = System.currentTimeMillis(); //开始计时
        shakeTimer = new Timer((int) SHAKE_CYCLE / 5, new ActionListener() {
            public void actionPerformed(ActionEvent e) {
                long elapsed = System.currentTimeMillis() - startTime;
```

```java
        //计算振动的用时
        //利用时间计算出某一时刻晃动的幅度
        double waveOffset = (elapsed % SHAKE_CYCLE) / SHAKE_CYCLE;
        double angle = waveOffset * Math.PI;
        double angley = waveOffset * Math.PI;
        int shakeX =
           (int)((Math.sin(angle)*SHAKE_DISTANCE)+oldLocation.x);
        int shakeY =
           (int)((Math.sin(angley)*SHAKE_DISTANCE)+oldLocation.y);
        frame.setLocation(shakeX, shakeY);
        if (elapsed >= SHAKE_DURATION) {  //振动时长到了就停止
            stopShake();
        }
      }
   });
   shakeTimer.start();  //启动定时任务
}
/** 停止振动 */
public void stopShake() {
    shakeTimer.stop();
    frame.setLocation(oldLocation);
}
```

实现窗体振动功能的原理很简单,就是通过定时任务器在一段时间内不断更改窗体的位置。在更改窗体位置时,为了让窗体流畅地晃动,代码中通过一些三角函数来计算晃动幅度。

本项目所涉及的客户端和服务器端的源代码列表如图 20.26 所示。

图 20.26　客户端和服务器端的源代码列表

以上就是所有主要功能的代码实现。为了节约篇幅,省略了所有实体类和一些工具类的介绍,源代码可参看随书光盘。

20.3 制作 JAR 包的补充说明

在第 17 章的 17.5 小节讲解了两种打 JAR 包的方式。但如果直接对本例打包,则读者会发现图片部分未能正确显示,如何解决带有图片的应用程序打包呢?需要如下操作。

(1) 把所有图片放在 image 文件夹中,image 文件夹应该与相关类文件置于同一路径下。
(2) 编写一个 loadIcon()方法,将根据给定的图片实例化一个 ImageIcon 对象:

```
public static ImageIcon loadIcon(String fileName) {
    URL imageURL = TextEditorFrame.class.getResource("images/" + fileName);
    return new ImageIcon(imageURL);
}
```

(3) 把涉及到的图片在工具类或公用类中声明,如下所示:

```
public static final ImageIcon ICON_3 = loadIcon("paste.gif");
public static final ImageIcon ICON_4 = loadIcon("print.gif");
public static final ImageIcon ICON_5 = loadIcon("refresh.gif");
public static final ImageIcon ICON_6 = loadIcon("save.gif");
public static final ImageIcon ICON_7 = loadIcon("about.gif");
```

(4) 在涉及到使用图片的地方直接如下调用即可:

```
JButton[] buttons = new JButton[] {
    new JButton("", ICON_5),
    new JButton("", ICON_6),
    new JButton("", ICON_1),
    new JButton("", ICON_3),
    new JButton("", ICON_4),
    new JButton("", ICON_2)
};
```

在应用窗体上设置界面的图标:

```
setIconImage(TextEditorFrame.ICON_5.getImage());
```

如上操作后,将应用程序打 JAR 包发布,则应用程序中所涉及图片均可以正常显示。

20.4 本章练习

(1) 认真分析网络五子棋的源码,然后实现用户改名和用户聊天的效果。
(2) 尝试开发一款人机对战的五子棋游戏。
(3) 尝试开发一款俄罗斯方块游戏。